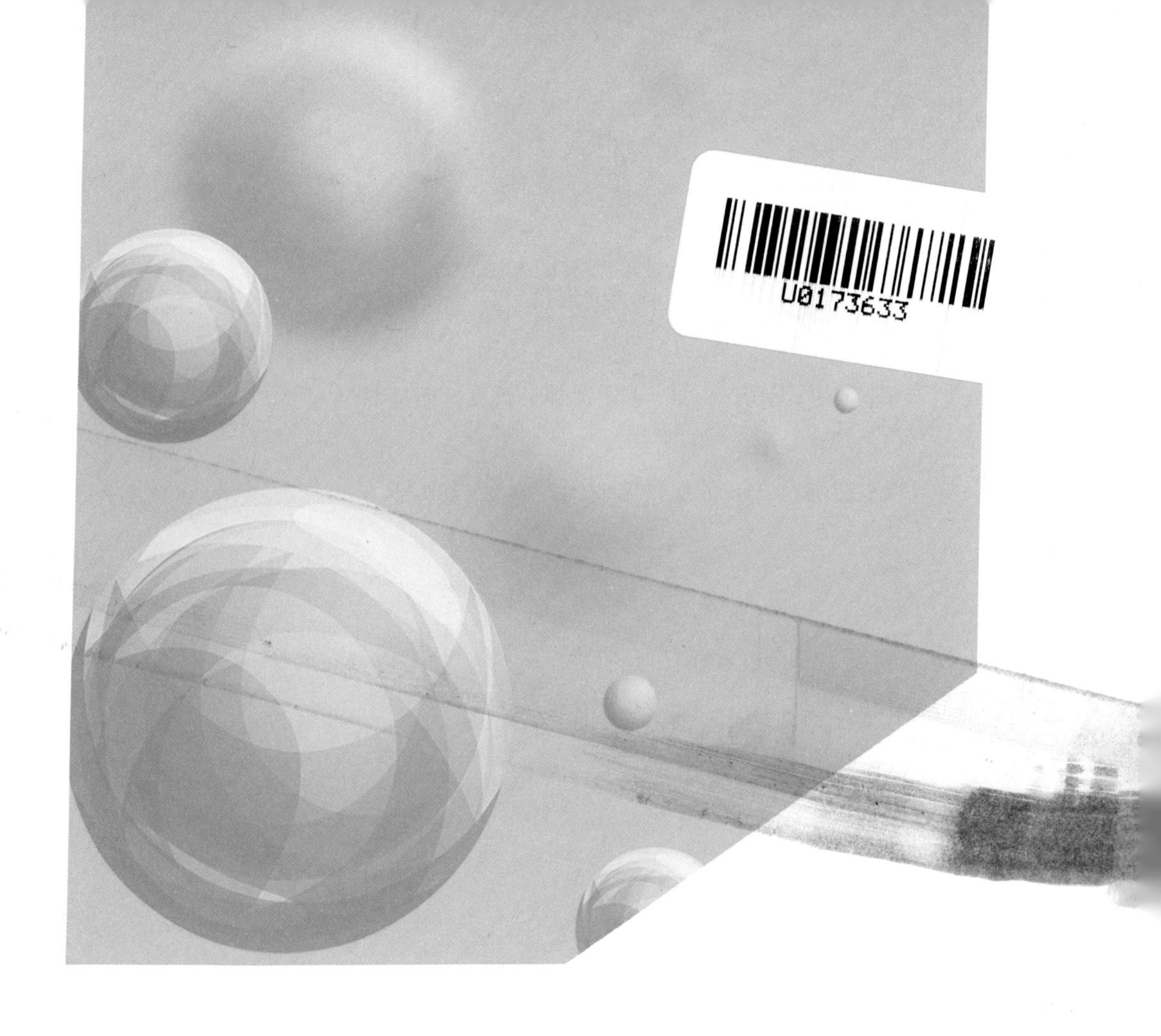

磁流变材料新发展

设计、性能与测试方法

胡志德　张寒松　杨健健　晏　华　著

CILIUBIAN CAILIAO XIN FAZHAN

SHEJI、XINGNENG YU CESHI FANGFA

江苏大学出版社
JIANGSU UNIVERSITY PRESS
镇　江

图书在版编目(CIP)数据

磁流变材料新发展：设计、性能与测试方法 / 胡志德等著. — 镇江：江苏大学出版社，2022.11
ISBN 978-7-5684-1893-5

Ⅰ.①磁… Ⅱ.①胡… Ⅲ.①磁流体—流变—智能材料 Ⅳ.①TB381

中国版本图书馆 CIP 数据核字(2022)第 228389 号

磁流变材料新发展：设计、性能与测试方法

著　　者/胡志德　张寒松　杨健健　晏　华
责任编辑/张小琴
出版发行/江苏大学出版社
地　　址/江苏省镇江市京口区学府路 301 号(邮编：212013)
电　　话/0511-84446464(传真)
网　　址/http://press.ujs.edu.cn
排　　版/镇江文苑制版印刷有限责任公司
印　　刷/江苏凤凰数码印务有限公司
开　　本/787 mm×1 092 mm　1/16
印　　张/13.25
字　　数/326 千字
版　　次/2022 年 11 月第 1 版
印　　次/2022 年 11 月第 1 次印刷
书　　号/ISBN 978-7-5684-1893-5
定　　价/95.00 元

如有印装质量问题请与本社营销部联系(电话：0511-84440882)

变量符号注释表

符号	中文名称	注 释
χ	磁化率	磁化强度 M 与磁场强度 H 之比
M	磁化强度	在外磁场作用下，磁介质磁化产生的附加磁场与外磁场的强度之和
	扭矩	使物体发生转动的力矩
M_s	饱和磁化强度	磁性材料在外加磁场中被磁化时所能够达到的最大磁化强度
μ	磁导率	磁感应强度 B 与磁场强度 H 之比
H	磁场强度	单位正电磁荷在磁场中所受的力
E	电场强度	单位点电荷(正电荷)在该点所受电场力的大小，表示电场强弱和方向的物理量
B	磁感应强度	单位运动电荷在磁场中所受力的大小，表示磁场强弱和方向的物理量
η	黏度	对流体受到剪应力变形或拉伸应力时所产生的阻力的度量
$\dot{\gamma}$	剪切速率	流体因黏性导致剪切力传递而产生的速度梯度，又称剪切应变率
T	温度	微观上表示物体分子热运动的剧烈程度，表示物体冷热程度的物理量
ρ	密度	质量与体积的比值
τ	应力	物体在外力作用下变形时，为抵抗变形在物体内产生的内力

续表

符号	中文名称	注　释
τ_0	屈服应力	对于非牛顿流体，施加的剪切应力较小时流体只发生变形，不产生流动，而当剪切应力增大到一定值时流体才开始流动，此时的剪切应力称为该流体的屈服应力
γ	应变	物体上的某一点在力的作用下发生的变形程度
Φ	质量分数	悬浮体系中某组分的质量与总质量之比
$\varnothing$	体积分数	悬浮体系中某组分的体积与总体积之比
Γ	张力	物体受到拉力作用时，存在于其内部而垂直于接触面的牵引力
θ	接触角	自固-液界面经过液体内部到气-液界面之间的夹角，是衡量材料润湿性的指标
	相位角	物理量随时间作正弦或余弦变化时，在任一时刻状态的数值
G'	储能模量	材料变形后回弹的指标，表示黏弹性材料在形变过程中由于弹性形变而储存的能量
G''	损耗模量	材料在发生形变时，由于黏性形变（不可逆）而损耗的能量的大小，反映材料黏性的大小
e	单位电荷	带电量为 1.602×10^{-19} 库仑的正电荷
φ	电位	又称电势，某点电荷的电势能与它所带的电荷量之比
ε	电导率	描述物质中电荷流动难易程度的参数，等于电阻率的倒数
Ω	角速度	旋转运动的物体在单位时间内转动的角度（弧度）
Re	雷诺数	流体惯性力与黏性力的比值，是流体力学中表征黏性影响的相似准数
P	荷载	施加在物体上使其产生效应的各种直接作用，本书中特指压力机施加的力荷载

前言 PREFACE

磁流变液(magnetorheological fluids, MRFs)是一种新型智能材料,其流变特性和力学性能在磁场作用下能够发生迅速、可逆且可控的变化,这种独特的磁响应特性使其在传动制动、汽车制造、航空航天、密封夹具和精密抛光等领域具有广阔的应用前景。然而,磁流变液本质上是一类由铁磁性颗粒、载液和添加剂混合而成的磁性悬浮体系,由于颗粒与载液间存在较大的密度差,因此体系缺乏足够的胶体稳定性;磁流变器件中的铁磁性颗粒在运动过程中可能会冲刷磨损器件内壁,使磁流变液及其器件在服役期间劣化,甚至影响预期寿命。因此,开发悬浮稳定性好、磁流变效应高、自润滑性能优良的磁流变材料一直是科学界与工程界的研究热点。基于对磁流变材料流变性能、磁响应性能、悬浮稳定性、再分散性能和摩擦学性能等的综合评价,开展磁流变材料的组分优化、功能化改性和添加剂技术研究,不仅是获得高性能磁流变材料的新途径,也对磁流变技术的拓展应用具有重要的指导意义。

本书从材料科学的角度全面分析了磁流变材料的发展与现状,阐述了磁流变材料的组分、改性及其研究进展;重点介绍了设计、制备、表征磁流变材料的新思路、新方法,包括添加剂技术、载液凝胶化、载液结构化改性等。本书较好地将材料学、化学、力学、磁学、光学、摩擦学等学科交叉融合,并将专业理论基础与实践运用有机地结合在一起,具有科学性、先进性与应用性,可供精密仪器传动传感、响应控制等领域从事材料研发、教学、设计、应用等的国内外科技人员及大专院校师生参考。

本书第 1 章为磁流变材料的发展与现状,主要论述了从磁流变液发明到磁流变材料全面蓬勃发展的过程,重点介绍了诸如磁流变材料的本构模型和工作模式等基本概念;第 2 章为磁流变液的组分及其改性，阐述了近年来研究者针对磁流变液各组分的改性研究，分析了现有高性能磁流变液在发展中遇到的问题和研究瓶颈；第3章为基于添加剂技术的新型磁流变液，介绍了通过合成使用新型添加剂制备氢键诱导型磁流变液、疏液型磁流变液和三相磁流变液等新型高性能磁流变液的方法，并讨论了添加剂技术在磁流变液中的应用前景和主要障碍；第4章为有机凝胶基磁流变液，介绍了HSA有机凝胶基磁流变液、基于PTFE-oil有机凝胶的磁流变液、弱磁性有机凝胶基磁流变液和基于亲-疏液作用的有机凝胶基磁流变液，主要阐述了上述高性能有机凝胶基磁流变液(磁流变胶)的制备方法、微观结构和宏观性能，剖析了磁流变液综合性能提升的规律和机理；第5章为基于锂皂的新型磁流变脂，介绍了笔者研发的新型锂基磁流变脂的制备工艺和宏观性能，明确了磁流变脂性能的关键影响因素；第6章为磁流变材料测试新方法，介绍了针对新型磁流变材料的流变性能、悬浮稳定性、再分散性、摩擦学性能及可靠性等进行测试的新方法。

本书由中国人民解放军陆军勤务学院胡志德副教授、张寒松副教授，中国人民解放军军事科学院杨健健助理研究员，重庆建筑科技职业学院晏华教授共同撰写，具体分工如下：胡志德(第1章、第5章、第6章部分内容)；张寒松(第4章、第6章部分内容)；杨健健(第3章、第6章部分内容)；晏华(第2章)。此外，中国人民解放军陆军勤务学院牛方昊、刘杰、杨雨浛、王大伟、王起帆、雷宇龙、赵湖钧、蒋昊洋等参与了部分研究、资料收集整理工作，在此表示感谢。同时，本书的出版得到了中国人民解放军陆军勤务学院科研学术处和国家救灾应急装备工程技术研究中心的大力支持，以及江苏大学出版社编辑同志的帮助。在此向所有关心和帮助过我们的单位和个人一并表示感谢。

本书是笔者及其团队多年来从事磁流变材料及其相关领域的科学研究、教学与工程实践的积累，编写过程中参考了国内外相关研究的资料文献。在此向相关作者与研究机构表示谢意。

磁流变技术及磁流变材料既是一个新兴的应用十分广泛的研究热点，又是一个多学科融合、多行业交叉的领域，由于编者水平有限，书中难免存在疏漏或不足之处，还望广大读者批评指正。

胡志德

2022年11月

目录 CONTENTS

第3章 基于添加剂技术的新型磁流变液 22

第4章 有机凝胶基磁流变液 49

第1章　磁流变材料的发展与现状

1.1　磁流变技术的背景

磁流变学(magnetorheology)是研究在磁场和外力作用下物体的变形和流动的学科,研究对象主要是具有复杂结构的流体或软固体,包括磁流体(ferrofluid)、磁流变液(magnetorheological fluid)、逆铁磁流体(inverse ferrofluid)和其他磁性胶体(magnetic colloids)。磁流变学的研究涉及物理、化学、材料、生物科学、计算机及自动控制等领域。就理论分析而言,需利用热力学、连续介质力学、电磁学的基本方程以及统计物理的基本原理来考察磁性胶体的物理化学性质及其在磁场中的行为规律。就实验方法而言,需采用多种流变仪来测试在磁场和剪切应力作用下流体黏度、流速等的变化,模拟流体在使用过程中所受的应力和流体的变形,从中得出该流体的强度、模量等重要性质。

磁流变学的开创性应用是1948年美国国家标准局工程师Rabinow发明的磁流变离合器(Rabinow,1948)。其工作介质——磁流变液是由微米尺度的磁性固体颗粒均匀分散在液体介质中而形成的悬浮液体系,其物理状态和流变特性能够随外加磁场的变化而变化:在无外磁场作用下表现为流动状态良好的液体,而在磁场作用下,黏度可瞬间增加两个数量级以上,并呈现出类似固体的力学特性,一旦去掉磁场,磁流变液又变成自由流动的流体。这种磁流变效应最典型的特征是具有磁场可控的屈服应力。

典型的磁流变材料是由磁性颗粒与非磁性载体组成的,在磁场作用下其内在结构能够迅速地发生可逆改变,进而使材料的物理性能(如电学、力学、光学、热学等)发生变化。这种安静、简单、迅速变化的性质提供了电子控制和机械系统之间良好的互动关系,在各类科学研究和工程技术中能够产生新的变革,加上其控制和调节可连续变化、不易磨损、成本低、能耗少、无污染和适用范围广等特点,磁流变材料已被成功地应用于重要的民用和军用领域(图1.1)。

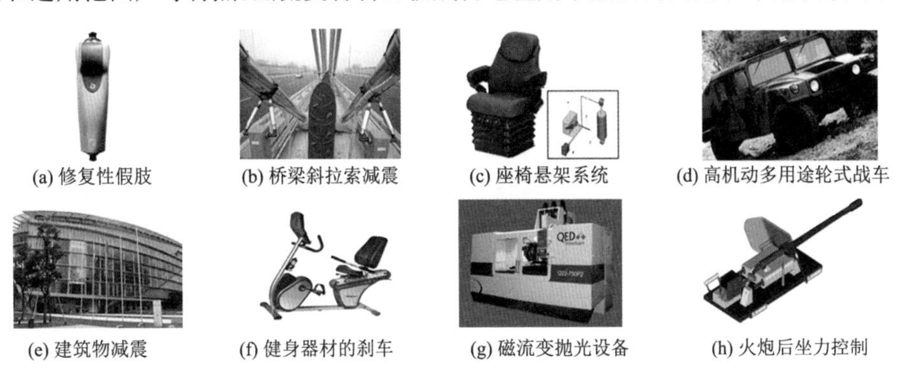

(a) 修复性假肢　(b) 桥梁斜拉索减震　(c) 座椅悬架系统　(d) 高机动多用途轮式战车

(e) 建筑物减震　(f) 健身器材的刹车　(g) 磁流变抛光设备　(h) 火炮后坐力控制

图1.1　磁流变材料的应用

振动控制 利用磁流变材料在磁场下流变性能的变化，可调节结构的刚度，从而改变振动的固有频率，达到阻尼、减震的目的，实现变刚度半主动控制。磁流变阻尼器和减震器已被成功应用于汽车机械和土木工程领域。

密封 利用外磁场将磁流变液固定在运动件与固定件的间隙处，可以起到密封的作用，且密封性能好、使用寿命长、效率高、器件无磨损、无方向性密封。

精密抛光 磁流变抛光液位于抛光磨头和工件表面的间隙处，在梯度磁场作用下其流变性能发生变化，在工件表面的接触区域处产生较大的剪切力，从而实现工件表面的精密抛光。磁流变抛光能够获得质量很好的光学表面，易于实现计算机控制，并且去除效率高。

机械传动 以磁流变液为动力传递介质的制动器和离合器可通过调节外加磁场强度改变磁流变液的剪切屈服应力，进而调节传递转矩或转速的大小，具有高转矩、高输出、结构简单、响应时间短、运行功率小、节能等优势。

柔性夹具 基于磁致动和可控性的磁流变夹具能够快速地适应不同几何形状零件的装夹要求，对不断变化的零件装夹要求能做出快速响应，具有良好的夹持能力和定位精度。

在工程应用中，磁流变液主要有 3 种工作模式(图 1.2)。① 流动模式。磁流变液位于两个相对静止的极板之间，在压力差的作用下流动，流动的阻力由磁场强度来调节。液压控制、阻尼器、伺服阀和吸震器通常采取这种模式。② 剪切模式。磁流变液置于两个相对运动的极板之间，处于剪切状态，通过调节磁场强度来改变阻力的大小。这种模式适用于离合器、制动器和夹具/锁紧装置。③ 挤压模式。通过极板相对运动挤压磁流变液，其优点在于极板的位移量虽较小，但可以产生很大的阻力。这种模式适用于小振幅减震器。

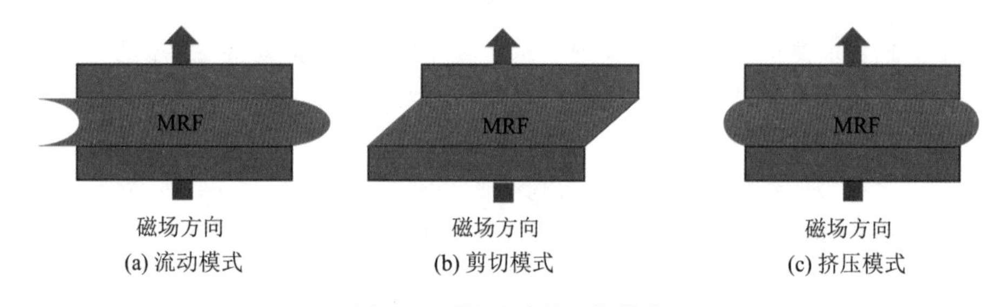

图 1.2 磁流变液的工作模式

1.2 磁流变材料

磁流变材料作为一种磁场可控的新型智能材料，具有响应快(毫秒级)、连续可调、能耗低等优良特点，在机械工程、汽车工业、精密加工、主动控制等领域有着广阔的应用前景。为了适应不同的应用需求，目前已经研发出多种磁流变材料。根据磁流变材料在零磁场条件下的物理状态，可将其大致分为：具有流体特征的磁流变液和磁流变胶(magnetorheological gel)；具有类固体特征的磁流变脂(magnetorheological grease)；具有固体特征的磁流变泡沫(magnetorheological foam)和磁流变弹性体(magnetorheological elastomer)；等等。

1.2.1 磁流变液

磁流变液是磁流变材料中最典型的一种，通常是指微米级磁性颗粒分散于非磁性载液

(油或水)中形成的悬浮液。在外加磁场作用下,载液中的颗粒产生偶极矩,通过偶极相互作用达到内部能量最小要求,聚集成链状结构,随着外磁场的增大,这种链状结构进一步聚集,形成复杂的团簇结构。链状结构的形成可以有效阻止磁流变液的自由流动并使其具备一定的抵抗剪切变形的能力。应用范围最广的磁性颗粒是羰基铁粉,其直径一般为0.2～10 μm,颗粒体积分数一般为10%～40%,屈服应力可达20～100 kPa。

但磁性颗粒与载液之间较大的密度差及颗粒的高表面能等客观存在的属性,使磁流变液成为热力学不稳定体系。随着时间的变化,固体颗粒的聚集和沉降将不可避免。通过表面活性剂改性,采用高分子包覆颗粒或使用具有壳-核结构的复合颗粒等手段可以在一定程度上减缓磁性颗粒的沉降。通过使用触变剂,如有机黏土、气相二氧化硅、硅酸镁锂等,在整个液相体系中形成三维网状结构,也可以有效减缓磁性颗粒的沉降,并且将磁流变液的硬沉淀转化为软沉降。在磁流变液中加入纳米颗粒(如碳纳米管、层状石墨、纳米纤维等),通过空间位阻效应和纳米粒子本身的布朗运动,消耗磁性颗粒的动能,也能对磁性颗粒的沉降起到一定的阻碍作用,提高磁流变液的稳定性。另外,以磁流体、离子液体作为载液制备出的磁流变液表现出良好的沉降稳定性。

屈服应力是磁流变液的重要参数之一,代表其机械承载能力。近年来,随着材料制备和优化技术的进步,具有高响应性能的磁流变液不断被研究开发出来,包括使用高饱和磁化强度的磁性颗粒、非球形磁性颗粒、双分散型磁流变液等。此外,使用磁性液体作载液、添加非磁性颗粒,以及通过挤压模式、电磁场协同作用等也可以增大磁流变液的屈服应力。

1.2.2 磁流变胶

磁流变胶是将磁性颗粒分散到聚合物凝胶基体中而得到的、表观呈膏状半流体态的胶体结构分散体系。磁性颗粒分散在聚合物凝胶结构中,大大降低了磁性颗粒的沉降速度,提高了材料的稳定性。通过改变载体的基质类型、交联剂、改性剂、溶剂浓度,可以灵活控制材料的流变性能。常用的聚合物基质有硅树脂、聚氨酯、卡拉胶、明胶等。近年来,Shahrivar(Shahrivar,2013,2014)等将磁性颗粒分散于具有温度响应的高分子凝胶中,制备了温敏性磁流变凝胶。这种材料不仅具有较高的磁流变效应和磁致储能模量,而且可以利用高分子材料对外界温度的响应发生相转变,由液态凝胶转化为非化学交联半固体凝胶,极大地提高了材料的智能调控性能。与磁流变液相比,磁流变胶的稳定性显著提高,但是聚合物的加入增大了磁性颗粒在基体中运动的阻力,降低了磁流变胶的响应速度。

1.2.3 磁流变脂

磁流变脂由可塑性屈服流动的润滑油脂和分散在其中的微米级磁性颗粒组成。不同于无序结构的聚合物凝胶,油脂基体由有序的皂纤维骨架结构凝胶化液态油形成。在零磁场下,磁流变脂内的磁性颗粒由于受到基体的约束而不能自由移动。施加外场时,磁性颗粒间的磁相互作用力能够克服颗粒受到的基体约束,聚集并形成链状结构。撤去磁场后,取向的磁致链结构还可以继续保持在基体中。磁流变脂的突出优点是稳定性高,能使磁性颗粒长期悬浮于载体而不发生沉降。由于稠化剂皂纤维与液态油形成的油脂凝胶结构的可调控范围广,因此磁流变脂的研究受到人们的极大关注。

1.2.4 磁流变泡沫

磁流变泡沫一般是指通过毛细作用使磁流变液吸附到多孔泡沫基体中制备而成的固态复合材料。由于其特殊的多孔结构，磁流变泡沫具有质量小、磁流变液用量少、不需要密封、能够承受较大形变等优点，还具有能主动控制的吸声特性。常见的磁流变泡沫包括轻质海绵、开口泡沫、植物纤维、聚氨酯泡沫及高刚度的金属泡沫。

1.2.5 磁流变弹性体

磁流变弹性体由磁性颗粒与高弹、高韧类高分子材料等在磁场下固化而成。这种材料彻底解决了颗粒沉降和密封的问题，同时还具备磁敏特性和高弹性模量的优势。其磁性颗粒固定在高度交联的共价聚合物基体中，施加磁场后无法移动，限制了磁流变弹性体力学性能的可控范围。磁流变液的工程应用主要是在屈服后及流动阶段，磁性颗粒的链状结构可以反复被破坏再形成，剪切屈服强度可以通过改变外加磁场来控制。而磁流变弹性体的应用只能在屈服前阶段，通过磁场改变其阻尼和模量来实现智能控制。另外，由于磁性颗粒与基体之间的力磁耦合效应，磁流变弹性体还表现出磁致伸缩现象。目前，已有许多基于磁流变弹性材料的变刚度特性的吸震器、阻尼器和隔震系统等。

此外，磁流变效应还被运用于传统的材料领域，衍生了磁流变水泥、磁流变纤维、磁流变薄膜等新型智能材料。将磁流变性能与传统材料相结合，形成性能互补，不仅扩展了传统的材料力学研究领域，为材料在多物理场作用下的力学响应与演化机制提供了理论基础，而且进一步扩大了磁流变材料在工程技术领域的应用范围，具有重要的科学意义。

1.3 磁流变材料的微观作用

在磁流变液的微观体系中，能导致颗粒互相聚集的因素有范德华力和静磁相互作用，而阻碍颗粒相互聚集的因素有布朗运动和空间位阻效应等。

1.3.1 颗粒间的静磁相互作用

目前普遍接受的用于解释磁性颗粒间静磁作用的模型是磁偶极子模型。当外加磁场时，磁性颗粒被磁化，瞬时(毫秒级)产生的磁性偶极相互作用。颗粒的磁化强度可以通过F-K经验公式进行拟合，

$$M=\frac{\chi_i H}{1+\frac{\chi_i}{M_s}H} \tag{1.1}$$

式中，M 为磁化强度；H 为磁场强度；χ_i 为初始磁化率；M_s 为饱和磁化强度。

当外加磁场强度很小时，磁化强度与磁场强度成正比；随着外加磁场强度的增大，磁感应强度也迅速增大，颗粒逐步达到磁饱和状态。

在弱磁场下(线性磁化区)，将一个直径为 a 的球形磁性颗粒放置于均匀外磁场中，它将

被磁化并获得磁矩

$$m=4\pi\mu_0\mu_c\beta a^3 h_0 \tag{1.2a}$$

式中,$\beta=(\mu_p-\mu_c)/(\mu_p+2\mu_c)$为无量纲磁导率匹配参数;$\mu_0$ 为真空磁导率;μ_c 为载液的相对磁导率;μ_p 为磁性颗粒的相对磁导率;h_0 为外加磁场强度。

在强磁场强度下(磁饱和区域),颗粒磁矩独立于磁场,是一个常数,

$$m=\frac{4}{3}\pi\mu_0\mu_{cr}a^3 M_s \tag{1.2b}$$

当磁性颗粒 i、j 在磁场中被磁化后,颗粒间的静磁相互作用力为

$$F_{ij}^{mag}=(m\cdot\nabla)B \tag{1.3}$$

式中,B 为磁感应强度。

若忽略局部场效应,考虑颗粒磁化方向同向并与外磁场方向平行,则颗粒间的静磁相互作用力近似为

$$F_0=\frac{3}{16}\pi\mu_0\mu_{cr}\beta a^2 H_0^2 \tag{1.4}$$

1.3.2 颗粒与载液的相互作用

当磁性颗粒在体系内运动时,它将受到周围载液的黏性阻力作用。在低雷诺数下,由绕球均匀流的斯托克斯方程的解可知,粒径为 a 的磁性颗粒在不可压缩的牛顿流体中所受的黏性阻力可近似为

$$F^{hyd}=3\pi a^2\eta\dot{\gamma} \tag{1.5}$$

式中,η 为基体等效动力学黏度;$\dot{\gamma}$ 为剪切速率。

为了得到更为普遍的流变学模型,在稳态剪切流动中,可通过引入无量纲参数 M_n 来表征磁流变液的流变行为。M_n 的定义为作用在磁性颗粒上的流体动力学阻力与静磁力的比值。在线性磁化区,M_n 的数学表达式为

$$M_n=\frac{72\eta\dot{\gamma}}{\mu_0\mu_{cr}(3\beta H_0)^2} \tag{1.6}$$

值得注意的是,描述流体动力学阻力与静磁力相对强弱的 M_n 也因颗粒在不同场强下的磁化规律不同而有所修正。在低 M_n 区域,静磁作用力占主导地位,颗粒链状结构可以在磁流变液中形成;而在高 M_n 区域,载液的流体动力作用明显,链状结构被破坏。这种链状结构的转变由 M_n 的临界值确定(Ruiz-López,2016),表示磁流变液由固态转变为液态。通过无量纲分析,磁流变液剪切黏度的磁场和速率的相关性可以统一于以 M_n 为变量的主曲线中。

1.3.3 布朗运动

磁流变液中的悬浮颗粒可以视为大型分子,因而它做分子热运动。根据 Maxwell 的速率分布定律,得出其分子热运动的动能为

$$E=Ck_B T \tag{1.7}$$

式中,k_B 为 Boltzmann 常数;T 为绝对热力学温度;C 为系数。对于最概然速率的动能,$C=1$;

对于统计平均速率的动能，$C=1.27$；对于统计均方根速率的动能，$C=1.5$。

除了磁偶极相互作用力外，颗粒能否形成链状结构还受到热运动作用的影响。Rosensweig(Rosenweig，1985)给出两个相邻磁性颗粒之间的磁相互作用能(线性磁化区内)与热能的比值，来表征链的结合强度，其表达式为

$$\lambda=\frac{\pi\mu_0\mu_{cr}\beta^2a^3h_0^2}{2k_BT} \tag{1.8}$$

当温度 $T=300$ K 时，粒径为 1 μm 的铁磁性颗粒($\beta\approx1$)的磁场强度为 127 A/m(约 1.6 Oe)时，$\lambda=1$。这说明在常磁场强度下，磁流变液中磁偶极作用占主导地位，颗粒沿着磁场方向聚集形成链状取向结构。而对于磁性颗粒粒径为 10 nm 的磁流体来说，磁场强度达到 127000 A/m(约 1600 Oe)时 $\lambda=1$，说明在常磁场强度下颗粒的布朗运动远大于颗粒之间的磁相互作用，因此在磁流体中很难看到相变过程。

1.3.4 其他相互作用

磁流变液是一种固-液两相流体，分散相通常是比重很大的微米级软磁性金属颗粒，分散介质通常是比重接近于 1 g/cm^3 的普通溶剂，因此颗粒极易因重力作用发生沉降。忽略范德华力、布朗力和体积排斥作用力的作用，在垂直方向上，颗粒受到的重力和浮力之差与流体黏性阻力的平衡方程为

$$\frac{\pi}{6}d^3(\rho_s-\rho_c)g=3\pi\eta vd \tag{1.9}$$

式中，ρ_s，ρ_c 分别为颗粒和载液的密度；d 为颗粒的直径；g 为重力加速度；v 为低雷诺数下颗粒的运动速度。

可以看出，减小颗粒密度和增加载液黏度等方法可以减缓磁性颗粒的沉降。

1.4 磁流变材料的理论模型

磁流变液宏观流动行为表现在不同磁场强度下应力-应变的响应规律。宏观现象学的本构关系描述以 Bingham 模型为代表，并包括 3 种拓展模型。

(1) Bingham 模型

Bingham 模型简单实用，在工程实际中有较多的应用。

$$\tau=\tau_0(H)+\eta_{pl}\dot{\gamma} \tag{1.10a}$$

式中，τ_0 是外加磁场引起的磁流变液屈服应力，与外加磁场强度 H 相关；η_{pl}是塑性黏度，与磁场强度无关；$\dot{\gamma}$ 是剪切速率。

利用 M_n，Bingham 模型的无量纲形式为

$$\eta/\eta_\infty=1+(M_n/M_n^*)^{-1} \tag{1.10b}$$

式中，η_∞ 为极限剪切黏度；M_n^* 与磁性颗粒的体积分数$\varnothing$相关。

(2) Bivisous 模型

为进一步描述磁流变液在屈服前的流体特性，可把屈服前和屈服后的特征分开描述，用双黏度模型表示为

$$\tau=\begin{cases}\eta_{\mathrm{B}}\cdot\dot{\gamma}, & |\tau|<\tau_{\mathrm{B}}\\ \tau_{\mathrm{B}}+\eta\dot{\gamma}, & |\tau|>\tau_{\mathrm{B}}\end{cases} \tag{1.11}$$

式中，τ_{B} 为动态屈服应力；η_{B} 和 η 分别为磁流变液屈服前、后的黏度。在零磁场强度下，$\tau_{\mathrm{B}}=0$，磁流变液呈牛顿流体特性。在外加磁场作用下，当剪切应力小于τ_{B} 时，磁性颗粒被磁化，形成链状结构，磁流变液以高黏度 η_{B} 非常缓慢地流动；当剪切应力大于τ_{B} 时，磁流变液以黏度 η 流动。

(3) Herschel-Bulkley 模型

在施加磁场作用后，磁流变液表现为非牛顿流体的另一个特征是开始流动后的剪切稀化(shear thinning)现象。将 Bingham 模型稍作修改可得到 Herschel-Bulkley 模型：

$$\tau=\tau_0(H)+K\dot{\gamma}^n \tag{1.12}$$

式中，K 为磁流变液的塑性黏度系数；n 为流动特性指数。当 $n=1$ 时，Herschel-Bulkley 模型就变成了 Bingham 模型；当 $n<1$ 时，该模型可以描述磁流变液的剪切稀化效应；当 $n>1$ 时，该模型可以描述磁流变液的剪切增稠效应。

(4) Casson 模型

该模型适用于存在屈服应力的非牛顿流体，能较精确地反映高剪切速率下流体的表观黏度，方程式为

$$\tau^{\frac{1}{2}}=\tau_0^{\frac{1}{2}}+\eta_{\infty}^{\frac{1}{2}}\dot{\gamma}^{\frac{1}{2}} \tag{1.13a}$$

在平方根坐标系中，Casson 流体是以 $\eta_{\infty}^{\frac{1}{2}}$ 为斜率的一条直线。用 M_n 代替剪切速率后，无量纲的 Casson 模型方程可表示为

$$\eta/\eta_{\infty}=1+(M_n/M_n^*)^{-1}+2(M_n/M_n^*)^{-\frac{1}{2}} \tag{1.13b}$$

此外，Robertson-Stiff(R-S)模型、Mizrahi-Berk(M-B)模型等参数唯象模型(Cvek，2016)也被用来描述磁场下磁流变液的流动行为。

宏观现象学模型形式简单，便于实际工程应用，但难以揭示磁流变液宏观响应特性的物理机制，以及屈服应力与各种影响因素之间的关系。微观分析模型基于外磁场作用下颗粒呈链状结构的事实，通过对链状结构的简化处理，得到磁流变液的宏观剪切应力。根据构形研究，磁流变液屈服应力的微观模型又可分为两种：一种是基于外加磁场作用下呈链状或柱状结构的事实，把颗粒链看成均匀的板或柱状结构，运用 Maxwell 应力张量或磁能最小原理计算磁流变液的屈服应力；另一种是直接分析和计算颗粒间的相互作用力，根据微结构的特点，通过统计学方法得到磁流变液的力学特征。

在稳态流动下，Ginder(Ginder，1996)等基于链状模型考虑了饱和磁化的影响，采用有限元方法计算了颗粒间的作用力，发现在磁场强度较小时屈服应力与 h^2 成正比。对于较高的磁场强度，颗粒极化出现局部饱和，此时屈服应力为

$$\tau_{\mathrm{y}}=\sqrt{6}\varnothing\mu_0 M_{\mathrm{s}}^{\frac{1}{2}}h_0^{\frac{3}{2}} \tag{1.14}$$

当磁场强度大到足以达到完全饱和时，所有磁性颗粒均被视为偶极子，此时磁流变液的屈服应力$\tau_{\mathrm{y}}=0.086\varnothing\mu_0 M_{\mathrm{s}}^2$。

1.5 磁流变新材料的发展

磁流变材料独特的磁流变效应使其成为材料科学领域最具工程应用价值潜力的新型智能材料之一。到目前为止，国内外研究者在磁流变材料制备、实验测试、力学性能、结构演化、本构模型和振动控制策略等方面的研究中取得了一系列重要成果。各种磁流变器件已由实用化研究进入商业化阶段，并成功应用于民生和军事领域。磁流变技术应用范围的不断拓展、服役条件的复杂化，以及稳定可靠性的要求。开发高性能磁流变材料变得越来越重要。

从基础研究和实际应用的角度考虑，目前磁流变液、磁流变脂材料的开发和实验研究仍存在许多尚未解决的问题和困难。

（1）磁流变液的稳定性问题

目前大多数磁流变液零磁场黏度较高，沉降稳定性不理想，这是制约磁流变液应用的最主要问题。若发生沉降后的磁性颗粒结块成团，即使强力搅拌，也不能使颗粒再次均匀地分散到载液中，从而使磁流变液失去应用价值。通常使用表面改性剂减少磁性颗粒团聚、添加触变剂提高载液黏度、采用高分子包覆磁性颗粒降低密度或采用双分散磁性颗粒的方法，在一定程度上可改善磁流变液的沉降稳定性，但也会导致屈服应力下降或零磁场黏度增大。

（2）磁流变材料的响应问题

一般来说，通过提高磁性颗粒含量或电流强度可以增加磁流变液的屈服应力，但也将导致磁流变液的零磁场黏度增大，磁流变器件质量变差、尺寸增大，同时磁流变装置的电力负荷增加。选择具有较大的饱和磁化强度的合金颗粒或非球形颗粒能够增强磁流变效应，然而在大多数实际应用中，这种材料制备过程复杂、成本较高。通过挤压模式或电磁场协同作用，可以提高磁流变液的剪切屈服应力，其代价是增加了设备的复杂性。因此，增强磁流变效应的理论和方法，仍然是磁流变材料在工程应用中亟待研究的课题之一。

（3）磁流变脂的流动性与稳定性矛盾的问题

磁流变材料中磁性颗粒的流动性是产生磁流变效应的前提，而磁流变脂优异的沉降稳定性是以牺牲流动性为代价的。目前针对磁流变脂的研究主要集中在器件应用上，对磁流变脂的流动性与稳定性矛盾的问题关注不足，严重制约了其在工程中的应用。因此，必须在保证磁流变脂具有良好稳定性的同时提高其流动性，以增强磁流变脂对工程需求的适应性。在特定的制备工艺下，磁流变脂的性能主要取决于磁流变脂的组成和结构。也就是说，磁流变脂组分上的不同将导致其结构和性能上的差异。因此，开展磁流变脂的组分优化设计是解决这一矛盾问题的有效途径。

笔者团队开发了氢键诱导型磁流变液、疏液型磁流变液、基于磁流体的三相磁流变液、毛细凝聚型磁流变液等基于添加剂技术的新型磁流变液，设计出了 HSA 有机凝胶基磁流变液、基于 PTFE-oil 有机凝胶的磁流变液、弱磁性有机凝胶基磁流变液、基于亲-疏液作用的有机凝胶基磁流变液等多种新型有机凝胶基磁流变液，采用原位皂化工艺制备磁流变脂，研究了羰基铁粉加入时机、冷却条件等工艺参数对磁流变脂性能的影响，提出了羰基铁粉-皂-油凝胶结构模型。后续章节将重点对笔者团队设计开发的新型磁流变材料的设计、制备、特性进行阐述，并对多种新型测试技术进行介绍。

本章参考文献

[1] 胡红生，王炅，蒋学争，等.火炮磁流变后坐阻尼器的设计与可控性分析[J].振动与冲击，2010，29(2)：184－188.

[2] 王修勇，陈政清，倪一清，等.磁流变阻尼器在斜拉索减振中的应用[J].机械强度，2002，24(4)：477－480.

[3] ANON.Brake cus exeecise-equipment cost[J].Design News，1995(23)：39.

[4] BIEDERMANN L，MATTHIS W，SCHULZ C.Leg prosthesis with an artificial knee joint and method for controlling a leg prosthesis：US6755870[P].2004－06－29.

[5] CVEK M，MRLIK M，PAVLINEK V.A rheological evaluation of steady shear magnetorheological flow behavior using three-parameter viscoplastic models[J].Journal of Rheology，2016，60(4)：687－694.

[6] GINDER J M，DAVIS L C，ELIE L D.Rheology of magnetorheological fluids：models and measurements[J].International Journal of Modern Physics B，1996，10(23－24)：3293－3303.

[7] SPENCER B F Jr，DYKE S J，SAIN M K，et al.Phenomenological model for magnetorheological dampers[J].Journal of Engineering Mechanics，1997，123(3)：230－238.

[8] MURUGAN M，BROWN R.Advanced suspension and control algorithm for U.S. army ground vehicles[R].Army Research Lab Aberdeen Proving Ground MD Vehicle Technology Dieectorate，2013.

[9] RABINOW J.The magnetic fluid clutch[J].Transactions of the American Institute of Electrical Engineers，1948，67(2)：1308－1315.

[10] ROSENSWEIG R E.Ferrohydrodynamics[M].New York：Dover Publication，1997.

[11] RUIZ-LÓPEZ J A，FERNÁNDEZ-TOLEDANO J C，HIDALGO-ALVAREZ R，et al.Testing the mean magnetization approximation，dimensionless and scaling numbers in magnetorheology[J].Soft Matter，2016，12(5)：1468－1476.

[12] SHAHRIVAR K，de VICENTE J.Thermoresponsive polymer-based magnetorheological(MR) composites as a bridge between MR fluids and MR elastomers[J].Soft Matter，2013，9(48)：11451－11456.

[13] SHAHRIVAR K，de VICENTE J.Thermogelling magnetorheological fluids[J].Smart Materials & Structures，2014，23(2)：025012.

[14] SUN S S，NING D H，YANG J，et al.A seat suspension with a rotary magnetorheological damper for heavy duty vehicles[J].Smart Materials and

Structures,2016,25(10):105032.
[15] ZHAO C W, PENG X H, HUANG J, et al. An enhanced dipole model based micro-macro description for constitutive behavior of MRFs[J]. Computers, Materials and Continua,2012,30(3): 219—236.

第 2 章 磁流变液的组分及其改性

磁流变材料中磁流变效应的基本原理为磁场作用下磁性颗粒的磁致成链，这些微观磁致链束结构影响载液（载体）的流动、变形，从而引发宏观流变行为和力学性能的变化。因此，研究磁流变材料各组分的性质对宏观性能的影响具有重要意义。磁流变液作为磁流变材料研究的基础，是一种具有显著磁流变响应特性的新型智能材料。在无磁场作用下，磁流变液表现为牛顿流体状态；而在磁场作用下，其黏度急剧增大，甚至呈现类固体的力学特征；一旦撤去磁场，磁流变液又恢复类牛顿流体状态。磁流变液的磁致变化过程是快速、连续、可逆的，在外磁场作用下表现出可控的剪切屈服强度。磁流变液具有的这种固-液转换的可控智能特性已经成为材料科学领域的重要研究分支，在阻尼制动、机械传动、密封夹具和精密抛光等工程应用领域得到了广泛应用。目前对其组分改性的研究最为充分且最具代表性，故本章以磁流变液为代表，简述对磁流变材料组分及其改性的研究。

2.1 改性磁性颗粒的研究进展

热裂解制得的羰基铁粉是磁流变液中最常见的铁磁性颗粒。该磁性颗粒具有较高的磁饱和强度、较稳定的物理和化学性能，易磁化和退磁，来源广泛，可工业化生产（Weiss，1994）。但羰基铁粉密度高且表面能大，可导致磁流变液成为典型的热力学不稳定体系，不加处理的羰基铁粉制备的磁流变液存在严重的团聚和沉降。根据斯托克斯公式，有

$$V=\frac{2(\rho-\rho_0)r^2g}{9\eta} \tag{2.1}$$

式中，$\rho-\rho_0$ 为悬浮相与分散相的密度差；r 为悬浮颗粒的粒径；η 为分散相的黏度。

可见，在确定磁流变液中磁性颗粒和基础油的种类后，沉降速率与磁性颗粒和载液的密度差有直接关系。因此，通过降低磁性颗粒的密度可以有效提升磁流变液的沉降稳定性。目前，针对降低磁性颗粒密度展开了大量研究，其中最主要的方法是对磁性颗粒进行包覆处理，即通过在磁性颗粒表面包覆有机或无机层，形成“核-壳”结构，增大磁性颗粒的粒径，从而降低颗粒的平均密度。

2.1.1 有机包覆处理

由于有机包覆处理能够在磁性颗粒表面形成一层稳定的有机包覆层，与磁性颗粒形成“核-壳”结构，从而大幅降低磁性颗粒的密度，因此对磁性颗粒进行有机包覆处理能够提升磁流变液的沉降稳定性。

在针对羰基铁粉的有机包覆研究中，聚甲基丙烯酸甲酯（PMMA）包覆羰基铁粉是开展

得最早、研究最多的一种有机包覆方式(Lu,2020)。PMMA是一种有机高分子物质,2004年,Choi等(Choi,2004)采用甲基丙烯酸甲酯单体(MMA)分散聚合的方式在羰基铁粉表面包覆PMMA层,随后通过控制单体浓度的方法制备了不同包覆厚度的羰基铁粉颗粒,并进一步研究了PMMA包覆羰基铁粉制备的磁流变液的性能(Choi,2007)。结果显示,随着单体浓度的升高、包覆层厚度的增加以及羰基铁粉平均密度的降低,其剪切应力和储能模量都随之降低。值得注意的是,通过对CI/PMMA颗粒的热分析结果可以看出,由于单体溶解度不同导致PMMA包覆层的分子量差异较大,且You和Park测得热分解之后颗粒物质残余量分别为23%和87%,说明羰基铁粉表面PMMA包覆层厚度的差异极大,这也反映出有机包覆处理的弊端之一,即包覆处理均一性差,受温度、单体溶解度和分子量影响较大,包覆层性质难以精确控制。

相较于PMMA包覆颗粒的制备,聚苯胺(PANI)包覆颗粒可采用原位氧化聚合的方法,不需要进行剧烈的机械搅拌,得到的改性羰基铁粉制备的磁流变液仍然具有优良的沉降稳定性。You等(You,2007)介绍了另一种CI/PANI复合粒子的制备方法:在室温下将羰基铁粉悬浮在PANI与三氯甲烷的乳液中,加入特殊的表面活性剂后,PANI从乳液中析出并沉积在羰基铁粉表面形成包覆层。图2.1a和图2.1b分别为由原位氧化聚合法和乳液法制得的CI/PANI复合颗粒的表面微观形貌。从SEM照片可以看出,两种方法制得的复合颗粒表面均较为粗糙,这将导致铁磁性颗粒之间的摩擦加剧,磁流变液的零场黏度增大。

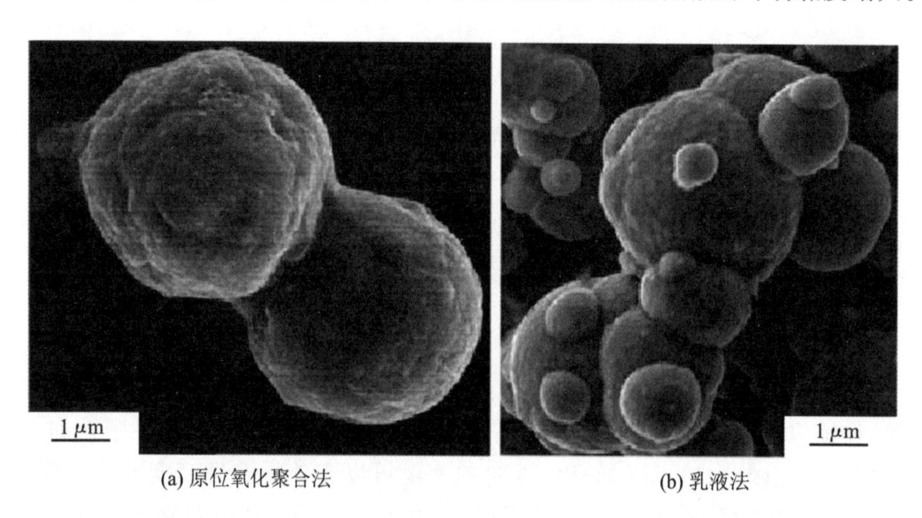

(a) 原位氧化聚合法　　(b) 乳液法

图2.1　由原位氧化聚合法和乳液法制得的CI/PANI复合颗粒的表面微观形貌

聚乙烯(PE)也常被用作磁流变液中磁性颗粒的包覆材料,Quan等(Quan,2014)采用分散聚合法在羰基铁粉表面聚合苯乙烯单体制得CI/PS复合磁性颗粒,经过PS包覆的羰基铁粉制备的磁流变液在表现出与传统磁流变液类似的流变性质的同时显现出了较好的沉降稳定性。通过比较未包覆羰基铁粉、CI/PMMA复合颗粒、CI/PANI复合颗粒及CI/PS复合颗粒的表面微观形貌(图2.2)可以发现,未包覆羰基铁粉和PMMA包覆的羰基铁粉颗粒表面光滑,无明显的突起和颗粒状物,这说明PMMA在羰基铁粉表面形成的有机包覆层表面光滑,包覆层厚度较为均匀;而经过PANI包覆的羰基铁粉表面粗糙,包覆层厚度不均匀;

进一步观察 PS 包覆的羰基铁粉可以发现，聚乙烯在羰基铁粉表面以颗粒状态存在，未形成致密的包覆层，大大增加了羰基铁粉的表面粗糙度。因此，精确控制有机包覆层性质，降低复合颗粒表面粗糙度，能够进一步提升磁流变液的性能，这可能会成为有机包覆研究领域未来的一个研究热点。

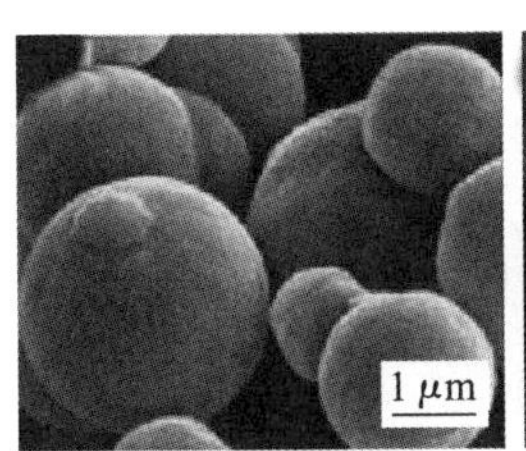
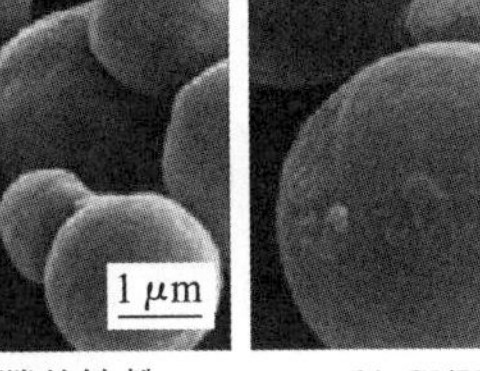

(a) 未包覆羰基铁粉

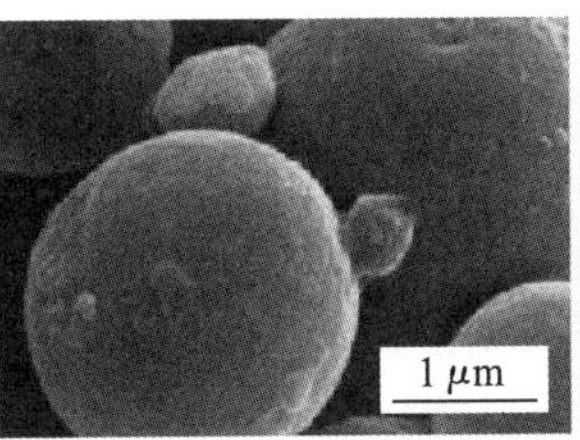

(b) CI/PMMA复合颗粒

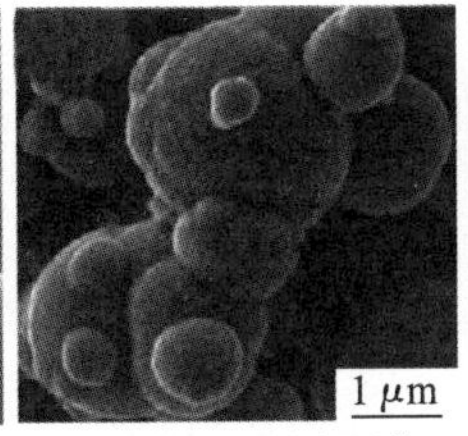

(c) CI/PANI复合颗粒

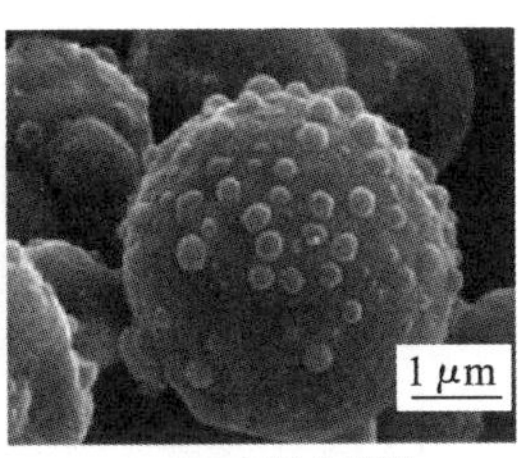

(d) CI/PS复合颗粒

图 2.2　未包覆羰基铁粉、CI/PMMA 复合颗粒、CI/PANI 复合颗粒、CI/PS 复合颗粒的表面微观形貌

除了以上 3 种最常见的有机包覆层之外，学者们还选用聚甲基丙烯酸缩水甘油酯、共价胆固醇等高分子化合物包覆羰基铁粉。然而，大量研究表明，在经过有机包覆之后，磁性颗粒的静磁性能有所下降，最大磁饱和强度降低，这将导致磁流变液的屈服应力和剪切应力降低。同时，有机包覆处理方法产生的有机包覆层受温度、溶解度等因素影响较大，批量生产难以控制，且经过有机包覆的磁性颗粒的稳定性下降，有机层在高温或剧烈的物理化学作用下容易变性失效，导致磁流变液耐久性变差。

2.1.2　无机包覆处理

对磁性颗粒进行无机物质包覆也是提升磁流变液沉降稳定性的一种方法。相较于有机包覆，无机包覆最大的优点在于耐受性较好，所制备的磁流变液在极端条件下的稳定性较高。在早期的研究中，有学者找到了一些适宜用作包覆的无机材料，但是这些研究相对简单，包覆方法也较为粗糙。如 Bombard 等(Bombard，2007)直接使用德国 BASF 公司生产的普通羰基铁粉 HS 和磷化型羰基铁粉 HSI 制备磁流变液，对比磷化包覆层对磁流变液的影响。结果表明，羰基铁粉表面的磷化包覆层使磁流变液在稳态和动态剪切下的流变性能均略微降低。但该文献并未直接说明磷化处理对磁流变液的影响。另一种较为常用的无机包覆材料是氧化锆，一般仅用于磁流变抛光液中。氧化锆是一种硬质抛光磨料，单斜氧化锆是玻璃抛光首选的结晶形式，经过其抛光的硬质或软质玻璃具有良好的去除率和较低的表面粗糙度值。Shafrir 等(Shafrir，2009)制备了 pH 值为 1 的氧化锆前驱体和硝酸丁酯的溶胶，通过溶胶-凝胶法在羰基铁粉表面生成氧化锆薄层。实验结果表明，经过氧化锆处理的羰基铁粉制备的磁流变抛光液的性能变好(Guo，2015)。

随着磁性颗粒无机包覆研究的开展，有学者将研究重点集中在了纳米硅颗粒及其衍生物上，目前硅包覆已经成为无机包覆的主流。大量研究结果表明，经过纳米硅颗粒包覆的磁性颗粒的耐酸性和抗氧化性大大增强，但是最大磁饱和强度降低。对磁性颗粒的无机硅包覆处理能够在保证磁流变液流变性能的前提下大大提升磁流变液的沉降稳定性和耐久性。

纳米硅和纳米二氧化硅颗粒的包覆处理更多用于铁氧体磁性颗粒，其中尤以 Fe_3O_4 居多，这是因为相较于羰基铁粉，铁氧体磁性颗粒虽然本身密度较小，制得的磁流变液沉降稳定性较佳，但是铁氧体磁性颗粒存在热、物理和化学稳定性不及羰基铁粉的问题，因此，使用无机硅包覆正好可以大大提升铁氧体磁性颗粒的稳定性。Chae 等(Chae，2016)通过溶胶-凝胶法制备 Fe_3O_4/SiO_2“核-壳”结构颗粒，原硅酸乙酯通过脱水缩合在铁氧体颗粒表面形成硅包覆层(图 2.3)，EDS 谱图、XRD 图谱和 FT-IR 光谱图都证明了颗粒表面存在硅元素及 SiO_2。

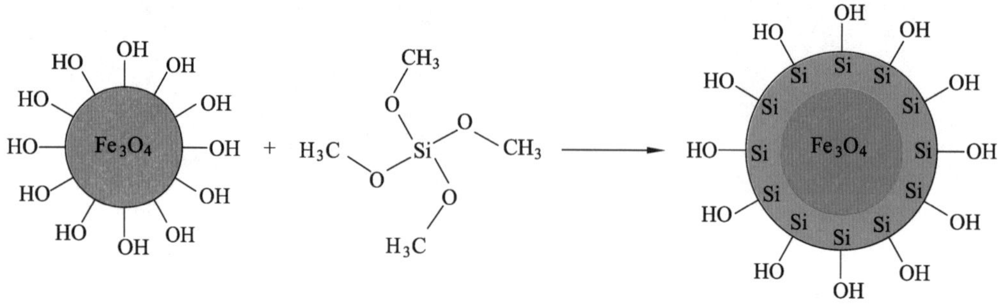

图 2.3　Fe_3O_4/SiO_2**“核-壳”结构颗粒的合成**

在介绍无机硅包覆磁性颗粒的研究中，Agustín-Serrano 等(Agustín-Serrano，2013)的研究较为全面。他们在文中介绍了经过纳米硅包覆的磁性颗粒制备的磁流变液在稳态和动态剪切条件下的流变性能，并进行了一定的理论计算。研究表明，硅包覆磁性颗粒磁流变液表现出了传统磁流变液具有的一切流变特性，在稳态和动态剪切条件下都具有较好的流变性能。

2.2　磁流变液用添加剂的研究进展

2.2.1　表面活性剂

表面活性剂是一种具有双亲特性的高分子物质，同时具有亲水和疏水的性质。以水基磁流变液为例，加入表面活性剂后，表面活性剂的疏水端锚固在磁性颗粒表面，而亲水端在载液(水)中自由分散。表面活性剂在磁性颗粒表面形成的这种枝接结构能够增大颗粒间的空间位阻效应，避免磁性颗粒的团聚、絮凝和沉降，从而提升磁流变液的沉降稳定性。另外，由于无磁性物质的加入阻碍了磁致链束结构的生长，因此加入表面活性剂的磁流变液的屈服应力有所降低。

目前，有许多种类的有机酸被用于提升磁流变液的沉降稳定性，如月桂酸(lauric acid)和豆蔻酸(myristic acid)、聚丙烯酸(polyacrylic acid，PAA)、硬脂酸(stearic acid)、油酸(oleic acid，OA)和二聚酸(dimer acid，DA)等。研究表明，有机酸所含有的羧基能够与羰基铁粉表面的羟基脱水缩合，从而使得有机酸长链稳定锚固在羰基铁粉表面，另一端则分散在载液中起到阻碍羰基铁粉团聚的作用。

也有研究认为，有机酸提升沉降稳定性的机理与触变剂类似，即在空间中形成网格结构。图 2.4 是 Ashtiani 等(Ashtiani，2015)研究得出的硬脂酸凝胶结构，磁流变液中的硬脂酸表面活性剂在硅油中形成了凝胶网格结构，并将羰基铁粉“捕获”在内，从而避免了羰基铁粉之间的直接接触，提高了磁流变液的沉降稳定性。

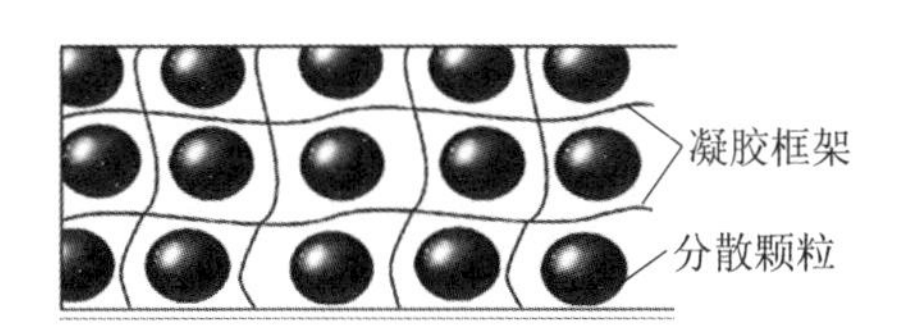

图 2.4 硬脂酸在硅油中形成的凝胶网格结构

2.2.2 触变剂

触变剂是指能够在磁流变液中形成触变结构的一类物质。在磁流变液中添加触变剂是提升磁流变液性能,特别是沉降稳定性的重要手段。磁流变液中最常用的触变剂主要有黏土纳米颗粒及其衍生物、碳纳米管和高分子复合纳米颗粒等。一般认为,添加触变剂能够在不明显降低磁流变液流变性能的同时大幅提升磁流变液的沉降稳定性。这是由于在无磁场状态下,纳米颗粒做自由热运动,填充了磁流变液中磁性微米颗粒之间的缝隙,增大了空间位阻效应,避免了磁性颗粒之间的直接接触,从而缓解了磁流变液的絮凝和沉淀,增强了磁流变液的再分散性(Yang,2020)。

黏土纳米颗粒因具有较小的密度、较大的表面积及环境友好性能等,而成为无磁性纳米颗粒添加剂中的一个研究热点,受到了学者的广泛关注(Roupec,2021)。其中,埃洛石黏土(halloysite nanotube,HNT)是一种自然形成的具有中空管状结构的双层铝硅酸盐黏土。在有磁场条件下,纳米黏土颗粒减弱了链束结构中羰基铁粉的相互吸引,导致磁流变液的屈服应力略有下降;而在无磁场条件下,纳米黏土颗粒可以防止羰基铁粉颗粒硬沉降,提升磁流变液的沉降稳定性。

有机黏土也是磁流变液中常用的纳米非磁性颗粒添加剂。加入磁流变液中的有机黏土是指一种经过有机处理的蒙脱土(organically modified montmorillonite,OMMT),这种有机黏土是在蒙脱土的基础上用有机阳离子取代层间金属阳离子得到的(Hong,2014)。研究表明,OMMT 的加入能够有效提高磁流变液的沉降稳定性,但随着 OMMT 的掺量增加,磁流变液的零场黏度增大,有磁场下的屈服应力和剪切应力略微降低。与之类似,OMMT 也能导致磁流变液在有磁场下的储能模量降低,且 OMMT 掺量越多,储能模量降低得越明显。

碳纳米管(carbon nanotube)作为触变剂表现出了优良的特性。相较于其他种类的无磁性纳米颗粒添加剂,碳纳米管最大的优势在于它在提升磁流变液沉降稳定性的同时还能够略微提升磁流变液在有磁场条件下的流变性能(Arumugam,2021)。一方面,碳纳米管在无磁场条件下发挥空间位阻效应提高了磁流变液的沉降稳定性;另一方面,磁流变液中的微观链束结构在磁场和剪切的共同作用下不断重复断裂和重组的过程,而纳米颗粒的加入不仅提高了链束结构的强度,而且能够加快链束结构恢复重组,使得磁流变液在宏观上体现出更优的流变性能。

2.2.3 磁性纳米颗粒

相较于普通的触变剂和无磁性的纳米颗粒添加剂,磁性纳米颗粒的加入在磁流变液内部形成了复杂的双分散体系(bidisperse MRF),对磁流变液性能的影响也更加复杂。图 2.5 是磁性纳米颗粒在磁流变液中的作用示意图。Park 等(Park,2009)认为纳米颗粒可以有效填充羰基铁粉链束结构的空隙，在同等外磁场条件下更有助于羰基铁粉形成交联的链束网络，从而提升磁流变液的流变性能。

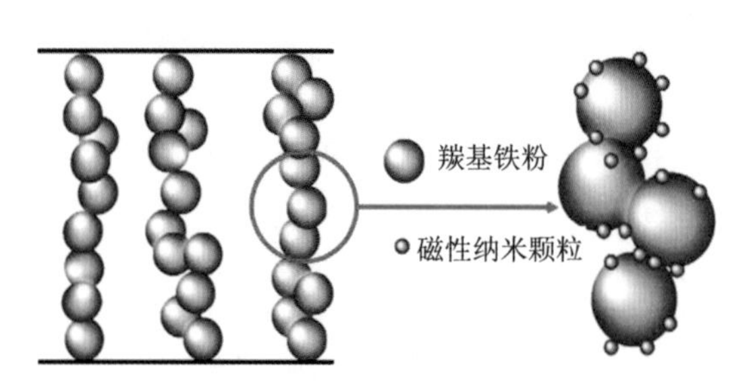

图 2.5　磁性纳米颗粒在磁流变液中的作用示意图

对磁性添加颗粒的研究始于羰基铁粉双分散体系磁流变液的相关研究。在该体系中，两种不同粒径的羰基铁粉被混合制备成磁流变液。最初的研究中两种粒径的羰基铁粉均为微米级，Ulicny 等(Ulicny，2010)将平均粒径分别为 2 μm 和 8 μm 的两种羰基铁粉混合来制备磁流变液，并用点-偶极公式模拟计算磁流变液的流变行为。与另一项研究结果类似，双分散磁流变液的沉降稳定性和流变性能都有所提升，且随着颗粒粒径差距的增大有进一步优化的趋势(de Vicente，2010)，因此，需进一步增大羰基铁粉的粒径差距，将小颗粒的粒径确定在纳米级。Song 等(Song，2009)通过热分解五茂铁的方法制备纳米羰基铁粉颗粒并将其添加在传统磁流变液中。结果表明，添加了纳米羰基铁粉的磁流变液在稳态剪切下的流变性能略微上升，且随着纳米颗粒添加量的增加，磁流变液的剪切应力上升；而在动态剪切下，添加纳米颗粒对磁流变液的稳定性和流变性能的影响不显著。在上述研究的基础上，研究的热点集中在了磁流变-磁流体体系，即用磁流体替代磁流变液的载液。

磁流变液中的磁性纳米颗粒添加物还包括铁氧体纳米颗粒(Han，2020；Wang，2011)和其他金属元素的纳米颗粒添加物(Hajalilou，2016；Liu，2015)等，通过对这一类纳米颗粒添加物的研究拓宽了该领域的研究范围，为进一步设计、制备纳米颗粒添加物提供了有益的借鉴，为制备高性能磁流变液打下了一定的基础。

2.2.4　复合纳米颗粒

复合纳米颗粒添加物一般指将磁性部分(纳米磁性颗粒)和非磁性部分(无机、有机纳米包覆层)复合而成的纳米颗粒添加物。其既有较小的密度，又具有一定的磁性能，可作为磁流变液中的添加剂，用以提高磁流变液的性能。

Fang 等(Fang，2007)将铁颗粒和具有六角介观结构的硅颗粒(MCM-41)复合制备纳米颗粒，得到 Fe-MCM-41 复合纳米颗粒，并将其加入磁流变液中。实验结果表明，该复合颗粒的作用机理与磁性纳米颗粒的类似，在无场条件下，自由分布避免了羰基铁粉之间的直接接触，改善了磁流变液的沉降，而在外磁场的作用下填补了链束结构的空隙，从而提升了磁流变液的流变性能。值得注意的是，将 Fe-MCM-41 纳米颗粒加入磁流变液后，磁流变液在振荡剪切作用下的储能模量明显升高，说明 Fe-MCM-41 纳米颗粒使得磁流变液的弹性特征有所增强。Piao 等(Piao，2015)制备了 Fe_3O_4/SiO_2 复合纳米颗粒，将其加入羰基铁粉制备的磁流变液中，磁流变液的沉降稳定性和流变性能均有所提高。

相较于磁性颗粒和无机材料的复合，磁性颗粒和有机物的复合因分散聚合法和溶胶-凝胶法等手段而变得简单易行，因此学者们对磁性颗粒-有机材料复合纳米颗粒开展了更多的研究。Kim 等(Kim，2008)和 Piao 等(Piao，2015)分别研究了 PANI 与 Fe_3O_4 和单质 Fe 复合而成的颗粒对磁流变液的影响。研究发现，经过 PANI 复合的 Fe_3O_4 和单质 Fe 颗粒静磁性能有所下降，不仅最大磁饱和强度有所降低，剩磁和矫顽力也明显增大。由于复合颗粒添加物静磁性能下降，因此磁流变液的流变性能也略有下降，这与大多数针对有机包覆开展的研究的结论一致。与此类似的研究还有 Fe_3O_4/ZHS(Machovský，2015)、Fe-BTC(Quan，2015)等，这些研究的结果均表明，有机包覆的纳米磁性颗粒加入磁流变液中，可略微降低磁流变液的流变性能，而大大提升磁流变液的沉降稳定性。与这些研究相反，Park 等(Park，2006)研究了在有机聚合物颗粒表面包覆磁性材料的新型纳米添加物颗粒，这种具有“核-壳”结构的纳米颗粒是以高度单分散的聚苯乙烯-乙酰乙酸基甲基丙烯酸乙酯颗粒(AAEM)为“核”，在其表面包覆纳米 Fe_3O_4 制备而成。该复合颗粒的最大饱和磁化强度约为 5 emu/g，低于其他种类的磁性纳米颗粒的值，但是由于颗粒主体由高分子核构成，因此其密度也低于其他种类的颗粒的密度。因此，在将该复合颗粒添加至磁流变液后，磁流变液的沉降稳定性得到较大提升，而剪切应力和屈服应力也较添加其他颗粒的磁流变液下降较多。

2.3 磁流变液载液的研究进展

载液在磁流变液中的主要作用是分散铁磁性颗粒，避免颗粒团聚沉降，从而保持磁流变液的匀质性。常用的磁流变液载液主要为水、矿物油、合成油及其他分子量较小的高分子载液。这些载液具有来源广、价格低、理化性质稳定等优势，但由于其相对密度和黏度较低，难以有效减缓磁性颗粒的团聚沉降，因此传统磁流变液的悬浮稳定性较差。

提高载液表观黏度可以显著提升磁流变液的悬浮稳定性。多种高黏度的载液被用于制备磁流变液，以及磁流变胶、磁流变脂和磁流变弹性体等磁流变液的衍生物。磁流变胶是将磁性颗粒分散在凝胶中制备的一种黏塑性磁流变材料。相比低黏度的磁流变液，凝胶增大了磁性颗粒沉降时需要克服的摩擦力，极大地改善了磁流变液的悬浮稳定性。聚环氧乙烷(polyethylene oxide，PEO)是一种来源广泛的高分子聚合物，低分子量的 PEO 是一种易溶于有机溶剂的线性高分子聚合物。Min 等(Min，2012)将 PEO 溶于蒸馏水中制备得到 PEO 水溶液并以此为连续相制备磁流变液。研究表明，PEO 水溶液极大地改善了磁流变液的沉降稳定性。业界普遍认为 PEO 分子链与水分子产生的氢键相互作用并形成了一定的触变结构，阻碍了磁性颗粒的沉降。为使磁性颗粒与载液形成更强的空间网络结构，Gu 等(Gu，2008)将 Fe-SiO_2 复合颗粒分散在聚乙二醇(polyethylene glycol，PEG)中，得到的磁流变液在小剪切速率下具有更高的黏度，同时稳定性更佳，这是由于羰基铁粉表面的 SiO_2 与载液中聚乙二醇的醇羟基之间产生了更多更强的氢键作用。除 PEO 外，聚氨酯(polyurethane，PU)、聚丙二醇(polypropylene glycol，PPG)、聚异丁烯(polyisobutylene，PIB)等高分子材料都可用来制备磁流变胶，制得的磁流变液在零场零剪条件下具有很高的黏度，表现出了优良的悬浮稳定性。

本章参考文献

[1] 胡志德，晏华，王雪梅，等.稠化剂含量对磁流变脂流变行为的影响[J].功能材料，2015，46(2)：2105—2108，2114.

[2] AGUSTÍN-SERRANO R，DONADO F，RUBIO-ROSAS E. Magnetorheological fluid based on submicrometric silica-coated magnetite particles under an oscillatory magnetic field[J].Journal of Magnetism and Magnetic Materials，2013，335：149—158.

[3] ARUMUGAM A B，SUBRAMANI M，DALAKOTI M，et al. Dynamic characteristics of laminated composite CNT reinforced MRE cylindrical sandwich shells using HSDT[J]. Mechanics Based Design of Structures and Machines，2023，51(7)：4120—4136.

[4] ASHTÍANI M，HASHEMABADI S H. An experimental study on the effect of fatty acid chain length on the magnetorheological fluid stabilization and rheological properties[J].Colloids and Surfaces A：Physicochemical and Engineering Aspects，2015，469：29—35.

[5] BICA D，VÉKÁS L，AVDEEV M V，et al. Sterically stabilized water based magnetic fluids：synthesis，structure and properties[J].Journal of Magnetism and Magnetic Materials，2007，311(1)：17—21.

[6] BOMBARD A J F，KNOBEL M，ALCÂNTARA M R.Phosphate coating on the surface of carbonyl iron powder and its effect in magnetorheological suspensions [J].International Journal of Modern Physics B，2007，21(28—29)：4858—4867.

[7] CHAE H S，KIM S D，PIAO S H，et al. Core-shell structured Fe_3O_4 @ SiO_2 nanoparticles fabricated by sol-gel method and their magnetorheology[J].Colloid and Polymer Science，2016，294(4)：647—655.

[8] CHO M S，LIM S T，JANG I B，et al.Encapsulation of spherical iron-particle with PMMA and its magnetorheological particles[J].IEEE Transactions on Magnetics，2004，40(4)：3036—3038.

[9] CHOI H J，PARK B J，CHO M S，et al. Core-shell structured poly (methyl methacrylate) coated carbonyl iron particles and their magnetorheological characteristics[J].Journal of Magnetism and Magnetic Materials，2007，310(2)：2835—2837.

[10] CHOI Y T，XIE L，WERELEY N M.Testing and analysis of magnetorheological fluid sedimentation in a column using a vertical axis inductance monitoring system[J].Smart Materials & Structures，2016，25(4)：04LT01.

[11] de VICENTE J，VEREDA F，SEGOVIA-GUTIÉRREZ J P，et al. Effect of particle shape in magnetorheology[J].Journal of Rheology，2010，54(6)：1337—1362.

[12] FANG F F, PARK B J, CHOI H J, et al. Magnetorheology of carbonyl-iron suspension with iron/MCM-41 additive[J]. International Journal of Modern Physics B, 2007, 21(28—29): 4981—4987.
[13] GU R, GONG X L, JIANG W Q, et al. Synthesis and rheological investigation of a magnetic fluid using olivary silica-coated iron particles as a precursor[J]. Journal of Magnetism & Magnetic Materials, 2008, 320(21): 2788—2791.
[14] GUO H R, WU Y B. Ultrafine polishing of optical polymer with zirconia-coated carbonyl-iron-particle-based magnetic compound fluid slurry[J]. The International Journal of Advanced Manufacturing Technology, 2016, 85(1—4): 253—261.
[15] HAJALILOU A, MAZLAN S A, SHILA S T. Magnetic carbonyl iron suspension with Ni-Zn ferrite additive and its magnetorheological properties[J]. Materials Letters, 2016, 181: 196—199.
[16] HAN S, CHOI J, KIM J, et al. Porous Fe_3O_4 submicron particles for use in magnetorheological fluids[J]. Colloids and Surfaces A: Physicochemical and Engineering Aspects, 2021, 613: 126066.
[17] HONG C H, CHOI H J. Effect of halloysite clay on magnetic carbonyl iron-based magnetorheological fluid[J]. IEEE Transactions on Magnetics, 2014, 50(11): 1—4.
[18] HORAK W. Modeling of magnetorheological fluid in quasi-static squeeze flow mode[J]. Smart Material & Structures, 2018, 27(6): 065022.
[19] KIM J H, FANG F F, CHOI H J, et al. Magnetic composites of conducting polyaniline/nano-sized magnetite and their magnetorheology[J]. Materials Letters, 2008, 62(17—18): 2897—2899.
[20] LIU J R, WANG X J, TANG X, et al. Preparation and characterization of carbonyl iron/strontium hexaferrite magnetorheological fluids[J]. Particuology, 2015, 22: 134—144.
[21] LIU Y D, CHOI H J. Recent progress in smart polymer composite particles in electric and magnetic fields[J]. Polymer International, 2013, 62(2): 147—151.
[22] LU Q, GAO C Y, CHOI H J. Shirasu porous glass membrane processed uniform-sized Fe_3O_4-embedded polymethylmethacrylate nanoparticles and their tunable rheological response under magnetic field[J]. Colloids and Surfaces A: Physicochemical and Engineering Aspects, 2021, 611: 125756.
[23] MACHOVSKÝ M, MRLÍK M, PLACHÝ T, et al. The enhanced magnetorheological performance of carbonyl iron suspensions using magnetic Fe_3O_4/ZHS hybrid composite sheets[J]. RSC Advances, 2015, 5(25): 19213—19219.
[24] KIN S M, LIU Y D, PARK B J, et al. Carbonyl iron particles dispersed in a polymer solution and their rheological characteristics under applied magnetic field[J]. Journal of Industrial & Engineering Chemistry, 2012, 18(2): 664—667.

[25] PARK B J, PARK C W, YANG S W, et al. Core-shell typed polymer coated-carbonyl iron suspensions and their magnetorheology[J]. Journal of Physics: Conference Series. IOP Publishing, 2009, 149(1): 012078.
[26] PARK B J, SONG K H, CHOI H J. Magnetic carbonyl iron nanoparticle based magnetorheological suspension and its characteristics[J]. Materials Letters, 2009, 63(15): 1350－1352.
[27] PIAO S H, BHAUMIK M, MAITY A, et al. Polyaniline/Fe composite nanofiber added softmagnetic carbonyl iron microsphere suspension and its magnetorheology[J]. Journal of Materials Chemistry C, 2015, 3(8): 1861－1868.
[28] PIAO S H, CHAE H S, CHOI H J. Carbonyl iron suspension with core-shell structured fe_3O_4@SiO_2 nanoparticle additives and its magnetorheological property[J]. IEEE Transactions on Magnetics, 2015, 51(11): 1－4.
[29] QUAN X M, LIU Y D, CHOI H J. Magnetorheology of iron associated magnetic metal-organic framework nanoparticle[J]. Journal of Applied Physics, 2015, 117(17): 17C732.
[30] QUAN X M, CHUAH W, SEO Y, et al. Core-shell structured polystyrene coated carbonyl iron microspheres and their magnetorheology[J]. IEEE Transactions on Magnetics, 2014, 50(1): 1－4.
[31] ROUPEC J, MICHAL L, STRECKER Z, et al. Influence of clay-based additive on sedimentation stability of magnetorheological fluid[J]. Smart Materials and Structures, 2021, 30(2): 027001.
[32] SHAFRIR S N, ROMANOFSKY H J, SKARLINSKI M, et al. Zirconia-coated carbonyl-iron-particle-based magnetorheological fluid for polishing optical glasses and ceramics[J]. Applied Optics, 2009, 48(35): 6797－6810.
[33] SONG K H, PARK B J, CHOI H J. Effect of magnetic nanoparticle additive on characteristics of magnetorheological fluid[J]. IEEE Transactions on Magnetics, 2009, 45(10): 4045－4048.
[34] ULICNY J C, SNAVELY K S, GOLDEN M A, et al. Enhancing magnetorheology with nonmagnetizable particles[J]. Applied Physics Letters, 2010, 96(23): 231903.
[35] VIOTA J L, DELGADO A V, ARIAS J L, et al. Study of the magnetorheological response of aqueous magnetite suspensions stabilized by acrylic acid polymers[J]. Journal of Colloid and Interface Science, 2008, 324(1－2): 199－204.
[36] WANG G S, GENG J H, QI X W, et al. Rheological performances and enhanced sedimentation stability of mesoporous Fe_3O_4 nanospheres in magnetorheological fluid[J]. Journal of Molecular Liquids, 2021, 336: 116389.
[37] YANG C C, LIU Z, YU M C, et al. The influence of thixotropy on the magnetorheological property of oil-based ferrofluid[J]. Journal of Molecular

Liquids,2020,320:114425.

[38] YANG J J,YAN H,HU Z D,et al.Viscosity and sedimentation behaviors of the magnetorheological suspensions with oleic acid/dimer acid as surfactants[J]. Journal of Magnetism and Magnetic Materials,2016,417: 214—221.

[39] YANG J J,YAN H,WANG X M,et al.Enhanced yield stress of magnetorheological fluids with dimer acid[J].Materials Letters,2016,167: 27—29.

[40] YOU J L,PARK B J,CHOI H J,et al. Preparation and magnetorheological characterization of Ci/PVB core/shell particle suspended MR fluid[J]. International Journal of Modern Physics B,2007,21(28):0704594.

第3章　基于添加剂技术的新型磁流变液

材料性能不仅依赖于构成体系基本结构单元的理化性质，在很大程度上还取决于基本结构单元的聚集形式和状态，即基本单元以上层次的高级结构形式。在分子化学层次上，分子间的相互作用使分子聚集形成多尺度、多层次、多种类的有序聚集体，表现出单个分子不具备的特有性质，从而形成特性各异的材料。分子间的相互作用力对材料性能的影响很大，例如物质的熔点、沸点、溶解性和表面吸附性等，而通过对分子间相互作用加以利用和操控，实现分子间的识别和自组装，形成具有一定功能的超分子，则可以在更广阔的空间发现新材料及其新功能。

在各种分子间相互作用中，氢键因其稳定性、方向性和饱和性而在材料科学和生命科学中备受关注。氢键(Gilli，2010)是介于共价键(200 kJ/mol)和范德华力(10～40 kJ/mol)之间的一种特殊相互作用，其键能为30～200 kJ/mol，键长比范德华力半径之和小，但比共价键键长之和大很多。氢键是由分子中的原子X以共价键相连的氢与另一个原子Y结合形成的：X—H…Y，其中X，Y代表F，O，N等电负性大而半径小的原子。分子间氢键的形成将会影响物质的聚集状态，其物理性能也会随之发生明显变化。

此外，传统的DLVO理论认为，颗粒悬浮体系的稳定性主要是由颗粒表面间存在的范德华吸引力和双电层静电排斥力决定的。但是，当两个表面疏水的颗粒在水中相互靠近时，颗粒间会产生异常强烈的相互吸引力，该表面作用力不能用经典的DLVO理论很好地解释。疏水团聚作用(Ashbaugh，2006)作为一种有效的诱导凝聚技术，主要是通过表面活性剂先吸附在颗粒表面形成疏水表面，然后在疏水作用力下使颗粒凝聚。

通过以上分析，基于非共价键作用的基本单元聚集概念，以表面改性的羰基铁颗粒为特定对象，利用氢键及疏液相互作用，引入添加剂，从而制备高性能磁流变液。在磁流变体系中引入添加剂技术，一方面，无场条件下静态的颗粒聚集状态将会对磁场条件下颗粒的动态组装产生重要影响；另一方面，利用胶体悬浮液中的弱相互作用可以改善体系的稳定性，为磁流变材料的性能调控提供新的思路和方法。

3.1　氢键诱导型磁流变液

采用经表面活性剂处理的羰基铁颗粒作为分散相(图3.1)。硅油1#为分散介质，通过超声振荡和球磨制备硅油基磁流变液(其中羰基铁粉的体积分数为20%)，考察颗粒表面氢键作用对磁流变液稳定性和流变性能的影响。为使磁性颗粒表面产生氢键作用，选用二聚酸处理颗粒表面。二聚酸是由十八碳不饱和单羧酸(主要为油酸、亚油酸)通过聚合反应合成的，以二聚体$C_{36}H_{64}O_4$为主，带有两个端羧基基团。当二聚酸一端吸附于颗粒表面时，另一端成为游离的自由羧基，从而改变颗粒表面的极性。

图 3.2 为羰基铁颗粒(CI)和表面吸附二聚酸、油酸的颗粒(CI/DA、CI/OA)的红外光谱图。可以看出,对于 CI,3452 cm^{-1}处的弱峰是由 O—H 的伸缩振动引起的,表明羰基铁颗粒表面有自由的羟基。对于 CI/DA,3200~3600 cm^{-1}处出现的宽峰是由羧酸二聚体的 O—H 伸缩吸收引起的;2923 cm^{-1}和 2853 cm^{-1}处的峰分别对应于—CH_2 反对称和对称伸缩振动;2360 cm^{-1}处的振动峰是由空气中的 CO_2 引起的;1634 cm^{-1}处的峰是 C═O 的伸缩振动峰。对于 CI/OA,其特征峰有 2923 cm^{-1}和 2853 cm^{-1}处的—CH_2 反对称和对称伸缩振动,1709 cm^{-1}处的 C═O 的伸缩振动峰和 1403 cm^{-1}处的 O—H 的伸缩振动峰。内置图为 CI/OA 压片试样与水的表面接触角的照片,接触角约为 134°,说明 CI/OA 表面是疏水的。CI/DA 压片试样与水的表面接触角几乎为零,这是由于其表面有丰富的亲水性基团(—COOH),因而与水有很好的相容性。

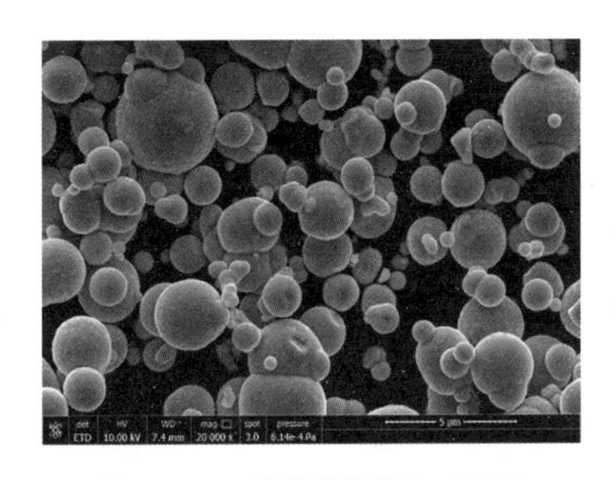

图 3.1 OM 型羰基铁粉的 SEM 图

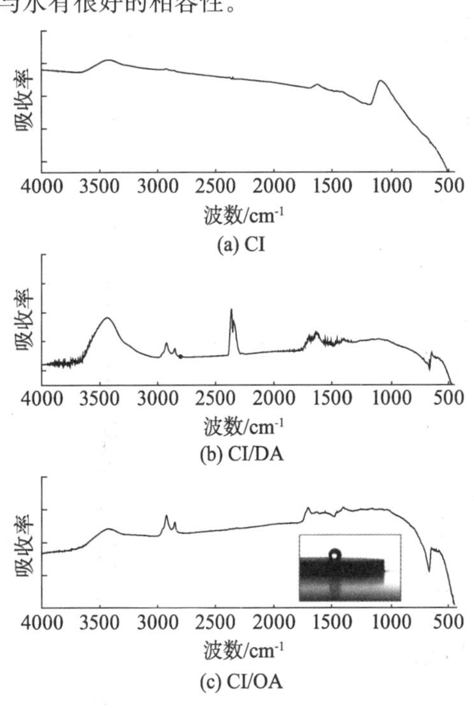

图 3.2 CI,CI/DA 和 CI/OA 的红外光谱图

图 3.3 是 CI、CI/DA 和 CI/OA 的磁化特性曲线。可以看出,表面处理前后的羰基铁颗粒均表现为顺磁性,纯羰基铁粉的比饱和磁化强度 M_s 约为 210 emu/g,经处理后,其比饱和磁化强度略有下降。

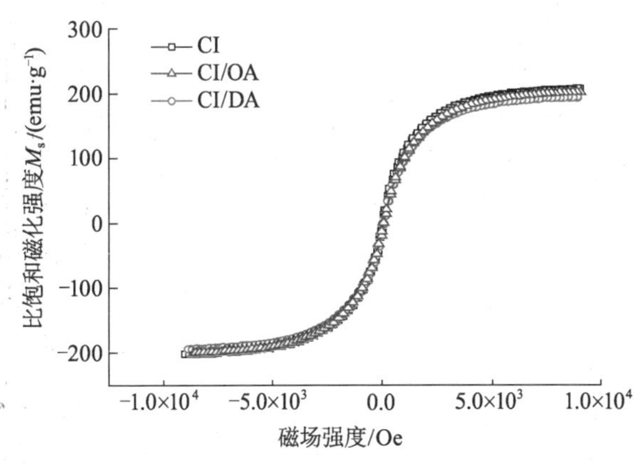

图 3.3 CI、CI/DA 和 CI/OA 的磁化特性曲线

图 3.4a 和图 3.4b 为磁性颗粒稀释溶液的光学显微图像,其中载液为矿物油 1#,颗粒浓度为2.5 g/L。可以看出,油酸包覆的磁性颗粒在载液中分散较为均匀,有少量团聚体存在,而表面吸附二

聚酸的磁性颗粒团聚现象严重。这是由于颗粒表面的自由羧基使得羰基铁表面极性发生变化，颗粒表面羧基端的氢键作用在能量上大于颗粒与载液分子的相互作用，导致磁性颗粒之间的极性作用增强，在悬浮液体系中形成无规则的“团聚体”，如图 3.4c 所示。油酸则可以改善颗粒与载液的相容性，从而形成分散均匀的悬浮体系（López-López，2008）。

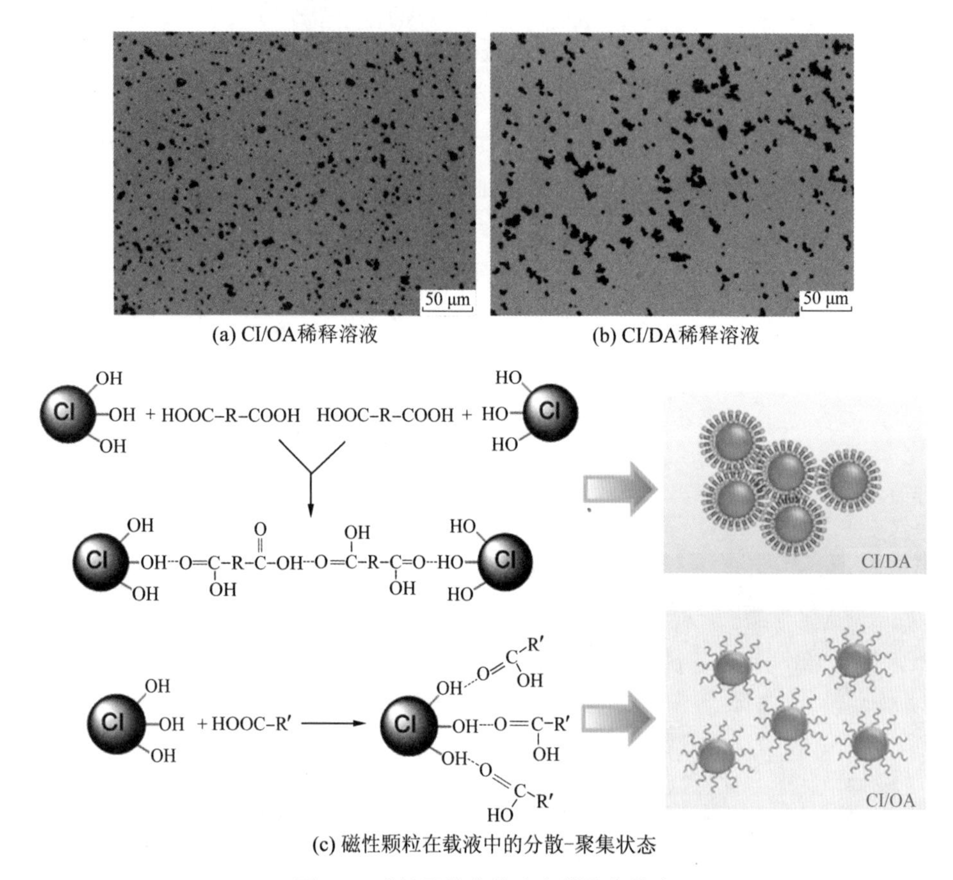

图 3.4　磁性颗粒在载液中的聚集状态

3.1.1　零磁场表观黏度

磁流变液的零磁场黏度是指外磁场为 0 时的表观黏度。图 3.5 为含不同浓度油酸/二聚酸的磁流变液样品的零磁场黏度与剪切速率的关系曲线。可以看出，在不施加外磁场时，磁流变液的黏度随着剪切速率的增大而降低，表现出剪切稀化的特征。一般认为，当流体处于静态或剪切速率相对较小时，磁流变液中无序分布颗粒的多体相互作用及颗粒的剩磁吸引作用（Phulé，1999）对流动产生了较大的阻力，表现为流体表观黏度比较大；随着剪切速率的增大，颗粒开始沿着剪切方向有序流动，表现出各向异性的微观结构，导致相应的阻力减小，从而流体的黏度减小至基本保持不变。流体的剪切稀化行为可以通过以下幂律关系来描述：

$$\eta=\eta_{\infty}\left[1+\left(\frac{\dot{\gamma}}{\dot{\gamma}_0}\right)^{-n}\right] \tag{3.1}$$

式中，η_∞ 为极限剪切黏度；$\dot{\gamma}_0$ 为黏度进入平稳区域时的剪切速率；n 为剪切稀化指数。

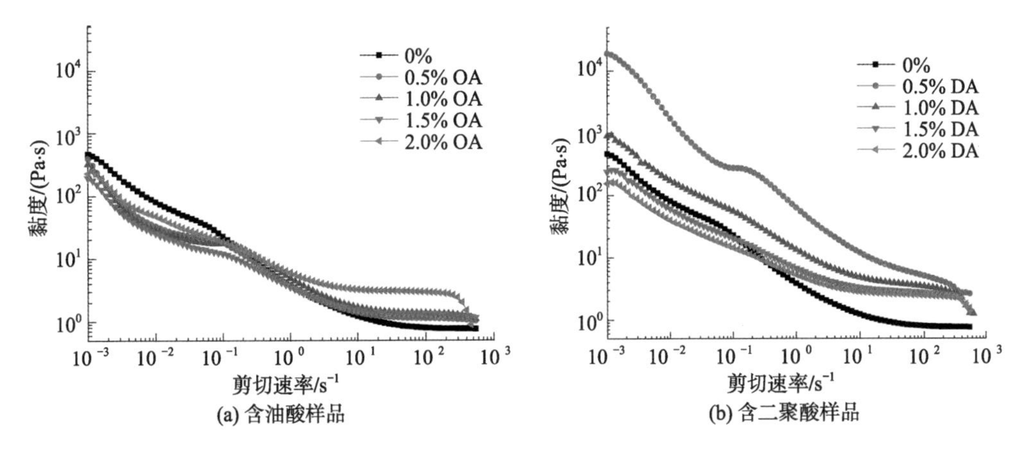

(a) 含油酸样品 (b) 含二聚酸样品

图 3.5 磁流变液零磁场黏度与剪切速率的关系曲线

通过拟合可获得相关流动参数表 3.1，拟合区间为 0.1～100 s^{-1}。可以看出，含有油酸的磁流变液的 η_∞ 随着油酸含量的增大而增大，这是由于吸附层增加了颗粒与载液之间的相互作用，导致黏度增大。而对于含二聚酸的样品，η_∞ 均大于空白样，但是 η_∞ 随着二聚酸含量的增大而减小。这可能是由颗粒的团聚结构引起的，当二聚酸含量较低时，颗粒之间由于氢键作用相互吸引，形成集聚结构，使磁流变液的零磁场黏度增大；当表面活性剂含量增大时，吸附层厚度增加，空间位阻效应增强，使得团聚结构易于在剪切下破坏，导致剪切黏度减小。换言之，颗粒间存在极性吸引作用和空间位阻效应的平衡，该平衡直接影响悬浮体系的分散结构，从而改变悬浮液的流变行为。此外，当剪切速率为 500 s^{-1}时，含表面活性剂磁流变液的黏度明显减小，这可能是由壁面滑移引起的。

表 3.1 黏度曲线的拟合参数结果以及极限剪切黏度值与理论预测值偏差

表面活性剂掺量	η_∞/(Pa·s)	$\dot{\gamma}_0$/s^{-1}	n	R^2	Krieger-Dougherty 模型拟合偏移率/%	Mooney 模型拟合偏移率/%
0%	0.789	4.76	0.859	0.999	15	8.5
0.5%OA	0.887	4.97	0.766	0.999	39	22
1.0%OA	0.940	7.36	0.733	0.997	47	29
1.5%OA	0.967	4.99	0.637	0.996	51	33
2.0%OA	2.533	1.67	0.679	0.996	296	248
0.5%DA	2.814	36.92	0.860	0.998	341	287
1.0%DA	2.624	7.71	0.698	0.999	311	261
1.5%DA	2.217	3.37	0.607	0.997	247	205
2.0%DA	2.042	2.27	0.584	0.997	220	181

对于浓悬浮体系，考虑流体动力学相互作用和多体相互作用，体系的高剪切区牛顿黏度可由 Krieger-Dougherty(K-D)公式(3.2)和 Mooney 公式(3.3)进行预测(Krieger，2000；Mooney，1951)：

$$\eta = \eta_0 \left(1 - \frac{\varnothing}{\varnothing_M}\right)^{-[\eta]\varnothing_M} \tag{3.2}$$

$$\eta = \eta_0 \exp\left(\frac{[\eta]\varnothing}{1 - \varnothing/\varnothing_M}\right) \tag{3.3}$$

式中，η_0 为载液的黏度；$\varnothing$ 为分散相体积分数；$\varnothing_M$ 为黏度逾渗阈值，依赖于粒子形状，相当于最大填充体积分数，单分散硬球颗粒的 $\varnothing_M = 0.64$；$[\eta]$为特性黏度，对于球形颗粒，$[\eta] = 2.5$。

表 3.1 对磁流变液的实验拟合值 η_∞ 与理论预测值进行了比较，可以看出，未包覆的羰基铁磁流变液的极限剪切黏度与理论值较为接近，表面颗粒分散较为均匀。CI/OA 磁流变液的 η_∞ 略高于理论值，而 CI/DA 磁流变液的 η_∞ 与理论预测值有明显偏差，说明除了流体动力学相互作用和多体相互作用外，颗粒间还存在颗粒表面羧基的极性相互作用。

从以上分析可知，黏度理论预测模型是基于单分散的硬球颗粒，而对于表面吸附添加剂的颗粒而言，表面活性剂薄层使颗粒间的“硬”相互作用转变为“软”相互作用，从而改变悬浮液的表观黏度。此外，表面活性剂的空间位阻效应与颗粒间的极性吸引作用之间的平衡也会对体系的黏度行为产生重要影响。

图 3.6a 为 3ITT 测试下磁流变液样品的触变行为：初始低剪切为基本状态测试，随后进入高剪切结构破坏过程，最后回到初始剪切条件测试样品的结构恢复状态。从图中可以看出，样品在高剪切速率下黏度迅速降低，进入结构恢复阶段后，颗粒的微结构在布朗运动和流体动力的驱动下逐渐重建。将黏度对时间微分求导可以获得黏度恢复率，如图 3.6b 所示，在恢复阶段的前 3 s 内磁流变液的黏度恢复率较高，大约 15 s 后变化趋缓，逐渐接近零。空白样的黏度恢复率要高于含有表面活性剂的磁流变液，这说明表面活性剂吸附层可以减缓颗粒在载液中的运动。

表 3.2 列出了在第 3 个测量段 5 s 和 10 s 后黏度的恢复率，以及结构恢复率分别为 50% 和 80%时所对应的恢复时间。可以看出，颗粒表面吸附二聚酸的磁流变液在结构恢复初始阶段黏度恢复较快，这可能是由于颗粒间的极性吸引作用促进了颗粒运动引起的。

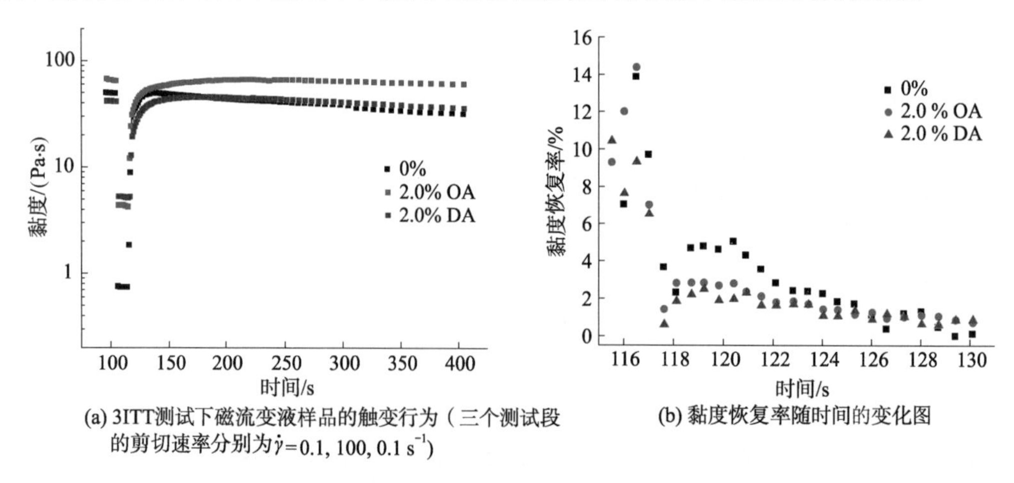

(a) 3ITT测试下磁流变液样品的触变行为（三个测试段的剪切速率分别为 $\dot{\gamma}$=0.1, 100, 0.1 s^{-1}）

(b) 黏度恢复率随时间的变化图

图 3.6　磁流变液的触变行为

表 3.2 第 3 个测量段 5 s 和 10 s 后黏度的恢复率以及 50%,80%恢复率对应的恢复时间

样品	5 s后恢复率/%	10 s后恢复率/%	恢复时间(50%)/s	恢复时间(80%)/s
0%	57.4	87.8	2.32	8.12
2.0%OA	58.4	72.8	3.08	14.30
2.0%DA	66.4	88.6	1.92	7.63

注：允许计算偏差范围为5%。

图3.7为磁流变液的表观黏度随温度的变化图。随着温度的升高,磁流变液的零磁场黏度减小。一般来讲,磁流变液的表观黏度主要由三部分组成：

$$\eta=\eta_M+\eta_b+\eta_H \tag{3.4}$$

式中,η_M 为颗粒间磁性相互作用引起的黏度分量;η_b 为布朗运动黏度分量;η_H 为颗粒的流体黏性阻力引起的黏度分量。

在零磁场下,η_M 和 η_b 对磁流变液表观黏度的贡献在理论上接近零(Sherman,2015),而颗粒受到的黏性阻力与载液的黏度正相关,因此,磁流变液的表观黏度随温度的变化行为主要由载液的黏温特性决定。

通常流体的黏温特性可用 Arrhenius 关系表达：

$$\eta=A\exp(-BT) \tag{3.5}$$

式中,T 是绝对温度;A,B 为常数,可以通过拟合得到。

从图3.7中可知,空白样和含有油酸的磁流变液样品具有相近的黏温变化指数 B,而颗粒表面吸附二聚酸的磁流变液的黏温指数要低于其他样品,这是由于除了载液的黏度变化外,高温对CI/DA磁性颗粒所形成的网络结构具有破坏作用,使得零磁场黏度减小得较快。

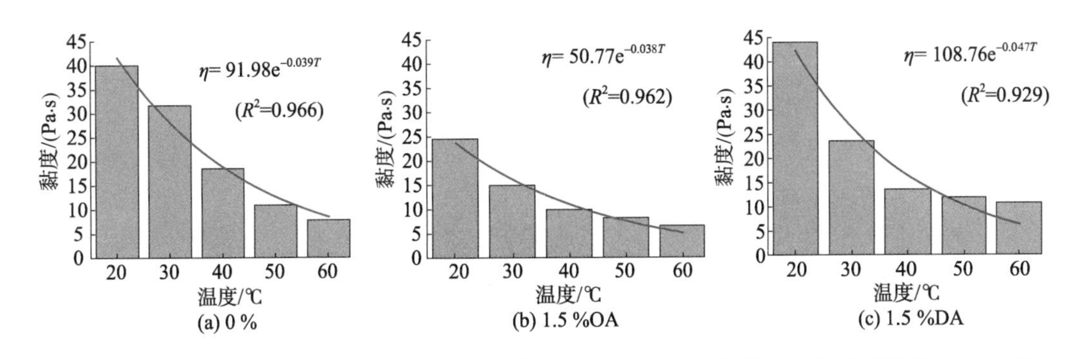

图3.7 不同温度下磁流变液的表观黏度(其中表面活性剂的质量分数为1.5%,剪切速率为0.1 s^{-1})

3.1.2 沉降稳定性

磁流变液沉降分层后,各层间的透光率产生巨大差异,可以用这种差异表征磁流变液的不均匀性。用透光率检测法考察油酸和二聚酸的浓度对稀磁流变悬浮液沉降稳定性的影响的具体做法如下:将表面活性剂与矿物油1#混合均匀,然后加入羰基铁颗粒,经超声振荡和机械搅拌制得稀磁流变悬浮液,其中羰基铁的质量浓度为2.5 g/L(体积分数约为0.03%)。

在稀磁流变悬浮液中,布朗运动导致的磁性颗粒碰撞大大减少,颗粒主要在重力作用下沉降。不同的磁流变液样品在 $t=0$ s时的吸光度 A_0 相差较小,这里将各个时间点的吸光度

A_n 作标准化处理，即 A_n/A_0，得到添加不同含量油酸的磁流变液的相对吸光度随时间变化的曲线，如图 3.8a 所示。可以看出，磁流变液的相对吸光度随时间呈减小的趋势，说明磁性颗粒在重力作用下逐渐沉降，而油酸对磁流变稀悬浮液的沉降稳定性作用不明显。图 3.8b 为添加不同含量二聚酸的磁流变液的相对吸光度随时间变化的曲线。可以看出，二聚酸未能有效减缓颗粒沉降，当二聚酸含量较低时，悬浮液的吸光度随时间变化的趋势与空白样一致，且略有减小。而对于二聚酸含量较高的悬浮液，在前 30 min 内，吸光度随时间变化迅速减小。产生这种现象的原因是，二聚酸的吸附使羰基铁颗粒表面具有极性，颗粒之间在极性作用下相互吸引团聚，导致悬浮颗粒加速沉降。当二聚酸浓度为 8 g/L 时，其吸光度有所提高，这可能是由一些局部团聚体黏附于样品池壁上引起吸光度升高所致。内置图为 120 min 后含 8 g/L 二聚酸磁流变稀悬浮液的样品池，从图中也可以发现，沉降后分散介质中的羰基铁颗粒呈肉眼可见的局部团聚状态。

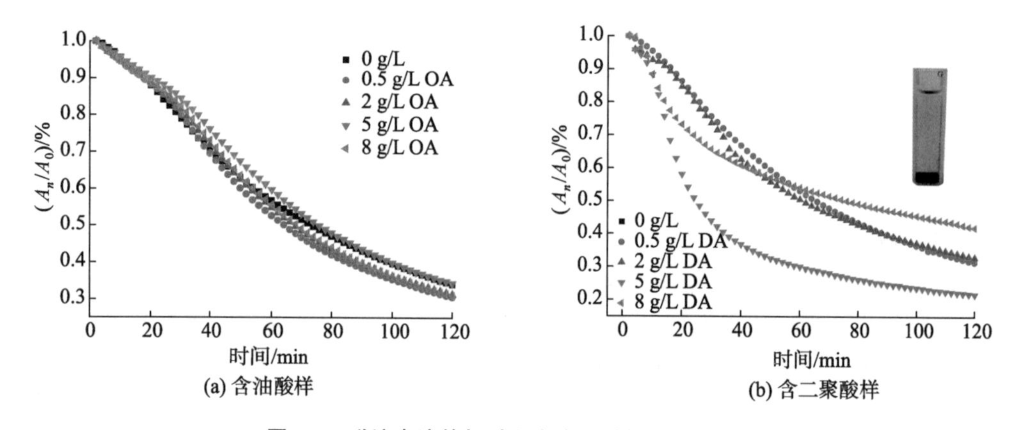

图 3.8　磁流变液的相对吸光度随时间变化的曲线

体积分数为 20％的羰基铁粉的磁流变液沉降率随时间变化的曲线如图 3.9 所示。从图中可以看出，空白样品沉降速度较快，约在第 10 天时沉降逐渐趋于平缓，基本保持恒定。低含量的油酸未能有效改善磁流变液的沉降稳定性，而对于质量分数为 2.0％的油酸的磁流变液，沉降率明显减小，这是因为油酸提高了磁流变液的表观黏度（图 3.6a），从而减缓了颗粒

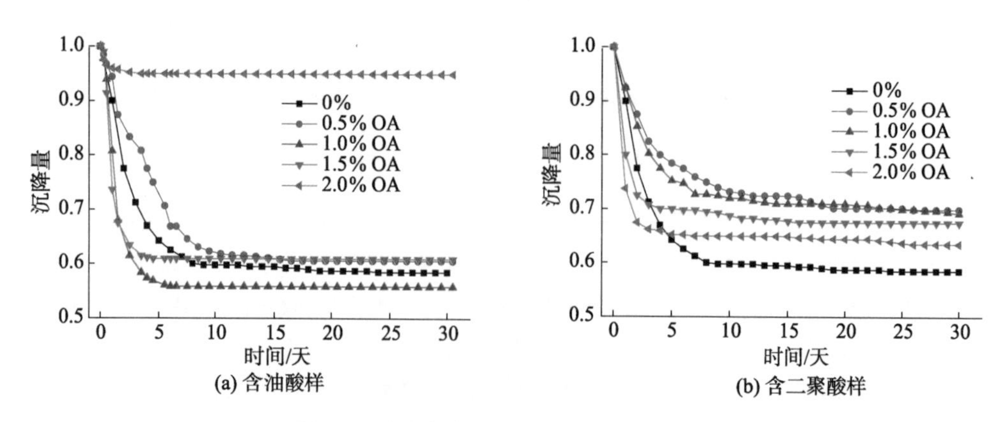

图 3.9　磁流变液沉降量随时间变化的曲线

的沉降。对于含有二聚酸的磁流变液，其沉降稳定性明显改善，且随着二聚酸浓度的降低，沉降率逐渐增大，相对于空白样，最大沉降率增加了 20%。

从稀悬浮液的沉降结果来看，由于二聚酸作用形成的颗粒团聚体受重力作用下，因此沉降率要高于孤立的磁性颗粒。而对于磁流变浓悬浮液，二聚酸可以改善磁流变液的沉降稳定性。这说明表面吸附二聚酸的磁性颗粒形成了松散的团聚结构，使得分散相的有效体积增大，沉降颗粒的结构疏松、不致密，有利于磁流变液沉降后再分散变为均匀的系统。

3.1.3 磁流变性能

图 3.10 为不同磁场强度[①]下，磁流变液的剪切黏度随剪切速率变化的曲线图(表面活性剂的质量分数为 1%)。从图中可看到，剪切黏度随着磁感应强度的增大而增大，添加适量的二聚酸可以提高磁流变液的剪切黏度，并且磁感应强度越大，剪切黏度相差越大。

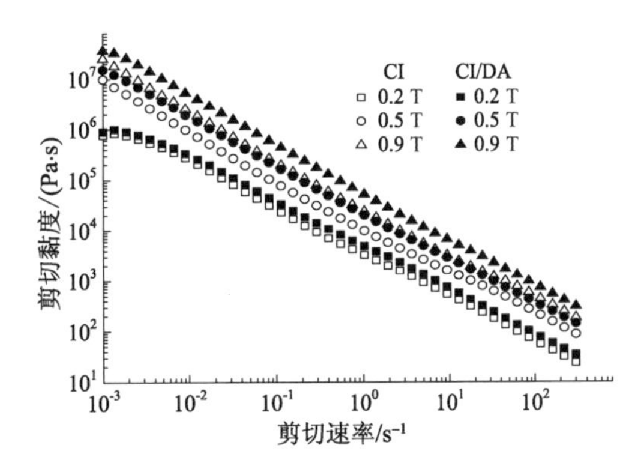

图 3.10 磁场作用下磁流变液的剪切黏度随剪切速率变化的曲线

磁流变液在稳态剪切条件下的流动行为由 Stokes 流体动力与磁性作用力决定(Volkova，2000；Martin，1996)。当外磁场一定时，磁流变液的表观黏度随剪切速率的增大而减小，即呈现剪切稀化现象。进一步研究表明，磁流变液的黏度与 M_n 有如下关系如下：

$$\frac{\eta-\eta_\infty}{\varphi\eta_c}=C\frac{1}{M_n} \tag{3.6}$$

式中，η_c 为载液的相对黏度；C 为常数。在低 M_n 区域，假设 $\eta\gg\eta_\infty$，可以得到磁流变液的相对黏度($\eta_c=\eta/\eta_\infty$)与 M_n 的函数关系如下：

$$\frac{\eta}{\eta_c}=C\frac{\varphi}{M_n} \tag{3.7}$$

如图 3.11 所示，磁流变液的相对黏度 η_c 随着 M_n 的增大而迅速减小(磁感应强度为 0.9 T)。在固定 M_n 值时，含有二聚酸的磁流变液的相对黏度要高于空白样品。这也说明，除 Stokes 流体动力与磁性作用力之外，在磁性颗粒之间还存在其他相互作用力对磁流变液的流动行为产生影响。此外，相对黏度可拟合为 M_n 的幂函数：$\eta_c\sim M_n{}^{-\Delta}$，指数 Δ 的变化范围是 0.89～1.00。图 3.11 中所得的指数值接近于 0.9，与文献(de Gans，1999)中的结果一致。

① 本书中磁场强度多由特斯拉计实测获得。

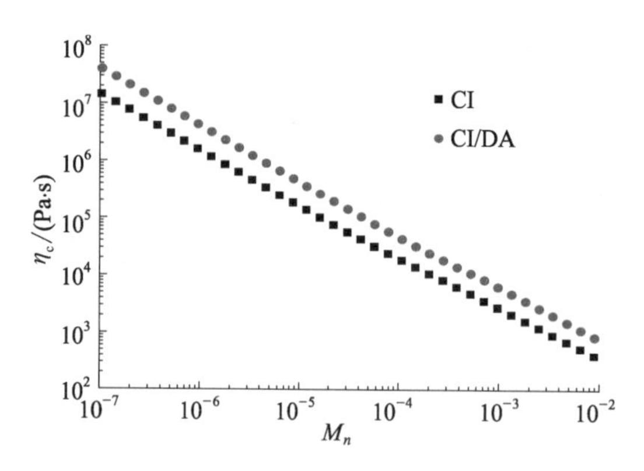

图 3.11　磁流变液的相对黏度 η_c 随 M_n 变化的关系曲线图

图 3.12 为磁流变液储能模量随磁感应强度的变化关系(其中表面活性剂的质量分数为1%,振荡剪切幅度为 0.01%,频率为 1 Hz)。从图中可以看出,随着磁感应强度的增大,样品的储能模量逐渐增大,直至达到饱和。这是由于悬浮于载液中的磁性粒子在磁场作用下发生极化,相互吸引形成链状结构,使得磁流变液的储能模量增大,在强磁场下,颗粒达到磁化饱和,磁流变液的储能模量也随之趋于饱和。其中,空白样品与含有油酸的磁流变液在磁场下的储能模量相差不大,在中等磁场强度下,CI/OA 磁流变液的储能模量略小于空白样。而含有二聚酸的磁流变液储能模量明显大于其他样品,表现出较强的磁流变效应。相比空白样品,储能模量增加的幅度为 5%～27%。这种增加量在应用中不可忽略,可以减少磁性颗粒的用量,用来产生低密度、高效能的磁流变液。

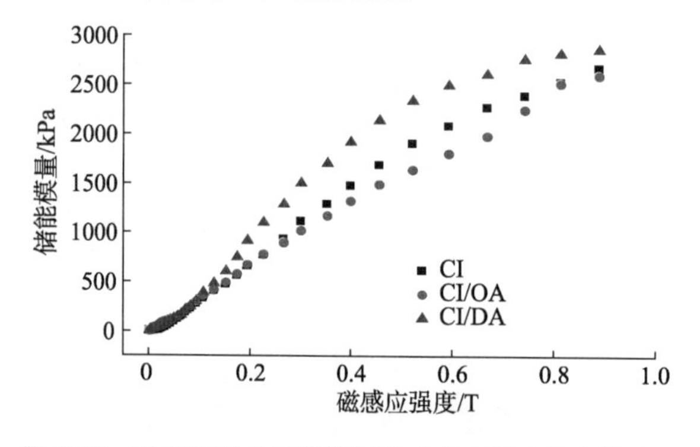

图 3.12　磁流变液的储能模量随磁感应强度的变化关系

一般认为,磁流变液的磁致力学强度来源于颗粒的链状结构,在剪切变形作用下,磁流变液中的颗粒开始运动,伴随着颗粒链的断裂与重组,当这种链的断裂与新链的形成达到动态平衡时,将为磁流变液提供稳定的剪切应力。但是值得注意的是,除了通链形式的磁性颗粒之外,还存在支链、孤立链形式的磁性颗粒和一些单个颗粒(Chin,2000)。相较于单个颗粒,这些"缺陷链"更益于新链的形成,增强颗粒链抵抗剪切变形的能力。

对于含有二聚酸的磁流变液,由于极性相互作用,体系中存在着团聚结构,即使在高剪切条件下,这些聚集体依然存在。分析认为,在磁场和剪切应变耦合作用下,磁性颗粒通链数量将减少,而 CI/DA 颗粒聚集体磁化后易形成支链或孤立链结构,这些链结构将先于由于链断裂出现的孤立颗粒重新组合形成新的链结构,从而增强悬浮液的磁流变效应。

3.2 疏液型磁流变液

疏水团聚结构对磁流变液性能的影响可以简述如下：由于疏水作用势能比范德华吸引能及静电排斥能大一至两个数量级，因此疏水作用是疏水颗粒悬浮体系团聚行为的支配性因素。采用表面包覆 SiO_2 的 SQ 型羰基铁粉为磁性颗粒，用油酸表面处理进行诱导疏水化，使其由亲水性颗粒转变为疏水性颗粒（OA@SQ），并将其分散于极性溶剂乙二醇中，制备不同颗粒浓度的疏液型磁流变液，同时以亲液型 SQ 羰基铁型磁流变液为对比样，考察颗粒的诱导疏水团聚作用对磁流变液沉降稳定性及流变性能的影响。

3.2.1 零磁场表观黏度

图 3.14 所示为不同体积分数的羰基铁的亲液型和疏液型磁流变液的零磁场剪切黏度。从图中可知，亲液型（SQ）磁流变液的零磁场黏度随剪切速率的变化较小，呈现出接近牛顿流体的特征；而疏液型（OA@SQ）磁流变液的零磁场黏度要大于亲液型磁流变液，且随剪切速率的增大逐渐减小，尤其是在磁性颗粒体积分数较大时，表现出明显的剪切稀化特点，这是由体系内的团聚结构被破坏引起的。

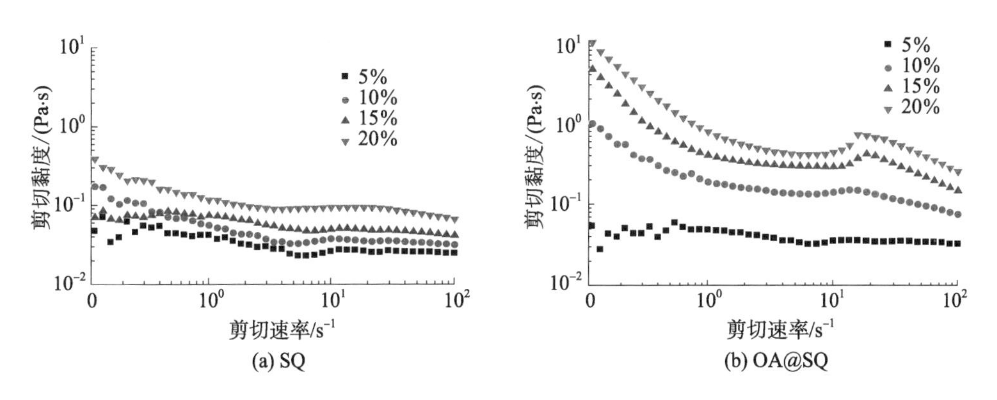

图 3.14 不同体积分数的羰基铁的磁流变液零磁场黏度与剪切速率的关系曲线

此外，当剪切速率约为 10 s^{-1}时，疏液型磁流变液的黏度出现小幅上升现象，而后又逐渐减小。这可以通过剪切絮凝进行解释：对于大多数无机颗粒悬浮液，在颗粒之间很小的距离内才有疏液吸引力存在，因此，需要外加强动能供给疏液颗粒，以克服能垒，使悬浮液中的颗粒形成疏液絮团（Warren，1982）。剪切速率的增大使颗粒进一步靠近，颗粒间疏水作用势能显著增大，增加了絮体间或絮体与颗粒间的有效碰撞，形成颗粒絮团；而在过高的剪切强度下，形成的絮体因碰撞和高应力又重新分散破碎，从而使体系黏度下降。

3.2.2 沉降稳定性

图 3.13 为不同体积分数的羰基铁的磁流变液沉降率随时间变化的曲线。可以看出，随着磁性颗粒体积分数的增多，亲液型和疏液型磁流变液的稳定性显著提高，而疏液型磁流变液的沉降稳定性要明显高于亲液型磁流变液。这是由疏液型磁流变液中形成颗粒团聚结构

所致。

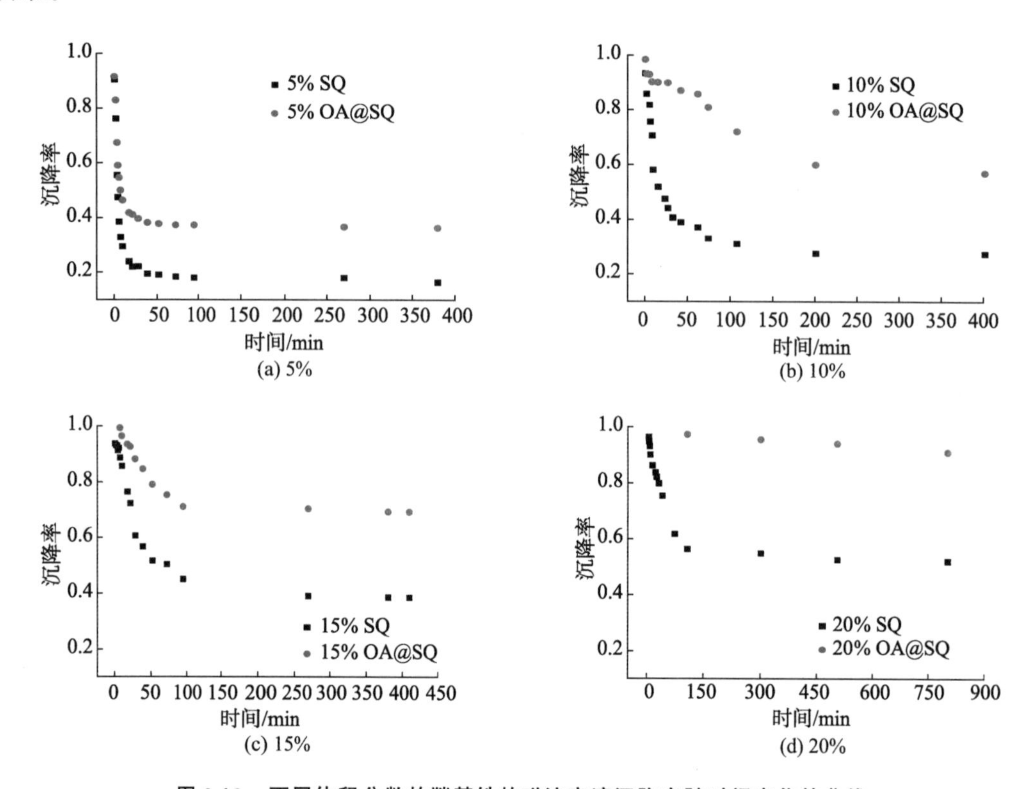

图 3.13　不同体积分数的羰基铁的磁流变液沉降率随时间变化的曲线

OA@SQ 颗粒间的疏水作用包括两部分，即基于界面溶剂结构变化的疏液作用能和基于烃链间穿插缔合作用的疏液缔合能（陈军，2014）。一方面，表面活性剂的极性端吸附在固体磁性颗粒表面使颗粒表面诱导疏水化，同时表面活性剂的碳氢链向外伸展到溶剂中，隔断或减弱颗粒表面与溶剂分子的作用，疏液颗粒在溶剂中造成溶剂分子间氢键连接的间断，并使得与其毗邻的溶剂分子结构致密化及有序化，导致系统自由能增大，溶剂分子产生排斥疏液粒子的趋向，使其互相靠拢，形成絮团，从而缩小固液界面，降低系统自由能。另外，当颗粒相互靠近到表面活性剂吸附膜开始接触时，碳氢键间开始产生交叉缔合作用，释放出更多的能量，使形成的疏液团聚结构变得稳定。

磁性颗粒间的诱导疏液作用将微粒联结成一种松散的、网状的聚集体结构，克服颗粒自身重力作用而使之稳定悬浮于体系之中，极大地改善了磁流变液的沉降稳定性。

3.2.3　磁流变性能

在磁场作用下，亲液型和疏液型磁流变液的剪切应力随磁感应强度的变化如图 3.15 所示，其中剪切速率为 10 s^{-1}，取点间隔为 5 s。由图可知，磁流变液的剪切应力随着磁感应强度和磁性颗粒体积分数的增大而增大。相对于亲液型磁流变液，疏液型磁流变液的剪切应力较小，并且随着磁感应强度和磁性颗粒体积分数的增大，二者间剪切应力的差值越来越大。疏液型磁流变液表现出相对较弱的磁流变效应，这是由于颗粒被表面活性剂诱导疏液化，颗粒间存在很强的疏液作用势能。

疏液颗粒进入溶剂中后，周围的溶剂分子间的氢键结构将被局部破坏，溶剂分子发生重排及结构化。这是一个自由能升高的过程，颗粒周围的液体分子有排挤“异己”颗粒的趋向，企图恢复它们原有的稳定氢键缔合的笼架结构。其结果是：疏液颗粒相互吸引靠拢、形成团聚结构，以减少固-液界面的方式降低体系的自由能。

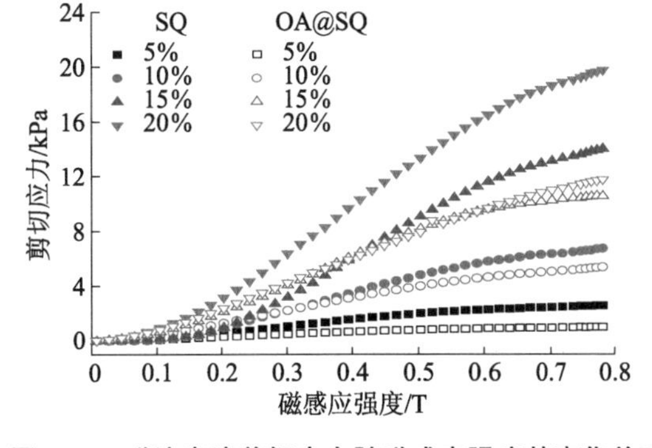

图 3.15 磁流变液剪切应力随磁感应强度的变化关系

而传统的链化机理指出，在磁场作用下，磁性颗粒由于磁化产生磁相互作用力，沿磁场方向聚集成链状或柱状结构，这些链状结构的强度随着磁场强度的增大而增大，此时颗粒的链状结构的固-液接触面积要大于团聚结构。因此，一方面，疏液磁性颗粒在磁场下磁化聚集成链；另一方面，由于较强的疏液作用势能，磁性颗粒趋于形成团聚结构以降低固-液接触面积，从而导致磁性颗粒难以形成稳定牢固的链状结构，使得磁流变液的剪切应力降低。

颗粒间的疏液作用在粒间距离小于 20 nm 处开始显著，其疏液作用能 u_{HR} 可以用如下公式(陈军，2014)表示：

$$u_{HR}=-2.51\times10^{-3}RK_1h_0\exp(-D/h_0) \tag{3.8}$$

式中，R 为颗粒半径；K_1 为系数；D 为颗粒间距；h_0 为衰减长度。

当体系中颗粒的体积分数和磁感应强度增大时，颗粒进一步靠近，颗粒间疏液作用势能显著增大，引起颗粒团聚，导致疏液型磁流变液具有较弱的磁流变效应。

基于上述现象，为减少磁场下疏液作用对磁流变效应的影响，可预测下述两条解决途径：

(1) 混合使用亲液型和疏液型磁性颗粒。图 3.16a 为 10% SQ+10% OA@SQ 混合型和 20% SQ 型羰基铁颗粒的磁流变液剪切应力随磁感应强度的变化关系，其中，剪切速率为 10 s^{-1}，取点间隔为 5 s。可以看出，相对于羰基铁含量相同的 SQ 型磁流变液，其在强磁场下的剪切应力略有下降，这是疏液作用减弱的缘故。值得注意的是，混合型磁流变液静置一天后(已达到沉降平衡)的沉降率相对于 OA@SQ 疏液型磁流变液下降了约 26%，但仍高于 SQ 型磁流变液。

(2) 添加纳米磁性颗粒。其目的是在磁场作用下通过纳米磁性颗粒吸附于羰基铁颗粒形成的链状结构表面充当表面活性剂来屏蔽疏液作用。图 3.16b 为归一化剪切应力(即含相同浓度纳米 Fe_3O_4 颗粒的 OA@SQ 疏液型磁流变液与 SQ 型磁流变液的剪切应力的比值)随磁感应强度的变化曲线，样品中微米级羰基铁颗粒的体积分数均为 20%，其中实线表示 50/50 混合颗粒比磁流变液。从图中可知，纳米磁性颗粒增强了疏液型磁流变液的应力响应，且随着 Fe_3O_4 颗粒含量的增加，归一化剪切应力趋于 1，表明磁流变液内部形成了稳定的链状结构。更重要的是，经过一天的沉降实验，样品的沉降率与 OA@SQ 疏液型磁流变液的沉降结果相差不大，这说明在零磁场下，Fe_3O_4 颗粒悬浮于乙二醇载液中，而非吸附于 OA@SQ 表面来减弱其疏液性能，这与 Fe_3O_4 颗粒表面的亲水性有关，沉降后样品浑浊的上层液也进一步证实了这一点。

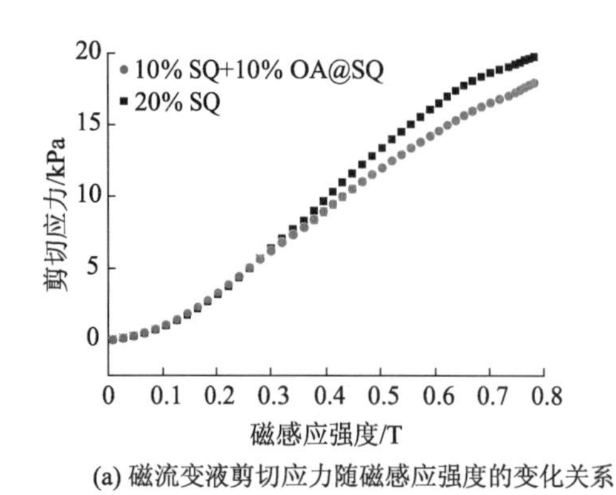

(a) 磁流变液剪切应力随磁感应强度的变化关系

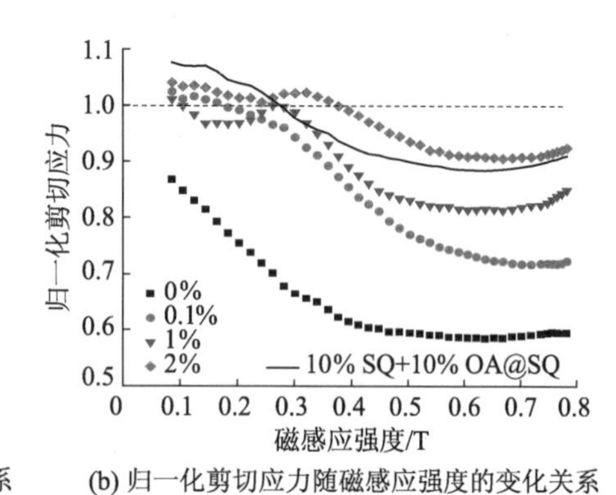

(b) 归一化剪切应力随磁感应强度的变化关系

图 3.16 磁流变液的剪切应力与磁感应强度的变化关系曲线

3.3 基于磁流体的三相磁流变液

3.3.1 理论背景

磁流变液的宏观力学特性与磁场诱导的极化颗粒形成的结构有关。在磁场作用下，磁化颗粒相互吸引，沿着磁场方向形成链状或柱状结构，并贯通于两极板之间。链状结构的形成可以有效地阻止磁流变液的自由流动，使其具备一定的抵抗剪切变形的能力。

通常将磁化后的颗粒简化为具有 N、S 两个磁极的偶极子。颗粒在均匀磁场中磁化，颗粒内部会产生附加磁场，方向与外加磁场方向相反。根据场强的叠加原理，颗粒内部的磁场强度低于外加磁场的强度。在颗粒外部，磁场受到颗粒产生的磁场影响呈不均匀分布，磁场强度最大值出现在颗粒的两极(图 3.17)。对于两个相邻且颗粒中心连线与磁场平行的磁性颗粒，由于磁场叠加的影响，与单个颗粒的磁化状态相比，此时颗粒内、外的磁场强度显著增加，且磁场强度最大值出现在相邻颗粒间距离最小处。颗粒间的作用力受力沿着颗粒球心连线的方向，且最大值同样出现在相邻颗粒间距离最小处。当大量磁性颗粒在磁场下磁化时，颗粒之间会以首尾相连的方式形成链状结构，贯通于磁场两极之间。这时磁性颗粒链状结构形成了完整的磁通回路，保证了在外加磁场作用下系统内能的最小化。

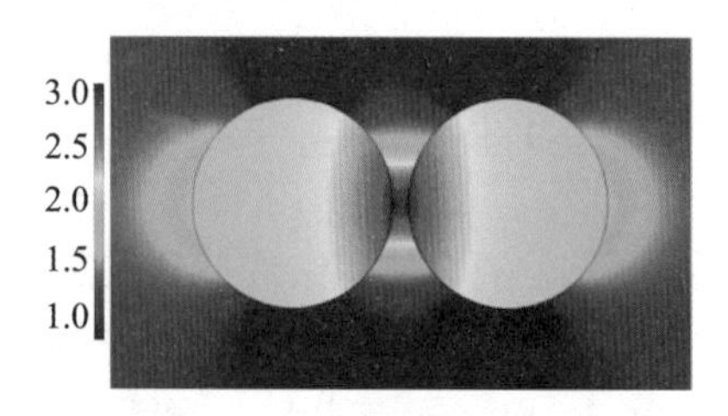

图 3.17 两个相邻磁性颗粒在磁场下的磁感应强度分布仿真图

由于磁性颗粒的球形属性以及颗粒大小不均匀且形状规则，在链化过程中颗粒链中经常存在各种缺陷和间隙，降低了单位体积内的磁通密度。通常可以提高磁性颗粒体积分数或采用双分散体系(Dodbiba，2008)来增强颗粒链的致密程度和导磁能力，然而这将会显著增大磁流变液的零磁场黏度，降低磁流变效应。

基于上述理论，采用磁性微乳液为载液，制备磁性颗粒-磁流体-载液三相磁流变液，其中磁流体将作为“磁性填隙材料”填充链状结构中颗粒间的空隙(图 3.18),提高颗粒链的导磁能力,增大磁性颗粒间的相互作用,从而提高磁流变材料的力学性能。

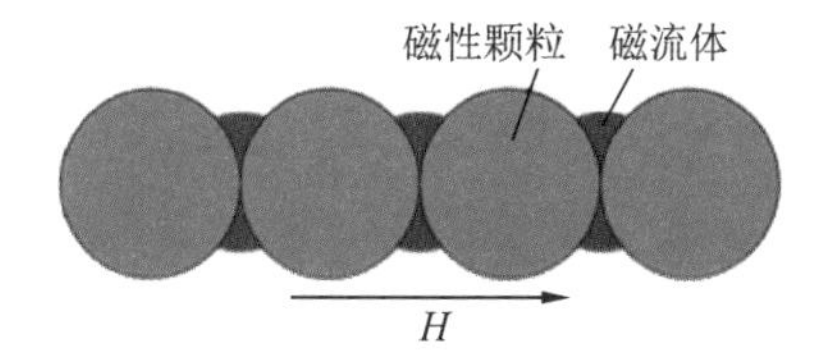

图 3.18 三相磁流变液中磁性颗粒链结构示意图

此外,对于多相分散体系,微观颗粒间的毛细力会对体系的宏观形态和流动行为产生重要影响。当固体粉末堆积时,颗粒之间的空隙所连成的通道类似于毛细管,液体若能润湿颗粒表面,则会自动渗入颗粒内部,这种现象称为毛细渗透(wicking)。例如,以粉末形式存在的化工原料在储存、运输过程中容易在空气中飞扬、黏壁;具有一定水饱和度的沙粒可以用来制作沙雕;非饱和土的水力特性、粉尘的吸附特征等均与固-液-气三相界面的毛细作用力相关。在两种非互溶物质体系中的多相界面也存在毛细凝聚现象,例如在油-汽-水多相混输管道中水合物的堵塞问题等。

Koos(Koos,2011,2014)等对悬浮液中颗粒间的毛细作用进行了深入研究,发现将少量与连续介质(bulk phase)互不相容的第二相液体(secondary phase)加入悬浮体系中,会导致固体颗粒聚集形成网络结构,极大地改变悬浮体系的宏观形貌和流变行为(Koos,2012)。根据固-液间的润湿特点,可将基于毛细作用的悬浮液中颗粒间的液相形态分为两种类型(Domenech,2015;Koos,2012),如图 3.19 所示。

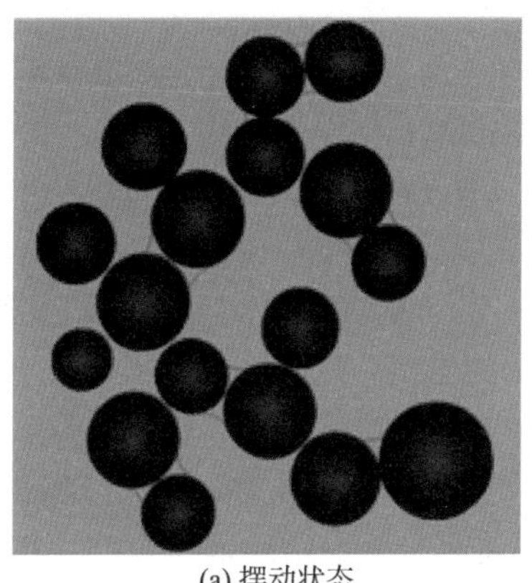

(a) 摆动状态

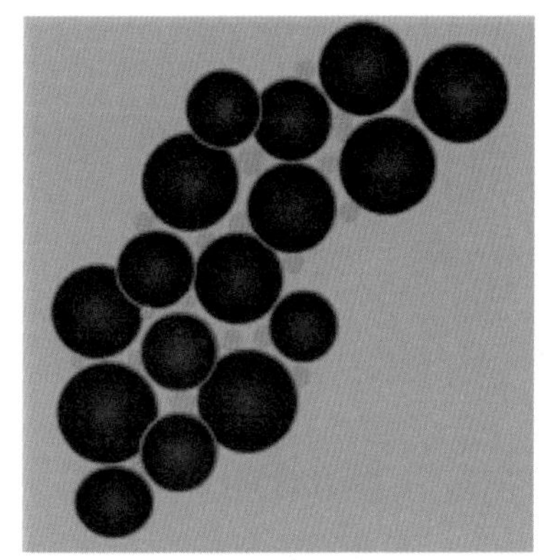

(b) 毛细状态

图 3.19 悬浮液中颗粒间液相的存在状态示意图

(1) 摆动状态(pendular state)

当第二相液体优先润湿颗粒表面时,颗粒接触点上存在透镜状或环状的液相,液相间互不连接。

(2) 毛细状态(capillary state)

当连续介质优先润湿颗粒表面时,颗粒相互连接成网状结构,第二相液体分布其间,充满颗粒内部的空隙。

微观上,当悬浮液中两个等径球形颗粒相互接近时,润湿颗粒表面的液体瞬间形成桥接弯液面(meniscus),导致颗粒受力发生改变,颗粒间产生液桥力(图 3.20),促进颗粒的聚结。液桥力的计算公式(Strauch,2012)为

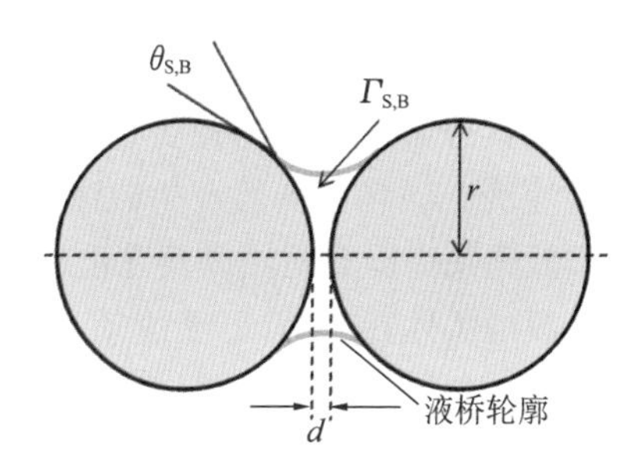

图 3.20 两颗粒间的毛细液桥

$$F_c = g(\widetilde{V}, \widetilde{d})\Gamma_{S,B} r \cos\theta_{S,B} \tag{3.9}$$

式中，$g(\widetilde{V}, \widetilde{d})$为液桥体积($\widetilde{V}=V/r^3$)和颗粒间距离($\widetilde{d}=d/r$)的函数；$r$ 为颗粒半径；$\Gamma_{S,B}$为液-液界面张力；$\theta_{S,B}$为液-液-固三相接触角。$\theta_{S,B}$可通过 Young-Dupré 公式计算得到：

$$\theta_{S,B} = \frac{\Gamma_{S,a}\cos\theta_{S,a} - \Gamma_{B,a}\cos\theta_{B,a}}{\Gamma_{S,B}} \tag{3.10}$$

式中，$\Gamma_{S,a}$和$\Gamma_{B,a}$分别为两液相在空气中的表面张力；$\theta_{S,a}$和 $\theta_{B,a}$分别为固体颗粒与液两相在空气中的接触角。

在常温条件下，微米级颗粒间的毛细作用力为 $10^{-8}\sim10^{-7}$ N，而颗粒间的范德华力(以羰基铁粉为例)大约为 10^{-11} N，颗粒所受到的重力约为10^{-13} N。由此可见，毛细液桥产生的毛细力在颗粒间作用力中起主导作用。

从理论上讲，上述多相系统提供了一个流变性能可调的胶体体系，即通过胶体-界面的毛细相互作用来调节分散体系的宏观力学行为。基于此，能够利用磁性颗粒间的液桥作用制备一种新的多相磁流变材料——毛细凝聚型磁流变胶，旨在为丰富和发展磁流变材料以及调控磁流变性能提供新的方法和手段。

3.3.2 磁性颗粒-磁流体-载液三相磁流变液的制备

根据 Ménager C(Ménager C，2004)的方法制备磁流体：首先，采用化学共沉淀法制备 Fe_3O_4 磁性颗粒。将二价铁盐和三价铁盐按一定比例混合，加入沉淀剂氨水溶液搅拌，反应一段时间即得到黑色的 Fe_3O_4 胶粒沉淀物，反应式为

$$2FeCl_3 \cdot 6H_2O + FeCl_2 \cdot 4H_2O + 8NH_3 \cdot H_2O = Fe_3O_4 + 8NH_4Cl + 7H_2O$$

将黑色沉淀物利用水洗分离后，加入 HNO_3 溶液搅拌，然后加入 $Fe(NO_3)_3$溶液煮沸，一段时间后得到棕色沉淀物 Fe_2O_3。其次，将棕色沉淀物分散在柠檬酸钠水溶液中，调节温度至 80 ℃，pH 值为 7，进行表面处理。而后，将获得的沉淀物用溶剂(水、丙酮和乙醚)洗涤后分散于去离子水中，略微加热去除溶剂残留。最后，调节 pH=7，离心 1 h 分离大颗粒和团聚体。

用此方法制备的磁性颗粒体积分数为 1%的磁流体在数月内未出现沉降和相分离现象。在此基础上，采用高能乳化法制备磁流体乳液。将复合表面活性剂 Span 80 和 Tween 60 加入矿物油中，质量比为 9∶1。取一定量的磁流体慢慢滴入油溶液中，搅拌均匀，然后加入等比例的助表面活性剂乙醇(99.9%)，高速搅拌 5 min 得到棕色的磁流体微乳液。

随后，采用不同体积分数的磁流体微乳液(磁性乳液)作为载液，加入羰基铁粉(EW 型)，通过超声分散和机械搅拌制备磁性颗粒-磁流体-载液三相磁流变液。其中，磁流体(FF)中的 γ-Fe_2O_3 纳米磁性颗粒的粒径约为 10 nm，如图 3.21a 所示。磁性乳液的液滴大小及其分布对乳液的稳定性有很大影响，液滴尺寸越小、范围越窄，乳液越稳定。然而，为了使液滴在磁场下能够产生磁泳响应，其粒径必须足够大以包容更多的纳米磁性颗粒。为此，实验采用高能乳化法以及乳化剂复配来制备磁性乳液，同时加入助表面活性剂(乙醇)增加界面膜的柔性，使界面更易流动，减少微乳液生成时所需的弯曲能，使微乳液液滴更容易生成。由图 3.21b 可知，磁性乳液经稀释后液滴的粒径约为 198 nm。内置图为含 8%磁流体的磁性乳液，其外观呈棕黄色，这是由液滴中的纳米磁性颗粒的散射和吸收作用所致。另外，所制备的磁性乳液在一个月内未出现相分离、沉降及破乳等现象，具有长期的热力学稳定性。

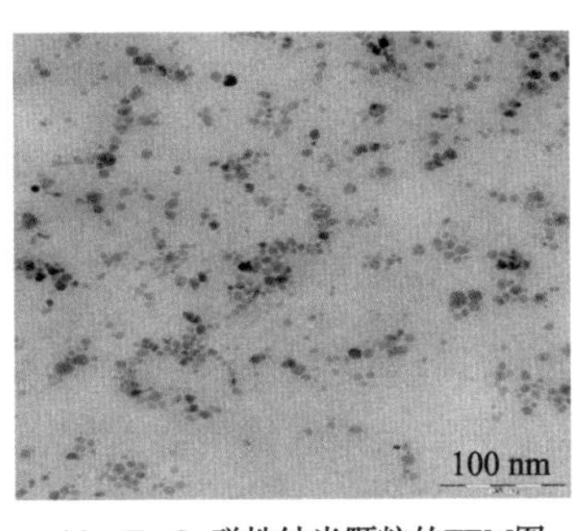

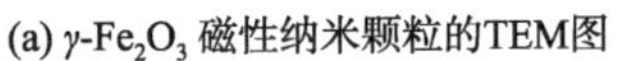

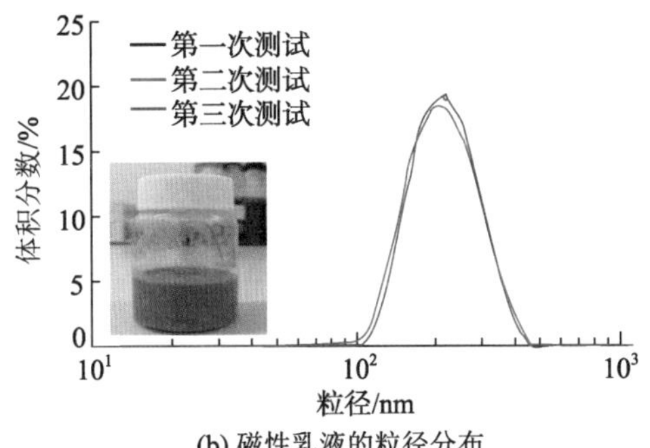

(a) γ-Fe_2O_3 磁性纳米颗粒的TEM图　　(b) 磁性乳液的粒径分布

图 3.21　磁性乳液的制备

3.3.3　配方参数的影响

采用小幅振荡剪切测试研究三相磁流变液的储能模量随磁场强度的变化关系，其中振荡剪切幅度为 0.001%，频率为 1 Hz，如图 3.22 所示。由图可知，储能模量随着磁场强度的增大而增大，表明样品内部形成了磁性颗粒链状结构，贯穿于两极板之间。随着磁场强度的进一步增大，磁性颗粒逐渐达到磁饱和状态，储能模量也随之趋于饱和值。值得注意的是，磁流体体积分数对三相磁流变液的磁响应有巨大影响。如图 3.22a 所示，当磁场强度较小时，少量的磁流体可以提高体系的储能模量，而增大磁流体的体积分数时，储能模量则降低。当磁场强度较大时，磁流体的加入可导致储能模量明显降低。

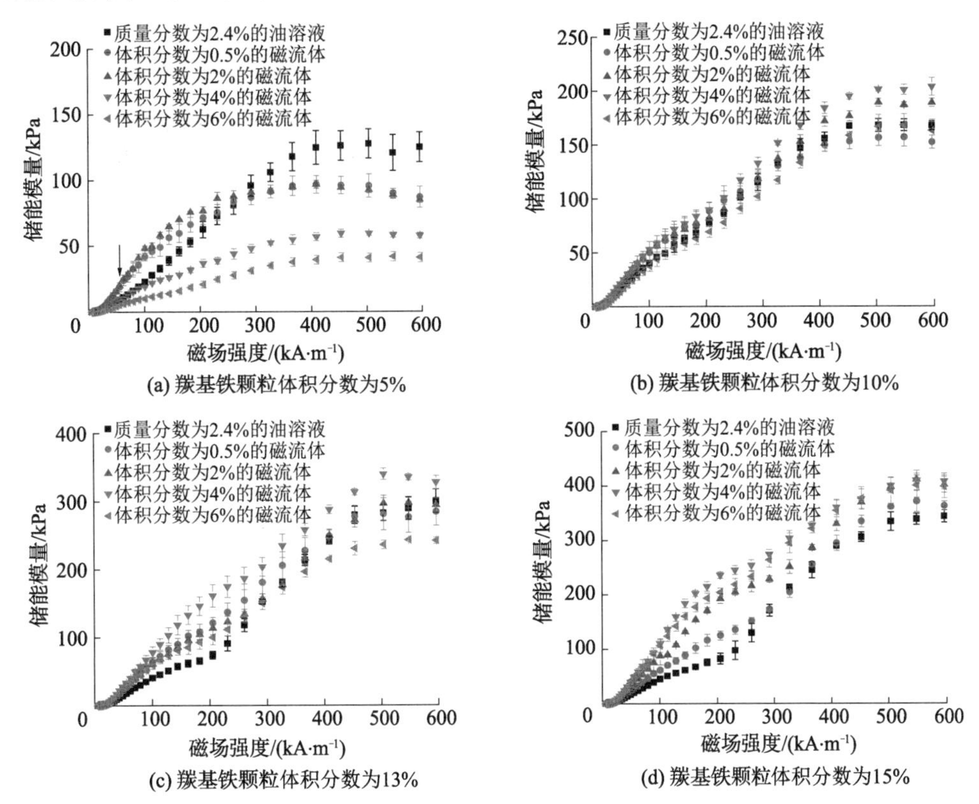

(a) 羰基铁颗粒体积分数为5%　　(b) 羰基铁颗粒体积分数为10%

(c) 羰基铁颗粒体积分数为13%　　(d) 羰基铁颗粒体积分数为15%

图 3.22　不同体积分数的磁性乳液的磁流变液储能模量随磁场强度的变化关系

为了更清晰地描述磁流体乳液对磁流变效应的影响，图 3.23 给出了相对储能模量 $\Delta G'$ 随磁场强度和磁流体体积分数变化的等值线图。其中，$\Delta G'$定义如下：

$$\Delta G' = \frac{G'(\text{含 FF}) - G'(\text{不含 FF})}{G'(\text{不含 FF})} \tag{3.11}$$

式中，G'(含 FF)为三相磁流变液的储能模量；G'(不含 FF)为传统两相磁流变液(即颗粒悬浮于矿物油溶液中)的储能模量。

从图 3.23 中可得到磁流变效应增强区域。

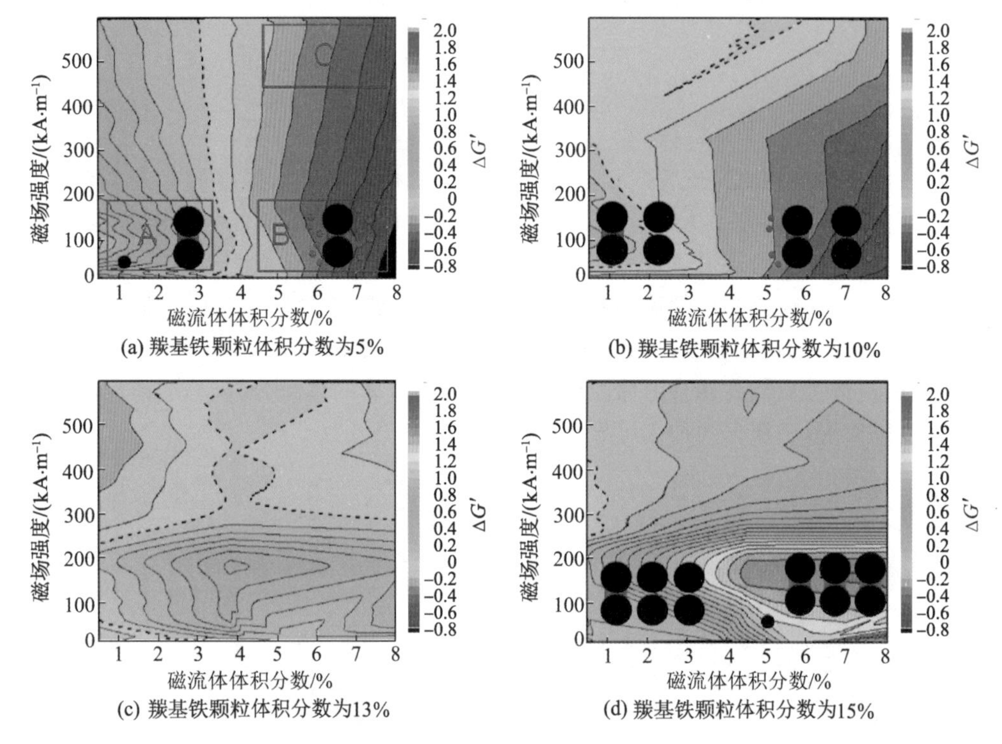

图 3.23　相对储能模量随磁场强度和磁流体体积分数变化的等值线图
(注：黑色大圆点对应羰基铁磁性颗粒，黑色小圆点对应荧光显微观察所用的样品配方，红色区域对应磁流体)

首先考察磁流体体积分数对磁流变效应的影响。从图 3.23a 可以看出，当磁场强度和磁流体液滴体积分数较小(＜4%)时，相对于两相磁流变液，三相磁流变液的储能模量明显增强，见区域 A。其原因为磁流体液滴在磁性颗粒链间形成了液桥，构成了磁感线通路，提高了颗粒链的导磁能力，从而增强了磁性颗粒间的相互作用。在电流变液中也有类似现象(Chin，2000)，通过共聚焦荧光显微观察可证实颗粒间的磁流体液桥的存在。

当磁流体体积分数过大时(相对于磁性颗粒的体积分数)，多余的磁流体液滴无法与磁性颗粒链相匹配，见 B 区域。过量的磁流体以孤立的液滴形式悬浮于载液中，增大了载液(矿物油溶液＋磁流体液滴)的相对磁导率，同时降低了磁性颗粒与载液的磁导率匹配参数 β 的值。由于颗粒间的静磁作用力与 β 成正比(式(3.12))，因此储能模量降低。

$$F_{\mathrm{M}} \propto \beta^2 = [(\mu_{\mathrm{p}} - \mu_{\mathrm{c}})/(\mu_{\mathrm{p}} + 2\mu_{\mathrm{c}})]^2 \tag{3.12}$$

式中，μ_{p} 为磁性颗粒的相对磁导率；μ_{c} 为载液的相对磁导率。

区域C表示强磁场下的相对储能模量变化，此时颗粒链结构致密，颗粒间距离可以忽略不计(约为磁性颗粒表面粗糙度大小)，可供磁流体液滴吸附的表面区域缩小，导致出现过量的孤立磁流体液滴悬浮于载液中，因此储能模量降低。

当磁性颗粒的体积分数由5%提高至10%时，区域A变小，区域B变大。这与颗粒间隙数量和磁流体液滴体积分数之间的平衡相关：一方面，对于体积分数较小的磁流体载液来说，没有足够的创新液滴填充颗粒间空隙；另一方面，体积分数较大的磁流体乳液使得载液中磁性液滴过量。

当固体磁性颗粒的体积分数超过10%时，在磁流变效应增强区域，有效的磁流体体积分数随磁性颗粒的体积分数的增大而增大。特别是体积分数为15%的三相磁流变液，当磁流体的体积分数为4%～8%时，增强效应最为显著。此时几乎所有的磁性液滴均形成颗粒间液桥，使得磁流变液的储能模量达到最大。

对于磁性颗粒体积分数更大的三相磁流变液(如30%)，磁流体乳液(磁流体体积分数为8%)未能有效提高磁流变液的储能模量(图3.24)。这是由于相对于固体磁性颗粒的体积分数，磁性液滴不足以填充颗粒间空隙，因此表现出与磁流变液类似的流变行为。

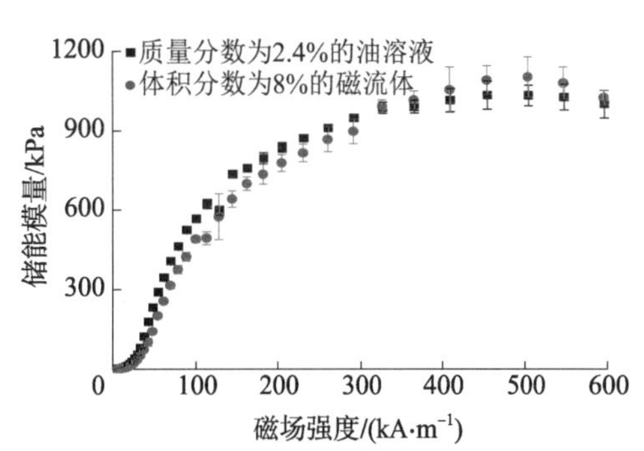

图3.24 磁流变液的储能模量随磁场强度的变化曲线

乳化剂含量也会对磁流变液的储能模量产生重大影响(图3.25)，此时磁流变液中羰基铁的体积分数为10%，不添加磁流体。从图中可以看出，乳化剂的加入对磁流变液储能模量有较大影响，特别是在强磁场下。该现象也发生在磁性颗粒的体积分数为15%的磁流变液中，但不同乳化剂含量的磁流变液储能模量差距较小，这是由磁场诱导相互作用占主导所致。有趣的是，乳化剂对储能模量的影响并未影响之前对三相磁流变液增强效应的解释(图3.26)，这里的相对储能模量$\Delta G'$由式(3.11)计算所得，但是空白样的G'(不含FF)对应纯矿物油基磁流变液，与图3.23相比，其相对储能模量变化较小。

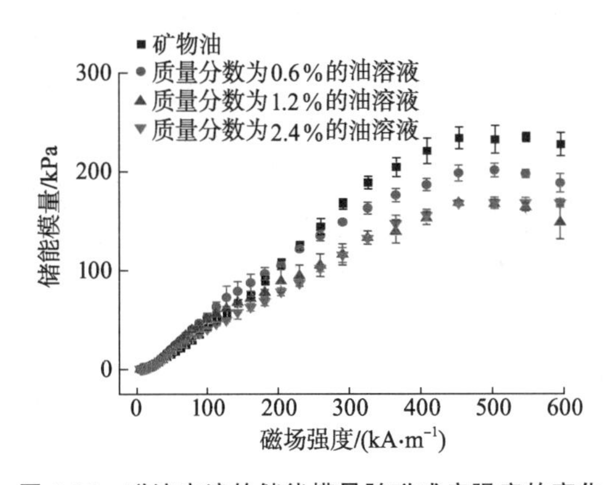

图3.25 磁流变液的储能模量随磁感应强度的变化

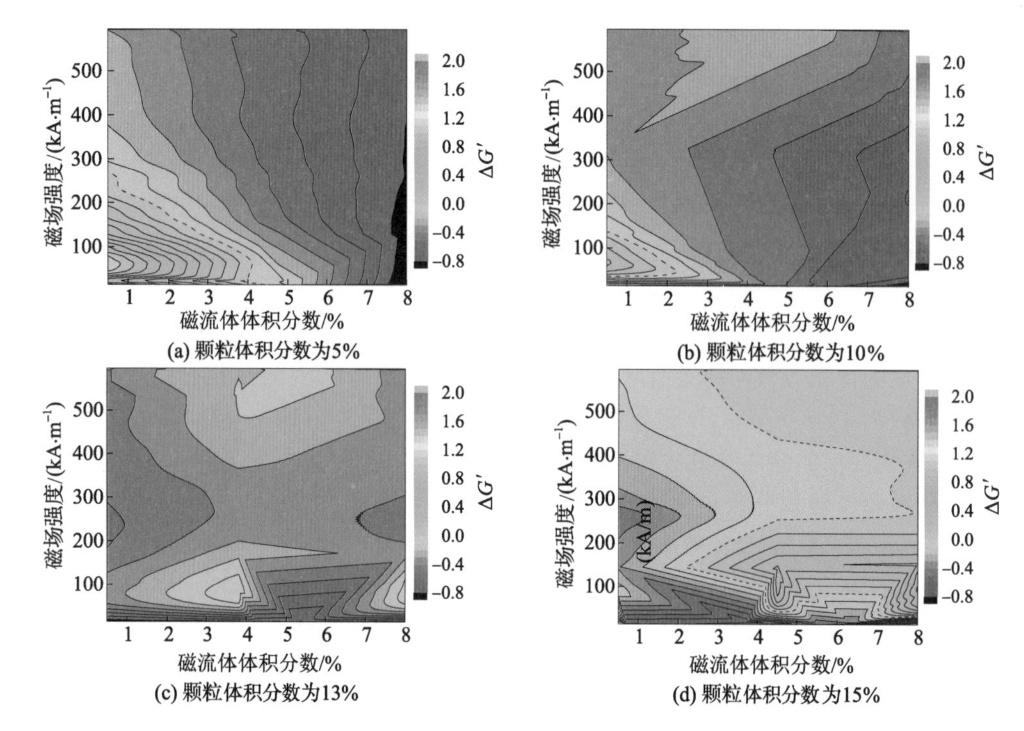

图 3.26　相对储能模量随磁场强度和磁流体体积分数变化的等值线图

3.3.4　荧光显微观察

为了进一步证实磁流变增强效应是由磁性液滴在颗粒链空隙形成液桥所致，可对磁流变液的链状结构进行显微观察。首先将少量荧光剂加入水相磁流体中，然后制备磁性乳液，最后将三相磁流变液置于共聚焦荧光显微镜下进行观察。

在零磁场下，磁流体液滴呈球形，无规则分布于载液中，未观察到磁性液滴吸附于固体磁性颗粒表面。然而在磁场下，磁流体液滴吸附在磁性颗粒的链状结构中，如图 3.27 所示。从内置方框图中可以看出，磁流体液滴在磁场下填充于颗粒间的空隙中。

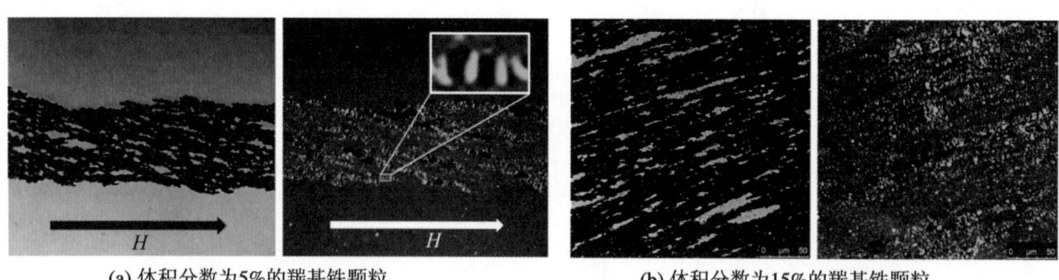

(a) 体积分数为5%的羰基铁颗粒与体积分数为1%的磁性乳液

(b) 体积分数为15%的羰基铁颗粒与体积分数为5%的磁性乳液

图 3.27　在 55.7 kA/m 磁场强度下，三相磁流变液链状结构的荧光显微图像
（左侧为日光灯图像，右侧为荧光图像，绿色部分表示经荧光染色的磁性乳液液滴）

3.3.5 沉降稳定性

图 3.28 为磁流变液(分别为纯矿物油基磁流变液、质量分数为 2.4%的乳化剂油溶液基磁流变液及三相磁流变液)的沉降曲线。由图可知,乳化剂的加入对磁流变液的沉降稳定性影响较大,从沉降后期沉淀物的相对高度可以推断出,含有表面活性剂(乳化剂)的沉淀物较为致密,而纯矿物油基磁流变液的沉淀物较为松散。

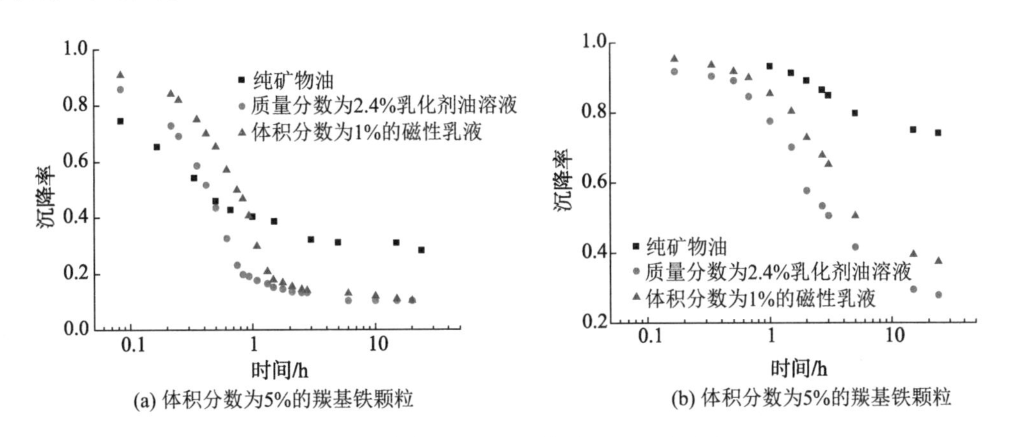

图 3.28 磁流变液沉降率随时间变化的曲线

在沉降初期,三种磁流变液的沉降行为也有所不同。表 3.3 为零磁场下磁流变液对应载液的黏度(由锥板附件(CP—50)测得剪切速率在 3~100 s^{-1}时的平均值)。对于初始沉降来讲,特别是体积分数为 5%的磁流变液样品,载液黏度大的,其初始沉降速度较慢。而对于体积分数为 15%的磁流变液样品,纯矿物油基磁流变液的沉降较为缓慢,这是由于颗粒间相互作用在整个载液中形成了胶体网络结构,减缓了颗粒沉降。

表 3.3 零磁场下磁流变液对应载液的黏度

样品	黏度/(mPa·s)
纯矿物油 3#	24.4±0.2
质量分数为 2.4%的乳化剂油溶液	25.4±0.1
体积分数为 1%的磁性乳液	26.2±0.1
体积分数为 5%的磁性乳液	28.8±0.4

3.4 毛细凝聚型磁流变液

以悬浮液中颗粒间的毛细相互作用为基本原理,量取一定量的水相液体加入矿物油中,超声分散 5 min 后得到浑浊的微乳液,然后加入羰基铁粉搅拌均匀,超声分散 5 min。将得到的混合物置于真空干燥箱内除去气泡后密封保存,可制得毛细聚集性磁流变液。采用表面包覆 SiO_2 的 EW 型亲水性羰基铁粉(CI)为磁性颗粒,以乙二醇(EG)/磁流体(FF)为润湿相、矿物油 2#(MO)为分散介质,通过机械搅拌和超声分散制备了磁流变液。

基于上述制备方法，可通过定义润湿相与固体磁性颗粒的比例ϱ，以及润湿相在载液中的饱和度 s 两个配方参数来表征样品的组成，具体如下：

$$\varrho=\frac{V_{\text{wetting fluid}}}{V_{\text{CI}}} \tag{3.13}$$

$$s=\frac{V_{\text{wetting fluid}}}{V_{\text{total fluid}}} \tag{3.14}$$

式中，$V_{\text{wetting fluid}}$ 为润湿相体积；V_{CI} 为固体颗粒体积，$V_{\text{total fluid}}$ 为总液相体积，$V_{\text{total fluid}}=V_{\text{wetting fluid}}+V_{\text{dispersed fluid}}$，$V_{\text{dispersed fluid}}$ 为分散介质体积。

3.4.1 毛细液桥驱动颗粒组装

润湿相含量是衡量悬浮体系中颗粒聚集程度的重要参数，颗粒表面极少量的润湿液体可以在颗粒接触点处形成环状的液桥，产生毛细作用力。表 3.4 给出了样品的配方组成，其中磁性颗粒体积分数恒定为 20%，乙二醇润湿相在载液中的饱和度的变化范围是0～0.1，相对于固体磁性颗粒的比例ϱ的变化范围为 0～0.4。

表 3.4 基于乙二醇润湿相的毛细凝聚型磁流变胶的配方组成

$\varnothing_{\text{CI}}$	ϱ	$\varnothing_{\text{EG}}$	$\varnothing_{\text{MO}}$	s
0.2	0	0	0.80	0
0.2	0.02	0.004	0.796	0.005
0.2	0.04	0.008	0.792	0.010
0.2	0.06	0.012	0.788	0.015
0.2	0.08	0.016	0.784	0.020
0.2	0.10	0.020	0.780	0.025
0.2	0.14	0.028	0.772	0.035
0.2	0.20	0.040	0.760	0.050
0.2	0.40	0.080	0.720	0.100

图 3.29 为不同乙二醇饱和度 s 的毛细凝聚型磁流变胶照片。由图可知，传统磁流变液($s=0$)在平面上迅速铺展，表现出明显的液体特征，而加入少量的乙二醇液体后，磁流变液呈现胶体状态，具有一定的可塑形能力。这说明润湿相在磁性颗粒间形成了液桥，颗粒组装聚结使体系由液体转变为黏弹态的类固体。

(a) s=0 (b) s=0.005 (c) s=0.015 (d) s=0.035 (e) s=0.100

图 3.29 不同乙二醇饱和度的毛细凝聚型磁流变胶照片

图 3.30a 为不同乙二醇饱和度的毛细凝聚型磁流变胶在零磁场下的黏度曲线。不添加

润湿相磁流变液($s=0$)的表观黏度随剪切速率的增大而减小,表现出剪切稀化特征,这是亲水性磁性颗粒在非极性分散介质中发生团聚的缘故。而当 $s>0$ 时,样品的零磁场黏度比传统磁流变液高出 1～2 个数量级,并表现出明显的剪切稀化特征。此外,样品黏度在剪切速率 1 s^{-1} 附近出现平台区,表明此时内部结构达到了动态平衡。颗粒间的毛细液桥作用与液桥两侧的负压强差和液体表面张力相关,当两颗粒相对运动时,润湿相液体在颗粒表面法向产生挤压力,而在切向产生剪切阻力。在剪切作用下,体系内颗粒开始沿剪切方向运动,颗粒间距离随之增大,黏度逐渐降低;随着剪切速率增大至 1 s^{-1},液桥的稳定作用减弱了颗粒间相对运动,提高了体系的抗剪切能力,此时黏度趋于稳定;进一步增大剪切速率,颗粒间距离继续增大,毛细液桥作用减弱,体系黏度随之降低。

剪切速率较小时,样品黏度变化较大,随着剪切速率的增大,黏度逐渐趋于稳定,呈现一定的规律性。如图 3.30b 所示,当 $\dot{\gamma}=100\ s^{-1}$,磁流变胶的黏度随饱和度 s 的增加而出现先增大后减小的趋势,间接反映了悬浮液内部颗粒聚集及液桥形态的变化(Velankar,2015)。在磁流变液中添加少量乙二醇后,在液桥力的作用下,磁性颗粒组装聚集成较小的团聚结构,并且乙二醇液体主要以颗粒间的孤立液桥形式存在;随着饱和度 s 的增加,液桥越来越多,颗粒间液桥分布逐渐均匀,颗粒团聚体也越来越大,并形成网络结构充满整个体系,此时体系黏度达到最大;随着乙二醇的增多,毛细液桥体积增大,导致气液界面曲率半径增大,液桥力对颗粒拉力作用下降,此时颗粒聚集体容易破裂,黏度开始下降;当润湿相继续增多,乙二醇相对于磁性颗粒的体积比 $\varrho>0.1$ 时,相邻液桥间发生接触,不同颗粒间的润湿相形成了相互连接的液体网,液桥力作用显著下降,样品表观黏度降低;当 $\varrho>0.14$ 时,润湿相形成较大液滴,将磁性颗粒浸渍其中,如图 3.30b 内置图所示。

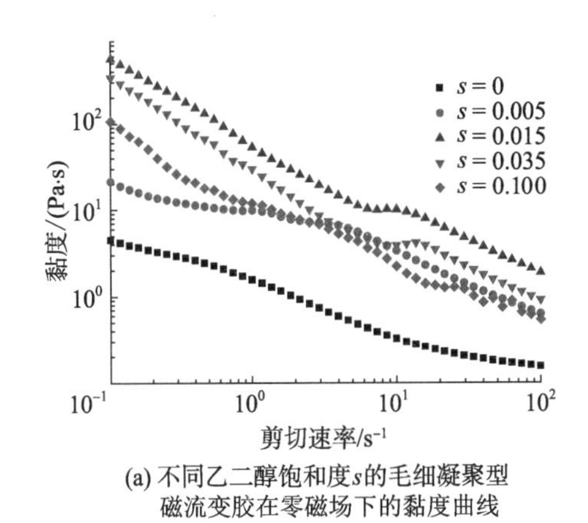

(a) 不同乙二醇饱和度s的毛细凝聚型磁流变胶在零磁场下的黏度曲线

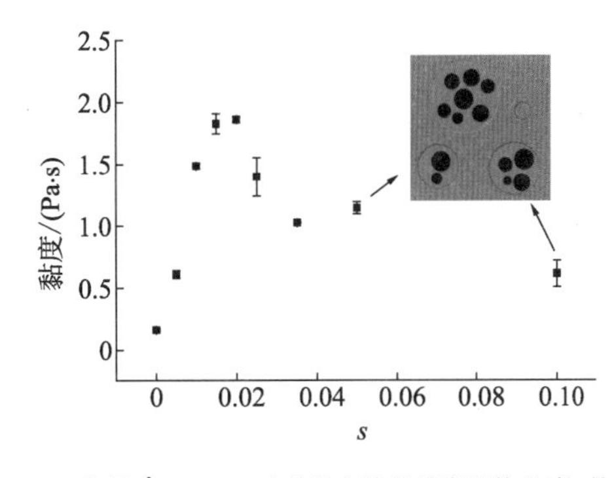

(b) 高剪($\dot{\gamma}$=100 s^{-1})时磁流变胶的黏度随饱和度s的变化关系(内置图为颗粒浸渍在润湿相中的示意图)

图 3.30 磁流变胶的零场黏度

显然,体系内颗粒聚集状态变化是由润湿相形态变化引起的,饱和度 s 的变化引起毛细液桥作用发生根本性变化,进而影响颗粒的聚集状态,导致样品的表观黏度呈非线性变化。上述结果验证了通过毛细液桥驱动制备磁流变胶的可行性。

图 3.31 给出了磁流变液和毛细凝聚型磁流变胶在磁场下的流变性能。从图中可知,两样品在恒定磁场下的黏度曲线及剪切应力的磁场扫描曲线几乎重合,说明毛细液桥作用驱动颗粒组装对磁流变性能的影响可忽略不计。

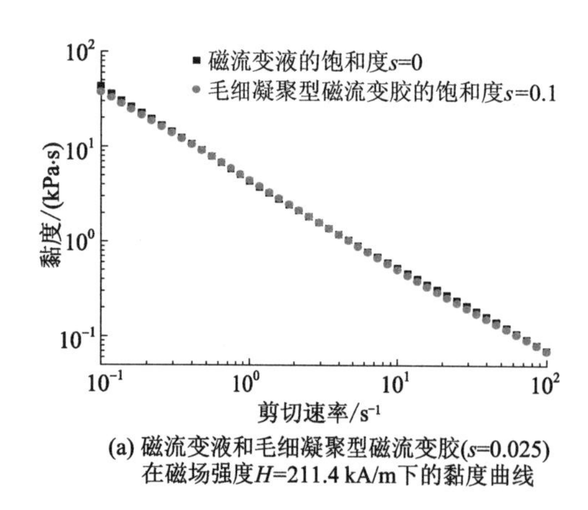

(a) 磁流变液和毛细凝聚型磁流变胶(s=0.025)在磁场强度H=211.4 kA/m下的黏度曲线

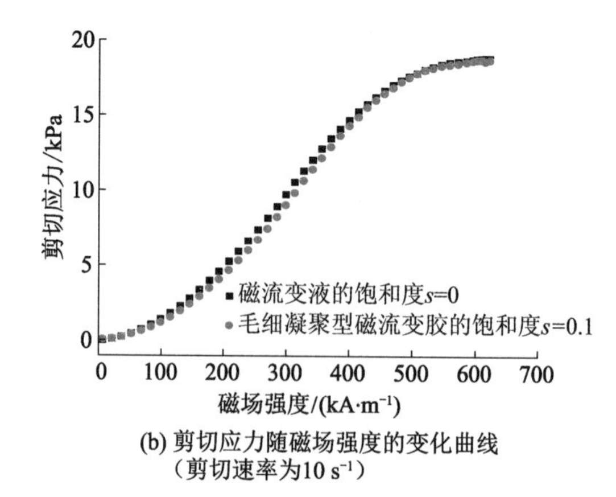

(b) 剪切应力随磁场强度的变化曲线（剪切速率为10 s⁻¹）

图 3.31　磁流变液和毛细凝聚型磁流变胶在磁场下的流变性能

3.4.2　磁性毛细液桥的作用

毛细聚集型磁流变液中的磁性颗粒含量是衡量其流变性能的关键指标。图 3.32 为磁性颗粒体积分数为 10％的磁流变液和毛细凝聚型磁流变胶的黏度曲线，其中磁流体与固体磁性颗粒的比例ϱ恒定为 0.1，具体配方参数如表 3.5 所示。

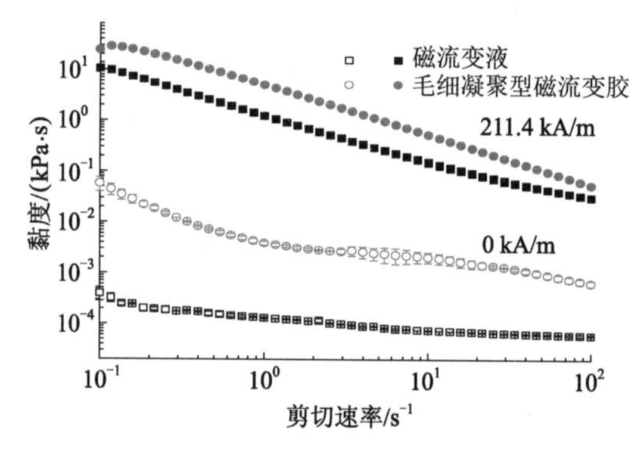

图 3.32　磁性颗粒体积分数为 10％的磁流变液和毛细凝聚型磁流变胶在零磁场和磁场强度 H＝211.4 kA/m 下的黏度曲线

表 3.5　基于磁流体润湿相的毛细凝聚型磁流变胶的配方组成

$\varnothing_{CI}$	ϱ	$\varnothing_{EG}$	$\varnothing_{MO}$	s
0.10	0.1	0.010	0.090	0.011
0.15	0.1	0.015	0.085	0.018
0.20	0.1	0.020	0.080	0.025
0.25	0.1	0.025	0.075	0.033
0.30	0.1	0.030	0.070	0.043

在零磁场下，磁流变胶的黏度高出磁流变液约 2 个数量级，即使固相体积分数低至 10％，颗粒间依然存在液桥作用。这与传统的湿相颗粒材料(wetting granular material)不同(Schmelzle，2018)，后者固相体积分数接近颗粒的饱和堆积分数。在磁场强度 H＝211.4 kA/m 下，磁流变胶的表观黏度在整个剪切速率范围内均高于磁流变液，表现出磁流

变增强效应。

图 3.33 为磁流变液和毛细凝聚型磁流变胶的另外两个流变性能。由图可知，高剪切应力时毛细凝聚型磁流变胶的零场黏度高出对应磁流变液黏度 1 个数量级，且随磁性颗粒体积分数变化明显。随着磁性颗粒体积分数的增大，样品内会形成更加粗壮的链状结构，屈服应力增大。而毛细凝聚型磁流变胶的屈服应力是相同磁性颗粒体积分数的磁流变液的 2～4 倍，表明磁流体发挥了磁性液桥的作用，磁性颗粒间的相互作用增强，从而提高了磁流变胶的力学性能。

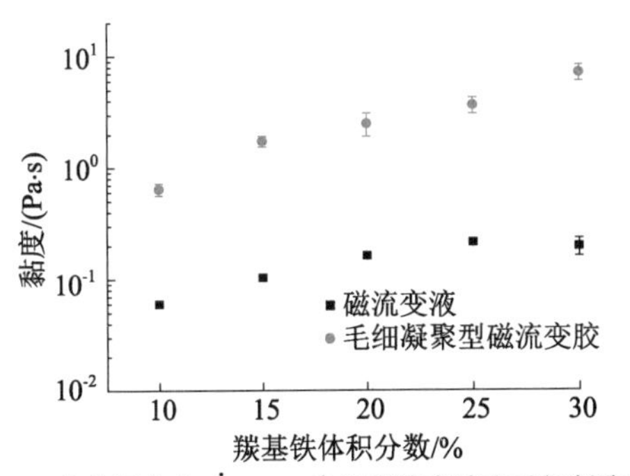

(a) 高剪切应力($\dot{\gamma}$=100 s^{-1})时磁流变液和毛细凝聚型磁流变胶的零场黏度随羰基铁体积分数的变化关系

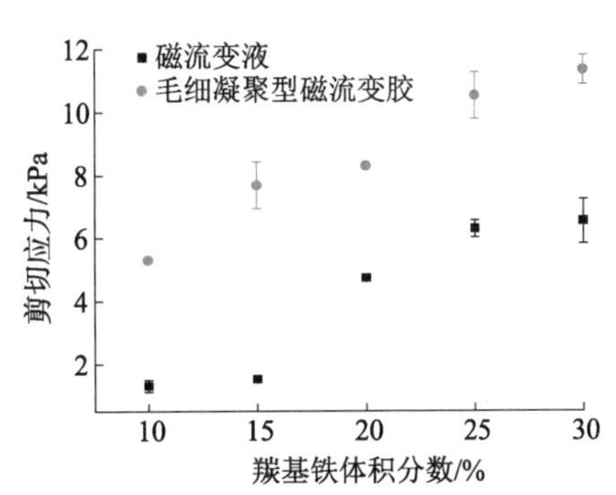

(b) 在磁场强度 H=211.4 kA/m 下磁流变液和毛细凝聚型磁流变胶的动态屈服应力随羰基铁体积分数的变化关系

图 3.33　磁流变液和毛细凝聚型磁流变胶的流变性能

图 3.34a 为毛细凝聚型磁流变胶在零磁场下的储能模量随应变幅值的变化曲线。磁流变胶样品的初始储能模量随着磁性颗粒体积分数的增大而增大，其线性黏弹区应变幅值在 0.1%左右，高于传统磁流变液(＜0.01%)，与磁流变弹性体的线性黏弹区间相近(Agirre-Olabide，2014)。这说明毛细液桥强化了颗粒间的相互作用，提高了磁流变胶抵抗形变的能力。当应变大于 0.1%时，储能模量随着应变幅值的增大而显著减小，其原因是应变增大导致颗粒间距离随之增大，颗粒间相互作用减弱，储能模量下降。磁流变胶的损耗因子随应变幅值的变化如图 3.34b 所示，以磁性颗粒体积分数为 10%的磁流变胶为例。当应变小于 1%时，损耗因子小于 1，表明弹性部分占主导，样品呈现类固体特征。

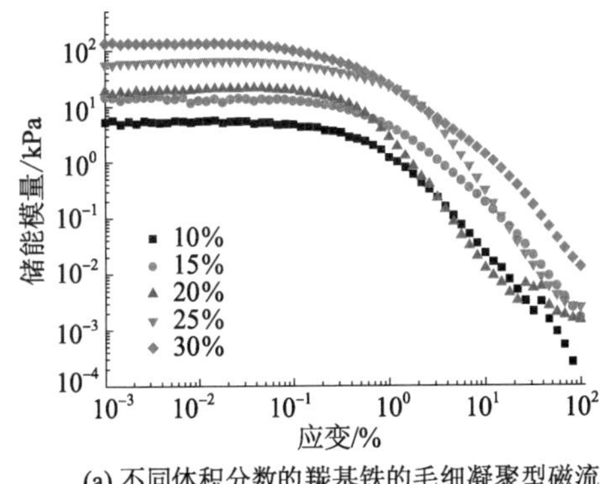

(a) 不同体积分数的羰基铁的毛细凝聚型磁流变胶储能模量的应变扫描曲线

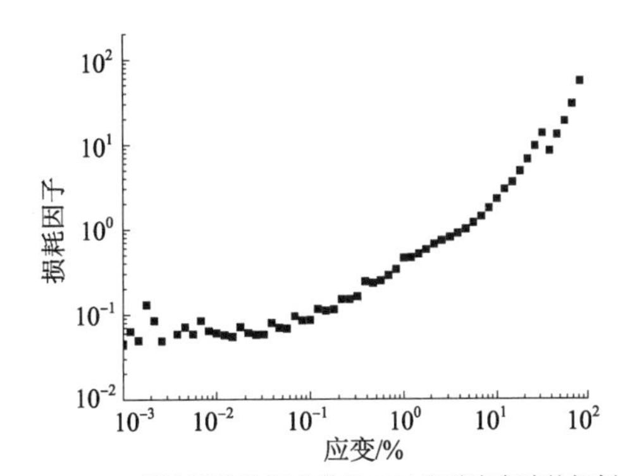

(b) 磁性颗粒体积分数为10%的磁流变胶的损耗因子随应变的变化曲线(测试频率为1 Hz)

图 3.34　毛细凝聚型磁流变胶的储能模量与损耗因子变化曲线

图 3.35a 为磁流变液和毛细凝聚型磁流变胶储能模量的磁场扫描曲线，其中磁性颗粒的体积分数为 20%。由图可知，随着磁场强度的增大，样品储能模量逐渐增大，直至达到饱和，并且磁流变胶的储能模量要高于磁流变液，表现出磁流变增强特征。

为了定量地描述毛细凝聚型磁流变胶相对传统磁流变液的磁流变增强效应，图 3.35b 给出了不同羰基铁体积分数的毛细凝聚型磁流变胶的相对储能模量 $\Delta G'$ 随磁场强度的变化曲线。其中，$\Delta G'$定义如下：

$$\Delta G'=\frac{G'(\text{毛细凝聚型磁流变胶})-G'(\text{磁流变液})}{G'(\text{磁流变液})} \tag{3.15}$$

可以看出，基于磁性液桥的毛细凝聚型磁流变胶均表现出磁流变增强特征。当磁性颗粒体积分数小于 20%时，相对储能模量随磁场强度的增大而增大，这是由磁性液桥与磁性颗粒协同作用增强了颗粒间相互作用所致。而对于磁性颗粒体积分数大于 15%的样品，相对储能模量随磁场强度的增大而减小，最后趋于恒定，这是由于强磁场下颗粒链结构变得紧密，颗粒间空隙减少，磁流体液滴从间隙处释放并进入载液，磁导率增大，磁流变液的力学响应降低，但储能模量依然高于相同磁性颗粒体积分数的磁流变液的储能模量。

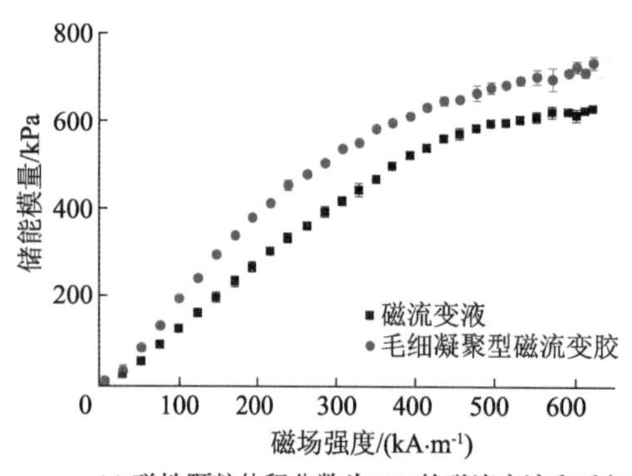

(a) 磁性颗粒体积分数为20%的磁流变液和毛细凝聚型磁流变胶的储能模量随磁场强度的变化(应变幅值为0.005%，频率为1 Hz)

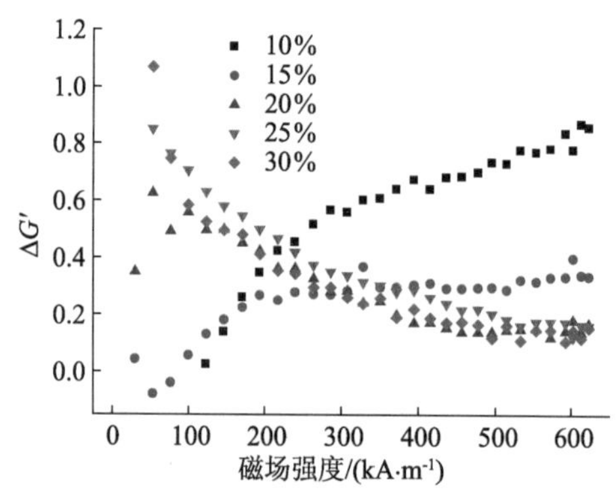

(b) 不同体积分数的羰基铁的毛细凝聚型磁流变胶的相对储能模量$\Delta G'$随磁场强度的变化曲线

图 3.35 磁流变液和毛细凝聚型磁流变胶的储能模量变化曲线

本章参考文献

[1] 陈军，闵凡飞，王辉.微细粒矿物疏水聚团的研究现状及进展[J].矿物学报，2014，34(2)：181－188.

[2] AGIRRE-OLABIDE I，BERASATEGUI J，ELEJABARRIETA M J，et al. Characterization of the linear viscoelastic region of magnetorheological elastomers[J].Journal of Intelligent Material Systems & Structures，2014，25(16)：2074－2081.

[3] ASHBAUGH H S，PRATT L R.Colloquium：scaled particle theory and the length scales of hydrophobicity[J].Reviews of Modern Physics，2006，78(1)：159－178.

[4] CHIN B D,PARK O O.Rheology and microstructures of electrorheological fluids containing both dispersed particles and liquid drops in a continuous phase[J]. Journal of Rheology,2000,44(2):397—412.
[5] de GANS B J, HOEKSTRA H, MELLEMA J. Non-linear magnetorheological behaviour of an inverse ferrofluid[J].Faraday Discussions,1999,112:209—224.
[6] DODBIBA G, PARK H S, OKAYA K, et al. Investigating magnetorheological properties of a mixture of two types of carbonyl iron powders suspended in an ionic liquid[J].Journal of Magnetism & Magnetic Materials,2008,320(7):1322—1327.
[7] DOMENECH T, VELANKAR S S. On the rheology of pendular gels and morphological developments in paste-like ternary systems based on capillary attraction[J].Soft Matter,2015,11(8):1500—1516.
[8] GILLI P,GILLI G.Hydrogen bond models and theories:the dual hydrogen bond model and its consequences[J].Journal of Molecular Structure,2010,972(1—3): 2—10.
[9] KOOS E, JOHANNSMEIER J, SCHWEBLER L, et al. Tuning suspension rheology using capillary forces[J].Soft Matter,2012,8(24):6620—6628.
[10] KOOS E, WILLENBACHER N. Capillary forces in suspension rheology. [J]. Science,2011,331(6019):897—900.
[11] KOOS E,WILLENBACHER N.Particle configurations and gelation in capillary suspensions[J].Soft Matter,2012,8(14):3988—3994.
[12] KOOS E.Capillary suspensions:particle networks formed through the capillary force[J].Current Option in Colloid & Interface Science,2014,19(6):575—584.
[13] KRIEGER I M, DOUGHERTY T J. A mechanism for non-newtonian flow in suspensions of rigid spheres[J].Transactions of the Society of Rheology,1959, 3(1):137—152.
[14] LÓPEZ-LÓPEZ M T,KUZHIR P,BOSSIS G,et al.Preparation of well-dispersed magnetorheological fluids and effect of dispersion on their magnetorheological properties[J].Rheologica Acta,2008,47(7):787—796.
[15] MARTIN J E,ANDERSON R A.Chain model of electrorheology[J].The Journal of Chemical Physics,1996,104(12):4814—4827.
[16] MOONEY M.The viscosity of a concentrated suspension of spherical particles [J].Journal of Colloid Science,1951,6(2):162—170.
[17] MÉNAGER C, SANDRE O, MANGILI J, et al. Preparation and swelling of hydrophilic magnetic microgels[J].Polymer,2004,45(8): 2475—2481.
[18] PHULÉ P P, MIHALCIN M P, GENC S. The role of the dispersed-phase remnant magnetization on the redispersibility of magnetorheological fluids[J]. Journal of Materials Research,1999,14(7):3037—3041.

[19] SCHMELZLE S,NIRSCHL H.DEM simulations:mixing of dry and wet granular material with different contact angles[J].Granular Matter,2018,20(2):19.
[20] SHERMAN S G, POWELL L A, BECNEL A C, et al. Scaling temperature dependent rheology of magnetorheological fluids[J].Journal of Applied Physics, 2015,117(17):17C751.
[21] STRAUCH S,HERMINGHAUS S.Wet granular matter: a truly complex fluid [J].Soft Matter,2012,8(32):8271—8280.
[22] VELANKAR S S. A non-equilibrium state diagram for liquid/fluid/particle mixtures.[J].Soft Matter,2015,11(43):8393—8403.
[23] VOLKOVA O,BOSSIS G,GUYOT M,et al.Magnetorheology of magnetic holes compared to magnetic particles[J].Journal of Rheology,2000,44(1):91—104.
[24] WARREN L J.Flocculation of stirred suspensions of cassiterite and tourmaline [J].Colloids & Surfaces,1982,5(4):301—319.

第4章 有机凝胶基磁流变液

4.1 HSA 有机凝胶基磁流变液

4.1.1 理论背景

凝胶是胶体粒子或有机分子在一定条件下相互交联形成三维网络结构，并与溶剂分子相互作用形成的特殊胶体分散体系，是介于液体和固体之间的软固体物质。凝胶根据溶剂的不同，一般可以分为气凝胶、有机凝胶和水凝胶三类(图4.1)；有机凝胶按照凝胶因子可分为高分子凝胶(聚合物凝胶)和超分子凝胶(小分子凝胶)；高分子凝胶按照交联方式又可分为物理凝胶和化学凝胶。

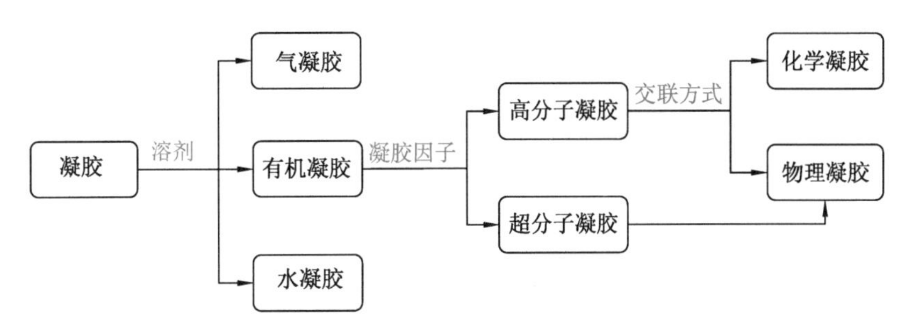

图4.1 凝胶的分类

超分子凝胶一般是由很少量的小分子有机凝胶剂(low molecular-mass organic gelators，LMOGs，分子量小于3000)和大量的有机溶剂组成的。凝胶剂小分子之间通过非共价键作用，例如氢键、π—π堆积、静电、范德华力、配位作用、偶极作用、疏溶剂作用、主客交互作用等，自组装形成三维网络结构，从而将有机溶剂固化形成物理凝胶，表现出如同高分子凝胶一般的流变学行为。不同于传统的聚合物凝胶，小分子有机凝胶分子之间存在弱相互作用力，因此具有热可逆性。这种体系具有非常高的凝胶效率，许多有机凝胶剂能够在质量分数远远小于1%的情况下形成凝胶。此外，小分子有机凝胶的三维网络结构由微米尺度的、高度有序的分子序列构成(如纤维状、带状、片状等)，其自组装过程可以分为三步：① 通过分子间多重的非共价键相互作用各向异性生长成一维的聚集体结构；② 一维的聚集体结构不断缠绕形成三维网络状结构；③ 通过有序和无序之间的微妙平衡，搭建"类固体"网络结构，从而形成宏观意义上的凝胶。

理论上，小分子凝胶剂的聚集会引起熵减少，从而导致标准自由能发生变化，要想使LOMGs分子自发地聚集形成凝胶并趋于稳定，必须满足标准自由能 ΔG 小于零。由于

LOMGs 分子间的非共价键作用较弱，因此只有当足够量的非共价键存在时，分子聚集过程中才能放出大量热，使 ΔG 的值大于体系有序聚集转变过程中引起的熵值的减少量，从而使整个体系的 ΔG 小于零，在热力学上使得凝胶剂分子具有自发、有序聚集和组装形成凝胶的可能。另外，大量研究表明，想要得到稳定的小分子有机凝胶，在设计合成时还需要满足以下两个要求：① 必须有强的互补和单向性的分子间作用，促使分子形成一维自组装体；② 需调节凝胶剂分子在溶剂中的溶解性，防止结晶或沉淀发生。

LMOGs 分子形成的凝胶具有热可逆性，可以用加热-冷却的手段来控制溶液-凝胶的相变转化。除此之外，LMOGs 分子具有可修饰性，可以根据需要在分子结构中加上有特殊识别性的结构，使得形成的凝胶能够智能响应外界的刺激（如 pH、离子强度、温度、光、超声波、电场和磁场等）。

磁性凝胶（又称铁复合凝胶）可通过磁场来调节其刺激响应性能（Li，2013；Shankar，2017）。这些凝胶多是将纳米磁性粒子分散于凝胶网络中，通过磁场来控制凝胶的形变，如伸长、收缩或弯曲。其中，最常用、效果最显著的是以 12-羟基硬脂酸（12-Hydroxystearic acid，HSA）为凝胶因子（Yang，2016；Burkhardt，2016），形成 HSA 有机凝胶基磁流变液。

4.1.2　配方参数的影响

将羰基铁颗粒作为分散相，矿物油作为分散介质，HSA 作为凝胶剂，通过超声振荡和球磨可制备磁流变有机凝胶。其中凝胶剂的质量浓度表示 HSA 相对于载液的含量，单位为 g/L；颗粒样品是从磁流变有机凝胶中经洗涤、干燥提取获得的。

图 4.2a 为 HSA 在矿物油中形成的凝胶，它能够抵抗重力作用不发生流动，维持自身形状。图 4.2b 为从磁流变有机凝胶中抽提的磁性颗粒，可以看出，颗粒被束缚在 HSA 自组装形成的纤维网状结构中。根据 HSA 含量，磁流变有机凝胶的物理状态可以从液态变化到类固态。

(a) HSA有机凝胶

(b) 羰基铁颗粒的SEM图

图 4.2　HSA 有机凝胶与凝胶中的磁性颗粒

4.1.2.1　*凝胶剂质量浓度的影响*

图 4.3a 和图 4.3b 为不同质量浓度 HSA 的磁流变样品在零磁场下的流变曲线和黏度曲线，其中磁性颗粒体积分数为 20%。可以看出，磁流变样品表现出非牛顿特征，在剪切速率 0.1～10 s^{-1} 范围内，应力出现了平台区，表明样品内部剪切诱导结构被破坏和重建达到了平

衡，该现象在含 SiO_2 纳米颗粒的磁流变液中(Alves，2009)也出现过。此外，HSA 的加入可以提高磁流变液的零磁场剪切应力和黏度，且随着 HSA 含量的增大，其应力值或黏度增大，这是由 HSA 的凝胶化作用所致的。通过对黏度曲线进行 Carreau 模型拟合($R^2>0.98$)，可以得到样品的零剪切黏度 η_0 和极限剪切黏度 η_∞，如图 4.3c 所示。

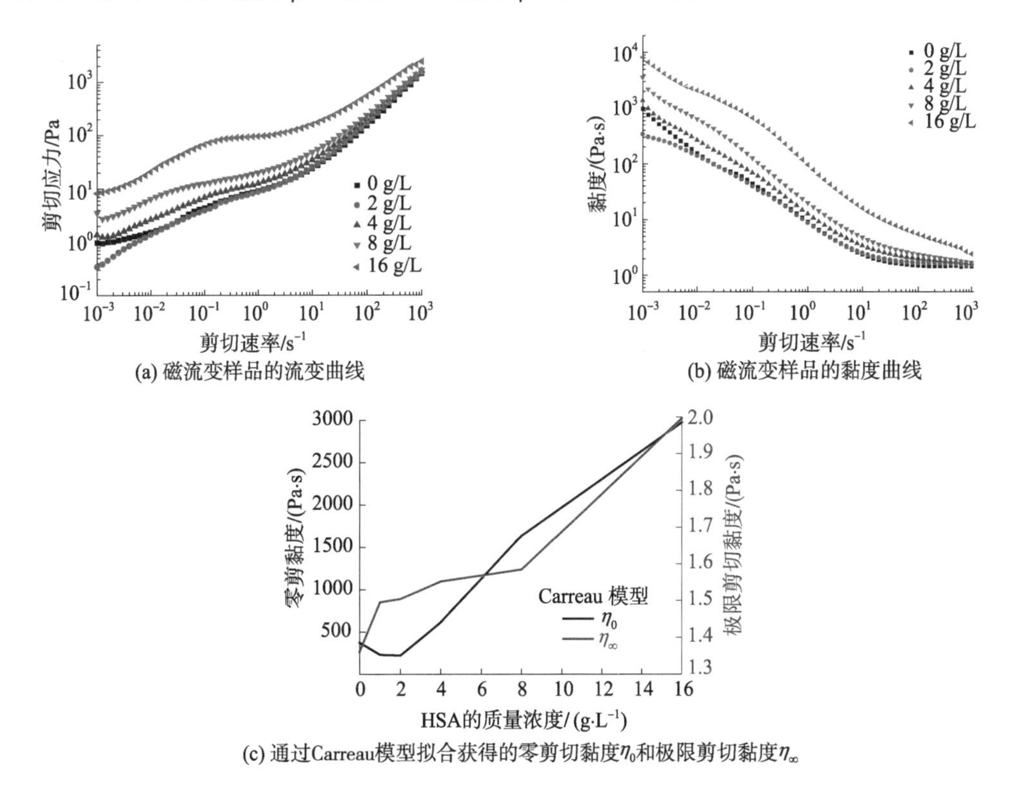

(a) 磁流变样品的流变曲线

(b) 磁流变样品的黏度曲线

(c) 通过Carreau模型拟合获得的零剪切黏度η_0和极限剪切黏度η_∞

图 4.3 不同质量浓度的 HSA 的磁流变样品在零磁场下的流变曲线和黏度曲线

从图中可知，η_∞ 随着 HSA 质量浓度的增大而增大，凝胶化作用越来越明显。而 η_0 随 HSA 质量浓度的变化并非单调递增，在低浓度时，磁流变有机凝胶样品的 η_0 要低于空白样。这是由于少量的 HSA 在磁流变悬浮液中不能形成凝胶结构，而是作为表面活性剂吸附于固液界面，减少了颗粒团聚，从而降低了体系的剪切黏度。

图 4.4 为磁流变液和磁流变有机凝胶在不同磁场下的流变曲线。可以看出，随着外加磁感应强度的增加，磁致剪切应力逐渐增大。这是因为当磁感应强度增大时，固体颗粒迅速极化并相互作用形成链状结构，并且颗粒链随着外界磁感应强度的增大逐渐增多、粗化，阻碍了磁流变液的剪切流动。此外，在恒定的磁场下，磁流变液的剪切应力随剪切速率的变化接近一条直线，这是由于在剪切作用下，磁性颗粒的链状或柱状结构的断裂与新的链状结构的形成达到了动态平衡，进而使得剪切应力在剪切区域内保持恒定。动态屈服应力 τ_y 可以通过 Bingham 模型对流变曲线($\dot{\gamma}>100\ s^{-1}$)拟合获得，同时还可以获得样品在磁场下的塑性黏度 η_{pl}，如图 4.4c 和图 4.4d 所示。样品的动态屈服应力和塑性黏度随磁场的增大而增大，且磁流变有机凝胶的 τ_y 和 η_{pl} 均高于磁流变液，这是因为除了磁性作用力外，凝胶网络结构增强了体系的力学响应。

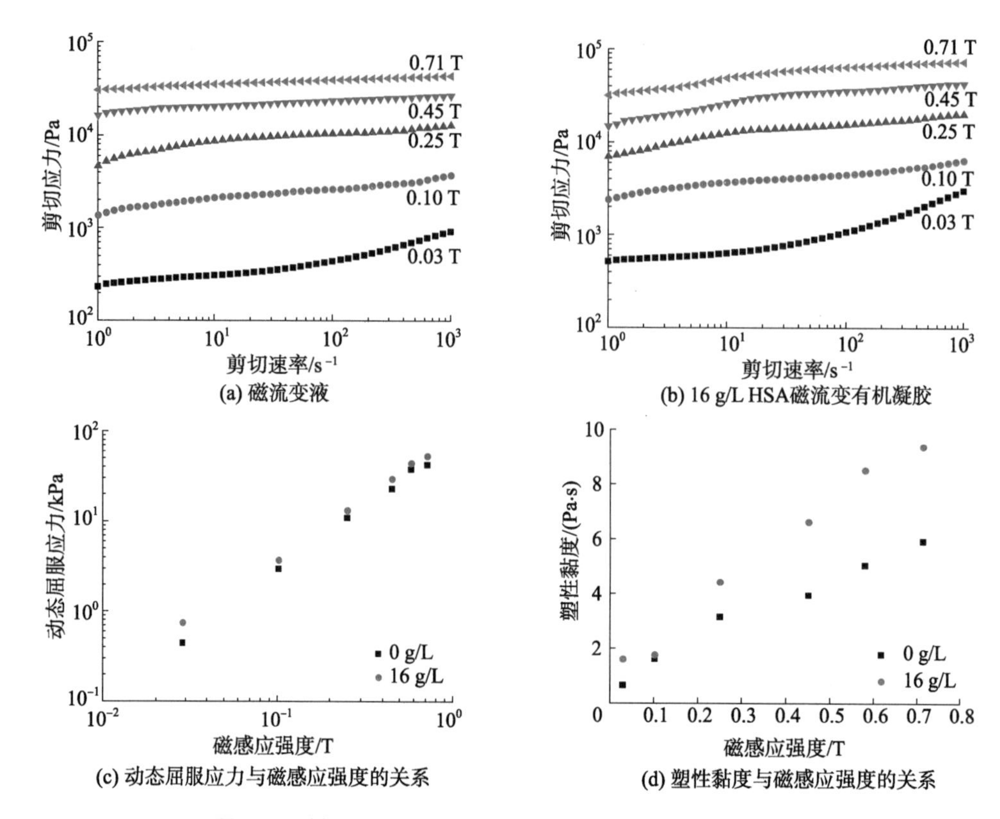

图 4.4　磁场下磁流变液的剪切应力随剪切速率变化的曲线

一般认为，动态屈服应力是颗粒链结构被破坏和重建达到动态平衡时所对应的剪切应力，也是维持磁流变液稳态流动所需的最小应力。而静态屈服应力是指克服磁性颗粒链间的相互作用力并使颗粒链断裂的最小应力，可通过应力扫描方式得到，如图 4.5 所示。在低剪切应力下，样品的剪切应变随剪切应力呈线性变化，当达到某一临界值时，剪切应变发生突变，迅速增大几个数量级，此时的剪切应力临界值为磁流变样品的静态屈服应力。

图 4.5c 为磁流变液和磁流变有机凝胶的静态屈服应力随磁感应强度的变化曲线，其值通过屈服前与屈服后应力-应变曲线斜率(slope)的交点获得。在弱磁场下，磁流变有机凝胶的静态屈服应力要高于磁流变液，这与体系较强的凝胶网络结构有关；而在中等及强磁场下，情况则相反，表明磁流变有机凝胶更容易在应力作用下发生流动。一般来讲，强磁场条件下，磁流变液的静态屈服应力与颗粒链状结构的相对滑移相关，并非发生结构的剪切破坏，因此凝胶结构与颗粒链结构的耦合作用使得凝胶体系更易于发生准静态的滑移或形变，导致屈服应力降低。

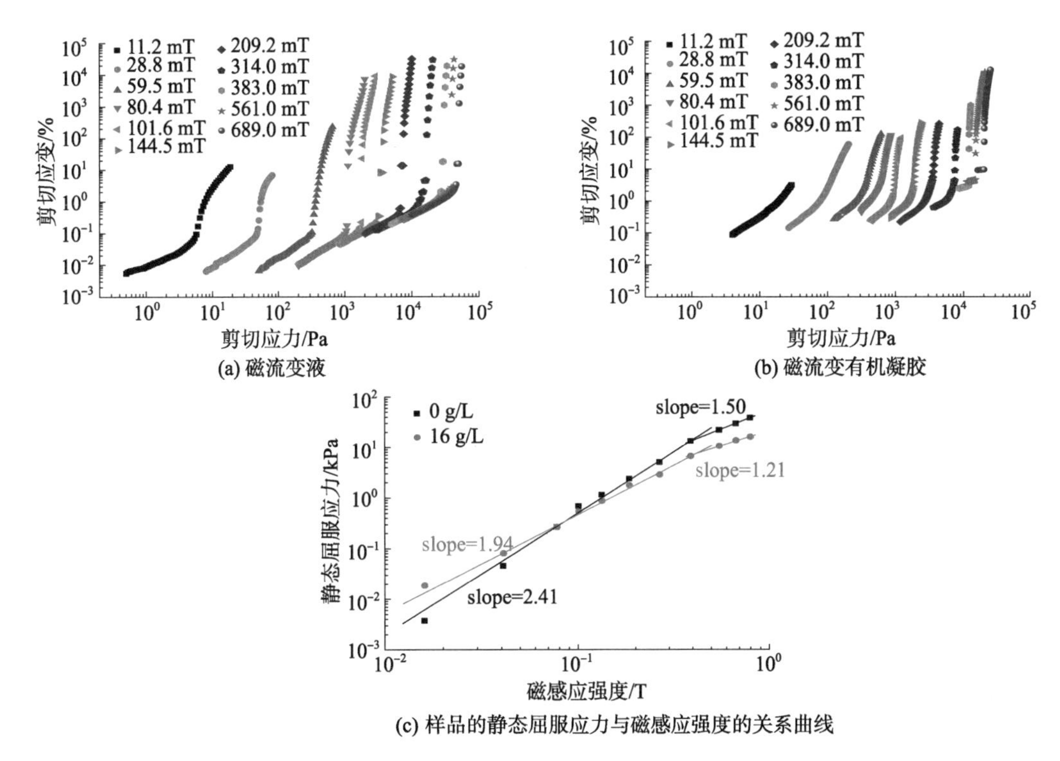

图 4.5　在应力控制剪切下磁流变样品的剪切应力与剪切应变的关系曲线

图 4.6 为不同磁场下磁流变液和磁流变有机凝胶黏弹模量随应变幅值的变化曲线(测试频率为 1 Hz,实心符号为储能模量 G',空心符号为损耗模量 G'')。在零磁场下,磁流变液的储能模量 G'小于损耗模量 G'',表现出液体行为;相反,磁流变有机凝胶的初始 G'高于 G'',表明样品具有较强的内部结构。随着应变幅值的增大,黏弹模量逐渐减小,当 $G''>G'$时,样品开始流动。此外,样品的线性黏弹区随着磁感应强度的增大而变宽(图 4.6c),其原因是磁感应强度越大,磁性颗粒的链状结构越牢固,从而可以应对一定程度的弹性形变。从图中还可以看出,磁流变有机凝胶的线性黏弹区相对较窄,这可能是由于凝胶结构对磁场下颗粒链的聚结有一定的阻碍作用,使链的强度降低。

另外,在应变扫描下,磁流变样品的储能模量随应变的增大而减小,而损耗模量则先出现应变硬化效应,随后模量逐渐下降,特别是在强磁场条件下。该现象与材料内部网络结构节点的破坏与重组达到平衡有关(Hyun,2002;Sim,2003)。最大损耗模量 G''_{max}与磁感应强度的关系如图 4.6d 所示,磁流变有机凝胶的G''_{max}小于磁流变液的值,其原因是凝胶结构限制了颗粒链的运动,导致其与载液的相互作用减弱,损耗模量降低。

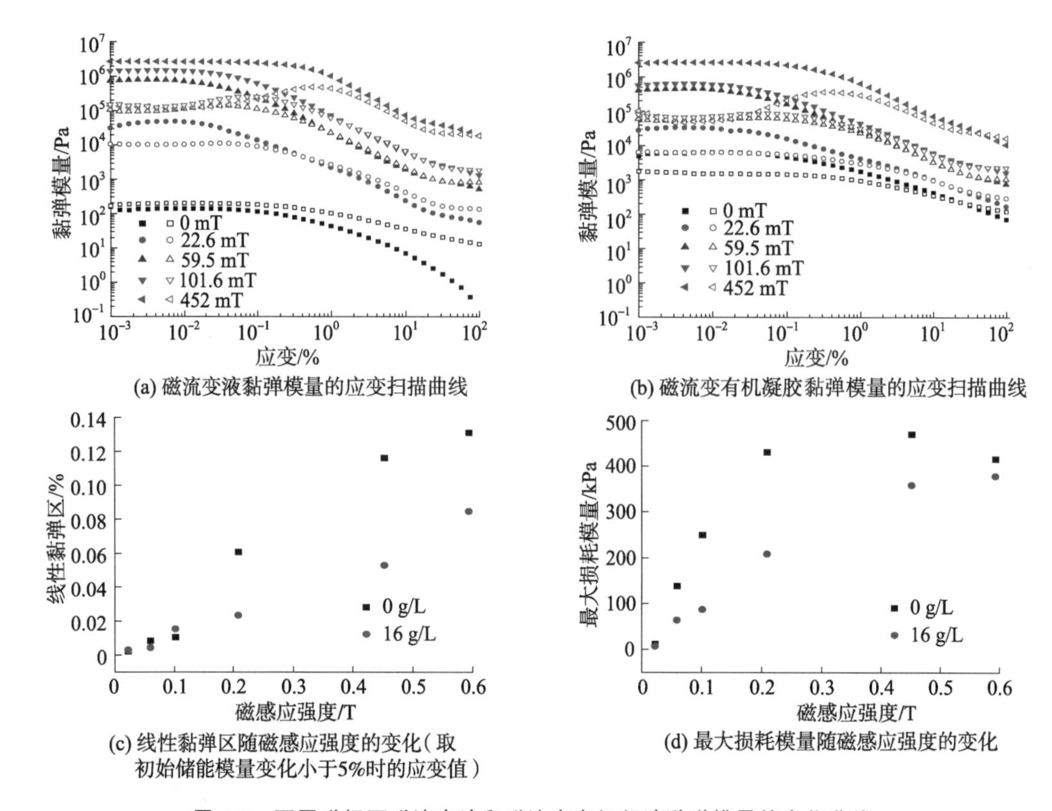

(a) 磁流变液黏弹模量的应变扫描曲线

(b) 磁流变有机凝胶黏弹模量的应变扫描曲线

(c) 线性黏弹区随磁感应强度的变化（取初始储能模量变化小于5%时的应变值）

(d) 最大损耗模量随磁感应强度的变化

图 4.6 不同磁场下磁流变液和磁流变有机凝胶黏弹模量的变化曲线

图 4.7 为样品储能模量平台值与磁感应强度的关系曲线。可以看出，磁流变样品的初始储能模量随磁场的增大而呈自然对数增大，即在弱磁场时，储能模量迅速增大，在强磁场下逐渐达到饱和。

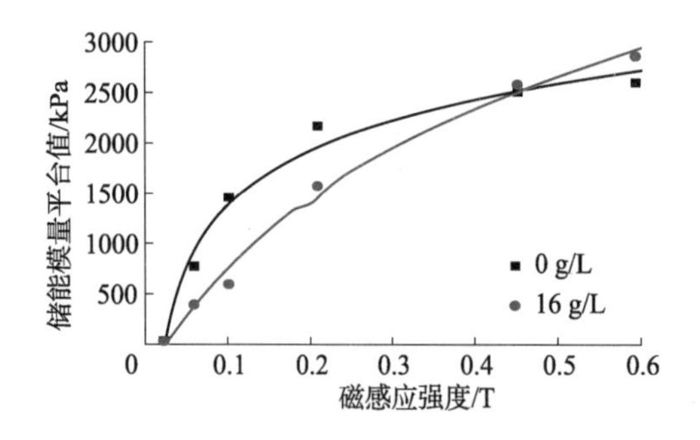

图 4.7 储能模量平台值与磁感应强度的关系曲线

图 4.8 为损耗因子和复合黏度随振荡频率的变化关系。从图中可以看出，零磁场下磁流变液的损耗因子大于 1，表现出液体特征，而磁流变有机凝胶的损耗因子在零磁场或有磁场条件下均小于 1，表现出固体特征，这与振幅扫描结果一致。磁流变样品的复合黏度 η^* 随振荡频率的增大而线性减小，且在有磁场条件下两样品的复合黏度值相差不大，表明凝胶结构对磁致复合黏度影响较小。

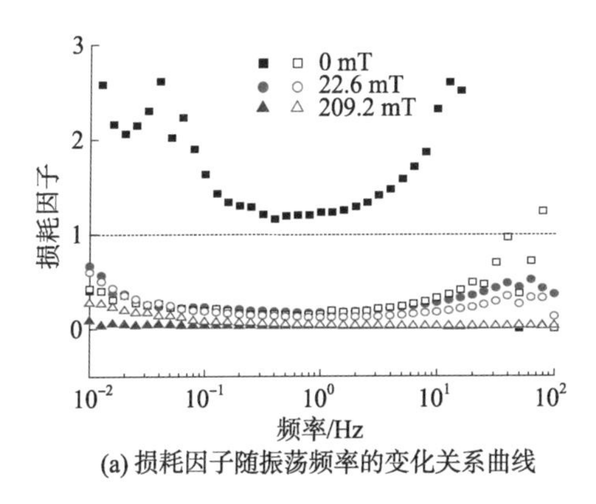

(a) 损耗因子随振荡频率的变化关系曲线

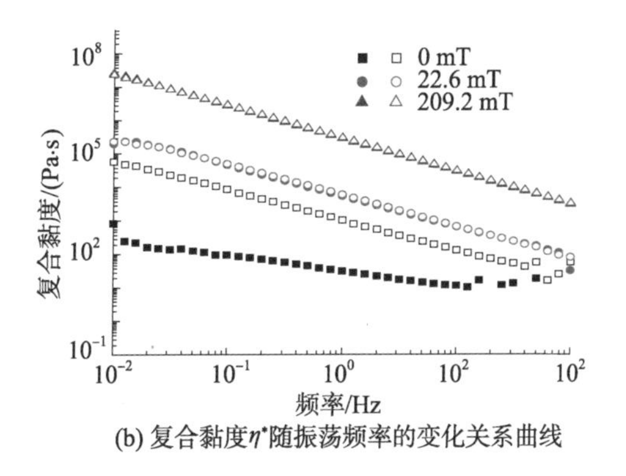

(b) 复合黏度η^*随振荡频率的变化关系曲线

图 4.8　损耗因子和复合黏度随振荡频率的变化关系
（其中振幅为 0.005%，实心符号为磁流变液，空心符号为磁流变有机凝胶）

图 4.9 为不同质量浓度的 HSA 的磁流变悬浮液的相对吸光度（或吸光度）随时间变化的关系曲线。从图中可以看出，当沉降 20 min 后，悬浮液的相对吸光度随时间变化呈现出两种不同的趋势：相对于空白样，HSA 的质量浓度为 0.1 g/L 的悬浮液的相对吸光度逐渐降低，而质量浓度为 0.5 g/L 的 HSA 的悬浮液的相对吸光度则呈上升趋势，在约 55 min 后达到最大，随之又逐渐减小。当继续增大 HSA 的质量浓度时，悬浮液的相对吸光度在测量时间内呈上升趋势，如图 4.7b 所示。可以看出，HSA 的质量浓度为 1 g/L 的悬浮液初始时相对吸光度略有下降，60 min 后开始逐渐呈线性上升，当 HSA 的质量浓度最大为 2 g/L 时，悬浮液的相对吸光度在初始时基本保持不变，静置约 200 min 后才出现缓慢上升趋势。对比 HSA 的质量浓度为 0.5 g/L、1 g/L、2 g/L 的磁流变稀悬浮液发现，随着 HSA 的质量浓度的增大，相对吸光度出现上升趋势的时间点随之延后，并且曲线的斜率明显减小。从内置图可以看出，HSA 的质量浓度为 0.5 g/L 的样品静置 2 h 后，大量磁性颗粒已沉降在比色皿底部，少量颗粒团聚体悬浮于载液中。对于 HSA 的质量浓度为 0.5 g/L 的悬浮液在 2 h 后，比色皿底部出现了一定高度的絮状沉淀，且随着 HSA 质量浓度的增加，悬浮液的沉降越来越少。结合上述实验结果，分析认为由于 HSA 的加入形成的絮状聚集体导致悬浮液吸光度增大，而这种絮状聚集体使得颗粒沉降大大减缓，提高了磁流变悬浮液的沉降稳定性。

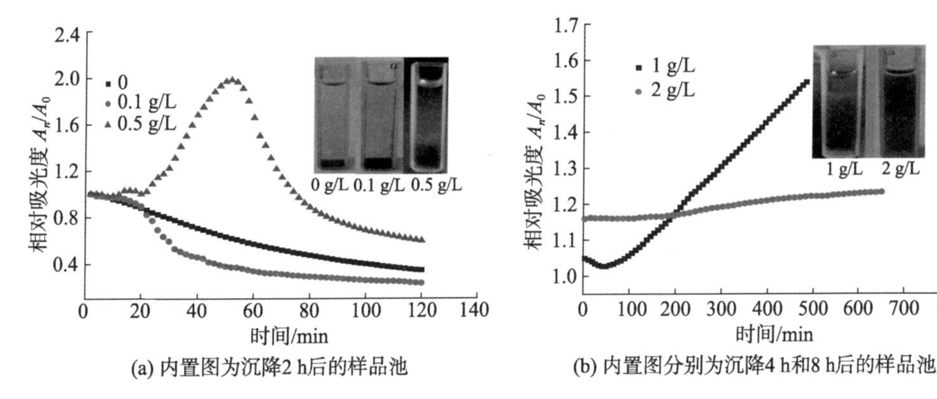

(a) 内置图为沉降2 h后的样品池　　(b) 内置图分别为沉降4 h和8 h后的样品池

图 4.9　不同质量浓度的 HSA 的磁流变悬浮液的相对吸光度随时间变化的关系曲线
（其中磁性颗粒的质量浓度为 2.5 g/L，体积分数约为 0.03%）

4.1.2.2　磁性颗粒体积分数对有机凝胶基磁流变液的影响

图 4.10 显示了磁性颗粒体积分数对有机凝胶基磁流变液的影响，其中颗粒的体积分数变化范围为 1%～20%，HSA 的质量浓度为 12 g/L。由图 4.10a 可知，样品黏度随剪切速率的增大而减小，表现出剪切稀化特征，极限剪切黏度 η_∞ 通过幂律方程(Massarini，2012)获得，如图 4.10b 所示。η_∞ 随着磁性颗粒体积分数的增大而增大，且当固体颗粒体积分数超过 5%时，磁流变有机凝胶的黏度变化不大，说明有机凝胶基体可以改变体系的黏度。

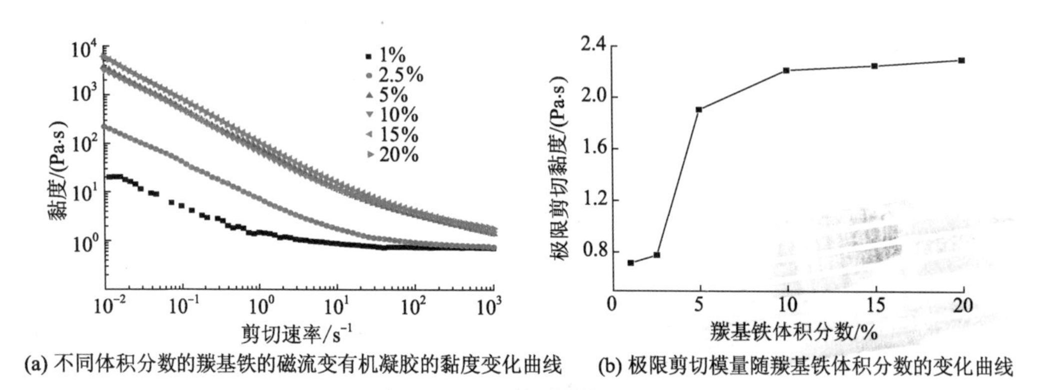

(a) 不同体积分数的羰基铁的磁流变有机凝胶的黏度变化曲线　(b) 极限剪切模量随羰基铁体积分数的变化曲线

图 4.10　磁性颗粒体积分数对有机凝胶基磁流变液的影响

图 4.11 为样品的动态屈服应力与磁感应强度的关系曲线，可以看出，磁流变有机凝胶的屈服应力随着磁感应强度和羰基铁体积分数的增大而增大。对于体积分数较小的磁性颗粒的样品来说，由于悬浮体系中颗粒间的距离较大，磁致吸引力不足以克服基体的束缚作用来形成完整的链状结构(Rich，2012a，2012b)，所以屈服应力较小。而对体积分数较大的磁性颗粒样品来说，磁致屈服应力随磁感应强度增大呈非线性增长，可达 65 kPa。总体来讲，基于有机凝胶的磁流变材料不仅具有良好的稳定性，而且表现出优异的磁流变效应。磁流变有机凝胶的零磁场黏度随磁性颗粒体积分数的变化较小(当$\varnothing$>5%时)，因此有机凝胶基体利于制备高体积分数的磁流变材料，从而可以获得更强的剪切应力。

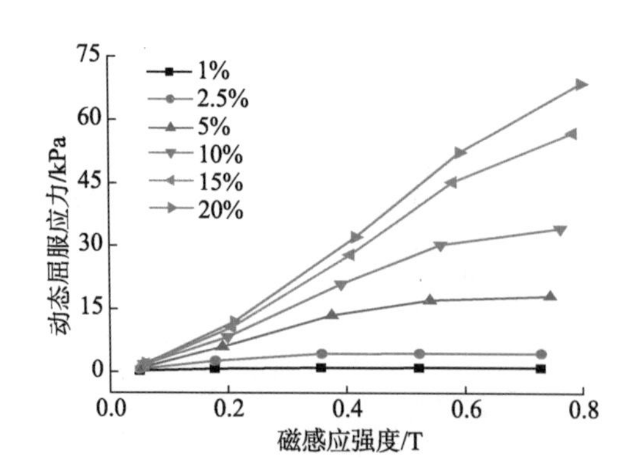

图 4.11　不同体积分数的羰基铁的磁流变有机凝胶的动态屈服应力随磁感应强度的变化关系曲线

图 4.12 为不同体积分数的羰基铁的磁流变有机凝胶的振幅扫描结果。在零磁场和小

应变下，样品的储能模量 G' 大于损耗模量 G''，表现出固体特征。随着应变的增大，黏弹模量逐渐减小，当达到某一临界应变时 $G'=G''$，这时样品由黏弹性固体转变为黏弹性液体。损耗模量 G'' 随着应变的增大出现应变过冲现象，这与链结构的破坏和重建达到平衡相关。在高剪切下，颗粒链结构被均匀地拉伸破坏，G'' 出现第二个平台区（Arief，2015）。当颗粒体积分数小于 15%时，最大损耗模量值 G''_{max} 随颗粒体积分数的增大几乎呈线性增长趋势，如图 4.12b所示。磁流变有机凝胶的初始储能模量随羰基铁体积分数和磁感应强度的增大而增大（图 4.12c 和图 4.12d），对于 20%的样品来说，磁致储能模量值相对于零磁场储能模量高出约6 个数量级，表现出很高的动态效率。

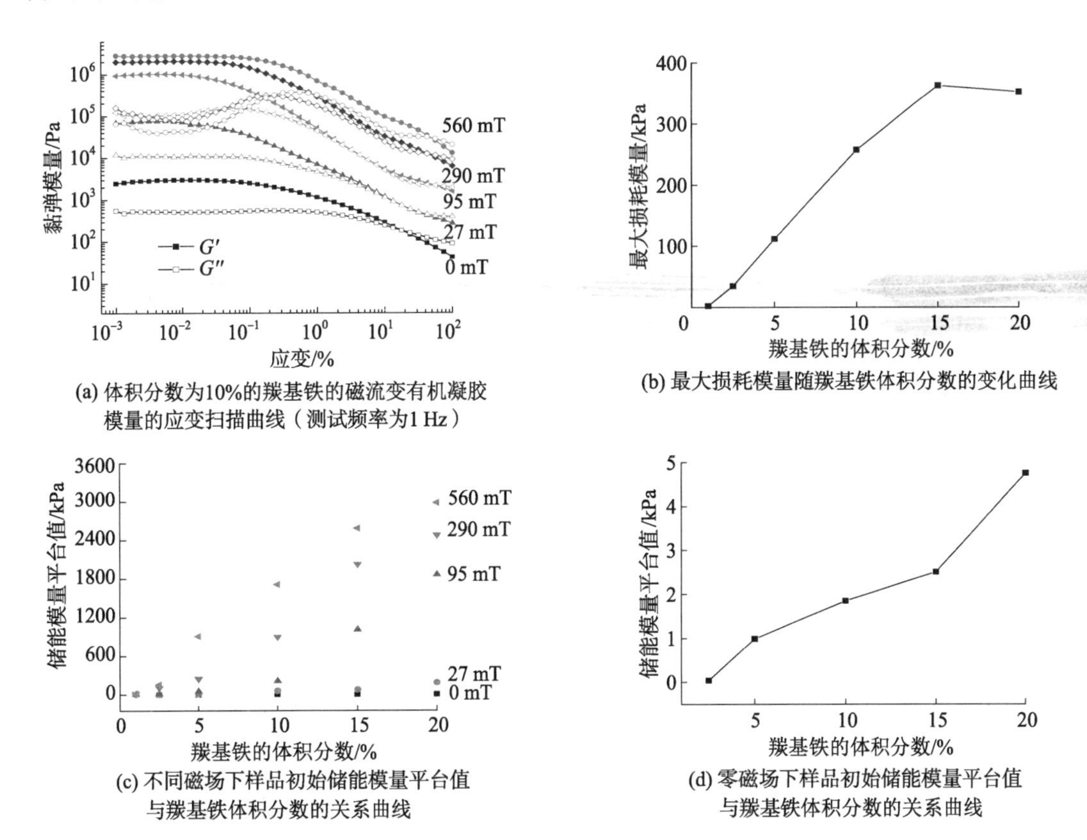

(a) 体积分数为10%的羰基铁的磁流变有机凝胶模量的应变扫描曲线（测试频率为1 Hz）

(b) 最大损耗模量随羰基铁体积分数的变化曲线

(c) 不同磁场下样品初始储能模量平台值与羰基铁体积分数的关系曲线

(d) 零磁场下样品初始储能模量平台值与羰基铁体积分数的关系曲线

图 4.12 不同体积分数的羰基铁的磁流变有机凝胶的振幅扫描结果

4.1.3 触变行为

有机凝胶基磁流变液是由磁性颗粒与具有凝胶结构的基体组成的分散悬浮体系，呈现出与时间有关的非牛顿特性。图 4.13 考察了磁流变液和磁流变有机凝胶在随磁感应强度循环变化下的剪切应力行为。测试分两个阶段：首先，磁感应强度随时间从初始值零到峰值呈线性增长趋势；其次，磁感应强度从峰值到初始值呈线性下降趋势。可以看出，下降曲线的剪切应力要大于上升曲线的，表明磁致应力的变化滞后于磁场的变化。换言之，磁致链状结构的弛豫时间比流变测试时间要长（Shima，2011；Felicia，2015）。这可以解释为，相对于单个颗粒，大尺寸的聚集结构的弛豫时间要长，在强磁场下，一些链状结构聚集体在磁感应强度减小时来不及松弛，导致出现应力滞回环。可用滞回因子 δ_H(Shan，2015)定量表征该触变行为：

$$\delta_H=\frac{|\tau_{up}-\tau_{down}|}{|\tau_{up}+\tau_{down}|} \tag{4.1}$$

式中，τ_{up}为剪切速率增大过程中的剪切应力；τ_{down}为剪切速率减小过程中的剪切应力。

图 4.13c 和图 4.13d 分别为磁流变液和磁流变有机凝胶的滞回因子随磁感应强度的变化。在低磁感应强度下，样品的滞回效应明显，随着剪切速率的增大，滞回因子减小，这是由于高剪切作用可以加速结构松弛过程。此外，磁流变有机凝胶的滞回因子大于磁流变液的滞回因子，表现出明显的触变行为。这表明当磁感应强度减小时，体系中依然存在较大的颗粒聚集结构，也进一步说明凝胶触变网络结构中的颗粒聚集体不易被进一步分散。

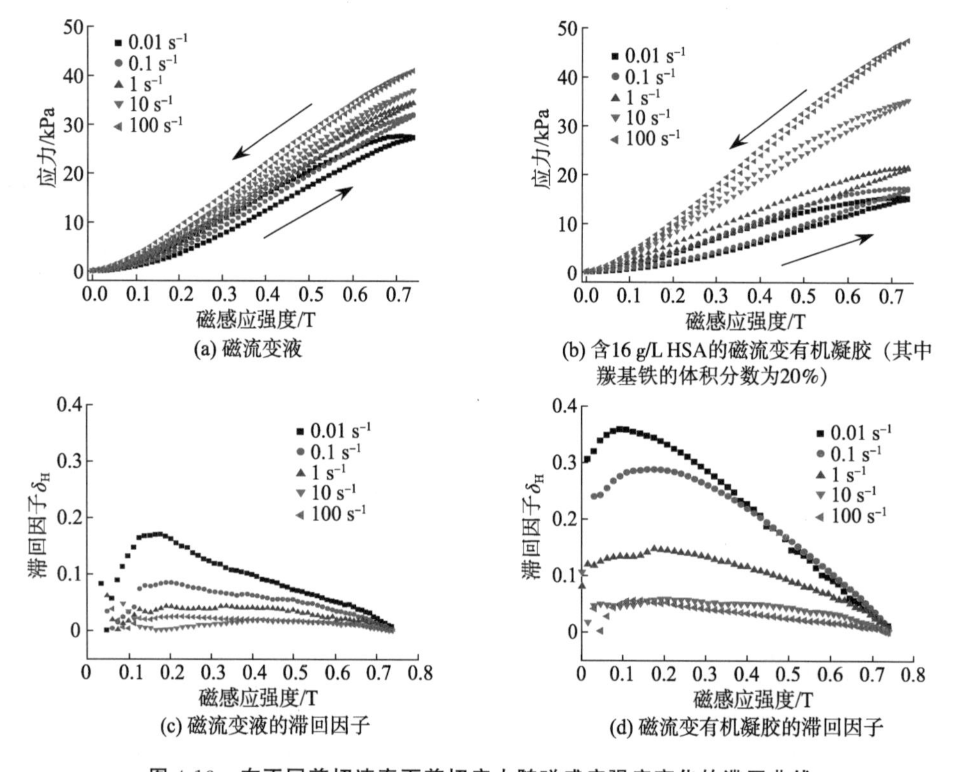

(a) 磁流变液
(b) 含16 g/L HSA的磁流变有机凝胶（其中羰基铁的体积分数为20%）
(c) 磁流变液的滞回因子
(d) 磁流变有机凝胶的滞回因子

图 4.13 在不同剪切速率下剪切应力随磁感应强度变化的滞回曲线

图 4.14 为不同羰基铁含量样品的剪切应力随磁感应强度变化的滞回曲线。磁流变液在两种不同的磁场诱导下表现出了不同的触变行为：类型Ⅰ，磁场增大过程的应力曲线位于磁场下降的应力曲线之下；类型Ⅱ，磁场增大过程的应力曲线位于磁场下降过程的应力曲线之上。类型Ⅰ在浓流变悬浮液中表现明显，表明一些大尺寸的颗粒聚集体在磁场下降过程中未能及时变得松弛，导致剪切应力的变化滞后于磁场变化。类型Ⅱ主要出现在磁流变稀悬浮液中(磁性颗粒体积分数小于 5%)，其剪切应力出现饱和时的磁感应强度约为 0.4 T。该触变行为可以解释为，在稀流变悬浮液中磁致颗粒链数目较少，尺寸较小，且强度较低，一旦磁场开始减小，这些链结构的破坏和重建平衡就被打破，并且剪切破坏作用占主导，使得

聚集体进一步破碎成较小的流动单元，导致应力下降。值得注意的是，类型Ⅰ出现在所有磁流变有机凝胶样品中，这表明凝胶结构的存在使得颗粒聚集体不能被剪切作用完全破坏。除这两种类型外，磁流变材料的磁场滞回行为还包括其他组合类型，这与剪切速率、磁场强度及基体相关。

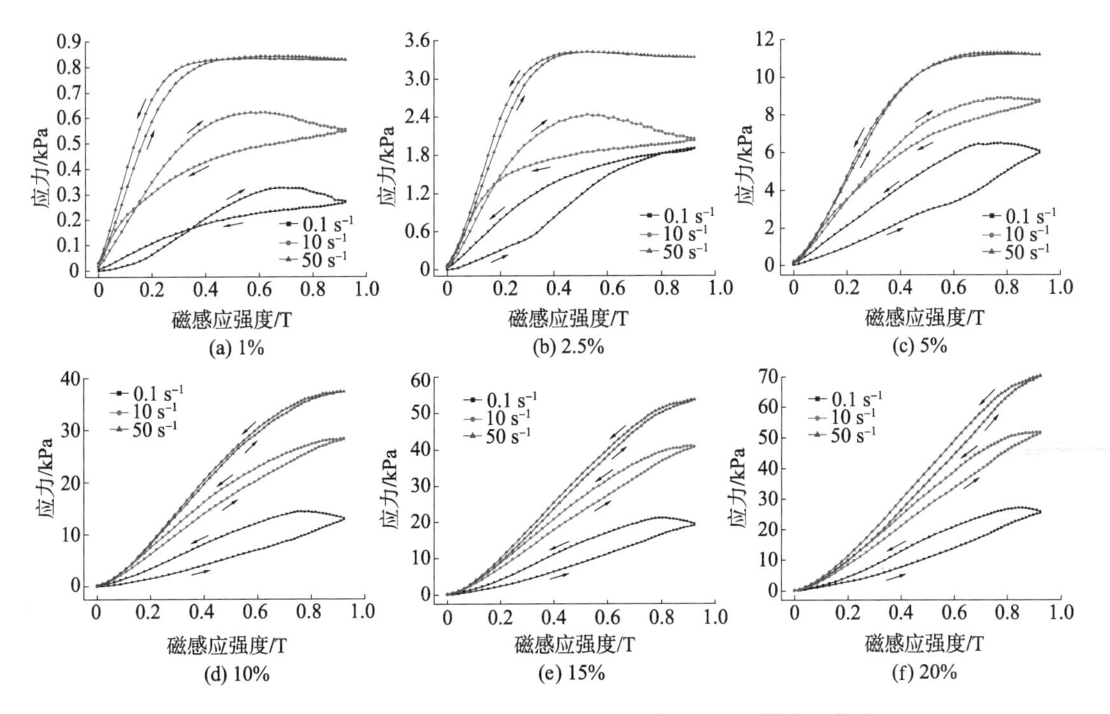

图 4.14　不同羰基铁含量的磁流变有机凝胶的磁场扫描滞回曲线
(HSA 的质量浓度为 12 g/L，箭头方向表示磁感应强度的变化趋势)

图 4.15 为磁流变有机凝胶剪切应力的剪切速率扫描滞回曲线。对于稀悬浮液，零磁场下应力的上行曲线和下行曲线重合，而在磁场作用下应力曲线出现背离，这与微观链结构的重组有关(Shan，2015)。在磁场作用下，磁性颗粒形成链状结构，但颗粒链中存在较多缺陷，经过一定时间剪切后，颗粒链达到与给定的剪切速率相适应的聚集体破坏与增长的动态平

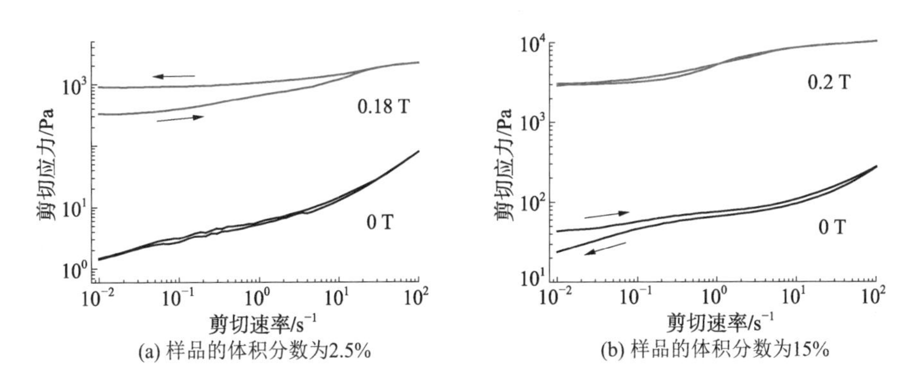

图 4.15　剪切应力的剪切速率扫描滞回曲线
(HSA 的质量浓度为 12 g/L，箭头方向表示剪切速率的变化趋势)

衡，形成较为粗壮稳定的链结构，使得下行剪切应力增大。对于浓悬浮液，由于磁场下颗粒链结构较为紧密，剪切诱导下的微结构重组对应力的影响有限。然而在零磁场下，体系表现出触变行为，即下行剪切应力小于上行剪切应力。这是由于外力作用下体系内部结构被破坏，当除去应力后，需较长时间让分散体系恢复结构。

图 4.16 为 3ITT 测试下磁流变有机凝胶样品的触变行为，其模式为小幅振荡—剪切—小幅振荡，其中应变幅度为 0.005%，频率为 1 Hz，旋转剪切速率为 100 s^{-1}。从图中可以看出，样品在高剪下储能模量迅速减小，当进入结构恢复阶段时，体系内部的颗粒结构逐步重建直至达到平衡。定义结构恢复率为第 3 阶段平衡态储能模量与第 1 阶段初始储能模量的比值。根据计算结果，随着磁性颗粒体积分数的增大，结构恢复率从 65%增大至 90%，这说明悬浮体系的体积分数较大时更容易在凝胶网络中恢复其空间结构。而在磁场作用下，高速剪切后磁流变有机凝胶的储能模量明显提高，表明内部形成更为牢固的颗粒链结构，这与剪切速率扫描结果相吻合。通过与初始储能模量比较，发现经剪切后，储能模量增大了 2～10 倍。

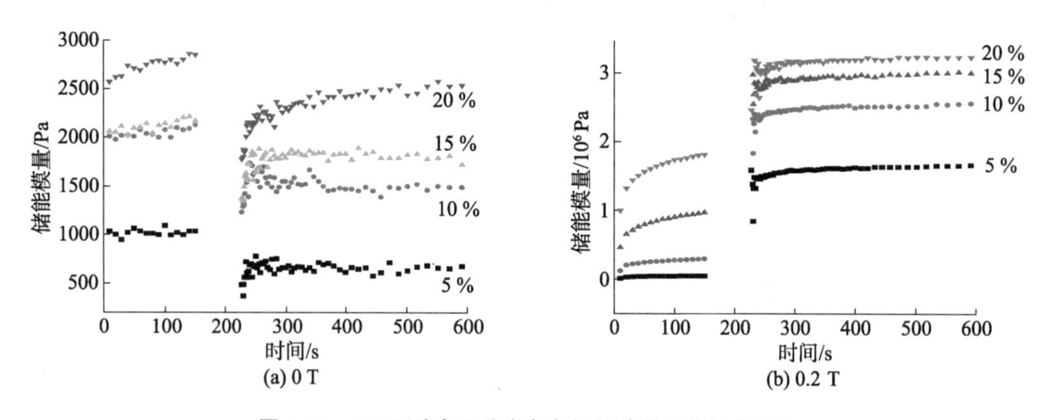

图 4.16　3ITT 测试下磁流变有机凝胶样品的触变行为

4.1.4　磁响应行为

一般认为，基体（或载液）对磁流变性能的影响表现在两个方面：一是对磁流变效应的影响。黏稠的基体可以减缓颗粒沉降，提高磁流变材料的稳定性，但由于基体的束缚作用，颗粒在磁场下的运动受限，因此磁致应力或模量降低。二是对响应时间的影响。尽管磁性颗粒在黏稠基体中的运动轨迹与在牛顿流体中类似（Rich，2012），但基体的阻碍减缓了颗粒的磁响应速度。通常磁流变材料的磁响应行为可以用经验公式表示（An，2012）：

$$G'(t)=G'_{\max}-\sum_{n=1}^{N}A_n\cdot e^{-t/\tau_n} \tag{4.2}$$

式中，$G'(t)$为储能模量随时间的变化；$G'_{\max}$为达到饱和时的平衡储能模量（即最大储能模量）；特征时间τ_n 和前置因子用来表征颗粒的结构化进程；N 为时间指数函数的叠加个数。

采用小幅振荡剪切测试磁流变有机凝胶在阶跃磁场下的磁响应行为，其中测试幅度为 0.005%，频率为 10 rad/s，羰基铁的体积分数为 15%。忽略磁路和转矩测试系统对响应时间的影响（Belyaeva，2016），且根据拟合效果，当 $N=2$ 时，式（4.2）可以很好地描述储能模量随时间的变化。

磁流变液中颗粒的链化行为可以分为两个时间演化进程：磁场下，无规则分布的颗粒迅速聚集，形成短的颗粒链或颗粒簇，即成链进程；这些短链和颗粒簇继续聚集，使得颗粒链长度增加并逐渐形成较粗的柱状和网状结构，即链增长进程。

图 4.17a 所示为磁流变有机凝胶的储能模量 G' 随时间的变化。可以看出，一旦施加外磁场，G' 便迅速升高，紧接着进入缓慢增长过程。归一化的 G' 可以更清晰地描述磁流变有机凝胶在不同磁场下的瞬态响应行为，随着磁感应强度的增大，储能模量急剧增大，然后逐渐趋于饱和，内部结构达到稳定状态。显然，磁感应强度越大，颗粒的偶极作用越强，聚集速度越快。G'_{max} 随磁感应强度的增大而增大，如图 4.17b 所示。值得注意的是，磁流变液在强磁场刺激下的储能模量的测量数据非常散乱，这是由于其内部结构的动态变化过快，超出了仪器测量的分辨率精度范围。但从随磁场变化的发展趋势来看，磁流变液和磁流变有机凝胶的 G'_{max} 在强磁场下会发生重合，这也进一步说明在足够强的磁场下，可以忽略凝胶基体对磁致应力或模量的影响。

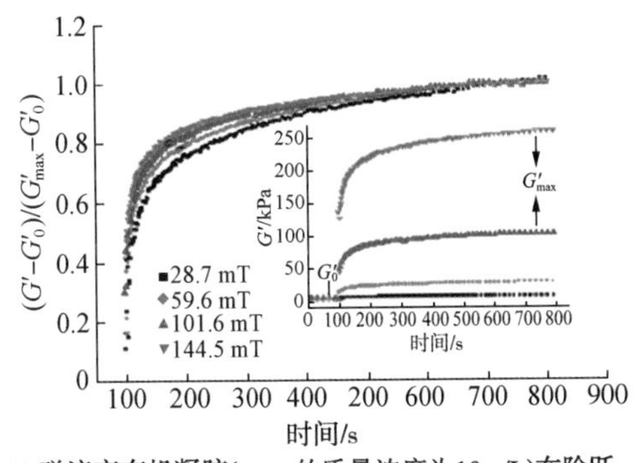

(a) 磁流变有机凝胶(HSA的质量浓度为10 g/L)在阶跃磁场下相对储能模量随时间的变化(内置图为储能模量随时间的变化)

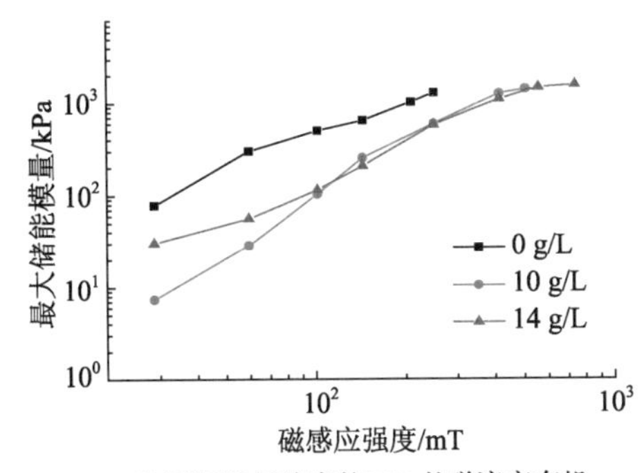

(b) 不同质量浓度的HSA的磁流变有机凝胶的G'_{max}随磁感应强度的变化

图 4.17 磁流变有机凝胶的储能模量随时间的变化

图 4.18 为时间指数函数拟合结果。由于链增长过程对磁感应强度的变化更为敏感，这里首先考虑特征时间τ_2，见图 4.18a 和图 4.18b。可以看出，随着磁感应强度的增大，磁流变液的特征时间 τ_2 线性减小，而磁流变有机凝胶的 τ_2 则呈自然对数降低。这说明即使在弱磁场下，磁偶极吸引力亦可以突破凝胶结构的束缚，使颗粒链聚集长大。图 4.18c 和图 4.18d 比较了链化过程对储能模量的贡献，A_1，A_2 分别对应成链过程和链增长过程对模量 G' 的贡献幅度。显然，初始快速成链过程占 G' 增长的主要部分，且 A_1 随着磁感应强度的增大呈幂指数增大，而 A_2 几乎呈线性增大。磁流变有机凝胶的幂指数 Δ 较小，反映了凝胶结构对成链过程的阻碍作用。图 4.18e 和图 4.18f 考察了 HSA 质量浓度对链化过程贡献率的影响。从图中可知，随着 HSA 质量浓度的增大，成链过程的相对贡献率$A_1/(G'_{max}-G'_0)$减小，而链增长过程$A_2/(G'_{max}-G'_0)$的贡献率逐渐增大，对于 HSA 的质量浓度为 14 g/L 的磁流变样品，两种链结构演化进程的贡献值几乎相当。换言之，基体的黏稠度可以平衡不同的链化进程对体系强度的贡献。由图 4.18f 可知，增大磁感应强度拉大了 A_1，A_2 对整体模量值的贡献率差距，此时初始快速成链过程占主导作用。

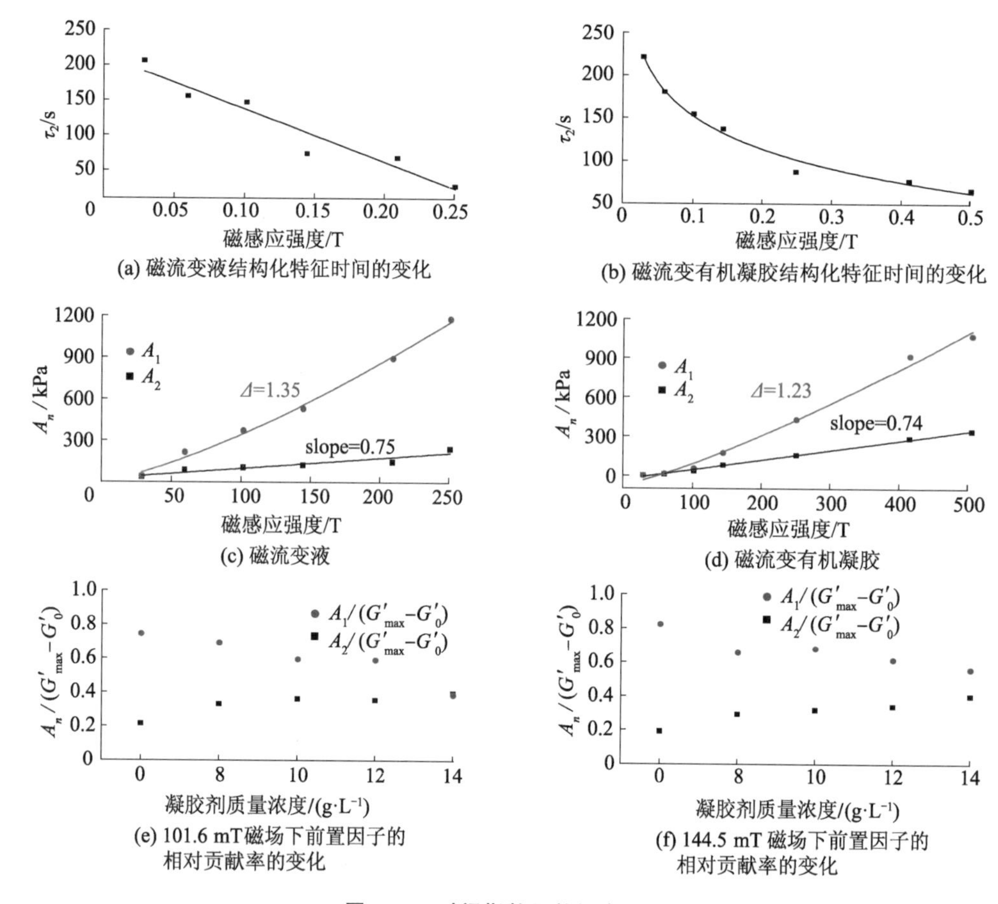

图 4.18 时间指数函数拟合结果

以上讨论了在零磁场-磁场转换下磁流变有机凝胶的瞬间磁响应行为，而在实际控制工程中，磁流变阻尼材料会经常在磁场-阶跃磁场模式下工作，因此，它们处于两种预磁化瞬态响应状态下：

① 固定预磁化磁场B_{int}，考察不同阶跃磁场B_{term}下材料的磁响应行为，见表 4.1；

② 固定阶跃磁场B_{term}，考察不同预磁化磁场B_{int}下材料的磁响应行为，见表 4.2。

表 4.1 不同阶跃磁场下磁流变液和磁流变有机凝胶（HSA 的质量浓度为 12 g/L）的特征时间参数 τ_1，τ_2

预磁化磁场/mT	阶跃磁场/mT	磁流变液		磁流变有机凝胶	
		τ_1/s	τ_2/s	τ_1/s	τ_2/s
59.6	144.5	6.29	187.65	7.40	144.19
59.6	209.4	2.59	78.63	5.67	119.98
59.6	250.8	2.72	96.48	5.02	111.17
59.6	314.0	1.84	52.33	3.63	104.27
59.6	415.0	1.65	57.19	2.98	75.74

从表 4.1 可知，随着阶跃磁场B_{term}的增大，磁流变液的特征响应时间减少，这与零磁场-磁场转换下的磁响应行为一致。由于凝胶结构的束缚作用，磁流变有机凝胶的特征响应时

间要长于磁流变液。值得注意的是,通过与图4.18中数据比较,发现在预磁化磁场下材料表现出更长的磁响应时间。

表4.2列出了在不同预磁化磁场下样品的特征响应时间。可以发现,随着预磁化磁感应强度的增大或阶跃磁场幅度的减小,链结构演化时间延长。从 A_1,A_2 对储能模量的相对贡献率来看(图4.19a和图4.19b),成链进程对预磁感应强度变化不敏感,而链增长进程随预磁感应强度的增大变化较大,表明对于磁致结构化的磁流变材料,链的生长和聚集过程对内部结构演化有重要影响,且预磁化结构越有序,在阶跃磁场刺激下,链结构演化时间越长。图4.19c和图4.19d为不同阶跃磁场 B_{term} 下 A_1,A_2 对储能模量的相对贡献率变化曲线。对于磁流变液,A_1,A_2 对模量 G' 的贡献率分别为0.8和0.2,表明初始快速成链进程占主导地位;对于磁流变有机凝胶,由于基体的束缚,A_1,A_2 的贡献率分别为0.7和0.3。

表4.2 不同预磁化磁场下磁流变液和磁流变有机凝胶(HSA的质量浓度为12 g/L)的特征时间参数 τ_1,τ_2

预磁化磁场/mT	阶跃磁场/mT	磁流变液		磁流变有机凝胶	
		τ_1/s	τ_2/s	τ_1/s	τ_2/s
28.7	209.4	1.68	58.72	5.20	116.55
59.6	209.4	2.59	78.63	5.67	119.98
101.6	209.4	5.90	124.33	7.99	164.45
144.5	209.4	19.97	352.53	22.23	245.69

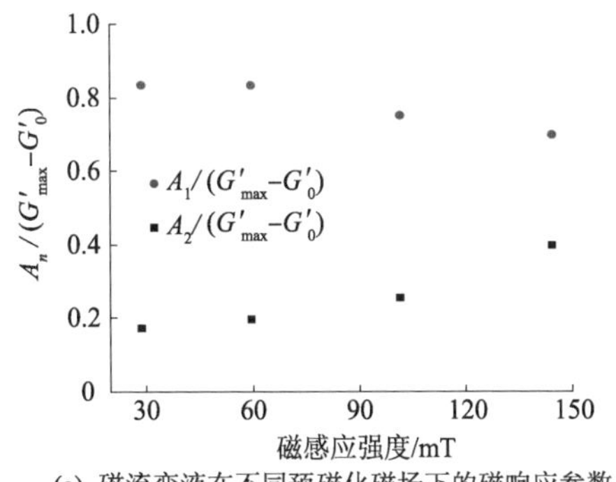

(a) 磁流变液在不同预磁化磁场下的磁响应参数

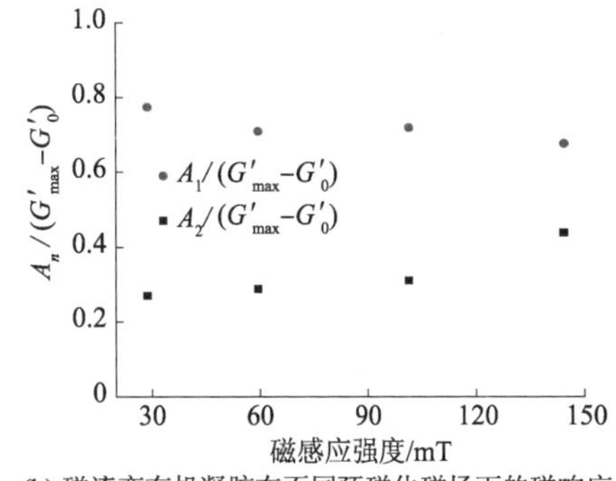

(b) 磁流变有机凝胶在不同预磁化磁场下的磁响应参数

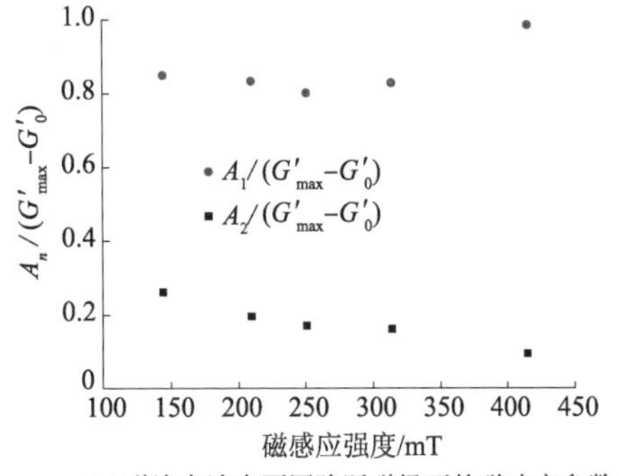

(c) 磁流变液在不同阶跃磁场下的磁响应参数

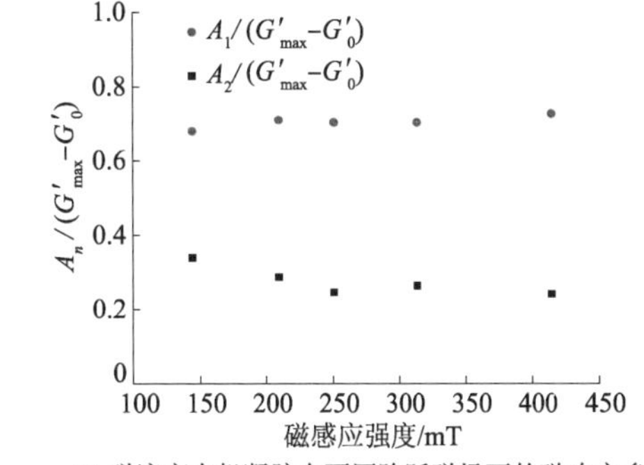

(d) 磁流变有机凝胶在不同阶跃磁场下的磁响应参数

图4.19 $A_n/(G'_{max}-G'_0)$ 随磁感应强度的变化

图 4.20 为磁流变有机凝胶在周期性阶跃磁场下的磁响应行为。可以看出，储能模量随着阶跃磁场同步变化，并且对于每次脉冲磁场，磁致储能模量的变化几乎相同，表明材料的磁响应行为具有很好的可逆性。去除磁场后，零磁场储能模量增大，这是由于剩磁引起颗粒聚集(Shima，2011)，在测量时间内无法松弛。

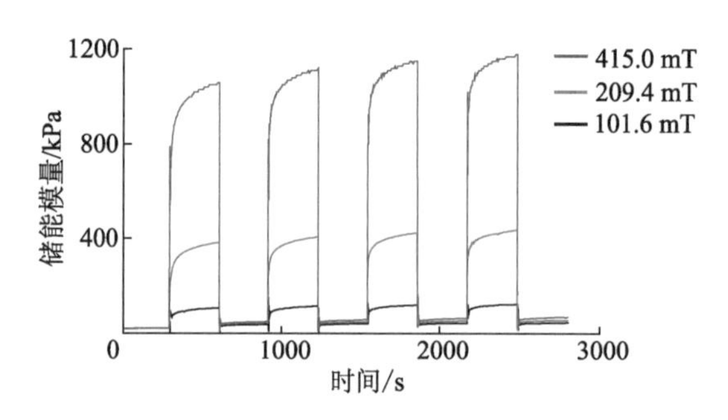

图 4.20 磁流变有机凝胶(HSA 的质量浓度为 14 g/L)在周期性(300 s)阶跃磁场下储能模量随时间的变化

4.2 PTFE 型有机凝胶基磁流变液

4.2.1 PTFE-oil 有机凝胶

为制备具有强剪切稀化作用的有机凝胶，引入的非磁性微观结构必须具备易破坏和自恢复两个方面的特性。一方面，在剪切作用下，有机凝胶的内部微观结构被破坏，从而使得表观黏度明显下降；另一方面，在外剪切撤去后，内部的微观结构能够自行恢复，从而恢复高黏度的状态，即在宏观上表现出明显的剪切稀化特征。

4.2.1.1 PTFE-oil 有机凝胶

图 4.21 为聚四氟乙烯(polytetrafluoroethylene，PTFE)分子结构示意图。由图可知，由于氟原子半径较碳稍大，相邻的 CF_2 单元不能严格按反式交叉取向，所以分子中的 CF_2 单元按锯齿状排列，形成一个螺旋结构链，氟原子覆盖了整个高分子链的表面，这导致 PTFE 具有极佳的物理、化学和热稳定性，能够有效提高有机凝胶的耐久性和稳定性(Arissara，2016)。研究表明，C—F 键能够在载液中形成弱氢键，而高电负性的 F 原子覆盖分子表面，有利于 PTFE 吸附基础油分子形成空间网络结构(Bader，1991；Alonso，2004)，进而在基础油中相互摩擦、碰撞，增加载液黏度，增强磁流变液的悬浮稳定性。

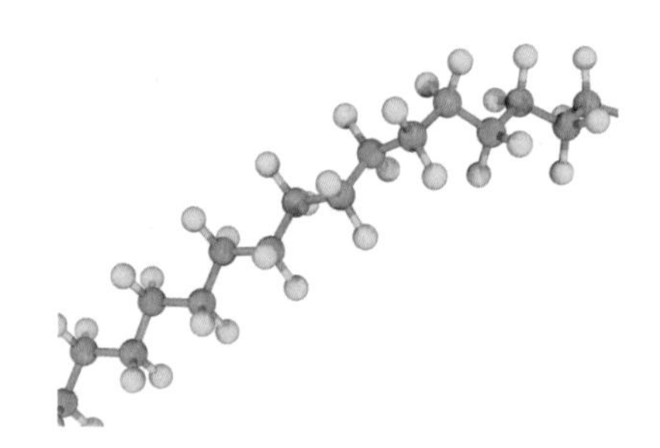

图 4.21 PTFE 分子结构示意图

表 4.4 为 PTFE-oil 有机凝胶的组分和含量，其中硅油和 PTFE 颗粒的体积分数换算为质量分数分别为 0%、5%、10%、15%及 20%。

表 4.3 PTFE-oil 有机凝胶的组分和含量

样品	硅油体积分数/%	PTFE 颗粒体积分数/%
1	100	0
2	97.7	2.3
3	95.3	4.7
4	92.7	7.3
5	89.9	10.1

图 4.22 为基础油和不同体积分数的 PTFE-oil 有机凝胶的流变曲线。从图中可以看出,忽略启动流(set-up flow)的影响(即忽略剪切速率小于 1 s^{-1} 部分的数据),硅油的黏度未随剪切速率的增大发生明显变化,这证明了硅油本身并不具有明显的剪切稀化特性。而 PTFE-oil 有机凝胶的黏度随剪切速率的增大明显减小,表现出明显的剪切稀化特征。对比不同体积分数的有机凝胶可知,随着 PTFE 颗粒体积分数的增大,剪切稀化特征更加明显,PTFE 颗粒的体积分数为 10.1% 的有机凝胶样品在剪切速率变化范围内黏度下降了约 1/30。该实验结果证明,PTFE-oil 有机凝胶在静置状态下黏度较大,能够阻碍羰基铁粉的团聚和沉降,而在受剪切状态下黏度急剧减小,这使得基于该有机凝胶的磁流变液在受剪切条件下零场黏度较小,从而获得较宽的黏度可调范围。

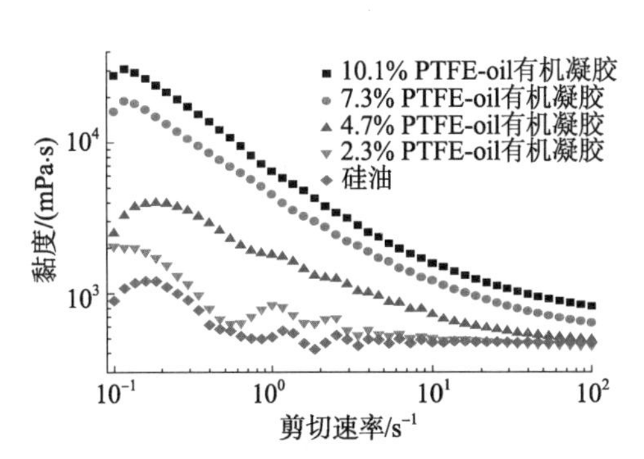

图 4.22 基础油和不同体积分数的 PTFE-oil 有机凝胶的流变曲线

为保证磁流变液的稳定性和使用寿命,有机凝胶的剪切稀化不仅要可恢复,还应在黏度变化的过程中损耗尽量少的能量。为测试 PTFE-oil 有机凝胶的恢复性能,开展硅油和不同体积分数的有机凝胶在升-降剪切速率下的触变环实验。触变环实验可用于解释剪切速率变化过程中有机凝胶内部微观结构的"破坏-恢复"过程,而触变环的面积代表剪切速率变化过程中有机凝胶内部能量的损耗。如图 4.23 所示,有机凝胶样品的触变环面积很小,证明了微观结构在被破坏后能够恢复,且在剪切速率变化过程中 PTFE-oil 有机凝胶的耗能较少。值得注意的是,触变曲线的上升段均低于下降段,这可能是由于在较小剪切速率下单个 PTFE 颗粒在流体力(hydrodynamic force)的作用下团聚成团簇,进而形成了新的微观网络结构,此时结构形成和破坏的过程达到动态平衡,宏观表现为剪切应力略微上升。而随着剪切速率的增大,这种结构来不及被完全破坏,所以下降曲线高于上升曲线。

随着 PTFE 体积分数的增大,有机凝胶的触变环面积略增大,这说明体积分数较大的有机凝胶在循环过程中损耗较多能量,证明体积分数较大的有机凝胶内部形成了较强的微观网络结构。硅油触变环面积为零,可能是由于硅油内部不存在微观结构,这也再次证明了有机凝胶内部存在微观结构。

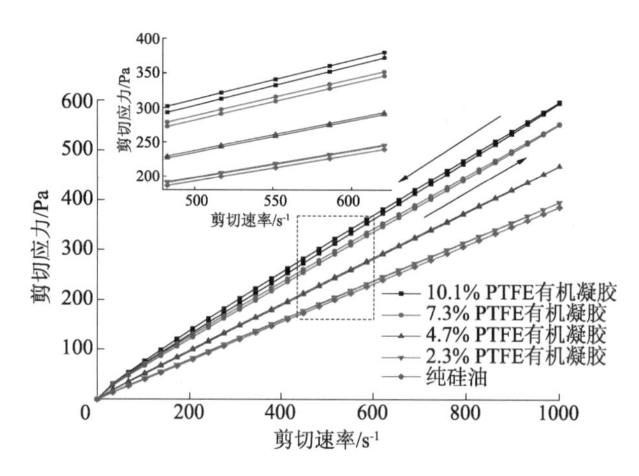

图 4.23　基础油和有机凝胶的触变环

4.2.1.2　PTFE 颗粒的填充作用和溶剂化作用

如上所述，可以证明 PTFE-oil 有机凝胶内部在静置状态下形成了有序且稳定的空间网络结构。这种空间网络结构在剪切作用下易被破坏，而剪切一旦停止又能够迅速恢复。

PTFE-oil 有机凝胶的形成机理主要包括 PTFE 颗粒的填充作用及溶剂化作用两个方面：

一方面，PTFE 颗粒分散在基础油中，颗粒之间相互摩擦、碰撞使得有机凝胶表观黏度增大，在静置状态下，有机凝胶内部颗粒均匀分散，形成各向同性的空间网络结构，此时有机凝胶的表观黏度最大。当剪切作用于有机凝胶时，PTFE 颗粒在流体力的作用下随基础油流动，沿剪切方向定向流动、排列，此时颗粒之间的相互摩擦和碰撞减轻，导致有机凝胶的表观黏度减小。当剪切速率较小时，随着剪切速率的增大，流体力增大，PTFE 颗粒的定向流动趋势越发显著，空间网络结构的各向异性增强，宏观上表现为黏度明显减小；而当剪切速率较大时，空间网络结构被破坏，PTFE 颗粒定向流动、排列的趋势已趋于饱和，因此随着剪切速率的增大，黏度不再明显减小。

另一方面，PTFE 颗粒在基础油中的溶剂化效应(compatibilization)也是有机凝胶形成的原因之一。溶剂化作用指颗粒悬浮在载液中时与载液分子间发生相互作用而将部分载液分子吸附在颗粒表面的效应，静置状态下，基础油分子由于静电吸引的作用吸附在 PTFE 颗粒表面，颗粒表面吸附的基础油分子之间相互接触、交缠，有利于形成稳定的空间网络结构。而在剪切作用下，弱吸附作用无法将基础油分子锚固在颗粒表面，基础油分子从颗粒表面脱落，导致颗粒之间的相互作用减弱，空间结构弱化乃至完全被破坏，从而有机凝胶的黏度减小。

PTFE 颗粒与基础油分子侧链之间的静电吸引(—H…F—C—)是溶剂化作用的重要因素。图 4.24a 是 PTFE 颗粒表面的氟原子与硅油侧链上的甲基发生弱吸附作用的示意图，硅油分子侧链上甲基的氢原子与 PTFE 颗粒表面的氟原子发生静电吸引，使得硅油分子吸附在颗粒表面。研究表明，由于碳原子电负性较小，甲基上的氢原子只能和其他高电负性的原子形成极弱的静电吸引(Cole，2003)，因此颗粒表面对基础油分子的吸附易被剪切破坏。图 4.24b 是不同体积分数有机凝胶的红外谱图，从图中可以看出，随着有机凝胶体积分数的增大，在 2960 cm^{-1}附近出现的—CH_3 峰发生轻微红移，而电子供体的红外特征峰发生红移是静电吸引的典型特征之一。另一个静电吸引存在的证据是：PTFE 颗粒在直链矿物油中无法形成稳定的有机凝胶，而随着硅氧烷支链诱导作用增强（侧链乙基、侧链苯基、聚醚等），形成的空间网络结构越发牢固。这是由于随着硅氧烷侧链诱导作用的增强，电子云向主链方向偏离的程度更大，侧链氢原子的裸露程度更高，更易与 PTFE 颗粒表面的氟原子产生静电吸引，因此 PTFE 颗粒对基础油分子链的吸引更强，在剪切作用下更难以从颗粒表面脱落。

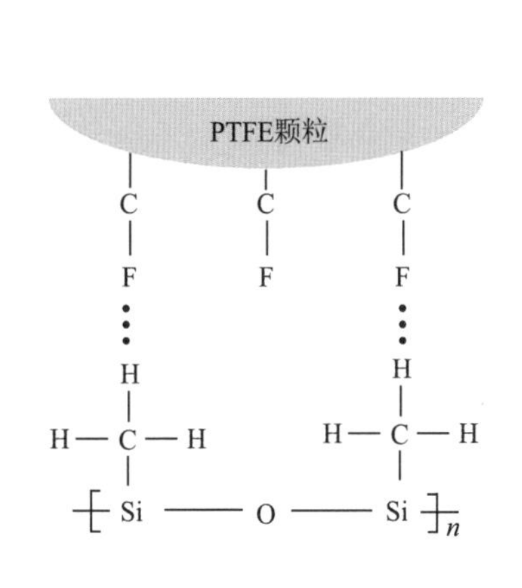

(a) PTFE颗粒与基础油分子之间弱吸附作用示意图

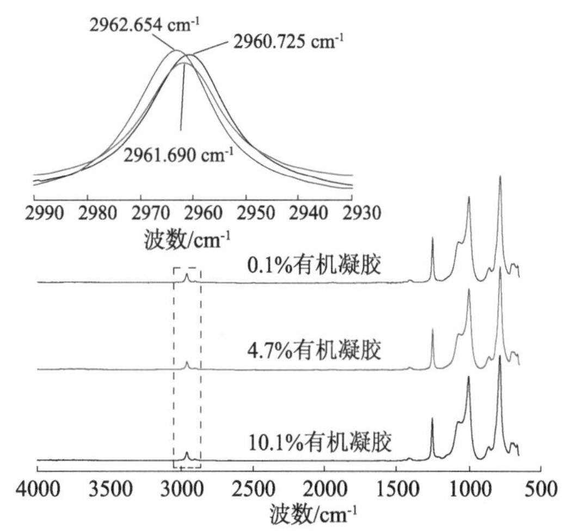

(b) 不同体积分数的PTFE-oil有机凝胶的傅里叶红外光谱图

图 4.24 PTFE-oil 有机凝胶的构建

PTFE 颗粒在填充作用和溶剂化作用的共同作用下在基础油中形成了稳定的空间网络微结构，如图 4.25a 所示，该结构在静置状态下将羰基铁粉包纳在内，阻碍了羰基铁粉的直接接触，从而防止了羰基铁粉的团聚和沉降。此时，有机凝胶和基于有机凝胶制备的磁流变液均处于各向同性状态，颗粒之间发生剧烈的摩擦和碰撞，表观黏度较大。需要特别指出，为方便观察，图中基础油分子链并未按实际比例绘制，分子链的实际尺寸远小于 PTFE 颗粒，图中细线仅近似表示吸附在颗粒表面的大量基础油分子之间的交缠和相互作用。图 4.25b 是剪切作用下有机凝胶和磁流变液内部微观结构的示意图，相较于静置状态下，PTFE 颗粒在流体力的作用下定向运动、排列，颗粒之间的摩擦和碰撞减轻。同时，在剪切作用下分子

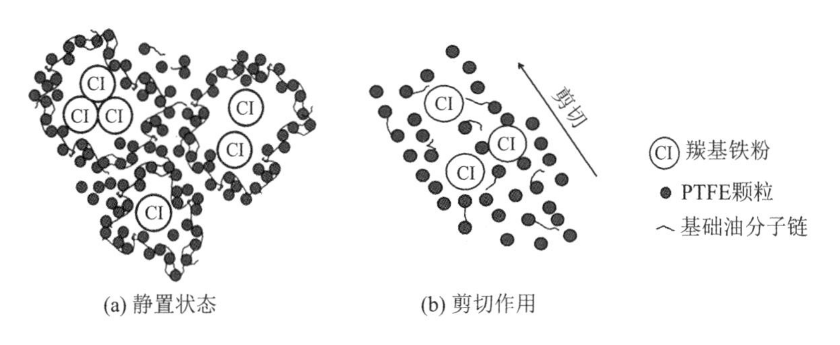

图 4.25 PTFE-oil 有机凝胶和基于凝胶制备的磁流变液在静置状态下和剪切作用下的微观结构示意图

链从 PTFE 颗粒表面脱落，颗粒溶剂化效应减弱，基础油分子链之间的相互作用也减弱，导致有机凝胶的表观黏度减小。需要注意的是，在剪切作用下，非磁性结构和颗粒对羰基铁粉颗粒的碰撞将对磁致链束结构的构建产生巨大影响，从而影响磁流变液的宏观流变性能（Rodríguez-Arco，2014）。

4.2.2 基于 PTFE-oil 有机凝胶的磁流变液

将 PTFE-oil 有机凝胶作为载液，加入羰基铁粉制备磁流变液，可制得 PTFE-oil 有机凝胶基磁流变液，材料参数和微观结构对有机凝胶基磁流变液的宏观性能产生重大影响。

4.2.2.1 基于有机凝胶磁流变液的流变性能

图 4.26 是磁场强度为 46.5 kA/m 时不同质量分数有机凝胶制备的磁流变液的流变曲线和屈服应力。由图可知，磁流变液的剪切应力随剪切速率的增大呈非线性增加趋势，表现出典型的非牛顿流体特征。当 PTFE 颗粒质量分数较小（<10%）时，基于有机凝胶的磁流变液剪切应力高于基础油基磁流变液，这可能是由有机凝胶的增黏作用造成的。而一旦 PTFE 颗粒的质量分数高于特定值（约 10%），有机凝胶基磁流变液对应的流变曲线较低，这可能是因为过高的 PTFE 含量阻碍了磁场下羰基铁粉颗粒形成磁致链束结构。当 PTFE 颗粒质量分数较大时，大量非磁性颗粒形成了微观结构，这种非磁性结构在剪切作用下被破坏后无法在静磁力的作用下定向排列和移动，只能自发团聚成为较大尺度的颗粒团簇，这些团簇在羰基铁粉定向排列的过程中阻碍了羰基铁粉颗粒的接触和成链，宏观上表现为流变曲线的下降。图 4.26 内附表表明，磁流变液的屈服应力在一定范围内随着有机凝胶质量分数的增大而增加，用 10%有机凝胶制备的磁流变液表现出最高屈服应力，这说明过高的 PTFE 颗粒含量将限制磁流变液流变性能的提升，针对不同应用选用合适的添加剂含量更有利于制备高性能磁流变液。

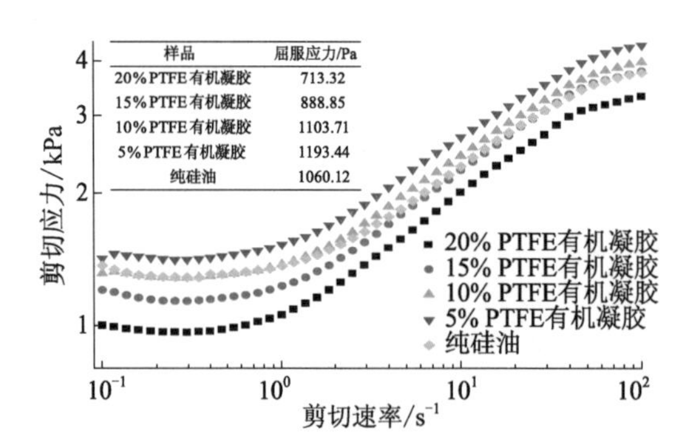

图 4.26 基于有机凝胶磁流变液的流变曲线和屈服应力

除了对磁流变液固定磁场下的流变特性进行研究之外，探究磁流变液在不同磁场下的流变行为也有十分重要的意义。借鉴最早被用于电流变液的经验公式（Choi，2001）：

$$\tau_y(E_0)=\alpha E_0^2\left(\frac{\tanh\sqrt{E_0/E_c}}{\sqrt{E_0/E_c}}\right) \tag{4.3}$$

式中，α 为受材料本身性质影响的常数；E_c 为将电流变液屈服应力变化划分为两个区域的临界电场强度值。

$$\tau_y = \alpha E_0^2 \tag{4.4a}$$

$$\tau_y = \alpha \sqrt{E_c} E_0^{3/2} \tag{4.4b}$$

式(4.4)表明，电流变液的屈服应力在电场较弱的情况下与 E_0^2 成正比，而在较大电场强度下与 $E_0^{3/2}$ 成正比。由于磁流变液的组分和成链机理均类似于电流变液，因此式(4.4)可以用到磁场作用下的磁流变液上：

$$\tau_y = \alpha H_0^2 \tag{4.5a}$$

$$\tau_y = \alpha \sqrt{H_c} H_0^{3/2} \tag{4.5b}$$

式中，常数 α 与磁流变液的载液黏度、铁磁性颗粒体积分数和饱和磁化强度等有关。式(4.5)分段的原因可以用式(4.6)解释：当磁场强度较小时，磁流变液的屈服应力随磁场强度的上升而增大，而一旦磁场强度进一步增大至使得磁流变液达到最大饱和磁化强度，磁流变液的屈服应力就与磁场强度无关，随着磁场强度的增大，屈服应力不再发生明显变化。

$$\tau_y = \sqrt{6} \varphi \mu_0 M_s^{1/2} H_0^{3/2} \text{（弱磁场）} \tag{4.6a}$$

$$\tau_y = 0.086 \varphi \mu_0 M_s^2 \text{（强磁场）} \tag{4.6b}$$

图 4.27 是不同磁场强度下基于 PTFE-oil 有机凝胶的磁流变液的屈服应力。羰基铁粉在磁场作用下磁化定向排列，形成的磁致链束结构阻碍载液流动，宏观上表现为表观黏度增大，屈服应力随着磁场强度的增大而显著增大。为深入分析屈服应力随磁场强度变化的规律，屈服应力根据式(4.5)中经验公式 $\tau_y = \alpha H_0^\beta$ 进行拟合，拟合曲线和斜率 β 绘制于图 4.27 中。拟合结果表明，硅油基磁流变液的拟合斜率 β 为 1.92，与式(4.5a)中的理论值相近。随着 PTFE 颗粒体积分数提高，拟合斜率从 1.92 降至 1.68，这可能是由于非磁性微观结构对磁致链束的影响降低了磁流变液的临界值 H_c，也可能与非磁性组分降低了磁流变液的饱和磁化强度有关。

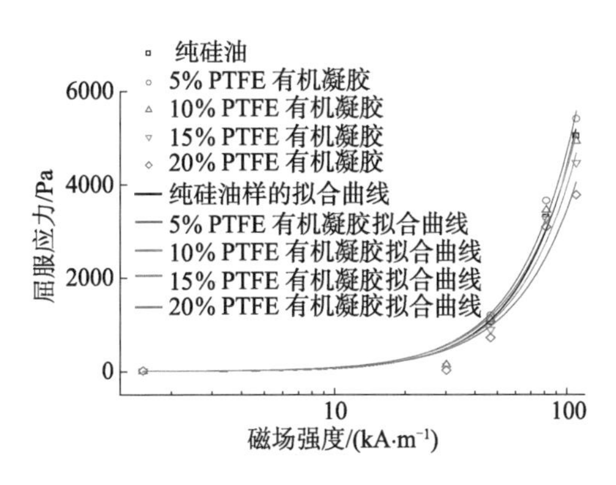

图 4.27　不同磁场强度下基于 PTFE-oil 有机凝胶的磁流变液的屈服应力

综上，质量分数为 10% 的 PTFE 颗粒的有机凝胶基磁流变液屈服应力有所上升。该现象可能是非磁性组分对磁致链束结构两种共同作用的结果：一方面，非磁性颗粒吸附在羰基铁粉表面阻碍其直接接触，从而降低了磁致链束结构的强度；另一方面，非磁性微观结构在磁致链束结构受剪切时又能起到一定的增强作用。因此，在 PTFE 颗粒含量较低时，增强作用效果大于吸附颗粒的阻碍作用，所以宏观上表现为屈服应力上升；与之相反，PTFE 颗粒含量较高时，有机凝胶内部有大量非磁性颗粒吸附在羰基铁粉表面，对磁致链束结构的阻碍大于非磁性结构的补强作用，所以屈服应力下降。基于以上理论分析可以认为，10%有机凝胶的非磁性结构增强效应较强，而吸附阻碍作用尚不明显，所以磁流变液表现出最高的流变曲线和屈服应力。

4.2.2.2　基于 PTFE-oil 有机凝胶磁流变液的黏弹性

基于 PTFE-oil 有机凝胶的磁流变液中同时具有磁性和非磁性组分，这两种结构在零磁场和有磁场条件下相互作用，使得磁流变液表现出截然不同的黏弹性。图 4.28a 是零磁场条件下磁流变液的振幅扫描动态模量。从图中可以看出，当 PTFE 颗粒质量分数较小时，磁流变液的损耗模量大于储能模量，说明磁流变液此时表现出明显的塑性特征，具有良好的流动性。随着 PTFE 颗粒质量分数增大，磁流变液在低振幅区域表现出了弹性特征。随着应力振幅增大，储能模量再次低于损耗模量，此时零磁场条件下磁流变液的弱内部结构被破坏，宏观上恢复流体状态。

图 4.28a 中，在低剪切振幅下磁流变液的储能模量和损耗模量近似稳定，当振幅超过某一特定值时，储能模量开始显著下降。低于这一特定值的剪切振幅区域被称作线性黏弹区（linear viscoelastic range，LVE range），在这一区域中动态模量值不随振幅变化发生明显变化，磁流变液的黏弹性呈现线性特征。当磁流变液处于线性黏弹区内时，其内部结构基本保持完整，即认为磁流变液内部形成的微观结构能够抵抗线性黏弹区内的剪切。图中基于高质量分数有机凝胶的磁流变液线性黏弹区较宽，说明其内部可能形成了强度较大且能够抵抗较大振幅剪切的微观结构。振荡剪切模式下剪切频率扫描测试结果如图 4.28b 所示，由于硅油载液中无非磁性结构，因此硅油基磁流变液的储能模量值过小而导致不可测。另外，根据 Spagnolie（Spagnolie，2015）所述，图中红色斜线下方的数据点会受仪器惯量和材料惯量的影响，因此不应将这些“坏点”数据用于结果分析。最终结果表明，与振幅扫描结果类似，PTFE 颗粒含量较高的有机凝胶制备的磁流变液储能模量较高，表现出更为明显的弹性特征。

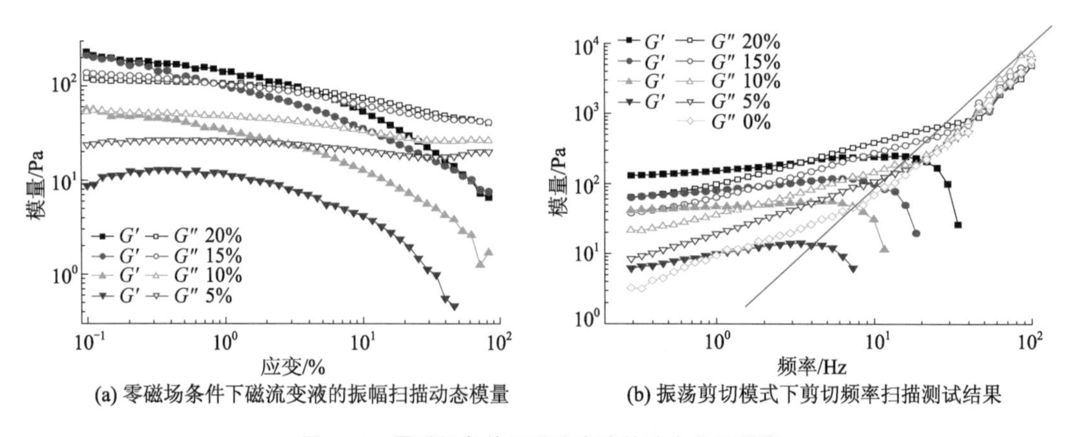

(a) 零磁场条件下磁流变液的振幅扫描动态模量　(b) 振荡剪切模式下剪切频率扫描测试结果

图 4.28　零磁场条件下磁流变液的动态剪切模量

图 4.29 是在不同磁场条件下用质量分数为 20%的有机凝胶制备的磁流变液的动态剪切模量。由于在磁场的作用下磁流变液的黏度大幅增加，与之相关的振荡剪切综合模量 G^*

增大，所以储能模量和剪切模量均增大。随着磁场强度的增大，磁流变液的线性黏弹区变宽，流动点右移，表现出更明显的半固体特征，这说明在磁场的作用下磁流变液内部的磁致链束结构强度增大，抗剪能力增强。值得注意的是，强磁场下用PTFE颗粒含量较高的有机凝胶制备的磁流变液表现出明显的佩恩效应（Payne effect），而在较弱磁场下未出现类似现象。佩恩效应是在小振幅载荷条件下产生的，表征了动态模量对所施加应力振幅的依赖性，具体表现如下：储能模量随振幅的增大而下降，在应力振幅足够大时，储存模量达到一个下限值，在储能模量减小的区域，损耗模量先增大后减小，出现最大值。佩恩效应被广泛用于研究橡胶中填料-填料网络结构间的相互作用。多数学者认为储能模量的减小是由内部组分间的相互作用力的破坏造成的，而损耗模量的增大则是由微观网络结构的不断破坏重组造成的（Payne，1962）。磁场作用下磁流变液的磁致链束结构具有与填料结构类似的性质，佩恩效应仅能在强磁场下观察到，可能是因为在强磁场的作用下磁流变液内部被剪切破坏的链束结构不断定向排列、运动，进而生成新的磁致链束结构，这种微观结构的破坏重组导致能量耗散增加，从而表现出明显的佩恩效应。该现象说明，基于PTFE颗粒含量较高的有机凝胶的磁流变液在磁场和剪切的共同作用下可以达到动态平衡，此时磁流变液内部的磁致结构发生“破坏-重组”循环，导致消耗更多能量。

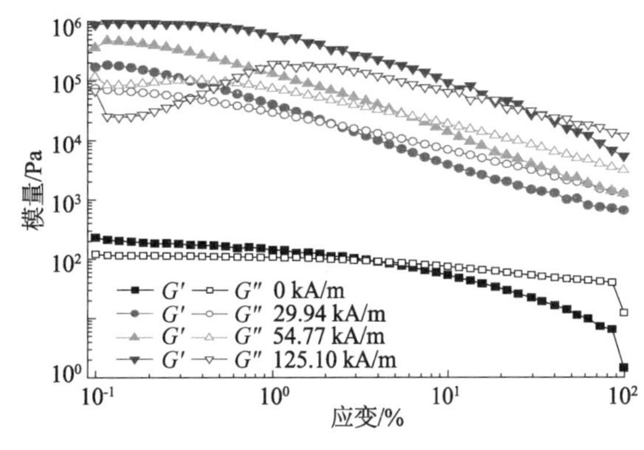

图 4.29 不同磁场强度下磁流变液的动态剪切模量

4.2.2.3 基于PTFE-oil有机凝胶磁流变液的触变性

磁流变液的触变性也是其宏观性能的重要指标之一，与磁流变液微观结构的“破坏-恢复”过程及结构恢复能力相关。研究结果表明，只有在铁磁性颗粒含量较高时，磁流变液才能表现出显著的触变性，因此，可以认为磁致触变性占据了磁流变液在力磁耦合条件下触变性的主导。图4.30是零磁场条件下磁流变液的触变环，由于没有静磁力作用，磁流变液内部没有磁致链束结构，因此羰基铁粉在剪切的作用下没有恢复结构的过程，耗能较少，所以触变环面积均较小。硅油基磁流变液触变环面积几乎为零，有机凝胶基磁流变液的触变环略大于硅油基磁流变液，说明非磁性微观结构在剪切速率增大和减小的过程中存在“破坏-恢复”过程，消耗了能量。另外，触变环的上行曲线均高于下行曲线，说明非磁性微观结构恢复不完全，被剪切作用破坏的PTFE颗粒有一小部分不能自行恢复为完整的微观结构。

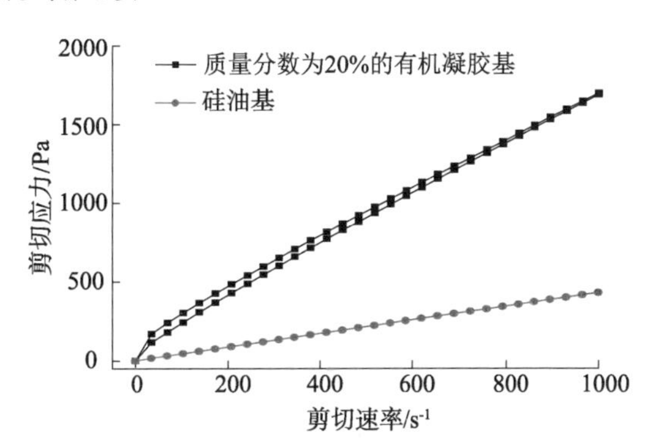

图 4.30 零磁场条件下磁流变液的触变环

图4.31是磁流变液在不同剪切速率下的磁致触变环。与流变曲线的结果一致，在相同

的剪切速率下，有机凝胶基磁流变液的剪切应力大于硅油基磁流变液。表 4.4 是对图 4.31 中触变环进行积分所得的触变环面积。对于硅油基磁流变液，随着剪切速率的增大，触变曲线上升但触变环面积仅略微减小，而有机凝胶基磁流变液触变曲线上升，触变环面积显著减小。这可能是由于在磁场下受剪切的磁流变液内部结构同时受到静磁力和流体力的影响，而硅油基磁流变液内部只有磁致链束结构，所以仅有流体力破坏和静磁力恢复的循环过程，当静磁力足以恢复磁致结构时，剪切速率变大仅加速了这个循环过程，并未额外消耗能量；对于有机凝胶基磁流变液，由于非磁性微观结构的存在，流体力增大不仅影响磁致结构，非磁性结构也不断被破坏，当剪切速率增大时，非磁性结构破坏程度增大，消耗更多能量，宏观上即表现为触变环面积增大。

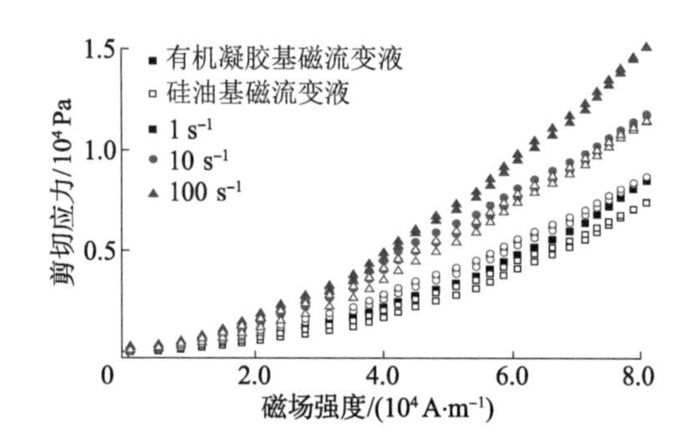

图 4.31　磁流变液在不同剪切速率下的磁致触变环

表 4.4　磁流变液的磁致触变环面积

样品	剪切速率/s^{-1}	触变环面积/(Pa · kA · m^{-1})
有机凝胶基磁流变液	1	28672.04
	10	22732.91
	100	17370.82
硅油基磁流变液	1	21566.77
	10	19789.90
	100	17621.19

另外，从图 4.31 和表 4.4 中还可以看出，在相同的剪切速率下，有机凝胶基磁流变液的触变环面积大于硅油基磁流变液。该现象说明由于添加了非磁性组分，在实际应用中有机凝胶基磁流变液中可能消耗更多能量。因此，通过改变材料组分进一步减少有机凝胶基磁流变液的能耗可能成为未来该种类磁流变液的发展方向和研究热点。

综上，可以得出初步结论：有机凝胶基磁流变液内部的非磁性结构在剪切速率和磁场强度扫描过程中消耗了一定的能量。但由于触变环实验的缺陷，扫描过程中非磁性微结构对磁致链束恢复过程的影响尚不明确，磁流变液对瞬时剪切的响应及其后的恢复过程也有待研究（Toker，2015）。

为了深入研究磁流变液在瞬间受剪切后的恢复能力，进一步开展三阶段触变（3ITT）实验。3ITT 实验由三个阶段构成：第一个阶段为参考段（reference interval），该阶段持续

15 s,10^{-3} s^{-1}的极低剪切速率被施加于样品,将此阶段获得的黏度作为磁流变液样品在静态下的参考黏度。第二阶段,施加 100 s^{-1}的高剪切速率,这一阶段称为高剪切段(high-shear interval),持续 30 s 以破坏磁流变液的微观结构。第三阶段,剪切速率又恢复至10^{-3} s^{-1}并持续 100 s,这一阶段称为恢复阶段(regeneration interval),由于流体力瞬间消失,磁流变液的微观结构逐渐恢复,黏度逐渐增大,因此通过对黏度变化进行分析即可研究磁流变液微观结构的演化过程及恢复能力。图 4.32 是不同磁场下有机凝胶基磁流变液和硅油基磁流变液 3ITT 测试的黏度变化曲线。

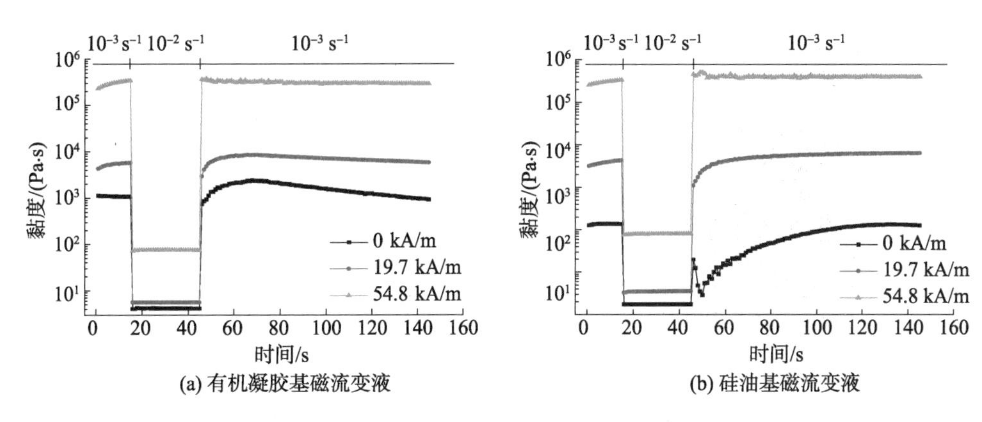

图 4.32 不同磁场下磁流变液 3ITT 测试的黏度变化曲线

从图中可以看出,在零磁场条件下,有机凝胶基磁流变液的黏度大于硅油基磁流变液;在较强磁场下,硅油基磁流变液的黏度略大于有机凝胶基磁流变液。此外,对于两种磁流变液来说,第三阶段的稳定黏度与第一阶段黏度差值均较小,这印证了磁流变液具有优良的恢复能力,其被破坏的结构大部分都能够恢复。需要特别注意的是,零磁场条件下,有机凝胶基磁流变液和硅油基磁流变液在恢复段表现出了不同的特征:有机凝胶基磁流变液在刚进入第三阶段(高剪切速率突然撤去)时黏度迅速恢复,随后上升到高于参考段的黏度,最后缓慢下降直至稳定,而硅油基磁流变液的黏度在高剪切速率突然撤去后不能迅速恢复,而是缓慢波动上升,最后趋于稳定。磁流变液对瞬时剪切表现出不同响应行为可能是由于非磁性微观结构的作用:由于硅油基磁流变液内部不存在非磁性结构,所以在零磁场条件下羰基铁粉不能自行恢复为链束结构,磁流变液黏度的缓慢波动上升是由于剪切撤去后羰基铁粉颗粒逐渐均匀分散,发生了与剪切稀化相反的过程。而有机凝胶基磁流变液中由于 PTFE-oil 非磁性微观结构的存在,剪切撤去后非磁性结构迅速自发恢复,宏观表现为黏度突然升高,由于羰基铁粉颗粒的碰撞,非磁性结构随后略微破坏后趋于稳定,黏度趋于稳定。

3ITT 测试的结果表明,有机凝胶基磁流变液具有更佳的恢复能力,证明了非磁性微观结构有助于磁致链束结构的形成与恢复。这可能成为 PTFE-oil 非磁性结构和磁致链束结构之间相互作用的有力证据。

4.2.2.4 PTFE-oil 有机凝胶磁流变液的悬浮稳定性

磁流变液在工作状态下一般受到机械搅拌和剪切,在这些外部扰动的作用下磁流变液不易发生明显沉降,或者软沉降后容易再分散。但有些特殊工况下的磁流变器件,如建筑抗震器件、桥梁防风抗震器件在工作中处于静置状态很长时间,其中的磁流变液面临很严重的团聚沉降问题。羰基铁粉一旦形成硬沉降，磁流变液就无法保持均质，从而影响磁流变液器件的工作效能，因此，提高羰基铁粉在磁流变液中的悬浮性能具有十分重大的意义。

图 4.33a 为质量分数分别为 20％、10％的有机凝胶基磁流变液和硅油基磁流变液在静置两天后的泥线位置照片。从照片中可以看出，随着 PTFE 质量分数的增大，磁流变液的 2 天最终沉降量明显降低。图 4.33b 是磁流变液 7 天内的沉降率曲线，从图中可以看出，质量分数较大的有机凝胶基磁流变液的沉降率也明显降低，从而进一步证明了有机凝胶的抗沉降作用。

(a) 磁流变液静置2天后的泥线位置

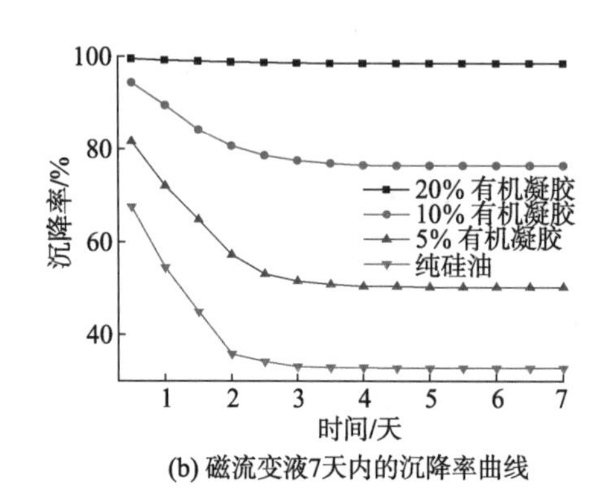

(b) 磁流变液7天内的沉降率曲线

图 4.33　磁流变液的悬浮稳定性

振荡剪切模式下的振幅扫描测试也能够用于研究磁流变液的悬浮稳定性。当在低振幅下 $G'>G''$，随着两者的下降可能会出现 $G'=G''$的点，该点被称为“流动点”(flow point)。流动点被认为是材料固态和液态的分界点，有时也被用于代替动态屈服应力进行分析。流动点左侧磁流变液的储能模量大于损耗模量，主要表现出半固体的弹性特征，而随着振幅的增大，储能模量小于损耗模量，磁流变液也开始表现出更明显的塑性特征，开始发生流动。用质量分数较小的有机凝胶制备的磁流变液在零场下没有流动点，说明磁流变液在重力的作用下易流动，即悬浮稳定性较差。而用质量分数为 20％的有机凝胶制备的磁流变液的流动点大于 15％的有机凝胶基磁流变液，说明在重力作用下，用质量分数较大的有机凝胶制备的磁流变液更难发生流动，所以具有更优的悬浮稳定性，与自然沉降法所得结论一致。

4.2.3　材料参数对 PTFE-oil 有机凝胶基磁流变液的影响

有机凝胶基磁流变液本质上是一种三相悬浮体系，多组分的材料参数对磁流变液性能的影响显著而复杂。制备不同材料参数的磁流变液，通过流变学测试手段研究材料参数对磁流变液性能的影响，有助于建立材料参数和宏观性能的对应关系，从而加深对磁流变液配方设计和性能调控的理解。

4.2.3.1　PTFE 颗粒含量

如前所述，磁流变液的性能受到 PTFE 颗粒质量分数的影响，提高 PTFE 含量有助于提高磁流变液的悬浮稳定性，而选择适当的 PTFE 含量能够同时提高磁流变液的屈服应力和黏度可调范围。同时，PTFE 含量也对磁流变液的磁响应性能产生影响。图 4.34 分别是硅油基磁流变液、体积分数为 4.7％和 10.1％的有机凝胶基磁流变液的磁滞回曲线与饱和磁化强度。如图所示，磁流变液的磁滞回曲线剩磁和矫顽力均极小，表明了磁流变液优良的顺磁性能，加入非磁性组分对磁流变液的顺磁性能影响较小。随着 PTFE 颗粒体积分数的增大，磁流变液的饱和磁化强度减小，这可能导致有机凝胶基磁流变液在强磁场下应力最大值减小。

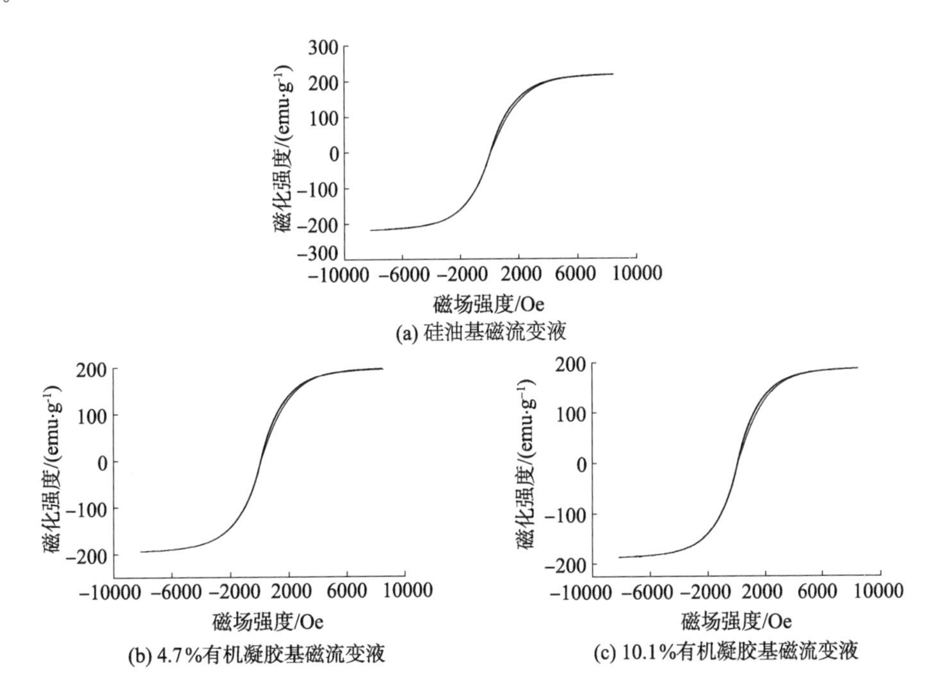

(a) 硅油基磁流变液

(b) 4.7%有机凝胶基磁流变液

(c) 10.1%有机凝胶基磁流变液

图 4.34 不同体积分数的有机凝胶基磁流变液的磁滞回曲线与饱和磁化强度

图 4.35 分别为 0 kA/m、29.9 kA/m 和 125 kA/m 磁场强度下磁流变液的流变曲线。从图中可以看出，由于不同磁场条件下静磁力的大小不同，用不同体积分数的有机凝胶制备的磁流变液表现出不同的流变特性。在零磁场条件下，磁流变液的流变曲线随着有机凝胶的体积分数增大而明显上升，而在强磁场下用体积分数较大的有机凝胶制备的磁流变液剪切应力下降，加入适当体积分数 PTFE 颗粒的有机凝胶制备的磁流变液流变曲线最高。这再次证明了磁流变液的微观结构和宏观流变性能受到静磁力和流体力的共同作用，没有静磁力作用时磁流变液的流变特性只受到非磁性微观的影响，而在强磁场下静磁力起主导作用，流体力作用的影响相对减小。图 4.35b 是两种力作用的“临界”状态，当磁场为 29.9 kA/m 时，有机凝胶的体积分数对磁流变液的剪切应力表现不明显，用不同体积分数的有机凝胶制备的磁流变液流变曲线差距不大。这可能是由于体积分数较小的有机凝胶基磁流变液受到磁场作用，形成了略强的磁致链束结构，而体积分数较大的有机凝胶基磁流变液虽然磁致链束结构略弱，但是较强的非磁性微观结构补充了一定的结构强度，在宏观上即表现出与用不同体积分数有机凝胶制备的磁流变液相近的流变曲线。该实验结果表明，用不同体积分数的有机凝胶制备的磁流变液适用于不同的磁场强度。在实际磁流变技术应用中，可根据应用场合灵活调节有机凝胶的浓度。

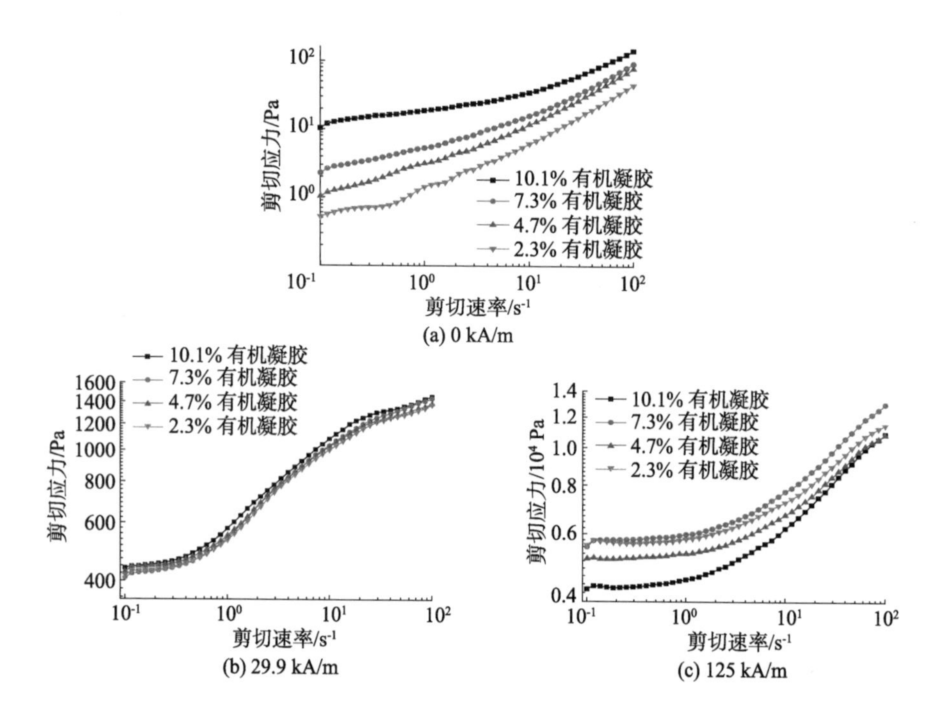

图 4.35　不同体积分数的有机凝胶基磁流变液在磁场下的流变曲线

图 4.36 是有机凝胶基和硅油基磁流变液的磁场扫描曲线。从图中可以看出，由于磁致链束微观结构的形成和生长，在固定的剪切速率下，磁流变液的剪切应力随着磁场强度的增大而增大。两种磁流变液样品在高剪切速率下测得的磁场扫描曲线均较高，而在相同的磁场强度和剪切速率下，有机凝胶基磁流变液的剪切应力略高于硅油基磁流变液。磁流变液在磁场下受到剪切时内部主要表现出流体力和静磁力，随着磁场强度的增大，静磁力也增大，磁性颗粒磁化程度加大导致定向排列形成的链束结构强度增大，宏观上表现为剪切应力显著变大；而剪切速率的增大则导致流体力增大，从而加大对磁致链束结构的破坏作用。基于此，由于有机凝胶基磁流变液的非磁性微观结构，当流体力和静磁力一定时，磁流变液内部形成了强度较大的网络结构，所以表现出较大的剪切应力。

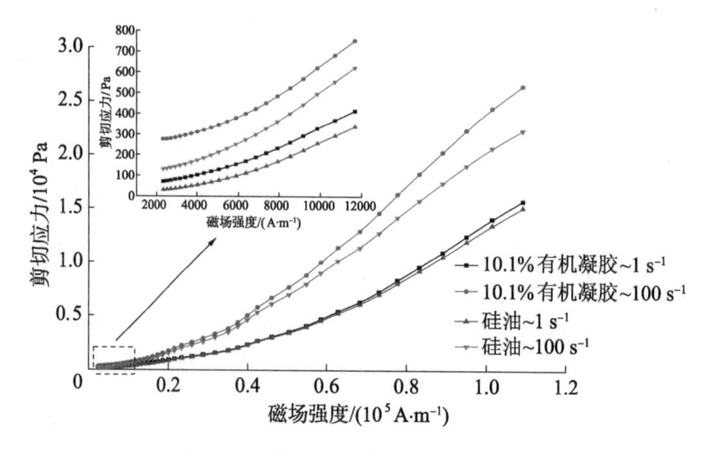

图 4.36　有机凝胶基和硅油基磁流变液的磁场扫描曲线

图 4.36 也是有机凝胶基磁流变液磁致可调范围扩大的直接证据。弱磁场条件下磁流变液的剪切应力差距较小，而随着磁场强度的增大，有机凝胶基磁流变液表现出大于硅油基磁流变液的剪切应力。一些文献中将零磁场条件下剪切速率为 1 s^{-1}时的剪切应力定义为零磁场剪切应力。根据这一定义，图 4.36 中的实验数据表明，有机凝胶基磁流变液从零磁场到较强磁场的剪切应力可调范围约为硅油基磁流变液的两倍。

4.2.3.2 PTFE 颗粒粒径及形状

由于制备工艺的不同，制得的 PTFE 颗粒具有不同的粒径和形状，这也将对有机凝胶基磁流变液产生影响。

图 4.37 是三种 PTFE 颗粒的电镜照片，三张照片分别是(a) Dupont-MP1200、(b)Dupont-MP1300 和(c)Dupont-MP1400。从 SEM 照片可以看出，MP1200 和 MP1300 颗粒的形状较为规整，近似球形，而 MP1400 颗粒的形状不规整，呈类长条状。三种颗粒中 MP1200 颗粒的粒径最小，MP1300 和 MP1400 颗粒的粒径相近。

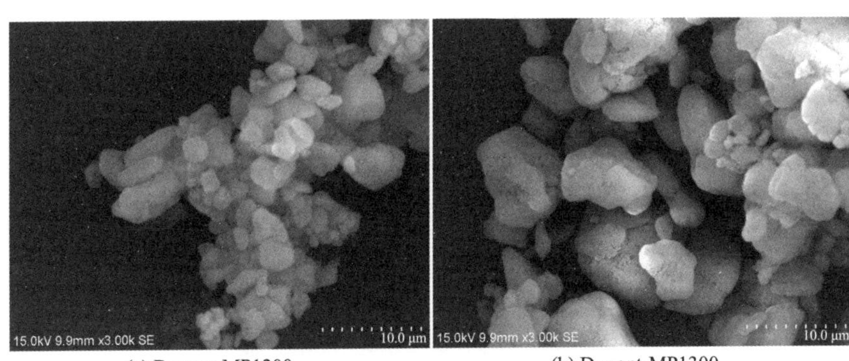

(a) Dupont-MP1200　　(b) Dupont-MP1300

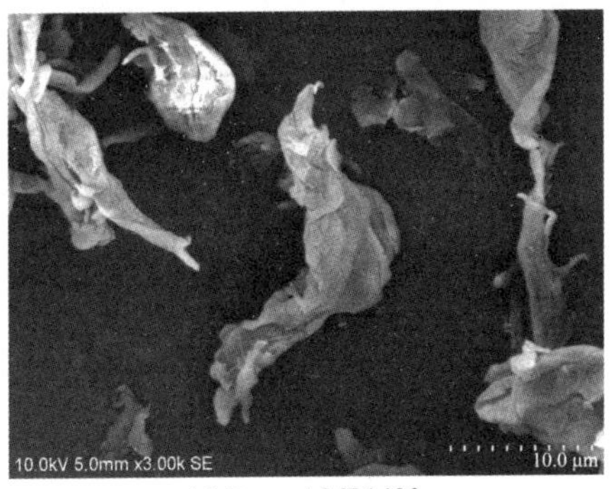

(c) Dupont-MP1400

图 4.37　三种 PTFE 颗粒的 SEM 照片

图 4.38 是三种 PTFE 颗粒制备的有机凝胶的流变曲线。从图中可以看出，MP1200 颗粒具有最高的流变曲线，说明粒径较小的 PTFE 颗粒有利于形成强度较大的非磁性微观结构。一方面是由于小颗粒表面积相对较大，通过溶剂化作用吸附了更多的基础油分子，从而形成了更加稳固的空间网络结构；另一方面，小颗粒之间的碰撞和摩擦比大颗粒更剧烈，宏观上表现为小颗粒制备的磁流变液零场黏度较大，同理，小粒径 PTFE 颗粒制备的有机凝胶

黏度更大，在剪切作用下表现出更高的剪切应力。比较 MP1300 和 MP1400 两种有机凝胶的流变曲线可以发现，颗粒形状对磁流变液流变性能的影响不如粒径影响显著，异形颗粒制备的有机凝胶在低剪切下流变曲线较高，而在高剪切下曲线略低。

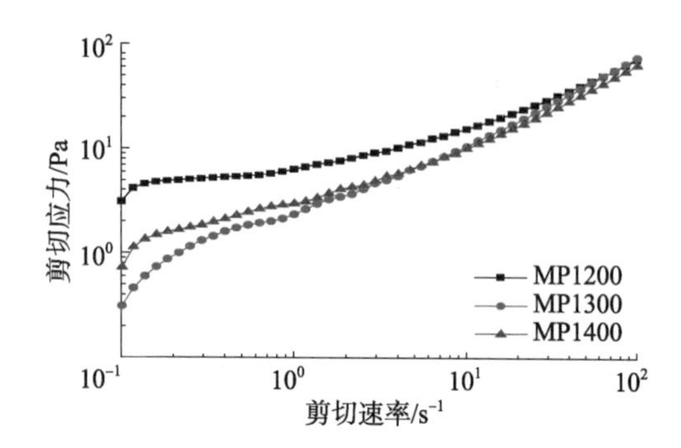

图 4.38 不同 PTFE 颗粒制备的有机凝胶的流变曲线

图 4.39 是不同 PTFE 颗粒制备的有机凝胶的触变环。可以印证图 4.38 中得出的部分结论：小颗粒制备的有机凝胶在相同的剪切速率下表现出了较大的剪切应力，而颗粒形状对有机凝胶触变行为的影响较小。需要注意的是，粒径较小的 PTFE 颗粒制备的有机凝胶的触变环面积明显大于另外两种颗粒制备的有机凝胶，说明小颗粒制备的有机凝胶虽然具有更大的剪切应力和屈服应力，但也会消耗更多的能量。因此，在实际工程应用中不宜选用过小的 PTFE 颗粒制备有机凝胶，而应当根据实际需要选择合适的颗粒尺寸。

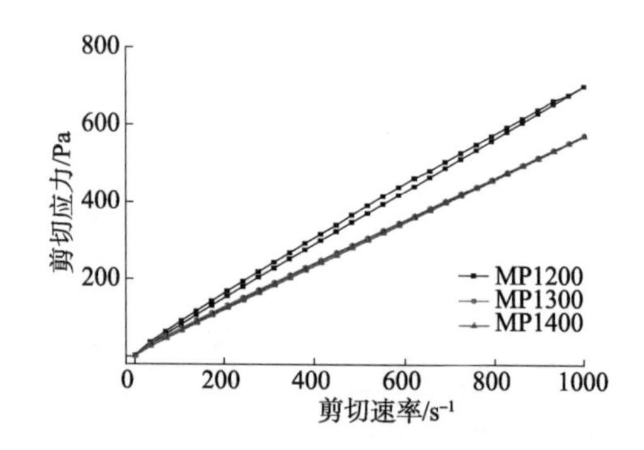

图 4.39 不同 PTFE 颗粒制备的有机凝胶的触变环

4.2.3.3 羰基铁粉含量

羰基铁粉是磁流变液中磁致成链的主体，是磁流变性能的基础，可对磁流变液性能产生重大影响。由于磁致链束和非磁性微观结构的相互作用，有机凝胶基磁流变液表现出与硅油基磁流变液不同的性能和特征，其中，羰基铁粉所形成的磁致链束起主导作用，而羰基铁粉的体积分数是决定磁致链束结构强度的重要因素，可对有机凝胶基磁流变液的性能产生影响。

图 4.40 是 PTFE 颗粒体积分数为 10.1%，羰基铁粉体积分数分别为 10%、20%和 30%的有机凝胶基磁流变液的流变曲线。从图中可以看出，随着磁场强度的增大，磁流变液的流变曲线显著上升，且随着磁场强度的增大，流变曲线的“坡度”变缓，表明在强磁场强度下剪

切速率对磁流变液的影响减小，这种现象在羰基铁粉体积分数较大的磁流变液中表现得更为明显。随着羰基铁粉体积分数的增大，磁流变液在相同磁场和剪切速率下具有更大的剪切应力，表明在磁场的作用下羰基铁粉颗粒含量较高的磁流变液内部能够形成更加牢固的磁致链束结构。与流变曲线对应，磁流变液的屈服应力也呈现类似的规律，羰基铁粉含量较高的磁流变液具有较大的屈服应力。

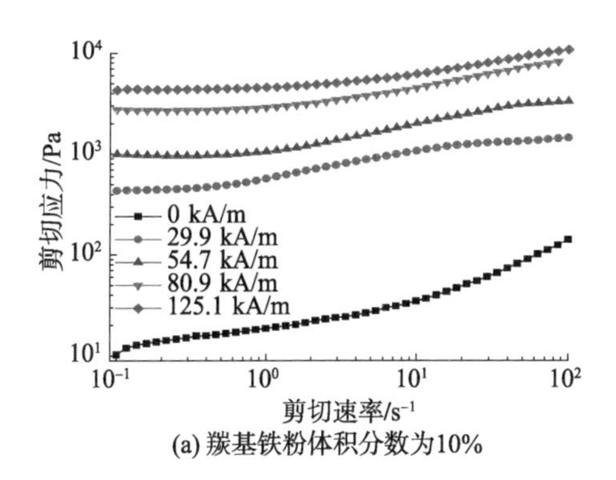

(a) 羰基铁粉体积分数为10%

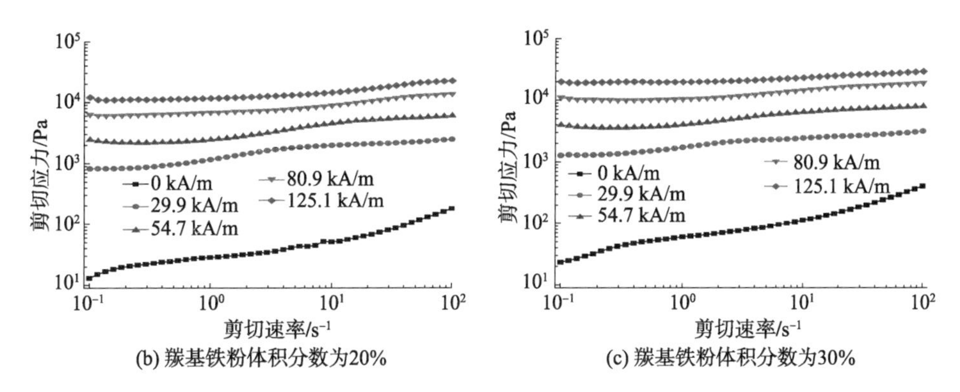

(b) 羰基铁粉体积分数为20%　　(c) 羰基铁粉体积分数为30%

图 4.40　含有不同体积分数羰基铁粉的有机凝胶基磁流变液在磁场下的流变曲线

尽管提升羰基铁粉含量能够增大磁流变液的剪切应力和屈服应力，使得磁流变液的磁响应性能提升，但是也能降低磁流变液其他方面的流变性能。如图 4.41a 所示，羰基铁粉体积分数较大的有机凝胶基磁流变液零场黏度增大，可能导致磁流变器件在启动时消耗增大，也可能使得磁流变液的黏度可调范围变小。图 4.41b 是不同磁场下有机凝胶基磁流变液的剪切稀化能力对比图，用剪切希化率 r 作为剪切稀化能力的指标，其计算公式为

$$r=\left|\frac{\eta_1-\eta_{100}}{\eta_1}\right|\times 100\% \tag{4.7}$$

式中，η_1 和 η_{100} 分别为剪切速率为 0.1 s^{-1} 和 100 s^{-1} 时磁流变液的表观黏度。

该指标是在不同磁场强度下从低剪切到高剪切的黏度变化范围，反映了磁流变液的剪切稀化能力。从图 4.41b 可以看出，磁流变液的剪切稀化率从零磁场到有磁场明显增大，在有磁场条件下随着磁场强度的增大而小幅增大。另外，羰基铁粉体积分数较大的磁流变液表现出了更大的剪切稀化率，说明无论在何种磁场强度下，较高的羰基铁粉含量都将使得磁流变液的黏度调节范围变小。

图 4.42 是不同体积分数羰基铁粉制备的有机凝胶基磁流变液的触变环。从图中可以看出，随着羰基铁粉体积分数的升高，磁流变液的触变环面积增大，说明高羰基铁粉含量的磁流变液在剪切作用下消耗了更多能量。

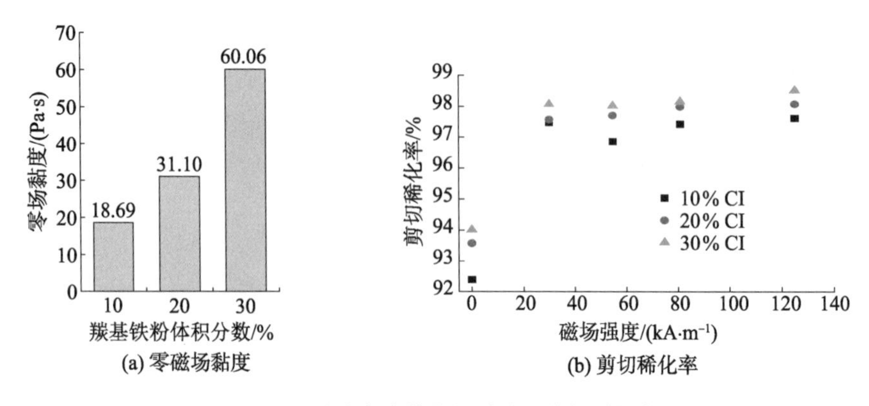

图 4.41　磁流变液的零场黏度和剪切稀化率

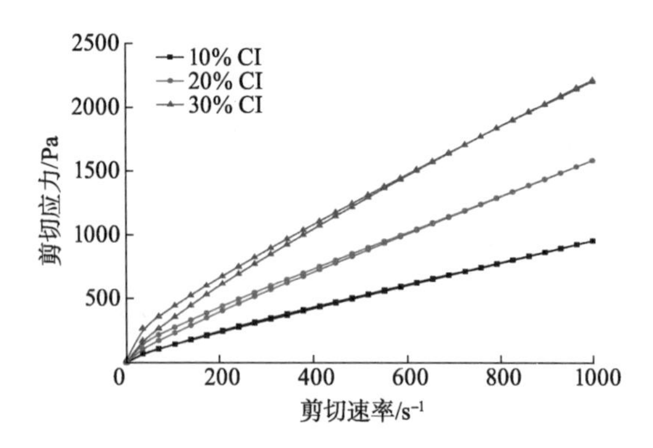

图 4.42　不同体积分数羰基铁粉制备的有机凝胶基磁流变液的触变环

综上，增加羰基铁粉的体积分数能够有效提高磁流变液的流变曲线和屈服应力，从而使得磁流变器件能够输出更大的力矩或阻尼。但过高的铁粉含量也会降低磁流变液的黏度可调范围，增加能量损耗。因此，制备高性能磁流变液不应加入过多铁磁性颗粒，而应根据实际需要确定合适的羰基铁粉含量。

4.3　弱磁性有机凝胶基磁流变液

将非磁性颗粒均匀分散在基础油中制备成有机凝胶，并以此为基础制备磁流变液，能够显著提升磁流变液的悬浮稳定性，但也会降低磁流变液在磁场下的剪切应力和屈服应力。针对这一问题，笔者通过原位化学合成法制备了搭载纳米 Fe_3O_4 的黏土颗粒，并以此制备了磁性有机凝胶。黏土/Fe_3O_4 复合颗粒具有一定的磁响应性能，在磁场作用下能够被弱磁化，基于磁性有机凝胶的磁流变液表现出了较高的磁流变效应。

4.3.1 黏土/Fe_3O_4 磁性复合颗粒

通过原位化学合成法将纳米 Fe_3O_4 颗粒附着在埃洛石和蒙脱石颗粒上，制得黏土/Fe_3O_4磁性复合颗粒。制备方法如下：

将黏土颗粒投入异丙醇中超声清洗 30 min，在 60 ℃下干燥 24 h，采用较低的干燥温度是为了避免在干燥过程中对层间水分子产生影响，导致黏土颗粒的阳离子交换能力发生变化。称取 20 g 干燥后的埃洛石颗粒，投入 0.1 mol/L 的稀盐酸中活化，磁力搅拌 24 h 后离心，取沉淀物用去离子水清洗，离心后去除上清液，反复清洗直至上清液呈近中性。需要注意的是，由于埃洛石的阳离子交换能力很低，所以需要对其进行活化，用 H^+ 置换层间阳离子，使得后续步骤中层间离子置换得以进行，而蒙脱石颗粒本身具有很强的阳离子交换能力，所以不需要对其进行活化。

将活化后的埃洛石颗粒或洗净干燥后的蒙脱石颗粒投入 150 mL 0.2 mol/L 的 $FeCl_3$ 溶液中，室温下机械搅拌 24 h 使其充分置换 Fe^{3+}。随后将上述混合液在转速 1200 r/min 下离心 15 min，去除上清液，重复离心清洗步骤直至上清液基本澄清无色。取离心所得的沉淀物投入 500 mL 容量的三颈瓶中，加入 150 mL 0.2 mol/L 的 $FeSO_4$ 溶液，并用 1 mol/L 的氨水调节 pH 值至 9～10。在加入氨水的过程中，混合液颜色变成深蓝色，此时将混合液在氮气气氛下加热至 80 ℃，反应 3 h，搅拌速率为 200 r/min，反应过程中要冷凝回流。反应结束后，在三颈瓶瓶底放置一块磁铁并静置 2 h，去除上清液后得青黑色颗粒，真空干燥后即得搭载磁性纳米 Fe_3O_4 颗粒的埃洛石或蒙脱石颗粒，将颗粒立即油封保存，避免被氧化。

图 4.43 为埃洛石/Fe_3O_4 磁性复合颗粒的 SEM 照片、EDS 谱图、FT-IR 谱图及磁滞回曲线。从 SEM 照片可以看出，大量“球形凸起”锚固在管状埃洛石颗粒表面，其尺寸在 10～100 nm 之间，通过 EDS 谱图辅助分析可知，这些颗粒在 6～7 keV 处表现出了明显的 Fe 元素峰，而这些 Fe 元素峰在普通埃洛石颗粒的 EDS 谱图上未出现。结合 FT-IR 谱图分析，相较于普通埃洛石颗粒的红外谱图，磁性复合颗粒分别在 2θ 角为 35°、42°和 57°处出现了新的特征峰，而在 30°和 62°处特征峰高度发生明显变化，通过对比标准卡片 PDF65—3107 可知，这些位置均为 Fe_3O_4 特征峰位置，对应晶面依次为(220)，(310)，(400)，(511)和(440)。综合图 4.43a～c 的实验结果，可以证明 Fe_3O_4 纳米颗粒牢固地锚固在了埃洛石颗粒的表面。另外，由于埃洛石颗粒为中空管状结构，Fe_3O_4 纳米颗粒也锚固在了中空管状腔体的内表面上，因此 Fe_3O_4 纳米颗粒实际上布满了埃洛石颗粒的所有表面。图 4.43d 是埃洛石/Fe_3O_4 磁性复合颗粒的磁滞回曲线。将近零点区域局部放大可知，磁性复合颗粒具有极小的矫顽力和剩磁，表现出良好的顺磁性能，能够保证磁性复合颗粒在外磁场消失后迅速退磁，避免了颗粒之间由于剩磁相互吸引而导致的团聚沉降。相较于羰基铁粉的饱和磁化强度(＞20000 Oe)，埃洛石/Fe_3O_4 磁性复合颗粒的饱和磁化强度很小(＜500 Oe)，说明在磁场作用下磁性复合颗粒只能被轻微磁化，这对提高磁性有机凝胶基磁流变液的磁流变性能具有十分重要的意义。

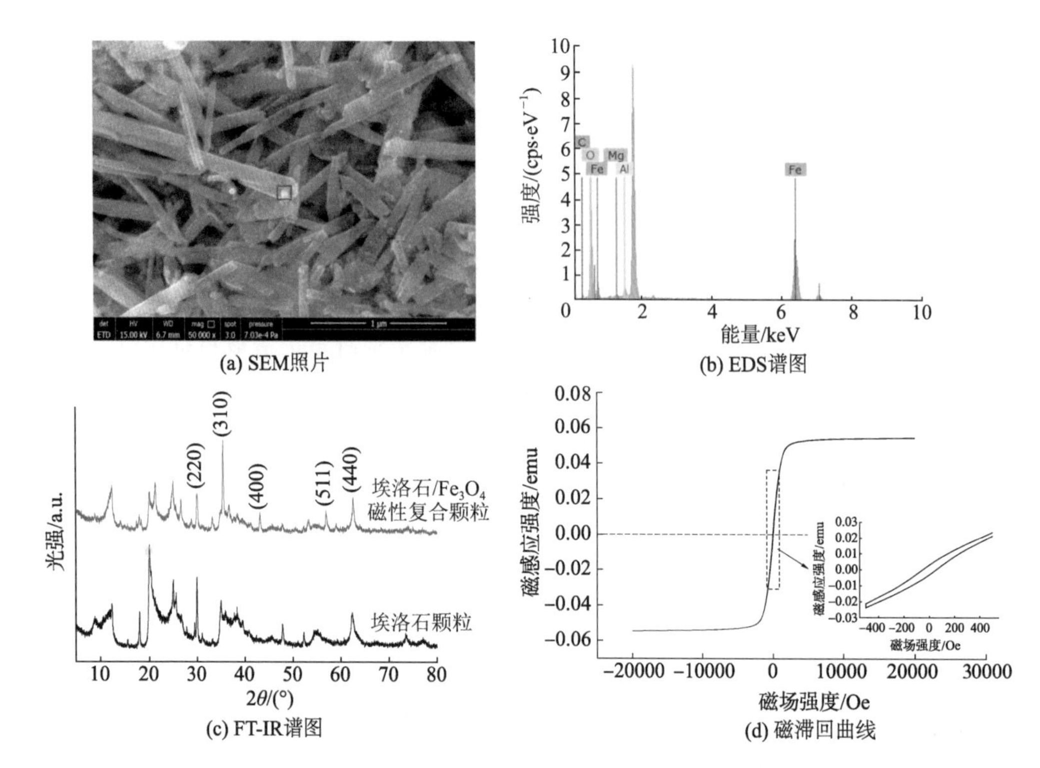

(a) SEM照片 (b) EDS谱图 (c) FT-IR谱图 (d) 磁滞回曲线

图 4.43 埃洛石/Fe_3O_4 磁性复合颗粒的 SEM 照片、EDS 谱图、FT-IR 谱图及磁滞回曲线

与之类似，图 4.44 列出了蒙脱石/Fe_3O_4 磁性复合颗粒的 SEM 照片、EDS 谱图、FT-IR 谱图及磁滞回曲线。从图 4.44a 中可以看出，大量球状颗粒附着在鳞片状的蒙脱石颗粒表面。通过 EDS 能谱分析可知，这些附着的球状颗粒含有 Fe 元素，这说明引入的磁性纳米颗粒牢固地附着在蒙脱石颗粒表面。但是与图 4.43c 不同，图 4.44c 中 FT-IR 谱图未明确表现出 Fe_3O_4 的特征峰，而是除了在 21.23°和 26.61°等处出现 SiO_2 的特征峰之外，还在 30.23°、35.61°、57.34°和 61.94°等处出现新特征峰。经 PDF 标准卡片比对，这些特征峰对应多种铁镁化合物和铁铝化合物，说明在原位合成的过程中，铁元素和蒙脱石发生了反应，而不是像埃洛石/Fe_3O_4 复合颗粒一样，铁磁性纳米颗粒简单附着在黏土颗粒表面。图 4.44d 可以证明以上假想：蒙脱石/Fe_3O_4 磁性复合颗粒表现出极佳的顺磁性，矫顽力和剩磁均很小。与埃洛石/Fe_3O_4 复合颗粒相比，蒙脱石/Fe_3O_4 磁性复合颗粒的磁响应更为明显，在磁场作用下表现出更大的磁矩，也具有较大的饱和磁化强度(饱和磁化强度仍远小于羰基铁粉颗粒)。这一方面可能是由于 Fe 元素在原位合成的过程中与蒙脱石颗粒组分反应，生成了磁响应性能较强的化合物；另一方面也可能由于蒙脱石阳离子交换能力强于埃洛石，所以其层间置换了更多 Fe^{2+} 从而生成了较多磁性纳米颗粒。

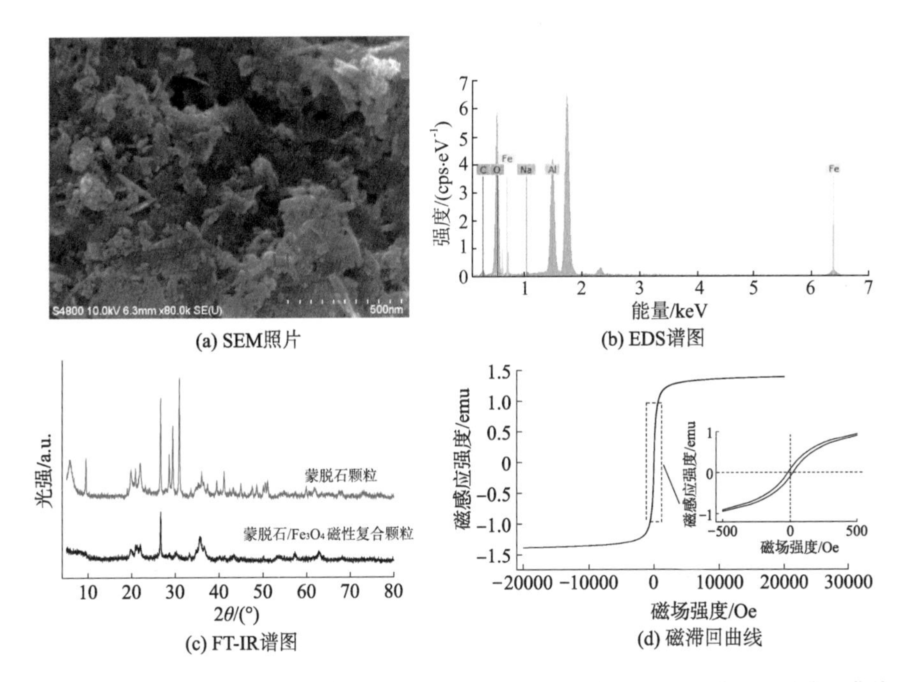

(a) SEM照片

(b) EDS谱图

(c) FT-IR谱图

(d) 磁滞回曲线

图 4.44 蒙脱石/Fe_3O_4 磁性复合颗粒的 SEM 照片、EDS 谱图、FT-IR 谱图及磁滞回曲线

4.3.2 磁性有机凝胶

将制备的上述磁性复合颗粒均匀分散在基础油中，机械搅拌后超声分散 20 min，冷却到室温后得到稳定的磁性有机凝胶，复合颗粒质量分数为 20%。图 4.45 是用埃洛石和蒙脱石制备的磁性有机凝胶在不同磁场强度下的流变曲线。从图中可以看出，埃洛石有机凝胶和蒙脱石有机凝胶在磁场作用下均表现出了略高于零磁场条件下的流变曲线，而随着磁场强度的增大，有机凝胶的流变曲线变化不明显。该实验现象说明：一方面，磁性有机凝胶具有对磁场的响应能力，在有磁场条件下表现出了比零磁场条件下更大的剪切应力；另一方面，磁性复合颗粒对磁场的响应较弱，形成的磁致结构很弱，所以即使在较大的磁场强度下，流变曲线也并未明显上升。结合图 4.43d 和图 4.44d 可知，由于磁性复合颗粒的饱和磁化强度很小，在较小的磁场强度下就能够达到饱和，所以随着磁场强度的增大，复合颗粒无法被继续磁化，宏观上表现为不同磁场强度下的流变曲线无明显区别。

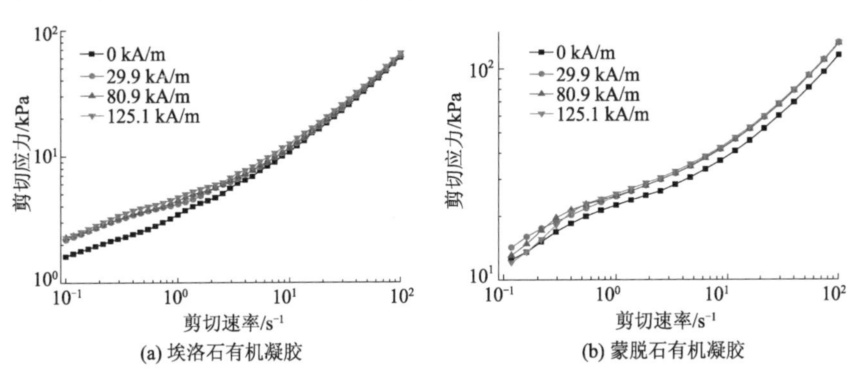

(a) 埃洛石有机凝胶

(b) 蒙脱石有机凝胶

图 4.45 磁性有机凝胶在不同磁场强度下的流变曲线

对比埃洛石磁性有机凝胶和蒙脱石磁性有机凝胶可知，在相同磁场强度和剪切速率条件下，蒙脱石有机凝胶的剪切应力大于埃洛石有机凝胶，这可能是由于蒙脱石的磁响应大于埃洛石（图4.43d和图4.44d），在磁场作用下形成了更为稳固的磁致结构。为进一步分析磁性凝胶的磁响应能力，研究了不同磁场强度下磁性有机凝胶的屈服应力，结果如表4.5所示。与流变曲线结果一致，蒙脱石磁性有机凝胶的屈服应力大于埃洛石磁性有机凝胶，有机凝胶在零磁场下与磁场下的屈服应力有明显差距，而不同磁场强度下有机凝胶的屈服应力相近。

表4.5 有机凝胶的屈服应力

磁场强度/($kA \cdot m^{-1}$)	屈服应力/Pa	
	埃洛石/Fe_3O_4 有机凝胶	蒙脱石/Fe_3O_4 有机凝胶
0	4.81	31.35
29.9	6.49	34.87
54.7	6.43	35.02
80.9	6.79	35.84
125.1	6.24	36.24

图4.46分别为埃洛石磁性有机凝胶和蒙脱石磁性有机凝胶在不同磁场强度下的动态剪切模量，从图中可以看出，两种磁性有机凝胶表现出截然不同的黏弹行为。由图4.46a可知，用埃洛石/Fe_3O_4磁性颗粒制备的磁性有机凝胶在零磁场条件下表现出明显的塑性特征，其储能模量远小于损耗模量且波动明显，说明其内部几乎未形成空间网络结构。而在125.1 kA/m的磁场强度下，埃洛石磁性有机凝胶仍主要表现出塑性，虽然损耗因子值有所减小，但仍大于1，说明在磁场作用下，磁性有机凝胶内部形成的磁致结构强度很低，从而在宏观上表现出明显的塑性特征。图4.46b是蒙脱石/Fe_3O_4磁性颗粒制备的磁性有机凝胶的动态剪切模量，在强磁场下，可以观察到线性黏弹区和流动点，磁性有机凝胶表现出明显的弹性特征。以上实验结果印证了稳态剪切实验得出的结论，蒙脱石/Fe_3O_4复合颗粒磁响应特征较明显，在磁场作用下能够形成较稳定的空间网络结构，而埃洛石/Fe_3O_4复合颗粒由于极弱的磁响应能力，在磁场作用下不能形成稳定的空间网络结构。

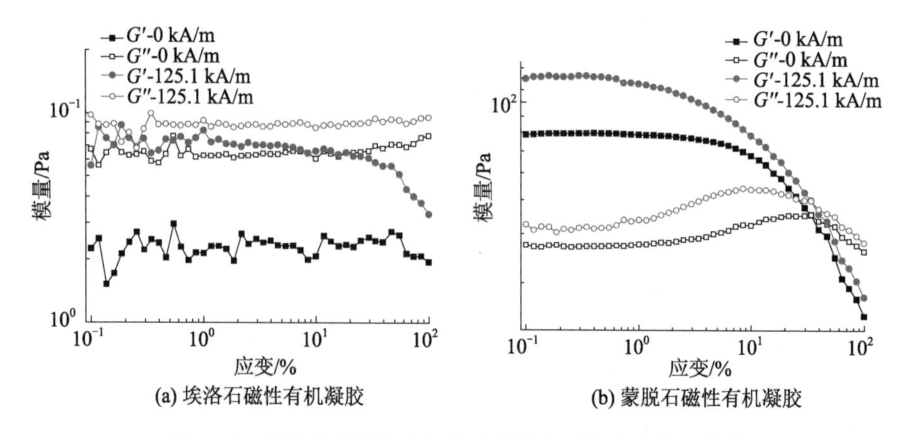

(a) 埃洛石磁性有机凝胶

(b) 蒙脱石磁性有机凝胶

图4.46 磁性有机凝胶在不同磁场强度下的动态剪切模量

4.3.3 基于埃洛石/Fe_3O_4 磁性有机凝胶的磁流变液

在磁性有机凝胶中加入体积分数为20%的羰基铁粉，球磨12 h得到均匀的磁流变液样品。如图4.47所示，黏土颗粒和磁性复合颗粒均具有优良的抗沉降性能，而掺入了磁性复合颗粒的磁流变液表现出最优的悬浮稳定性，说明原位合成法能够提升黏土颗粒形成空间触变网络结构的能力。图4.47b中，实心表示储能模量，空心表示损耗模量。

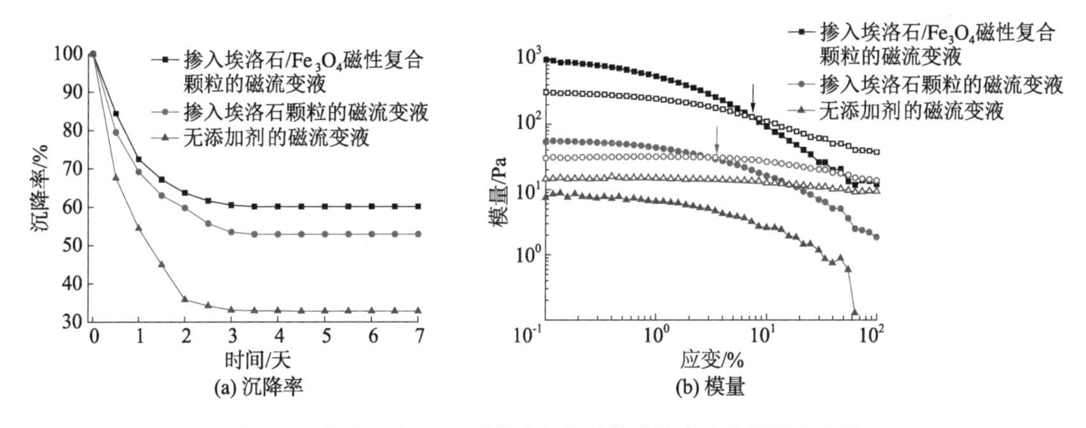

图4.47 埃洛石/Fe_3O_4 磁性有机凝胶基磁流变液的悬浮稳定性

图4.48a是不同磁流变液在磁场下的流变曲线。从图中可以看出，在弱磁场下，掺入复合颗粒的磁流变液具有最高的流变曲线，而有添加剂的磁流变液曲线最低。随着磁场强度的增大，没有添加剂的磁流变液剪切应力逐渐增大，在强磁场下高于添加无机埃洛石颗粒的磁流变液。以上实验现象可能是由于在低磁场下，磁致链束结构形成不充分，此时流变曲线的高低主要受到磁流变液表观黏度的影响，添加剂起到了增黏作用，所以掺入添加剂的磁流变液表现出较高的剪切应力。而随着磁场强度的增大，静磁力起主导作用，无添加剂的磁流变液样品中羰基铁粉颗粒不受非磁性颗粒的影响，磁致链束结构强度更高，所以表现出更高的剪切应力。

图4.48b是磁流变液屈服应力随磁场强度的变化图。从图中可以看出，掺入埃洛石/Fe_3O_4 颗粒的磁流变液屈服应力明显增大，且随着磁场强度的增大，屈服应力增加幅度变大。该实验结果证明，磁性复合颗粒对磁致链束结构具有补强作用：由于具有很弱的磁响应性，复合颗粒在磁场作用下被微弱磁化，在磁流变液中，这些被微弱磁化的颗粒难以定向排列成链，而是吸附在磁致链束结构上。吸附在链束结构上的复合颗粒一方面填补了磁性链上的缺陷，增强了链束结构的各向异性；另一方面使得磁致链束变粗，链束结构之间的间距变小，从而形成更加稳定牢固的磁致空间网络结构。

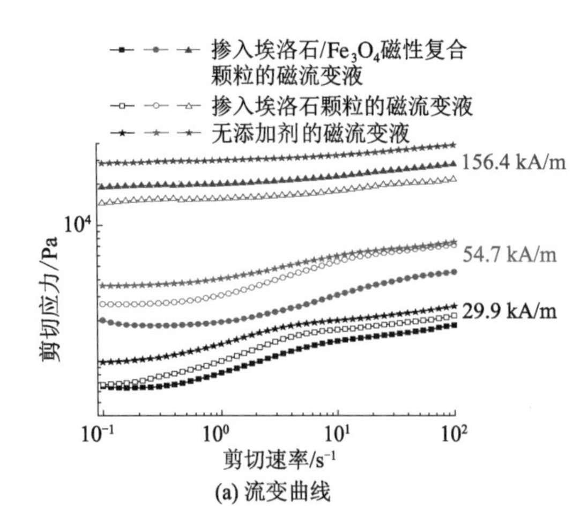

(a) 流变曲线

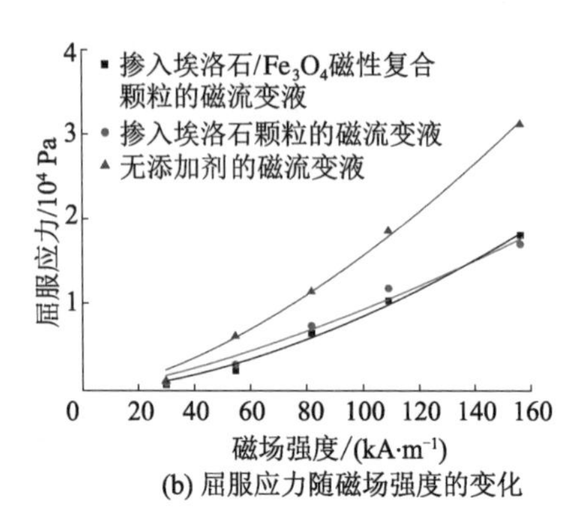

(b) 屈服应力随磁场强度的变化

图 4.48　埃洛石/Fe_3O_4 磁性有机凝胶基磁流变液的磁流变性能

综上，磁性有机凝胶基磁流变液具有优良的悬浮稳定性，埃洛石/Fe_3O_4 复合颗粒对磁致链束结构具有补强作用，同时表现出较大的剪切应力和屈服应力。然而，需要注意的是，添加磁性复合颗粒也有一定的弊端，如图 4.49 所示，基于埃洛石/Fe_3O_4 磁性有机凝胶的磁流变液触变环面积明显增大，说明添加的磁性复合颗粒在磁致链束结构"破坏-恢复"的过程中消耗了更多能量。因此，在实际应用中，应根据需求合理确定磁性有机凝胶基磁流变液的配比，避免磁流变液过大的能耗。

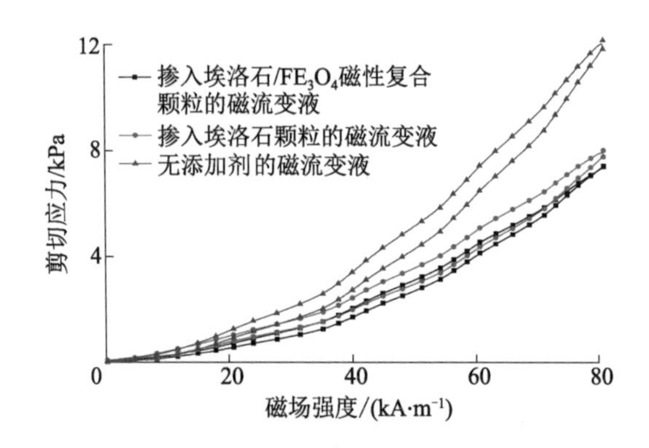

图 4.49　埃洛石/Fe_3O_4 磁性有机凝胶基磁流变液的触变环

4.3.4　基于蒙脱石/Fe_3O_4 磁性有机凝胶的磁流变液

掺入蒙脱石/Fe_3O_4 磁性复合颗粒的磁流变液最终沉降量减少，也表现出了较好的悬浮稳定性。图 4.50 是蒙脱石/Fe_3O_4 磁性有机凝胶基磁流变液的流变曲线，对照图 4.48a，可知未掺入添加剂、掺入无机蒙脱石、掺入磁性复合颗粒的磁流变液的磁流变性能。总体而言，蒙脱石/Fe_3O_4 磁性有机凝胶基磁流变液表现出与埃洛石/Fe_3O_4 磁性有机凝胶基磁流变液类似的流变特性。在低磁场下，掺入添加剂的磁流变液的流变曲线较高。随着磁场强度的增大，未掺入添加剂的磁流变液的流变曲线高于添加无机蒙脱石的磁流变液，而蒙脱石/Fe_3O_4磁性有机凝胶基磁流变液的流变曲线一直高于其他两种样品。

对比埃洛石和蒙脱石制备的有机凝胶基磁流变液可知，尽管在不同磁场强度下，两种磁性复合颗粒的磁响应性质有一定的差距，但是所制备的磁性有机凝胶基磁流变液的流变曲线和屈服应力差异很小，这可能是由于磁性复合颗粒的磁响应相较于羰基铁粉极小，所以复合颗粒之间磁响应性能的差异对磁流变液宏观性能的影响很小。这可以为开发廉价实用的磁性复合颗粒提供一定借鉴。

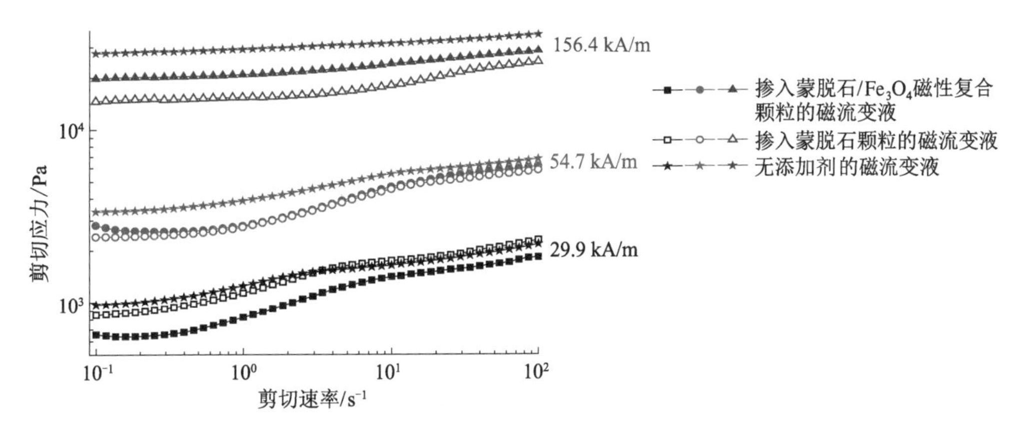

图 4.50 蒙脱石/Fe_3O_4 磁性有机凝胶基磁流变液的流变曲线

4.4 亲-疏液型有机凝胶基磁流变液

油凝胶(oleogel)是有机凝胶的一种，一般以基础油或有机液体为载液，掺入凝胶剂(gelator)制备而成，具有良好的物理化学稳定性，且具有明显的温敏特性。油凝胶在常温下具有很高的黏度，而随着温度的升高，其黏度显著减小(Sagiri，2016)，这使得以油凝胶为载液的磁流变液在常温下静置时黏度较大，从而获得优良的悬浮稳定性；而磁流变器件在工作状态下产热使得磁流变液温度升高，油凝胶载液黏度显著减小，使得磁流变液磁致可调范围扩大。

然而，研究结果表明，油凝胶一般不具备强剪切稀化效应。针对这一问题，可在原有体系中加入亲水改性的纳米二氧化硅颗粒构建基于亲-疏液作用的有机凝胶，采用这种方法构建弱相互作用微观结构，并以此制备同时具有强剪切稀化效应和温敏特性的有机凝胶基磁流变液。

4.4.1 理论背景

非离子型表面活性剂是最为常用的凝胶剂，将凝胶剂混入载液中后进行加热，随着温度的上升，溶解性增大，双亲分子链解缠。在冷却过程中，这些双亲分子链由于亲-疏液作用自组装形成团簇，进而形成空间网络结构，将载液固定于其中，使得油凝胶体系黏度升高，流动性丧失(Hu，2014；Sagiri，2012)。

司盘(失水山梨醇脂肪酸酯，Span)是一种分子量小、疏水的非离子型表面活性剂，进入基础油或有机载体中后不能溶解，形成略浑浊的悬浮液。当悬浮液温度上升至 60 ℃以上时，司盘完全溶解，悬浮体系变回与基础油一样的澄清透明状态。在体系降温的过程中，司盘溶解度减小，逐渐析出表面活性剂分子，这些分子的亲水端聚集在一起自组装成分子团簇(aggregates)，疏水端在基础油中自由弥散。司盘分子团簇相互连接形成空间网络结构，将基础油分子固定在空间网络内使其失去流动性，从而获得黏度较大的油凝胶。司盘可以在多种基础油和有机液体中构建稳定的油凝胶，主要包括正十六烷、肉豆蔻酸异丙酯、多种植物油、矿物油等(Pal，2012；Wright，2011)，综合考虑磁流变液中常用的基础油，将650SN的矿物油作为制备油凝胶的基础油。

司盘油凝胶具有可循环的温度响应特性，在温度变化下其内部的微观结构可以重复"溶解—析出—凝胶—溶解"的过程，宏观上即表现为凝胶的黏度随温度变化(Hinze，1996)。司盘油凝胶的这种温度响应特性对制备高性能磁流变液具有重要意义：油凝胶载液在常温下具有较大的黏度，稳定的空间骨架结构可以保证磁流变液中的羰基铁粉稳定均匀分散，使得磁流变液在静置状态下具有良好的悬浮稳定性；而一旦磁流变器件进入工作状态，产生的热量就会使得磁流变液升温(也可人为控制快速升温)，此时油凝胶中的骨架结构迅速溶解，磁流变液载液黏度减小，从而磁流变液的磁致可调范围扩大。另外，由于工作状态下油凝胶基磁流变液中的非磁性结构溶解，磁致链束在形成过程中不受干扰，结构强度较大，有利于磁流变液表现出更优的磁流变效应。

然而，油凝胶在作为磁流变液载液时有以下三个明显的不足：

一是当磁流变器件温度变化不大时，油凝胶的温敏特性无法发挥。在诸如小功率阻尼、磁流变密封、桥梁防风抗震和房屋抗震等领域，磁流变液的功率较小、产热量少或产热较慢、热量快速逸散，最终导致磁流变液温度上升不明显，无法达到油凝胶的相变温度。

二是油凝胶对温度变化的响应较慢，在某些精密控制或快速响应的领域无法满足制备高性能磁流变液的要求。经研究，磁流变液对磁场的响应时间小于10 ms，而油凝胶对温度的响应是化学解缠和溶解析出的过程，其响应时间远大于磁流变液的响应时间，这将导致磁流变液对外界刺激的响应速度大大减缓。

三是油凝胶内部的骨架结构十分牢固，在剪切作用下难以被破坏，这使得油凝胶的剪切稀化效应不明显。

综上，研究者普遍认为不宜直接将油凝胶作为载液制备磁流变液，故提出了基于亲-疏液作用的有机凝胶基磁流变液。该类有机凝胶是在上述油凝胶中加入亲水纳米小颗粒制成的，由于亲-疏液作用，亲水纳米颗粒进入环状囊结构的双分子层间，凝胶剂分子亲水端锚固在亲水颗粒表面，另一端在基础油中自由排列，从而改变形成骨架结构的基本单元；同时，亲水颗粒也可以作用于凝胶骨架结构的节点处，将化学交联变为亲-疏液力结合，使得有机凝胶获得显著的剪切稀化特性。

4.4.2 基于亲-疏液作用的有机凝胶

4.4.2.1 油凝胶的制备和凝胶剂的筛选

图4.51是凝胶剂的质量分数为5%的司盘油凝胶，选用的凝胶剂分别为Span20(山梨醇酐月桂酸酯)、Span40(山梨醇酐棕榈酸酯)、Span60(山梨醇酐单硬脂酸酯)和Span80(山梨醇酐油酸酯)。其中实心曲线表示剪切应力的变化情况，空心曲线表示黏度的变化情况。从图中可以看出，以Span20和Span80为凝胶剂制备的油凝胶的剪切应力和黏度很小，且没有

表现出剪切稀化的特征，这说明这两种凝胶剂在650SN基础油中可能没有形成稳定的空间网络结构。

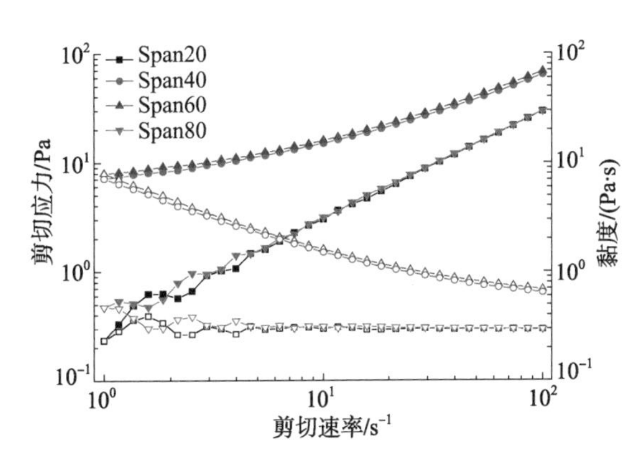

图4.51 凝胶剂种类对油凝胶的流变曲线和黏度曲线的影响

凝胶剂在基础油中不能形成骨架结构可能与溶解度及与基础油的配伍性有关。首先，由于油凝胶制备过程中发生的“溶解-析出”过程是制备油凝胶的关键，因此需要凝胶剂在基础油中的溶解度随温度发生较大变化，使得降温过程中大量凝胶剂分子析出而构建骨架结构；其次，油凝胶中凝胶剂分子与其他凝胶剂分子(aggregates-aggregates)和载液分子(aggregates-solvent)均发生作用，当凝胶剂分子之间的作用更强时才能自发组装成空间骨架结构，因此，不同的凝胶剂和基础油组合形成的空间结构强度不同(Murdan，1999)。另外，司盘本身的亲水和亲油能力大小也与形成微观结构的能力直接相关，两种亲分子的这种能力可以用亲水疏水平衡值(hydrophile-lipophile balance value，HLB)进行衡量，HLB越小，亲油性越强，反之亲水性越强。基于以上理论，Span20的HLB值约为8.6，大于其他几种凝胶剂，所以Span20相对于其他凝胶剂在基础油中的溶解度较小，这可能导致Span20油凝胶内部不能形成稳定的骨架结构；而Span80的HLB值为4.3，小于其他凝胶剂，在基础油中溶解性好，但是非极性碳链段较长，与载液分子之间的作用强，导致凝胶剂分子难以自发组装成骨架结构。由此可见，要在基础油中构建稳定的油凝胶体系，应选择中等大小HLB值的凝胶剂。

为进一步筛选凝胶剂，对Span40油凝胶和Span60油凝胶进行热分析，测试结果如图4.52所示。从图中可以看出，在对油凝胶升温的过程中，两种油凝胶的热流曲线均上升，且在50～60 ℃间表现出一个明显的吸热峰，油凝胶的初始融温度(T_{onset})、温度峰值(T_M)和热焓(ΔH_M)如图4.52内附表所示。用Span60制备的油凝胶初始融化温度低于Span40油凝胶，说明Span60凝胶在较低温度下就能够表现出温敏特性。分析热焓值可知，Span60油凝胶在融化过程中的吸热量小于Span40油凝胶。以上实验结果说明，在温度升高的过程中Span60油凝胶更容易发生温敏黏度变化，所以，当用作磁流变液载液时，Span60油凝胶能够发生更明显的黏度变化，同时消耗更少的能量。

图4.53是Span40和Span60油凝胶的触变环。由图可知，Span40油凝胶的触变环面积大于Span60油凝胶，所以在剪切速率变化过程中，Span40油凝胶也会消耗更多的能量。

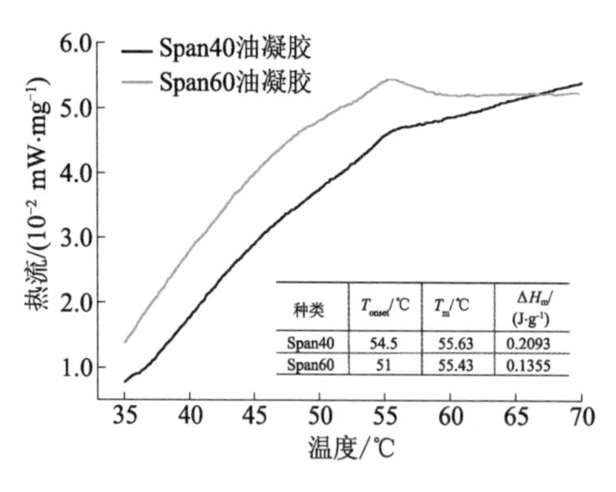

图 4.52　Span40 和 Span60 油凝胶的 DSC 曲线

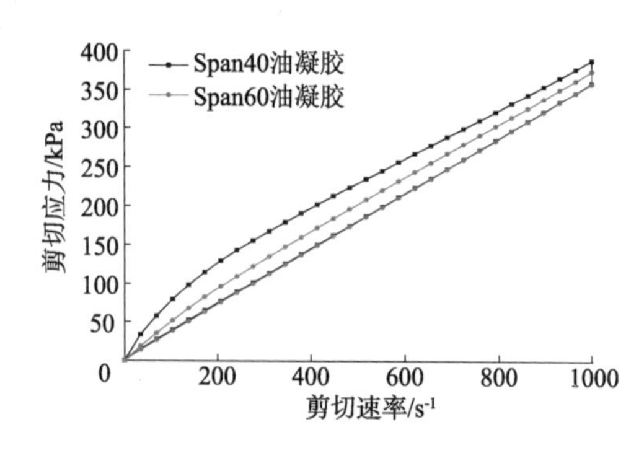

图 4.53　Span40 和 Span60 油凝胶的触变环

综上，Span60 油凝胶对温度的响应更灵敏，融化温度和吸热量都小于 Span40 油凝胶，在剪切作用下的能耗也较小，所以应选择 Span60 作为凝胶剂制备基于亲-疏液作用的有机凝胶。

4.4.2.2　凝胶剂含量的筛选

为确定油凝胶中凝胶剂的用量，制备了质量分数为 1%、2.5%、5%、7.5% 和 10% 的 Span60 油凝胶，将冷却后的油凝胶静置 20 min 后得到如图 4.54 所示的油凝胶样品。由图可知，1% 和 2.5% 的油凝胶未完全丧失流动性，在重力作用下能够自由流动，这说明质量分数小的凝胶剂形成的骨架结构不够致密，不能将基础油完全固化在空间网络结构中。另外，质量分数小的油凝胶无法保持匀质性，如 1% 和 2.5% 的油凝胶发生了明显的分层，这是由于凝胶基分子数量不足，不能形成稳定的空间结构，所以分子吸附团聚成白色絮状物，最终在重力作用下沉淀。以上结果说明，在 650SN 基础油中掺入 Span60 制备稳定油凝胶需要的最小质量分数为 5%。

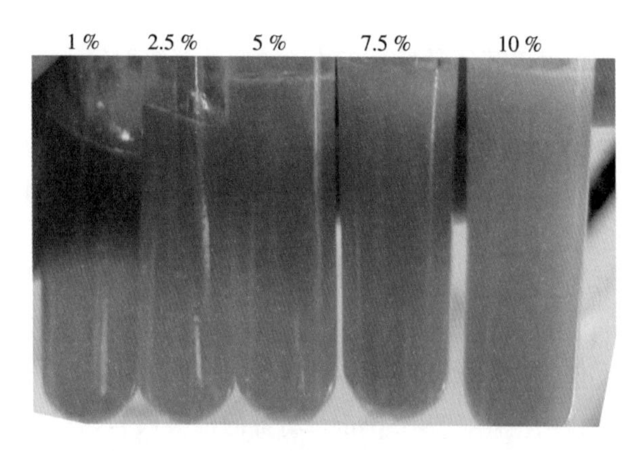

图 4.54　不同质量分数的 Span60 油凝胶

按照《润滑脂压力分油测定法》(GB/T 392—77) 对油凝胶安定性进行测试，以分析不同质量分数凝胶剂构建的骨架结构对基础油的固化能力。通过浸润试纸的层数和范围以及分油量可衡量有机凝胶的分油程度，其中，分油量的计算式如下：

$$X=\frac{G_2-G_3}{G_2-G_1}\times 100\% \tag{4.8}$$

式中，G_1是未装入试样的皿和 1 张浸油滤纸的质量；G_2 是装入油凝胶样品的皿和 1 张浸油滤纸在实验前的质量；G_3 是装入油凝胶样品的皿和 1 张浸油滤纸在实验后的质量。

重复测定取均值，得出 5%样品、7.5%样品和 10%样品的分油量分别为 59.49%、56.43%和 12.63%。实验中，5%样品和 7.5%样品浸润了 4 层滤纸，而 10%样品浸润了 3 层滤纸，它们的第三层滤纸如图 4.55 所示。从实验结果可知，随着凝胶剂质量分数的增大，分油量减小，浸润滤纸的层数减少，范围缩小，特别是当凝胶剂质量分数达到 10%时，其分油量大大减少，浸润范围也明显缩小。以上结果说明，增大凝胶剂质量分数有助于在基础油中形成更加稳固致密的骨架结构，固化基础油的能力也相应提升。值得注意的是，5%样品和 7.5%样品分油程度之间差距较小，说明在该范围内，凝胶剂分子构建的骨架结构锁油能力变化不明显。

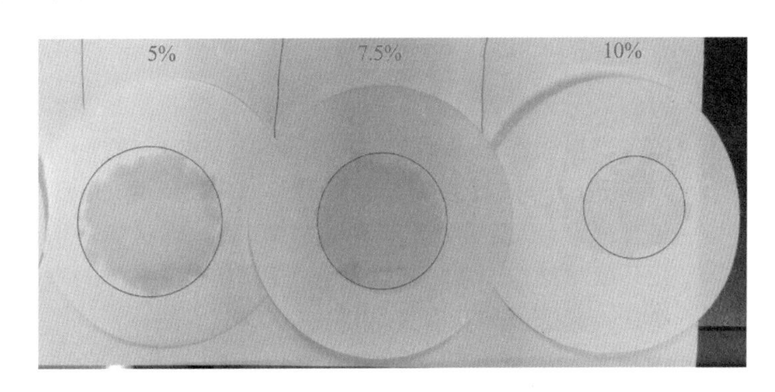

图 4.55 不同质量分数的油凝胶的压力分油实验滤纸浸润面积

图 4.56 是不同质量分数油凝胶的 DSC 曲线。随着 Span60 凝胶剂质量分数的增大，油凝胶的吸热峰明显升高，初始融化温度和温度峰值均变大，融化热焓值也增大。这说明高质量分数的油凝胶相对难融化，凝胶剂分子在溶解的过程中需要吸收更多的热量，这将导致油凝胶作为载液时温敏特性有所下降，也可能导致磁流变器件消耗更多能量。因此，从 DSC 结果来看，尽量使用较低质量分数的凝胶剂制备油凝胶能够提高油凝胶的温敏性能。

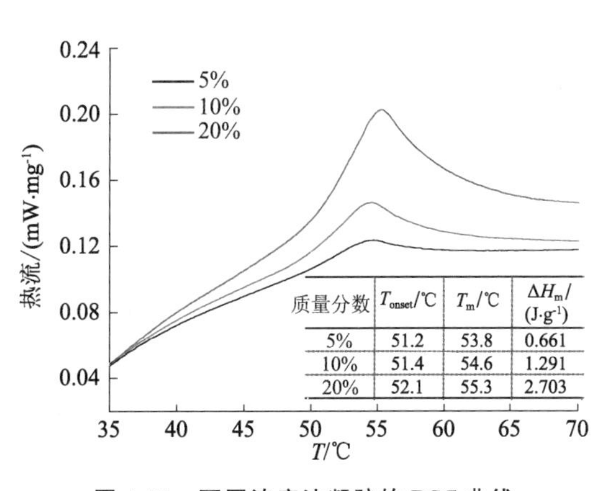

图 4.56 不同浓度油凝胶的 DSC 曲线

综上，在基础油中加入的凝胶剂含量过低无法形成稳定凝胶，凝胶剂分子絮凝并在重力的作用下沉降，破坏凝胶的均匀性；而添加高含量的凝胶剂将在显著增大黏度的同时降低油凝胶的温敏特性，所以在制备磁流变液时也不宜使用过高含量的凝胶剂。所以，如无特别说明，后续研究中 Span60 的掺量确定为 5%。在基础油中添加质量分数为 5%的凝胶剂可以形成稳定凝胶，同时也使得油凝胶具有相对优良的温敏性能。

4.4.2.3 基于亲-疏液作用的有机凝胶

如前所述，不具备强剪切稀化特性使得油凝胶制备的磁流变液在剪切作用下黏度变化范围较小，难以同时获得好的悬浮稳定性和磁流变性能。为解决这个问题，这里提出在油凝

胶体系中加入纳米 SiO_2 颗粒增强剪切稀化效应的方法。

在司盘油凝胶中加入亲水纳米 SiO_2 颗粒后，由于极性作用，凝胶剂分子的亲水端朝向亲水颗粒表面，而长链烷基段仍弥散于基础油中，所以，凝胶剂分子除了形成双分子层之外，还有大量分子锚固在亲水纳米颗粒表面，如图 4.57a 所示。Span60 分子的极性端为山梨醇上所携带的 5 个羟基(若失水则为 3 个羟基和 1 个环氧原子)，所以 Span60 双分子层中极性吸引的本质是羟基之间以及氧原子和羟基之间的静电吸引。而经过亲水改性的纳米 SiO_2 颗粒表面有大量羟基和羧基，羧基因双键 p—π 共轭而发生双重静电吸引(郑富元，2013；耿石楠，2014)，所以 Span60 分子与亲水纳米颗粒之间的作用大于分子之间的作用，即 Span60 分子倾向于先锚固在颗粒表面，剩余的分子形成双分子层。因此，加入亲水纳米颗粒可能会减少形成骨架的凝胶剂分子从而减弱三维骨架结构，这对形成剪切条件下易破坏的弱空间结构具有重要意义。

随着温度的降低，凝胶剂分子溶解度降低并逐渐析出，此时析出的凝胶剂分子共有两种状态：一些凝胶剂分子亲水端锚固在亲水纳米颗粒表面，随着纳米颗粒一起运动；另一些凝胶剂分子形成了双分子层，进而形成环状囊结构，如图 4.57b 所示。在环状囊结构的径向上，凝胶剂分子头尾相接排列，形成多层紧密排列的结构，而在环状囊的切向上凝胶剂分子趋于环状排列，最终形成环状囊结构。随着凝胶剂分子的溶解度进一步减小，析出的分子增多，大量环状囊结构堆叠在一起形成棒状管式结构(rodlike tubules)。

当凝胶剂分子充分从基础油中析出后，棒状管式结构通过“连接点”相连形成三维骨架结构(图 4.57c)，这些连接点位于棒状管式结构两侧端点。研究表明，加入少量乙醇可以破坏连接点，使得凝胶剂中即使存在大量棒状管式结构也无法形成骨架结构(Murdan，1999)。与之类似，在基于亲-疏液作用的有机凝胶中，包裹着纳米颗粒的凝胶剂分子运动到各管式结构的连接点，削弱了连接点的强度，使得骨架结构易被破坏，导致有机凝胶表现出剪切稀化效应。

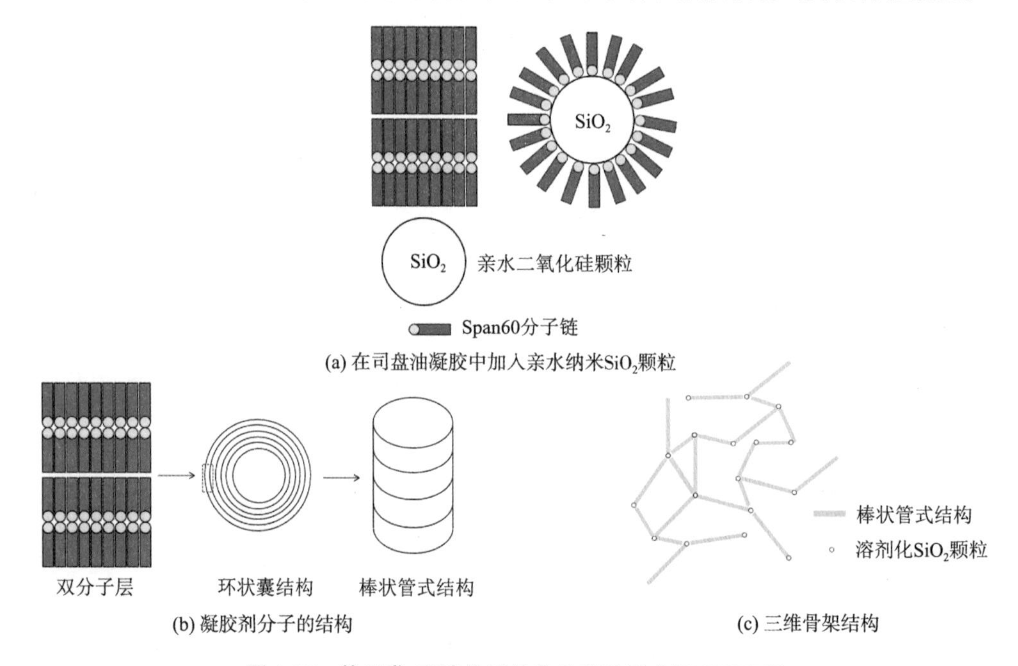

(a) 在司盘油凝胶中加入亲水纳米 SiO_2 颗粒

(b) 凝胶剂分子的结构

(c) 三维骨架结构

图 4.57　基于亲-疏液作用的有机凝胶形成机理示意图

图 4.58 是基于亲-疏液作用的有机凝胶和油凝胶的黏度曲线，其中凝胶剂的质量分数均为 5%，在有机凝胶中加入 5%的亲水纳米 SiO_2 颗粒。从图中可以看出，有机凝胶表现出明显强于油凝胶的剪切稀化特征，有机凝胶在剪切速率为 0.1 s^{-1}时的黏度是 100 s^{-1}时的约 100 倍，而油凝胶仅为约 8 倍，证明了通过添加亲水颗粒增强油凝胶体系剪切稀化特性的可行性。

纳米亲水颗粒除了作为连接点连接管式骨架结构外，在剪切作用下也发生相互碰撞和摩擦，所以加入亲水纳米颗粒后，有机凝胶体系的黏度大幅上升。图 4.59 是亲-疏液作用的有机凝胶和油凝胶的动态剪切模量。从图中可以看出，有机凝胶的储能模量和损耗模量均大于油凝胶，这是由于动态复合模量与稳态剪切的黏度相关，有机凝胶黏度较大，所以动态剪切模量较大。然而，储能模量的变化表明，油凝胶的线性黏弹区范围大于有机凝胶。这说明油凝胶中骨架结构的强度大于有机凝胶。上述实验结果证明，添加亲水纳米颗粒降低了有机凝胶中空间骨架的连接点强度，从而降低了结构强度，导致结构易被破坏，宏观上表现出明显的剪切稀化特征；但是由于亲水纳米颗粒之间存在碰撞和摩擦，颗粒与骨架结构之间也存在碰撞，因此有机凝胶的表观黏度大于油凝胶。

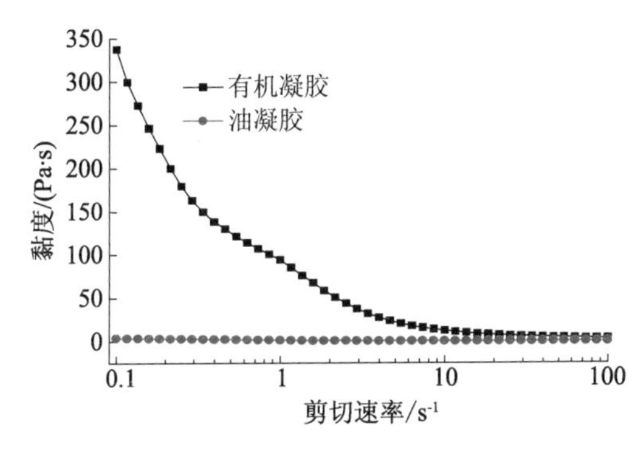

图 4.58 基于亲-疏液作用的有机凝胶和油凝胶的黏度曲线

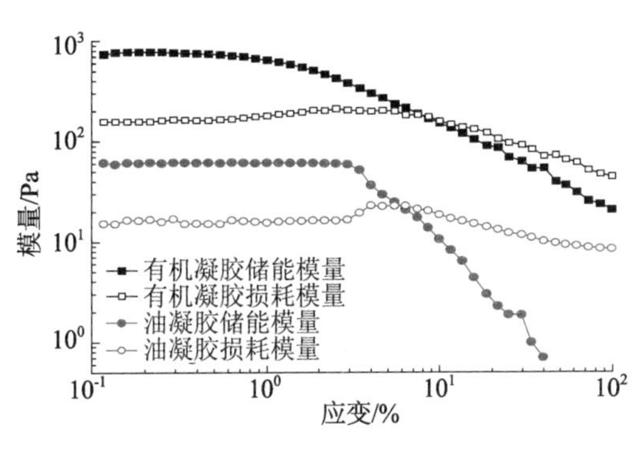

图 4.59 基于亲-疏液作用的有机凝胶和油凝胶的动态剪切模量

4.4.3 基于亲-疏液作用的有机凝胶基磁流变液

4.4.3.1 有机凝胶基磁流变液的悬浮稳定性和磁流变性能

由于基于亲-疏液作用的有机凝胶的黏度远大于普通基础油，且凝胶内部密集的三维骨架结构能够把羰基铁粉颗粒包纳在内，避免羰基铁粉的团聚和沉降，所以基于亲-疏液作用的有机凝胶基磁流变液具有优良的悬浮稳定性，在室温下静置两个月以上也不会出现明显分层。

图 4.60a 是基于亲-疏液作用的有机凝胶基磁流变液在不同磁场强度下的流变曲线。从图中可以看出，磁流变液的剪切应力随剪切速率的增大而增大，在磁场作用下磁流变液的流变曲线明显升高，有机凝胶基磁流变液表现出了显著的磁流变性能。图 4.60b 分别绘制了矿物油基磁流变液、油凝胶基磁流变液以及基于亲-疏液作用的有机凝胶基磁流变液在不用磁场强度下的屈服应力。实验结果表明，相较于油凝胶基磁流变液，添加了亲水纳米颗粒的磁流变液的屈服应力进一步增大，在磁场作用下表现出远大于矿物油基磁流变液的屈服应力。

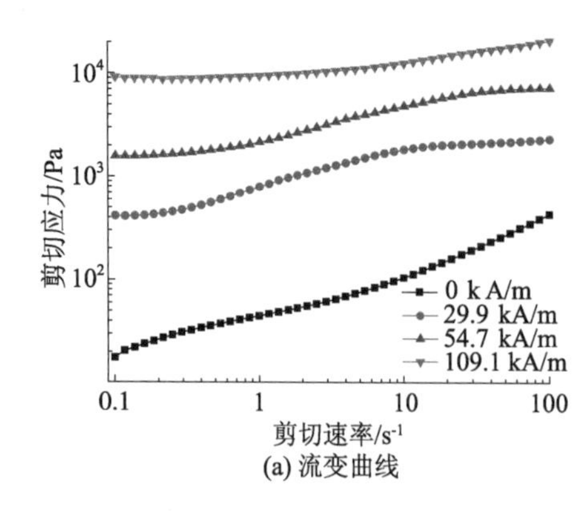

(a) 流变曲线

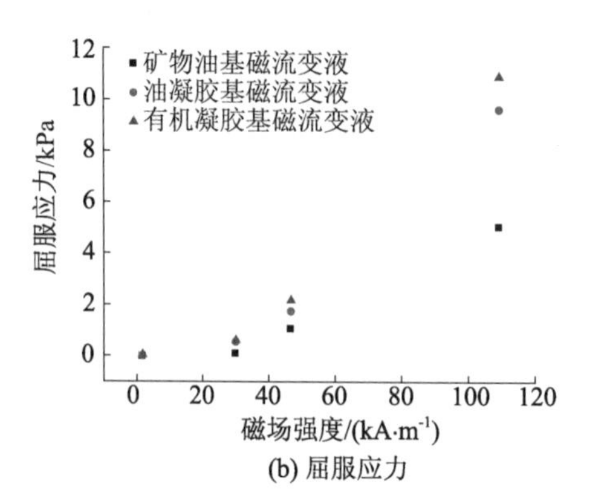

(b) 屈服应力

图 4.60 基于亲-疏液作用的有机凝胶基磁流变液的流变曲线和屈服应力

由于有机凝胶基磁流变液中加入了大量的非磁性组分，因此磁流变液在磁场下的流变行为受到非磁性组分的影响。当剪切速率较大时，非磁性结构被破坏，对磁致链束结构的影响较小；而当剪切速率很小时，非磁性结构基本保持完整，对磁致成链产生影响。图 4.61 是低剪切速率下磁流变液的磁场扫描曲线，剪切速率设置为 0.1 s^{-1}。从图中可以看出，油凝胶基磁流变液的剪切应力一直小于有机凝胶基磁流变液，结合图 4.60b 中结果可以得出结论：加入亲水纳米颗粒的磁流变液在所有磁场和剪切条件下均表现出优于油凝胶基磁流变液的磁流变性能。而与矿物基磁流变液进行对比可以发现，当磁场强度较小时，有机凝胶基磁流变液的剪切应力较高，随着磁场强度的增大，矿物油基磁流变液的剪切应力逐渐增大，并大于有机凝胶基磁流变液的剪切应力。该实验现象说明，由于剪切速率很小，非磁性骨架结构基本保持完整，在较强磁场下磁流变液的磁致链束的生长受到骨架结构的制约，宏观上表现为磁流变液的剪切应力减小；而在较弱磁场下，磁流变液的磁致链束结构未充分生长，非磁性骨架结构阻碍矿物油流动导致的剪切应力的增大更为明显。

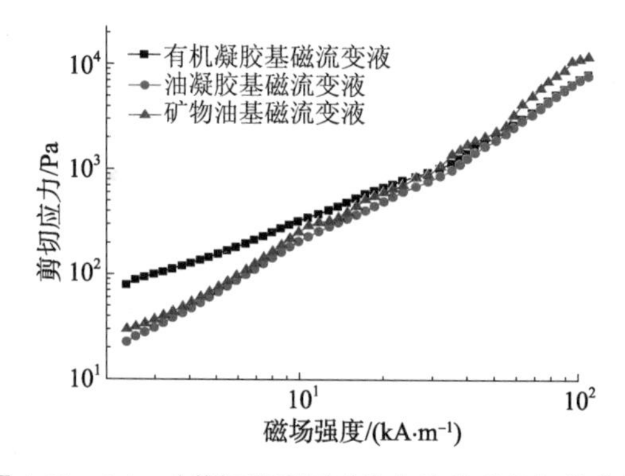

图 4.61 0.1 s^{-1} 剪切速率下磁流变液的磁场扫描曲线

综上，基于亲-疏液作用的有机凝胶基磁流变液具有优良的悬浮稳定性，同时还具有较大的屈服应力和较高的流变曲线，仅在低剪强磁场条件下磁流变性能略有降低，是一种适用范围广泛的高性能磁流变液。

4.4.3.2 有机凝胶基磁流变液的黏弹性和触变性

图 4.62 是不同磁场强度下基于亲-疏液作用的有机凝胶基磁流变液的动态剪切模量（实心表示储能模量、空心表示损耗模量）。基于三

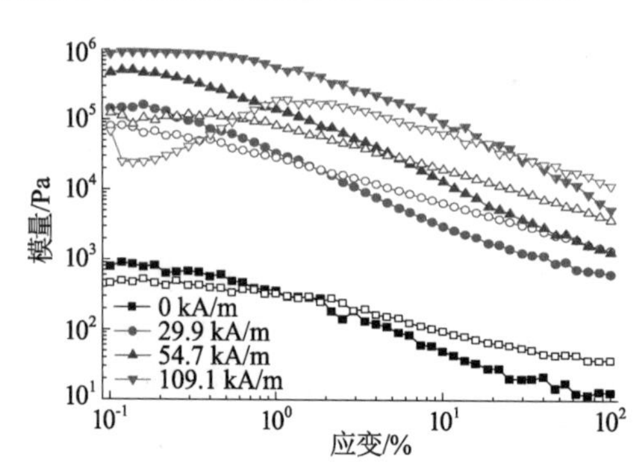

图 4.62 不同磁场强度下基于亲-疏液作用的有机凝胶基磁流变液的动态剪切模量

维骨架结构的作用，有机凝胶基磁流变液在零磁场条件下表现出了一定的弹性特征，当振幅低于1%时微观骨架未被完全破坏，所以磁流变液宏观上表现出半固体的特征。随着振幅的增大，结构逐渐被破坏，磁流变液开始表现出流体的塑性特征。随着磁场强度的增大，磁流变液的储能模量增大，损耗因子减小，线性黏弹区和流动点右移，表明磁流变液的弹性特征增强。

图4.63是磁流变液分别在0 kA/m和54.7 kA/m磁场强度下的触变环。零磁场条件下有机凝胶基磁流变液的触变环面积大于油凝胶基磁流变液，这可能是由于在剪切作用下，添加的亲水纳米颗粒之间的相互摩擦和碰撞消耗了能量，所以有机凝胶基磁流变液消耗了更多能量。而在磁场作用下，触变环的上升曲线和下降曲线的差距减小，说明在磁场作用下磁流变液的微观结构获得了更好的结构恢复能力。由于静磁力促进磁致链束结构恢复形成新的磁致结构，普通磁流变液在磁场作用下的上升曲线一般低于下降曲线，而有机凝胶基磁流变液表现出相反的实验现象，说明非磁性结构对磁致链束产生了很大影响，降低了磁致链束结构在静磁力作用下的恢复能力。此外，磁场作用下有机凝胶基磁流变液的触变环不闭合，说明部分内部结构被破坏之后难以恢复，这也证明了非磁性结构对磁致链束结构在静磁力作用下重新形成有一定阻碍作用。

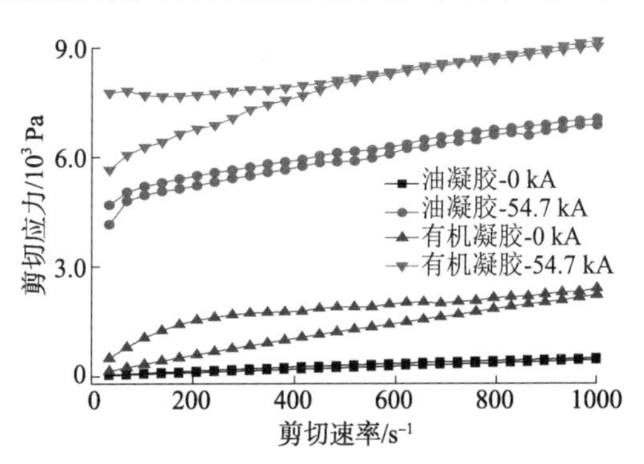

图4.63 不同磁场强度下磁流变液的触变环

综上，有机凝胶基磁流变液中的三维骨架结构增强了磁流变液的弹性特征，使得磁流变液具备更优的流变和力学性能，然而，非磁性结构阻碍了磁致链束结构在静磁力作用下的恢复，导致有机凝胶基磁流变液在使用过程中消耗较多的能量。

4.4.3.3 有机凝胶基磁流变液的响应行为

如前所述，基于亲-疏液作用的有机凝胶基磁流变液表现出了优良的悬浮稳定性和磁流变性能，但是受非磁性结构的影响，磁流变液对磁场的响应时间可能延长。而响应时间作为磁流变材料的主要技术指标之一，对磁流变技术的实际应用起决定性作用。为了进一步分析多组分对有机凝胶基磁流变液响应时间的影响，可采用静态法向力突变法测试磁流变液的响应时间，从而研究各组分对磁流变液响应行为的影响。

图4.64为基于静态法向力突变法的响应时间测试曲线。首先静置样品，在500 ms时加入磁场，通过流变仪测量整个过程中样品的法向力。从图中可以看出，磁流变液的法向力变化一共可以分为4个阶段：第一阶段为500 ms前未通入磁场的状态，磁流变液中的羰基铁粉颗粒在基础油中自由分散，此时法向力极小甚至为负值。一旦通入磁场，磁流变液中的羰基铁粉被磁化，开始定向排列并聚集成链，但磁流变液的静态法向力并不立即显著增大，而是略微提升（如内置

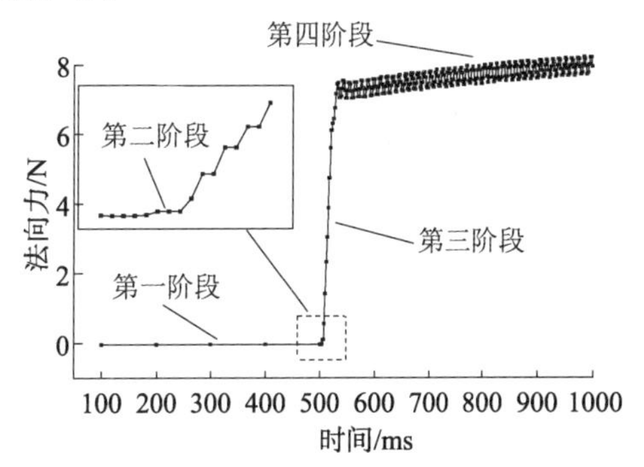

图4.64 基于静态法向力突变法的响应时间测试曲线

图所示)，这是由于羰基铁粉形成的团簇还处于形成和增长的过程中，未完全形成稳定的链束结构。第二阶段维持时间很短。随着羰基铁粉链束结构逐渐形成，磁流变液表现出的法向力大幅增大，这是第三阶段。第四阶段，磁流变液的磁致链束结构达到饱和，法向力趋于平稳，不再明显上升。

选用静态法向力作为响应时间测试指标的原因主要有以下两点：一是法向力是磁流变液非牛顿性和静磁力作用下各向异性的重要指标，与磁流变液内部结构变化直接相关且变化较为灵敏；二是将剪切应力和应变均设置为零，使得磁流变液中的铁磁性颗粒只受到静磁力的影响，排除了流体力的干扰，能够更精确地反映磁流变液对磁场的响应。图 4.65 中演示了响应时间测试实验过程中铁磁性颗粒的成链过程，宏观上对应图 4.64 中的 4 个阶段。一般认为磁流变液的响应时间是羰基铁粉大量成链、宏观上表现为法向力迅速增大的阶段，即开始体现出磁流变性和非牛顿型至完全发挥磁流变性和非牛顿型之间所需的时间，因此将磁流变液的响应时间定义为法向力迅速增大到趋于稳定所需的时间，即第三阶段的持续时间。另外，由于实验所使用的流变仪磁感线圈加场的延迟时间为 2～3 ms，所以将第二阶段排除在响应时间计算之外有利于提高测试精度。需要说明的是，定义法向力增加幅度大于 5%标志着第二阶段结束，第三阶段开始。

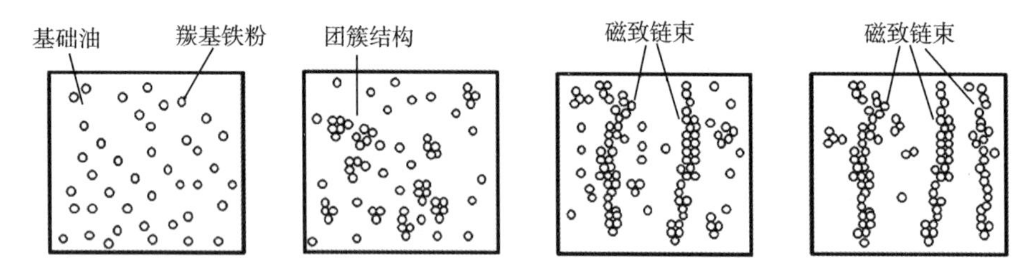

图 4.65　磁致链束结构在磁场作用下形成过程示意图

图 4.66 为对羰基铁粉体积分数为 20% 的矿物油基磁流变液和有机凝胶基磁流变液的响应时间测试结果。实验开始 500 ms 后施加磁场强度为 109.1 kA/m 的磁场，磁流变液的法向力随之迅速增大。经过分析，有机凝胶基磁流变液的第二阶段结束于第 508 ms，而矿物油基磁流变液的第二阶段结束时刻为 507 ms，可见两种磁流变液中羰基铁粉形成团簇的速度相近。对于磁致链束构建达到饱和的时间(即第三阶段结束的时刻)，有机凝胶基磁流变液晚于矿物油基磁流变液，前者为 534 ms，后者为 527 ms，因此，有机凝胶基磁流变液的响应时间为 26 ms，矿物油基磁流变液为 20 ms。

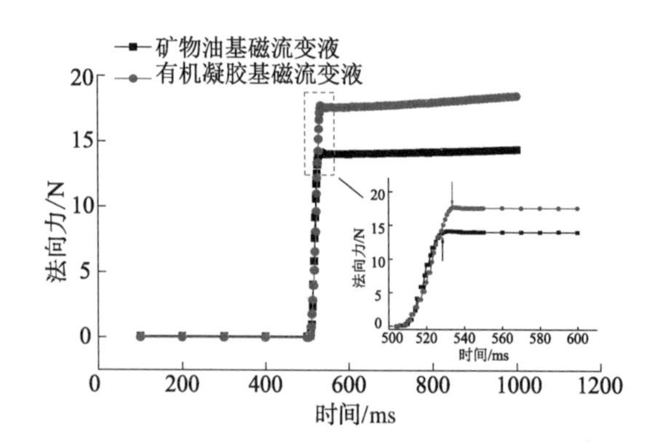

图 4.66　磁流变液的响应时间

上述测试结果表明，在磁流变液中加入非磁性组分可能会导致磁流变液的响应速度变慢，这一方面是由于非磁性组分阻碍了铁磁性颗粒的直接接触，导致形成链束结构的速度变慢，另一方面是由于非磁性网络结构占据了空间位置，使得铁磁性颗粒在成链过程中由于空间位阻的作用而无法自由定向排列。

本章参考文献

[1] 耿石楠.具多重氢键功能基团温敏纳米凝胶的合成与性能研究[D].武汉：华中科技大学，2014.

[2] 郑富元.具有多重氢键形成位点的功能化聚硅氧烷的制备、表征及性能研究[D].济南：山东大学，2013.

[3] ALONSO J L，ANTOLÍNEZ S，BLANCO S，et al.Weak C—H…O and C—H…F—C hydrogen bonds in the oxirane-trifluoromethane dimer[J].Journal of the American Chemical Society，2004，126(10)：3244－3249.

[4] ALVES S，ALCANTARA M R，FIGUEIREDO NETO A M. The effect of hydrophobic and hydrophilic fumed silica on the rheology of magnetorheological suspensions[J].Journal of Rheology，2009，53(3)：651－662.

[5] ARIEF I，MUKHOPADHYAY P K. Dynamic and rate-dependent yielding behavior of $Co_{0.9}Ni_{0.1}$，microcluster based magnetorheological fluids[J].Journal of Magnetism & Magnetic Materials，2016，397：57－63.

[6] RATCHA A，SAITO T，TAKAHASHI R，et al.Preparation and thermal stability of fluoroalkyl end-capped vinyltrimethoxysilane oligomeric silica/poly(acrylonitrile-co-butadiene) nanocomposites—application to the separation of oil and water[J]. Colloid & Polymer Science，2016，294(9)：1529－1539.

[7] BADER R F W.A quantum theory of molecular structure and its applications[J]. Chemical Reviews，1991，91(5)：893－928.

[8] BELYAEVA I A，KRAMARENKO E Y，STEPANOV G V，et al. Transient magnetorheological response of magnetoactive elastomers to step and pyramid excitations[J].Soft Matter，2016，12(11)：2901－2913.

[9] BURKHARDT M，NOIREZ L，GRADZIELSKI M. Organogels based on 12-hydroxy stearic acid as a leitmotif：dependence of gelation properties on chemical modifications.[J].Journal of Colloid & Interface Science，2016，466：369－376.

[10] CHOI H J，CHO M S，KIM J W，et al. A yield stress scaling function for electrorheological fluids[J].Applied Physics Letters，2001，78(24)：3806－3808.

[11] COLE G C，LEGON A C.Non-linearity of weak B…H—C hydrogen bonds：an investigation of a complex of vinyl fluoride and ethyne by rotational spectroscopy [J].Chemical Physics Letters，2003，369(1－2)：31－40.

[12] HISAKI I，SHIGEMITSU H，SAKAMOTO Y，et al. Octadehydrodibenzo[12] annulene-based organogels：two methyl ester groups prevent crystallization and promote gelation[J].Angewandte Chemie，2009，121(30)：5573－5577.

[13] FELICIA L J, PHILIP J. Effect of hydrophilic silica nanoparticles on the magnetorheological properties of ferrofluids: a study using opto-magnetorheometer[J]. Langmuir:the Acs Journal of Surfaces & Colloids,2015,31(11):3343—3353.

[14] HINZE W L, UEMASU I, DAI F, et al. Analytical and related applications of organogels[J]. Current Opinion in Colloid and Interface Science, 1996, 1(4): 502—513.

[15] HU B L, LIU K Q, CHEN X L, et al. Preparation of a scorpion-shaped di-NBD derivative of cholesterol and its thixotropic property[J]. Science China Chemistry, 2014, 57(11): 1544—1551.

[16] HYUN K, KIM S H, AHN K H, et al. Large amplitude oscillatory shear as a way to classify the complex fluids[J]. Journal of Non-Newtonian Fluid Mechanics, 2002,107(1—3):51—65.

[17] RODRÍGUEZ-ARCO L, LÓPEZ-LÓPEZ M T, KUZHIR P, et al. How nonmagnetic particles intensify rotational diffusion in magnetorheological fluids[J]. Physical Review E, Statistical, Nonlinear & Soft Matter Physics,2014,90(1):012310.

[18] LI Y H, HUANG G Y, ZHANG X H, et al. Magnetic hydrogels and their potential biomedical applications[J]. Advanced Functional Materials, 2013, 23(6):660—672.

[19] SANTIAGO-QUIÑONEZ D I, RINALDI C, CAZZULO J J. Enhanced rheological properties of dilute suspensions of magnetic nanoparticles in a concentrated amphiphilic surfactant solution[J]. Soft Matter, 2012, 8(19):5327—5333.

[20] MURDAN S, GREGORIADIS G, FLORENCE A T. Novel sorbitan monostearate organogels[J]. Journal of Pharmaceutical Sciences, 1999, 88(6): 608—614.

[21] BHATTACHARYA C, KUMAR N, SAGIRI S S, et al. Development of span 80-tween 80 based fluid-filled organogels as a matrix for drug delivery[J]. Journal of Pharmacy and Bioallied Sciences, 2012, 4(2): 155—163.

[22] PAYNE F L, GREENE J W JR, DUHRING J L. Blood volume in pregnancy[J]. The American Journal of the Medical Sciences, 1962, 243(6):808—815.

[23] RICH J P, DOYLE P S, MCKINLEY G H. Magnetorheology in an aging, yield stress matrix fluid[J]. Rheologica Acta, 2012, 51(7):579—593.

[24] RICH J P, MCKINLEY G H, DOYLE P S. Arrested chain growth during magnetic directed particle assembly in yield stress matrix fluids[J]. Langmuir: the Acs Journal of Surfaces & Colloids, 2012, 28(8):3683—3689.

[25] SAGIRI S S, BEHERA B, SUDHEEP T, ET AL. Effect of composition on the properties of tween-80-span-80-based organogels[J]. Designed Monomers and Polymers, 2012, 15(3): 253—273.

[26] SAGIRI S S, KASIVISWANATHAN U, SHAW G S, et al. Effect of sorbitan monostearate concentration on the thermal, mechanical and drug release

properties of oleogels[J].Korean Journal of Chemical Engineering,2016,33(5):1720—1727.

[27] SHAN L,CHEN K K,ZHOU M,et al.Shear history effect of magnetorheological fluids[J].Smart Materials and Structures,2015,24(10):105030.

[28] SHANKAR A,SAFRONOV A P,MIKHNEVICH E A,et al.Ferrogels based on entrapped metallic iron nanoparticles in a polyacrylamide network: extended Derjaguin-Landau-Verwey-Overbeek consideration, interfacial interactions and magnetodeformation[J].Soft Matter,2017,13(18):3359—3372.

[29] SHIMA P D, PHILIP J. Tuning of thermal conductivity and rheology of nanofluids using an external stimulus[J].The Journal of Physical Chemistry C, 2011,115(41): 20097—20104.

[30] SIM H G, AHN K H, LEE S J. Large amplitude oscillatory shear behavior of complex fluids investigated by a network model: a guideline for classification[J]. Journal of Non-Newtonian Fluid Mechanics,2003,112(2—3):237—250.

[31] TOKER O S, KARASU S, YILMAZ M T, et al. Three interval thixotropy test (3ITT) in food applications: a novel technique to determine structural regeneration of mayonnaise under different shear conditions[J]. Food Research International, 2015,70: 125—133.

[32] de VICENTE J, SEGOVIA-GUTIÉRREZ J P, ANDABLO-REYES E, et al. Dynamic rheology of sphere-and rod-based magnetorheological fluids[J]. The Journal of Chemical Physics,2009,131(19):194902.

[33] WRIGHT A J,MARANGONI A G.Vegetable oil-based ricinelaidic acid organogels—phase behavior,microstructure,and rheology[M]//Edible Oleogels.Amsterdam: Elsevier,2011: 81—99.

[34] YANG J J,YAN H,ZHANG H S,et al.Oil organogel system for magnetorheological fluid[J].RSC Advances,2016,6(114):113463—113468.

第 5 章　基于锂皂的新型磁流变脂

5.1　磁流变脂

磁流变脂是一种基于皂纤维结构的包含磁性颗粒、基础油、稠化剂及添加剂的新型磁流变材料(胡志德,2015)。它因兼具类似磁流变液的表观黏度随磁场发生显著变化的流变特性,以及像润滑脂一样特有的骨架结构(图 5.1)而具有较好的稳定性,成为继磁流变液和磁流变弹性体之后又一个具有巨大发展潜力的磁流变材料。

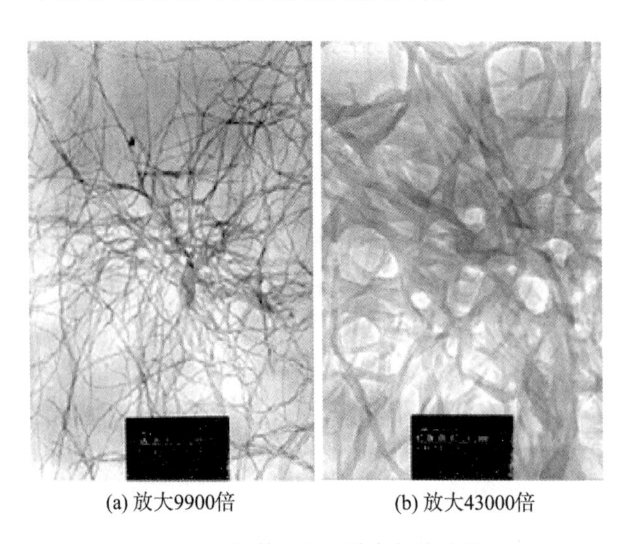

(a) 放大9900倍　　(b) 放大43000倍

图 5.1　锂基润滑脂的皂纤维结构

1999 年,Rankin 等(Rankin,1999)在寻找解决磁流变液的沉降稳定性问题的方法时,发现使用黏弹性介质润滑脂可以达到较好的效果。他们认为,磁流变液中磁性颗粒的沉降将导致磁流变效应严重减弱;而基于悬浮液中稳定颗粒的方法(Chhabra,1993)将具有较高屈服应力的润滑脂用作磁流变材料的载液,可有效阻止磁性颗粒的沉降。同时,他们引用重力屈服参数的概念验证了这种方法的可行性。重力屈服参数 Y_G 是表征黏弹性介质阻止颗粒沉降能力的指标,计算公式为

$$Y_G=\frac{\tau_0^G}{gR(\rho_P-\rho)} \tag{5.1}$$

式中,τ_0^G 为黏弹性介质的屈服应力;g 为重力加速度;R 为颗粒的半径;ρ_P 为颗粒的密度;ρ 为黏弹性介质的密度。

Y_G 的值越大,表明黏弹性介质为稳定颗粒的能力越强。不同粒径和成分的颗粒在重力

场下具有不同的临界屈服应力 $\tau_{0,crit}^{G}$。只要黏弹性介质的屈服应力大于此值就能使颗粒稳定悬浮于介质中。颗粒的临界屈服应力对应临界重力屈服参数 Y_G^{crit}，其计算公式为

$$Y_G^{crit}=\frac{\tau_{0,crit}^{G}}{gR(\rho_P-\rho)} \tag{5.2}$$

如果介质的 Y_G 大于 Y_G^{crit}，颗粒就能长期处于悬浮状态。当 Y_G 小于 Y_G^{crit} 时，黏弹性介质将不能阻止颗粒形成沉淀。

Rankin 发现，磁流变脂的 Y_G 的值约为 25，而临界重力屈服参数 Y_G^{crit} 的值介于 0.1～1 之间，从理论上验证了润滑脂介质能有效地阻止颗粒的沉降，较好地解决磁流变液的沉降问题。为了考察润滑脂介质对磁流变液磁流变效应的影响，Rankin 还提出了磁性屈服参数和临界屈服参数的概念。他指出，润滑脂的加入在较好地解决磁性颗粒沉降稳定性的同时并不明显影响磁流变悬浮体的磁流变效应。

但 Park 等（Park，2001）认为，较大的屈服应力值取决于较高的磁性颗粒含量，而磁性颗粒含量的增加会增大磁流变悬浮体的黏度。为了改善磁流变悬浮体的沉降稳定性，要求润滑脂具有较高的 Y_G 值，而 Y_G 值越大意味着润滑脂的初始屈服应力 τ 和介质的黏度越大，这将限制悬浮液中磁性颗粒的含量，使磁流变悬浮液的屈服应力值达不到工程应用的要求。这些研究是对磁流变脂的初步探索，其研究思路仍停留在改善磁流变液的沉降稳定性上，对磁流变脂的概念尚未有统一的认识，更没有将磁流变脂作为一种独立的磁流变材料进行深入的研究。

磁流变脂的概念是由 Carlson 团队于 2003 年正式提出的。该团队对磁流变脂最初的认识始于 2000 年。他们认为，硬脂酸盐能吸附矿物油或合成酯形成一个膨胀体的网状结构，使磁性颗粒陷入其中，从而达到稳定磁性颗粒的效果。2003 年，该团队申请了首个关于磁流变脂的专利（Kintz，2003），明确提出了磁流变脂的概念，指出磁流变脂由磁性颗粒、载液和至少一种增稠剂组成。按照美国润滑脂学会（NLGI）的分类方法，润滑脂的稠度等级范围为 00－4。增稠剂在磁流变脂中的作用是使磁流变材料具有像润滑脂一样的黏稠度，阻止磁性颗粒的沉降，并能使磁流变脂保持在磁流变器件中的某个位置而不易流失。磁流变脂具有典型的剪切稀化行为，并随着增稠剂含量的增加表现出优异的抗沉降性和抗磨损性能，在抗地震减震器、海绵减震器以及其他要求磁流变材料具有最小的沉降性和最大的屈服应力的装置中都具有很高的应用价值。

5.2 锂皂磁流变脂的制备工艺及其影响

目前，磁流变脂大都采用直接在润滑脂中加入磁性颗粒的方法来制备（简称一步法），对其制备工艺的研究尚未涉及。从传统润滑脂来看，不同制备工艺对其皂纤维结构和理化性能均有较大影响（蒋明俊，2011），这种在皂纤维结构和理化性能上的差异将会对磁流变脂的综合性能产生较大的影响。因此，开展制备工艺的研究对设计出综合性能较好的磁流变脂具有重要的指导意义。采用原位皂化工艺法制备磁流变脂，当羰基铁粉加入时机、冷却条件、皂化时间和最高炼制温度等制备工艺条件不同时，磁流变脂的性能也将产生相应的变化，基于皂-油凝胶粒子形成机制的羰基铁粉-皂纤维-基础油凝胶粒的结构模型能较好地解

释这些变化特征。

5.2.1 羰基铁粉加入时机

羰基铁粉颗粒是磁流变脂中对磁场响应的唯一组分，其分散稳定性对磁流变脂的性能具有很大的影响。在磁流变脂的原位皂化工艺过程中，皂-油体系存在不同的分散状态，通常包括悬浮态、溶胶和凝胶等。在不同分散状态下加入羰基铁粉可能会对其在磁流变脂中的分散情况产生影响。根据原位皂化工艺过程中皂-油体系的分散状态，分别在皂化反应完成前（皂化时）、悬浮态（稀释时）、溶胶态（高温炼制时）和凝胶态（冷却时）加入羰基铁粉，考察在不同皂-油体系分散状态时加入羰基铁粉对磁流变脂性能的影响。

5.2.1.1 基本理化性能

表 5.1 给出了羰基铁粉不同加入时机对矿物油基磁流变脂基本理化性能的影响。

表 5.1 羰基铁粉不同加入时机制备的磁流变脂的理化性能指标

加入铁粉时机	滴点/℃	工作锥入度/(1/10 mm)	压力分油/%
皂化时	193	284.3	15.42
稀释时	196	252.7	11.84
高温炼制时	193	252.0	11.76
冷却时	194	247.0	11.70

从表 5.1 中可以看出，在皂化时加入羰基铁粉制备的磁流变脂滴点较小，工作锥入度较大，压力分油较多，表明皂化时加入羰基铁粉制备的磁流变脂稠度较小，胶体稳定性较差。在稀释时加入羰基铁粉制备的磁流变脂具有较高的滴点，并与其他环节加入羰基铁粉制备的磁流变脂基本理化性能较接近。这表明在皂化反应未完成前加入羰基铁粉制备的磁流变脂的基本理化性能弱于在皂化反应结束后加入羰基铁粉制备的样品。

5.2.1.2 微观结构分析

图 5.2 是羰基铁粉不同加入时机制备的磁流变脂微观结构形貌。从图 5.2 中可以看出，羰基铁粉不同加入时机制备的磁流变脂中，羰基铁粉在皂纤维结构中的分散情况差异较大。

从图 5.2a 可知，在皂化时加入羰基铁粉制备的磁流变脂没有较清晰的皂纤维结构，羰基铁粉表面被一层类似胶状物的物质覆盖。可能正是皂纤维的减少使得磁流变脂中网状结构吸附基础油的能力降低，从而表现出较大的锥入度和压力分油值。从图 5.2b 可以看出，在稀释时加入羰基铁粉制备的磁流变脂中含有较多的皂纤维，并形成了网状结构，但是仍可发现较多的羰基铁粉颗粒裸露在网状结构的外侧，这可能是因为在稀释环节加入羰基铁粉时磁流变脂的网状骨架结构尚未形成，部分铁粉颗粒在经历后续制备环节时容易沉淀到反应釜底部，不能全部被包裹在磁流变脂皂纤维形成的网状结构中。但磁流变脂内部的网状骨架结构使得基础油能较好地被吸附在皂纤维的表面或膨化至皂纤维的内部，因此形成的磁流变脂具有较小的压力分油值和锥入度。在高温炼制时加入羰基铁粉制备的磁流变脂的皂纤维较为致密（图 5.2c），磁流变脂中皂纤维形成的骨架结构能较好地将羰基铁粉颗粒限制在内部，并吸附基础油，形成胶体分散体系，使得磁流变脂具有较小的压力分油值和锥入度。在冷却时加入羰基铁粉制备的磁流变脂具有较致密的皂纤维结构（图 5.2d），但皂纤维并没有将羰基铁粉颗粒包覆于骨架结构中，二者处于分离状态。这可能是由于皂纤维在羰基铁粉加入前已形成，错综复杂地交织堆积在一起，使得羰基铁粉在加入时不易进入这些皂纤维结构，而只是和已形成的皂纤维掺和在一起。

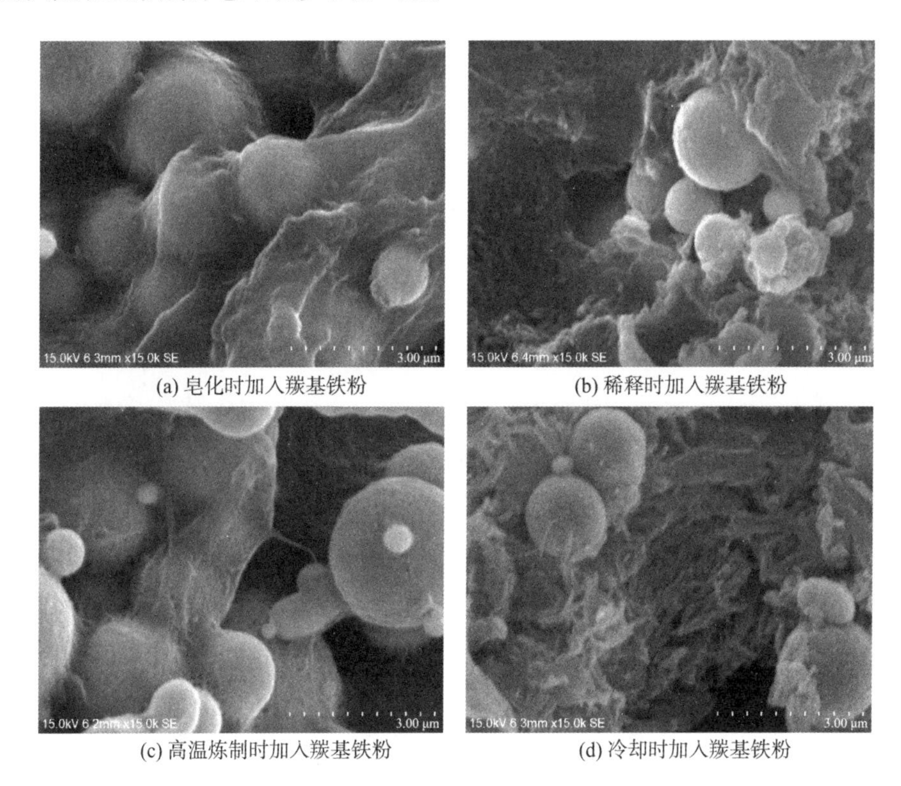

(a) 皂化时加入羰基铁粉　(b) 稀释时加入羰基铁粉

(c) 高温炼制时加入羰基铁粉　(d) 冷却时加入羰基铁粉

图 5.2　羰基铁粉不同加入时机制备磁流变脂的微观结构形貌

蒋明俊(蒋明俊,2010)认为，在传统润滑脂中，皂分子由羧基端和烃基端组成，一个分子的羧基端中带负电的氧与相近分子带正电的金属离子通过离子力互相吸引，形成以羧基为纤维轴线、烃基分布于两侧的双分子层(图 5.3a)。由于处于同一行中的皂分子的氧与金属离子之间的距离小于处于相邻行间二者的距离，因此在同一行皂分子之间受到的离子力较大，使得较多皂分子聚集在一起，形成纤维状的聚集体，即皂纤维。皂纤维通过范德华力和离子力的作用，进一步形成了结构骨架。根据在皂纤维结构骨架中的位置，可将基础油分为三种存在形式：处于皂分子羧基端离子力场范围内的膨化油、皂分子烃基末端之间的范德华力场内的吸附油，以及处于皂纤维表面的游离油(图 5.3b)。皂纤维与膨化油、吸附油构成皂-油凝胶粒，分散于游离油中形成润滑脂。

从微观结构形貌可以看出，磁流变脂中的皂纤维结构与传统润滑脂中相似。借用润滑脂中皂油凝胶粒分散体的概念对磁流变脂的微观结构进行分析可知，磁流变脂中同样存在皂-油体系结构，不同的是，羰基铁粉的加入使得磁流变脂的内部结构较传统皂-油体系结构发生变形，形成含羰基铁粉的凝胶粒结构。结合图 5.2，可将羰基铁粉在磁流变脂中的存在形式分为三种：多个皂-油凝胶粒完全包覆形成的皂-羰基铁粉-油凝胶粒、部分吸附皂-油凝胶粒形成的羰基铁粉-皂-油凝胶粒，以及完全裸露的羰基铁粉颗粒，如图 5.3c 所示。含羰基铁粉的凝胶粒之间由皂纤维通过范德华力和离子力的作用，相互吸引结合进一步形成磁流变脂的结构骨架。磁流变脂的结构强度与皂纤维的含量和形状、羰基铁粉及膨化油的含量有关。在零磁场时，结构强度主要取决于含碳基铁粉凝胶粒构成的网状结构强度。在磁场作用下，结构强度由羰基铁粉构成的磁性链结构强度和凝胶粒构成的非磁性骨架结构强度两部分组成。

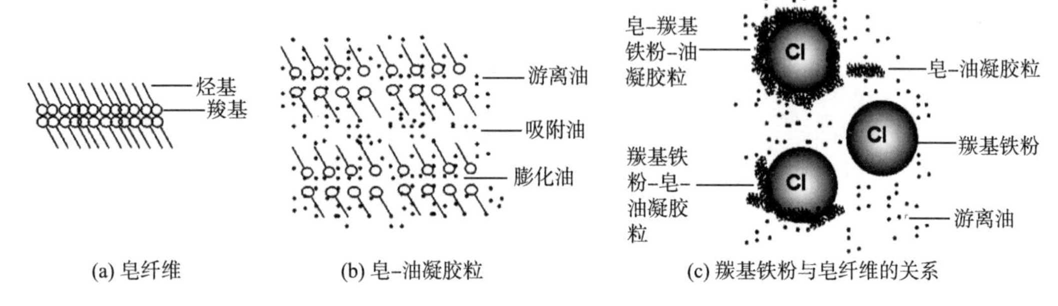

图 5.3　磁流变脂内部结构示意图

在皂化反应完成前加入羰基铁粉，皂分子尚未形成，制备的磁流变脂内部无清晰的皂纤维结构，表明磁流变脂内部未形成含羰基铁粉的凝胶粒子。在稀释阶段加入羰基铁粉，磁流变脂为皂和油的二相分散的悬浮体系，即完全是晶态的皂悬浮于油中，皂分子聚结程度较大，排列最紧密，油只吸附在皂晶体的表面，加入羰基铁粉的磁流变脂在经历高温溶胶态时，皂纤维吸附在羰基铁粉表面，逐渐形成以部分皂-油凝胶粒吸附的羰基铁粉-皂-油为主的磁流变脂结构。在高温炼制时加入羰基铁粉，皂、油体系处于溶胶态，皂分子高度分散在油中形成单相体系，形成以皂-羰基铁粉-油为主的磁流变脂结构。而在冷却时加入羰基铁粉，皂、油体系处于凝胶或似凝胶状态，皂-油凝胶粒已基本形成，羰基铁粉颗粒不能再进入凝胶结构中，仅表现出与凝胶粒子简单混合的状态。这与现有的润滑脂制备方法类似，表明一步法不能充分利用皂纤维的结构，在磁流变脂中不能形成羰基铁粉与皂-油凝胶体系相关联的结构体系，这可能导致磁流变脂的结构强度降低，沉降稳定性下降。

5.2.1.3　热稳定性

图 5.4 是羰基铁粉不同加入时机的磁流变脂的 DSC-TG-DTG 曲线。表 5.2 给出了不同加入时机的磁流变脂 DSC-TG-DTG 对应的特征温度。从图 5.4 的 DSC 曲线可以看出，在 208 ℃附近磁流变脂出现吸热峰，而该温度下对应的 TG 曲线中磁流变脂的质量并未发生变化，可以判断该温度下磁流变脂发生了相转变，并且不同加入时机制备的磁流变脂相变温度 T_t 基本相同。这表明该相变点温度对应的主要是皂纤维在受热过程中的相变。在 325～

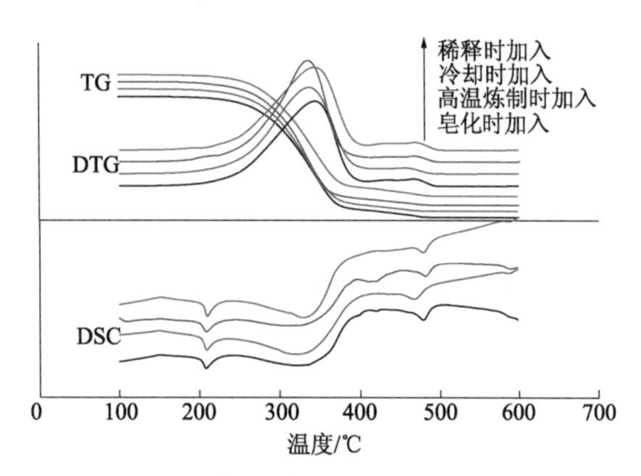

图 5.4　羰基铁粉不同加入时机的磁流变脂的 DSC-TG-DTG 曲线

340 ℃之间，磁流变脂的DSC曲线出现较宽的吸热峰，并且对应的TG曲线出现较大的失重，表明该温度范围内磁流变脂出现热分解过程。

表5.2 不同加入时机的磁流变脂的DSC-TG-DTG对应的特征温度

加入时机	TG			DTG		DSC	
	$T_{5\%}$/℃	$T_{10\%}$/℃	$T_{50\%}$/℃	T_p/℃	V_p/(%·min^{-1})	T_t/℃	T_m/℃
皂化时	261.7	282.6	352.8	343.9	7.235	208.4	330.9
稀释时	261.1	281.6	348.8	339.2	7.577	208.4	337.1
高温炼制时	259.0	281.2	348.7	336.4	7.366	209.3	327.6
冷却时	257.1	279.3	342.4	333.8	8.617	209.0	335.8

结合表5.2中可以看出，采用热重分析中常用的参数 $T_{5\%}$（失重5%时对应的温度）、$T_{10\%}$（失重10%时对应的温度）和 $T_{50\%}$（失重50%时对应的温度）进行分析可知，皂化时加入羰基铁粉制备的磁流变脂的 $T_{5\%}$、$T_{10\%}$ 和 $T_{50\%}$ 值最大，且失重速率 V_p 最小，表明皂化时加入羰基铁粉的磁流变脂的热稳定性较好。稀释时和高温炼制时加入羰基铁粉制备的磁流变脂的 $T_{5\%}$、$T_{10\%}$ 和 $T_{50\%}$ 值比较接近，均大于冷却时加入羰基铁粉制备的磁流变脂，并且失重速率 V_p 均小于冷却时加入羰基铁粉，表明稀释时和高温炼制时加入羰基铁粉制备的磁流变脂具有优于冷却时加入羰基铁粉磁流变脂的热稳定性。

5.2.1.4 磁性能

图5.5是羰基铁粉不同加入时机制备的磁流变脂的磁感应强度随外加磁场强度的变化关系曲线。可以看出，不同加入时机的磁流变脂的磁滞回曲线变化趋势相似，矫顽力较小，剩磁较低，表现出良好的软磁特性。羰基铁粉的不同加入时机对磁流变脂的磁滞回曲线影响较大，磁流变脂的比饱和磁化强度 M_s 从大到小的顺序依次为皂化时加入铁粉、稀释时加入铁粉、高温炼制时加入铁粉、冷却时加入铁粉，其数值大小分别为90.98 emu/g、60.75 emu/g、58.72 emu/g和46.22 emu/g。

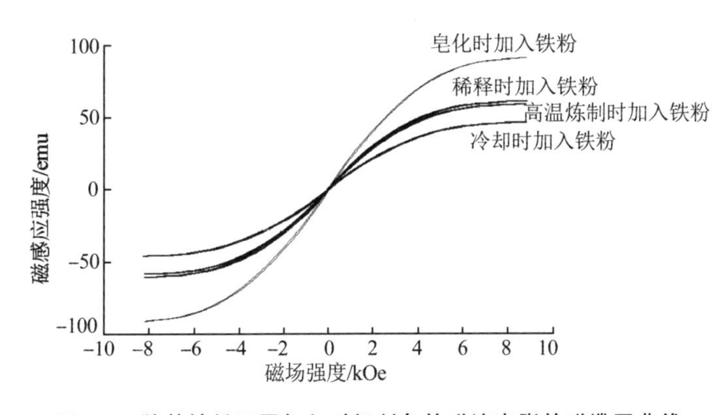

图5.5 羰基铁粉不同加入时机制备的磁流变脂的磁滞回曲线

磁流变脂磁性能的差异可能与羰基铁粉颗粒在磁流变脂皂纤维结构中的分布及磁化机理有关（You，2008）。羰基铁粉不同加入时机制备的磁流变脂，羰基铁粉颗粒与周围皂分子的结合形式不同，皂分子在羰基铁粉颗粒表面形成不同程度的钉扎效应（谢建良，2008），根据技术磁化理论，不同程度的钉扎效应可能会影响磁畴壁的迁移和磁畴旋转的难易程度，导致不同磁流变脂中的羰基铁粉的比饱和磁化强度值不同。皂化时加入羰基铁粉制备磁流变脂，形成的皂纤维较少，羰基铁粉颗粒受皂分子钉扎效应的影响较小，对铁粉颗粒内部磁畴壁的迁移和磁畴旋转的影响较小，且纤维结构较疏松，羰基铁粉颗粒易于沿磁场方向取向，表现出较大的比饱和磁化强度值。皂化反应后加入羰基铁粉，磁流变脂中含羰基铁粉凝胶粒形成的网状结构较致密，羰基铁粉颗粒与皂纤维结合越紧密，羰基铁粉受到的钉扎效应越强，进而磁流变脂材料中铁粉颗粒的内应力起伏越大，在铁粉材料中形成的夹杂物越多，对磁畴壁移动的阻力越大，在磁场激励下表现出的比饱和磁化强度值越小。在皂纤维形成后加入羰基铁粉，磁流变脂中皂分子与羰基铁粉并没有结合在一起，羰基铁粉受皂分子的钉扎效应较弱，表现出较大的比饱和磁化强度值，但结构致密的皂纤维会妨碍磁性颗粒的取向(赵慧君，2004)，使得比饱和磁化强度略小于皂化时加入铁粉的磁流变脂。通过改变皂纤维结构，减少对羰基铁粉的束缚，是提高磁流变脂磁性能的可行办法。在稀释时加入羰基铁粉制备的磁流变脂具有较小的稠度、较大的滴点、良好的热稳定性、较好的磁性能和离心沉降稳定性。

5.2.2 冷却条件

磁流变脂的内部结构是由皂纤维聚集体包裹基础油和磁性颗粒共同形成的，而冷却条件是决定皂纤维结构的关键步骤，不同的冷却条件可能会影响皂纤维的结构，从而导致磁流变脂在性能上的差异。分别在空气冷却、常温水浴、冰水浴条件下制备 3 种磁流变脂，考察不同冷却条件对磁流变脂理化性能、微观结构及动态流变行为的影响。

5.2.2.1 基本理化性能

表 5.3 是不同冷却条件下矿物油基磁流变脂的基本理化性能指标。从表中可以看出，常温水浴制备的磁流变脂滴点较大。工作锥入度随着冷却速度的增大而增大，表明冷却速度越快，制备磁流变脂的稠度越小。冰水浴制备的磁流变脂分油量最大，工作锥入度最高，稠度最小。

表 5.3 不同冷却条件下矿物油基磁流变脂的基本理化性能指标

制备工艺	滴点/℃	工作锥入度/(1/10 mm)	压力分油 /%
空气冷却	194	246.7	11.39
常温水浴	196	252.7	11.84
冰水浴	195	261.6	12.60

5.2.2.2 微观结构分析

图 5.6 是不同冷却条件磁流变脂的微观结构形貌，不同冷却条件对磁流变脂的微观结构影响较大，空气冷却条件下磁流变脂从较高温度冷却到室温所需时间较长，皂纤维生长时间较充分，皂纤维生长过程与羰基铁粉的接触较长，皂纤维较长，形成的皂-羰基铁粉-油凝胶粒较大，结构较为致密，结构强度较大，因此磁流变脂具有较大的稠度。冰水浴条件下磁流变脂从高温急速降至室温所需的时间较短，易产生较短的纤维，短纤维与羰基铁粉颗粒形成的皂-羰基铁粉-油凝胶粒较小，且胶粒之间较为分散，形成的磁流变脂结构强度较小，表

现出较小的稠度。常温水浴条件下磁流变脂的皂纤维形状不单一，长短不一的皂纤维使得部分磁性颗粒被包裹在纤维结构中形成皂-羰基铁粉-油凝胶粒，还有一些磁性颗粒不完全吸附皂-油凝胶粒形成羰基铁粉-皂-油凝胶粒。正是这种结构的多分散性使磁流变脂具有较小的稠度和较好的结构稳定性。

(a) 空气冷却　(b) 冰水浴　(c) 常温水浴

图 5.6　不同冷却条件磁流变脂的微观结构形貌

5.2.2.3　离心沉降稳定性

图 5.7 是不同冷却条件下磁流变脂的离心沉降稳定性与离心时间的关系。从图中可以看出，在离心 180 min 后，磁流变脂的离心沉降稳定性从优到差的顺序为：空气冷却＞常温水浴＞冰水浴，表明制备磁流变脂时，冷却速度越快，对应的磁流变脂的沉降稳定性越差。而离心时间较短时（t＜20 min），冰水浴制备的磁流变脂的离心沉降稳定性优于常温水浴制备的磁流变脂。

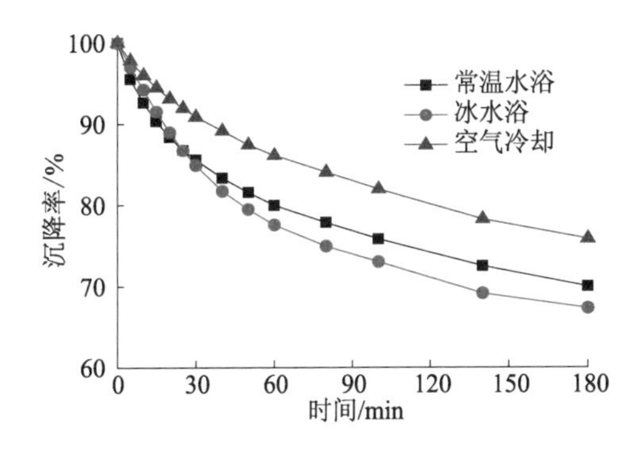

图 5.7　不同冷却条件磁流变脂的离心沉降稳定性与离心时间的关系

不同冷却速度下磁流变脂离心沉降稳定性的差异可能与其微观结构有关。空气冷却条件下磁流变脂的皂纤维生长时间较长，形成的皂-羰基铁粉-油凝胶粒周围的皂纤维较长，且皂纤维能将羰基铁粉较好地包裹，结构较为致密，磁流变脂的结构强度较大，因此具有最好的离心沉降稳定性。冰水浴条件下磁流变脂生成的皂纤维较短，但仍能形成皂-羰基铁粉-油凝胶粒，因此在短时间的离心作用下，磁流变脂具有较好的沉降稳定性。但短纤维与羰基铁粉颗粒形成的皂-羰基铁粉-油凝胶粒较小，结构较松散，磁流变脂的结构强度较小，使得在离心力的长期作用时，磁流变脂表现出较差的沉降稳定性。常温水浴条件下磁流变脂的皂纤维形状不单一，使磁性颗粒表面不完全吸附皂-油凝胶粒形成羰基铁粉-皂-油凝胶粒，导致磁流变脂在离心力短期作用时的沉降稳定性较差，但较长的皂纤维结构使得磁流变脂的长期稳定性较好。

5.2.2.4 热稳定性及磁性能

图 5.8 是不同冷却条件下磁流变脂的 DSC-TG-DTG 曲线。表 5.4 是不同冷却条件下磁流变脂热性能的特征温度。结合图 5.8 和表 5.4 可以看出，磁流变脂样品的相变温度与其他制备工艺条件下基本相同，表明原位皂化条件下采用不同工艺制备的磁流变脂中皂纤维形态相似。常温水浴制备的磁流变脂 DSC 出现较大吸热峰对应的温度最高。空气冷却和常温水浴制备的磁流变脂样品的 $T_{5\%}$、$T_{10\%}$ 和 $T_{50\%}$ 值均比较接近，且均高于冰水浴制备的磁流变脂。从 DTG 曲线可以看出，冰水浴制备的磁流变脂的最大失重速率最大，说明冰水浴制备的磁流变脂热稳定性较差。

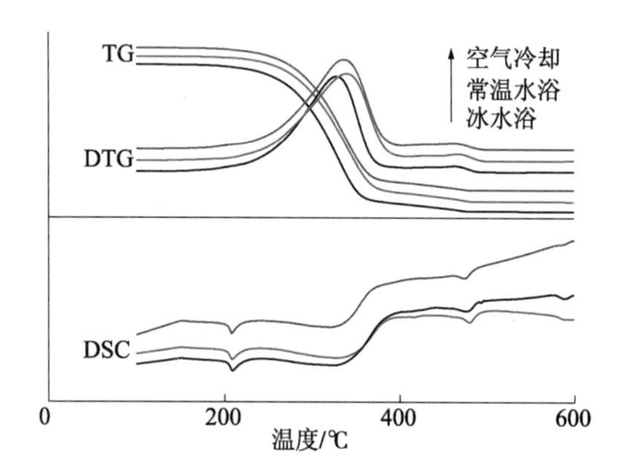

图 5.8 不同冷却条件下磁流变脂的 DSC-TG-DTG 曲线

表 5.4 不同冷却条件下磁流变脂热性能的特征温度

冷却条件	TG			DTG		DSC	
	$T_{5\%}$/℃	$T_{10\%}$/℃	$T_{50\%}$/℃	T_p/℃	V_p/(%·min^{-1})	T_t/℃	T_m/℃
空气冷却	259.3	281.1	347.5	336.2	7.781	209.2	335.0
常温水浴	261.1	281.6	348.8	339.2	7.577	208.4	337.1
冰水浴	250.6	272.5	336.1	327.9	8.306	208.1	333.6

图 5.9 给出了三种磁流变脂的磁感应强度随外加磁场强度的变化关系。可以看出，不同冷却条件下制备的磁流变脂磁滞回曲线的变化趋势相似，矫顽力和剩磁较低，常温水浴下制备的磁流变脂具有较大的比饱和磁化强度 M_s，冰水浴制备的磁流变脂的比饱和磁化强度较小。这可能是由于在不同冷却条件下，皂纤维的生长过程不同，过快或过慢的冷却速度使得磁流变脂中皂纤维的长度较为单一，容易形成被皂-油凝胶粒完全包覆的皂-羰基铁粉-油凝胶粒，

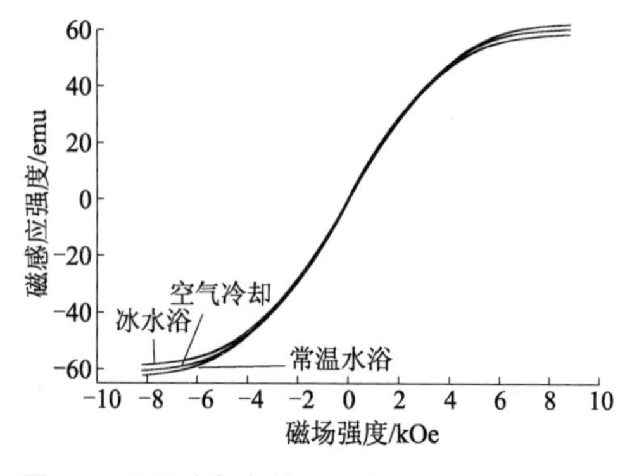

图 5.9 不同冷却条件下磁流变脂的磁滞回曲线

从而影响铁粉内部磁畴壁的迁移和磁畴的旋转，限制羰基铁粉在磁场下的取向，导致静磁性能稍有下降。而在较适宜的冷却速度下，磁流变脂内形成的皂纤维长度不一，与羰基铁粉形成不被完全包覆的羰基铁粉-皂-油凝胶粒，对羰基铁粉内部内应力的影响较小，对磁畴壁迁移的阻力较小，利于羰基铁粉在磁场下的取向，使静磁性能得到提升。

5.2.3 皂化时间

在皂化时间分别为 1 h、2 h、3 h 时制备了磁流变脂，考察了皂化时间对磁流变脂性能的影响。表 5.5 是皂化时间对磁流变脂理化性能的影响。从表中可以看出，皂化时间 1 h 得到的磁流变脂滴点最小，皂化 2 h 制备的磁流变脂滴点最大。皂化时间越长，磁流变脂的工作锥入度越小，稠度越大。在皂化时间超过 2 h 时，所制备的磁流变脂分油较少，具有较好的胶体稳定性。

表 5.5 皂化时间对磁流变脂理化性能的影响

皂化时间/h	滴点/℃	工作锥入度/(1/10 mm)	压力分油/%
1	194	261.7	12.28
2	196	252.7	11.84
3	195	245.4	11.86

图 5.10 是不同皂化时间的磁流变脂的离心沉降稳定性随离心时间的变化关系。从图中可以看出，皂化时间越长，离心沉降稳定性越好。在离心时间小于 20 min 时，皂化 3 h 可使磁流变脂保持良好的沉降稳定性。随着离心时间的增加，皂化时间较短的样品表现出较差的沉降稳定性。这可能是由于随着皂化时间的延长，皂化反应进行得比较完全，生成的皂纤维相对较多，在磁流变脂中含羰基铁粉的凝胶粒形成的结构强度较大，在离心过程中保持不分离油的能力较强。但在离心力长时间作用下，皂化 2 h 制备的磁流变脂中的羰基铁粉-皂-油凝胶粒结构体系逐渐被破坏，导致沉降稳定性显著下降。

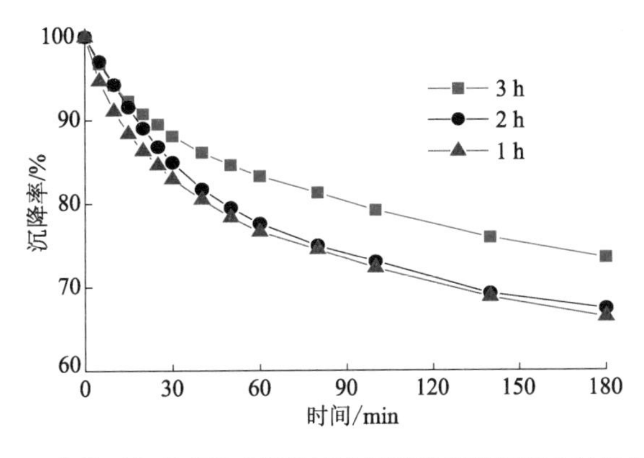

图 5.10 不同皂化时间的磁流变脂的离心沉降稳定性随离心时间的变化关系

图 5.11 是不同皂化时间的磁流变脂的 DSC-TG-DTG 曲线。表 5.6 给出了三种曲线所对应的特征温度，三种皂化时间制备的磁流变脂发生相变的温度 T_t 基本相同，与前述原位皂化工艺下的相变温度接近。在 320～340 ℃范围内，磁流变脂出现热分解过程，皂化时间

为2 h时磁流变脂最大吸热峰温度 T_M 最高，热稳定性较好。从 TG 曲线可以看出，基于不同皂化时间的磁流变脂的 $T_{5\%}$、$T_{10\%}$ 比较接近，而皂化 2 h 对应的磁流变脂 $T_{50\%}$ 较大，说明皂化 2 h 对应的磁流变脂热分解速率较小，具有较好的热稳定性。从 DTG 曲线中可以清晰地看出皂化 2 h 磁流变脂最大热分解速率 V_p 最小，皂化 1 h 时磁流变脂的最大失重速率最大。

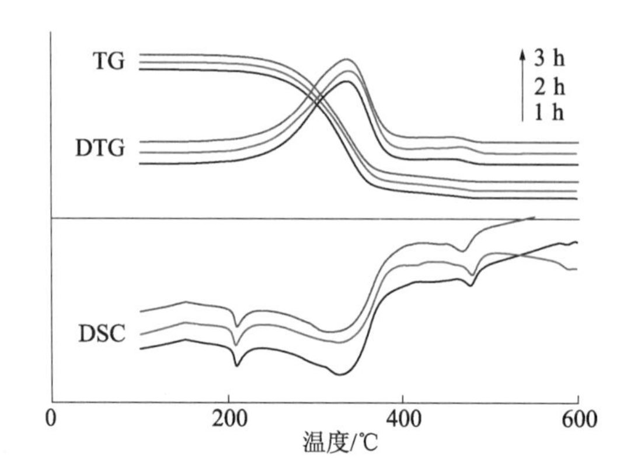

图 5.11 不同皂化时间的磁流变脂的 DSC-TG-DTG 曲线

表 5.6 不同皂化时间的磁流变脂的 DSC-TG-DTG 对应的特征温度

皂化时间/h	TG			DTG		DSC	
	$T_{5\%}$/℃	$T_{10\%}$/℃	$T_{50\%}$/℃	T_p/℃	V_p/(%·min^{-1})	T_t/℃	T_m/℃
1	260.9	282.1	344.2	334.4	8.525	208.9	337.0
2	261.1	281.6	348.8	339.2	7.577	208.4	337.1
3	260.5	281.6	346.8	336.4	7.629	208.9	327.5

5.2.4 最高炼制温度

表 5.7 给出了不同最高炼制温度下磁流变脂的理化性能。从表中可以看出，不同最高炼制温度对磁流变脂的基本理化性能影响较小。最高炼制温度为 200～210 ℃时制备的磁流变脂的滴点最大，工作锥入度最小；190～200 ℃时制备的磁流变脂的压力分油最小。

表 5.7 最高炼制温度对磁流变脂理化性能的影响

最高炼制温度 /℃	滴点/℃	工作锥入度/(1/10 mm)	压力分油/%
190～200	194	259.4	11.51
200～210	196	252.7	11.84
210～220	194	260.6	11.57

图 5.12 分别给出了不同最高炼制温度下磁流变脂的离心沉降稳定性与离心时间的关系曲线及磁流变脂的磁滞回曲线。可以看出，磁流变脂的离心沉降稳定性和磁滞回曲线随最高炼制温度的变化较小，实验现象观察到三种炼制温度下磁流变脂均处于熔融状态，该温度条件对磁流变脂中形成的羰基铁粉-皂-油凝胶粒影响不大，制备的磁流变脂在结构上差异较小，从而在基本理化性能上表现出较小的差异。

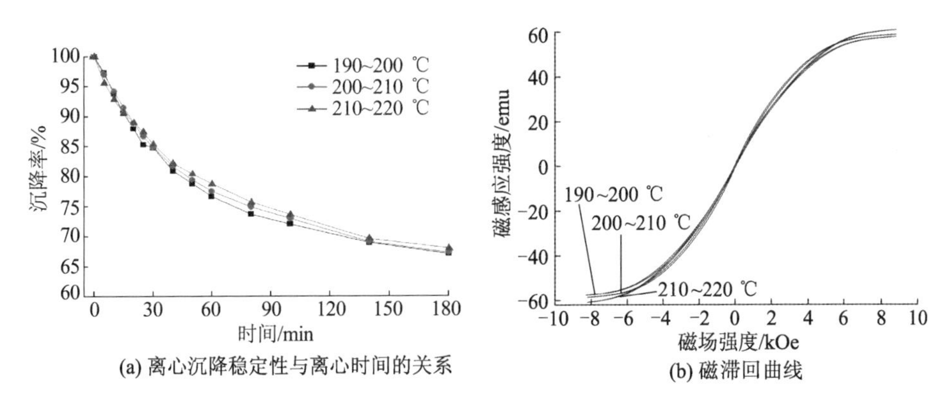

(a) 离心沉降稳定性与离心时间的关系 (b) 磁滞回曲线

图 5.12 不同最高炼制温度下磁流变脂的离心沉降稳定性与磁化曲线

图 5.13 是不同最高炼制温度制备的矿物油基磁流变脂的 DSC-TG-DTG 曲线。表 5.8 给出了不同磁流变脂热性能曲线的特征温度。可以看出，磁流变脂的热流曲线变化规律与其他原位皂化工艺下的磁流变脂类似，不同炼制温度下制备的磁流变脂相变温度比较接近，最大热分解温度略有差别，最高炼制温度为 200～210 ℃时磁流变脂的最大吸热峰温度值最大，说明该制备方式下磁流变脂不容易发生热分解，热稳定性较好。从 TG 曲线可以看出，三种磁流变脂样品的 $T_{5\%}$、$T_{10\%}$ 和 $T_{50\%}$ 值均比较接近。从 DTG 曲线中可以看出三种磁流变脂样品的最大失重速率基本相同，对应的温度也比较接近，说明炼制温度对磁流变脂热稳定性影响较小。

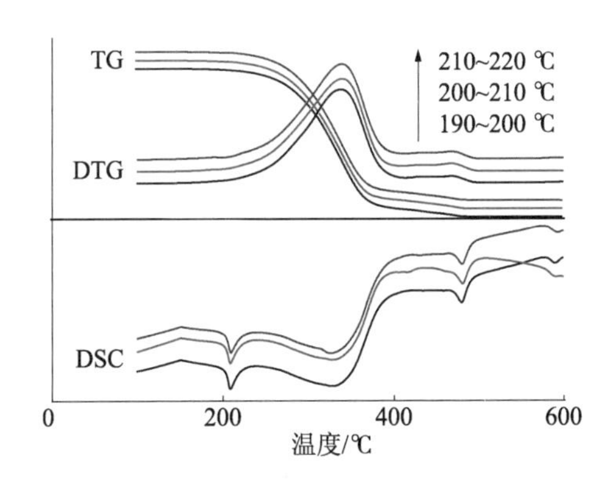

图 5.13 不同最高炼制温度磁流变脂的 DSC-TG-DTG 曲线

表 5.8 不同最高炼制温度磁流变脂的 DSC-TG-DTG 曲线对应的特征温度

最高炼制温度/℃	TG			DTG		DSC	
	$T_{5\%}$/℃	$T_{10\%}$/℃	$T_{50\%}$/℃	T_p/℃	V_p/(%·min^{-1})	T_t/℃	T_m/℃
190～200	262.9	283.0	348.7	338.5	7.773	209.0	335.1
200～210	261.1	281.6	348.8	339.2	7.577	208.4	337.1
210～220	262.4	283.3	349.5	337.9	7.674	209.1	331.8

5.3 锂皂磁流变脂的流变性能

在原位皂化工艺确定后，磁流变脂的性能主要取决于磁流变脂的组成和结构，磁流变脂组分上的不同将导致其结构和性能上的差异。基于不同皂纤维含量及结构、基础油类型及黏度、磁性颗粒粒径及含量的磁流变脂将呈现不同的流变性及沉降稳定性，研究磁流变脂组分配伍性对其流变性能与沉降稳定性的影响，对于解决磁流变脂流动性与稳定性的矛盾问题、优化磁流变脂的配方设计具有一定的指导意义。

5.3.1 皂纤维对磁流变脂性能的影响

皂纤维作为磁流变脂的重要组分之一，在磁流变脂中起到稳定磁性颗粒的骨架作用。其含量和结构形状将直接影响磁流变脂的流变性能及沉降稳定性。本节采用振荡剪切测试方法分别对基于不同皂纤维含量及结构的磁流变脂进行流变性能测试，采用自然沉降法分析皂纤维含量对磁流变脂沉降稳定性的影响，基于小振幅振荡测试下磁流变脂的黏弹性特征，探讨皂纤维含量及结构对其流动性与稳定性的影响机理。

5.3.1.1 皂纤维含量对磁流变脂性能的影响

在磁流变脂中，锂皂稠化剂主要以皂纤维的形式存在，皂纤维的含量与稠化剂含量成正比。首先对基于不同稠化剂含量的磁流变脂进行振幅扫描，以便确定磁流变脂的线性黏弹范围。然后在线性黏弹区考察磁流变脂的动态力学性能与磁场强度的关系，以及储能模量和损耗模量与剪切频率的关系，分析皂纤维含量对磁流变脂沉降稳定性的影响。

图 5.14 给出了不同皂纤维含量的磁流变脂的储能模量、损耗模量随剪切应变的变化关系，其中实心代表储能模量，空心代表损耗模量。可以看出，随着皂纤维含量的降低，在相同剪切应变下磁流变脂的储能模量和损耗模量均减小；基于不同皂纤维含量的磁流变脂，储能模量随剪切应变的增大，均表现为先恒定再减小的变化规律，说明储能模量随剪切应变的变化存在临界点。根据线性黏弹区的定义可知，不同皂纤维含量的磁流变脂的边界应变值均大于 0.1%。因此，在对含不同皂纤维磁流变脂的黏弹性研究中，为了不破坏磁流变脂的结构，使测试位于线性黏弹范围内，均取应变值为 0.1%进行测试。

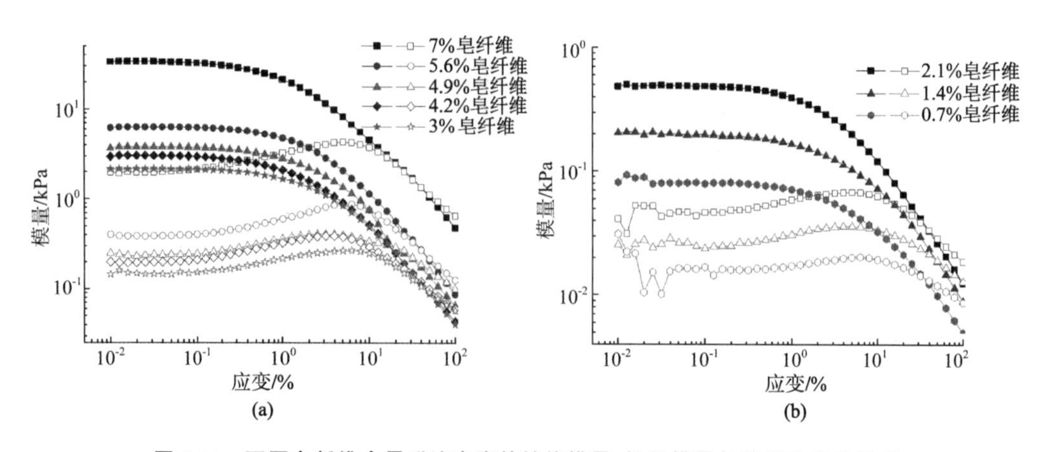

图 5.14 不同皂纤维含量磁流变脂的储能模量、损耗模量与剪切应变的关系

由于应变在 0.1%时,磁流变脂仍处于线性黏弹区内,原有结构没有被破坏,那么,可采用此时的损耗因子值来反映磁流变脂在保持自身结构稳定时的流动性大小。图 5.15 是磁流变脂在应变为 0.1%时的损耗因子随皂纤维含量的变化关系。从图中可以看出,在线性黏弹区内,磁流变脂的损耗因子随着皂纤维含量的增大呈现近似对数关系下降。在皂纤维含量大于 4.2%时,磁流变脂的损耗因子趋于平稳,表明皂纤维含量越高,对应样品的流动性越差。不难理解,磁流变脂内的皂纤维含量越高,含羰基铁粉凝胶粒之间皂纤维形成的网状结构越密集,凝胶粒网状结构的强度越大,对磁性颗粒的束缚越大,样品越难以流动。

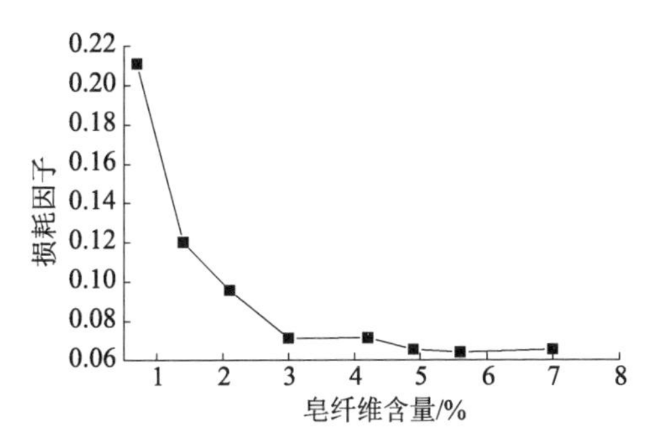

图 5.15 应变为 0.1%时磁流变脂的损耗因子随皂纤维含量的变化

在应变为 0.1%、剪切频率为 10 rad/s 时,考察不同皂纤维含量的磁流变脂的储能模量随磁场强度的变化关系,结果如图 5.16 所示。不同皂纤维含量磁流变脂的储能模量随磁场的变化规律呈现出较大差异。在皂纤维含量较高时,磁流变脂的储能模量随磁场强度的增大先表现出平坦区域,当磁场强度达到某一临界值 H_c 时,储能模量才表现出随磁场的增大而增大的趋势,这与 Wollny(Wollny,2002)的研究中磁流变液磁场扫描变化趋势相似。

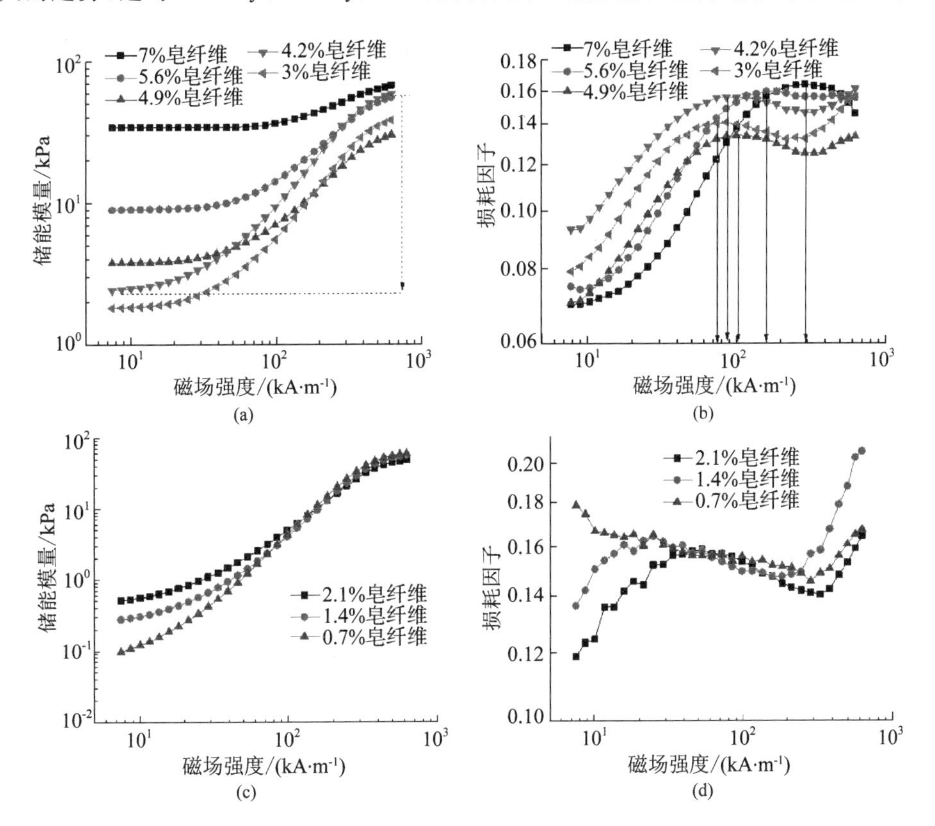

图 5.16 不同皂纤维含量的磁流变脂的储能模量、损耗因子与磁场强度的关系

磁流变脂的储能模量随磁场强度的变化曲线可分为三个区域，分别为平坦区域、迅速增长区域和缓慢增长区域。在平坦区内，磁流变脂的储能模量随磁场强度的增大基本保持不变，这可能是因为在较小磁场强度下磁性颗粒之间的相互作用力较小，受羰基铁粉-皂-油凝胶粒中皂纤维结构的影响形成的颗粒链较短，对振荡条件下磁流变脂的形变没有影响，磁流变脂中的黏性比例逐渐增加，弹性比例基本保持不变，损耗因子逐渐增大。在迅速增长区域，随着磁场强度的进一步增大，磁性颗粒链逐渐形成，磁性链的强度迅速增大，使磁流变脂抵抗外界变形的能力增强，颗粒在磁场作用下移动成链，导致颗粒与颗粒、皂纤维及基础油之间的摩擦加剧，损耗模量增大较快，使得损耗因子继续增大，并达到最大值。在缓慢增长区域，磁流变脂颗粒成链逐渐达到饱和，磁性链的强度随磁场强度的增大不再有较大的变化，使得储能模量的增大变得较缓慢，损耗因子基本保持不变。

磁流变脂储能模量随磁场强度变化的平坦区域随着皂纤维含量的减小逐渐变窄，迅速增长区域逐渐变宽，缓慢增长区域基本保持不变。也就是说，临界磁场强度 H_c 随着皂纤维含量的减少呈现减小的趋势。这可能是因为随着稠化剂含量的减少，磁流变脂的羰基铁粉-皂-油凝胶粒中的皂纤维含量也会减少，凝胶粒之间皂纤维形成的网状结构的致密程度随之下降，磁流变脂的结构强度降低，磁流变脂在无磁场下的储能模量值较小，磁性颗粒在羰基铁粉-皂-油凝胶粒中受到皂纤维结构的束缚作用变小，在磁场作用下能形成较长的磁性颗粒链，较容易改变磁流变脂的储能模量值，使得磁流变脂表现出固体性能特征，从而使磁流变脂储能模量随磁场变化的平坦区域变窄，迅速增长区域变宽，而由于磁性颗粒的含量相同，其排列成链达到饱和时对应的磁场强度值相同，因此磁流变脂缓慢增长区域基本保持不变。

从图 5.16 中还可看出，随着皂纤维含量的增大，在较小的磁场强度下磁流变脂的储能模量逐渐增大，并且损耗因子值远小于 1，即储能模量远大于损耗模量。这表明随着皂纤维含量的增大，磁流变脂的结构强度提高，表现出更明显的固体特征。在相同磁场下，磁流变脂的损耗因子随着皂纤维含量的增大逐渐减小，尤其是在较小的磁场强度下更为明显，表明随着皂纤维含量的增大，磁流变脂对磁场的敏感程度逐渐减弱。

由以上分析可知，皂纤维含量较低时，磁性颗粒受羰基铁粉-皂-油凝胶粒中皂纤维的束缚越小，受磁场作用时在磁流变脂中的移动越容易，表现出的流动性越好，对损耗模量的贡献越大，损耗因子越大。当磁场强度逐渐增大到临界磁场强度值时，磁流变脂中羰基铁粉-皂-油凝胶粒被固定在独立的磁性颗粒链中，表现出固体的特性，对储能模量值贡献较大，使得损耗因子随着磁场强度的增大先增大后减小。当磁场强度进一步增大时，磁性颗粒链之间相互结合，形成更粗壮的颗粒柱状，进一步表现出对损耗模量的贡献，使损耗因子缓慢上升。反之，当皂纤维含量较高时，羰基铁粉-皂-油凝胶粒形成的网状结构强度较大，磁性颗粒受皂纤维的束缚较大，当磁场达到低皂纤维含量磁流变脂对应的临界磁场时，高皂纤维含量的磁流变脂中磁性颗粒尚不能排列成链，而需要更大的磁场强度值才能使磁性颗粒移动排列成链，因此表现出平坦区域较宽。在磁场强度超过其对应的临界磁场强度值时，高皂纤维含量的磁流变脂同样能形成致密、粗壮的磁性颗粒链。磁流变脂中磁性颗粒的磁流变机理示意图如图 5.17 所示。

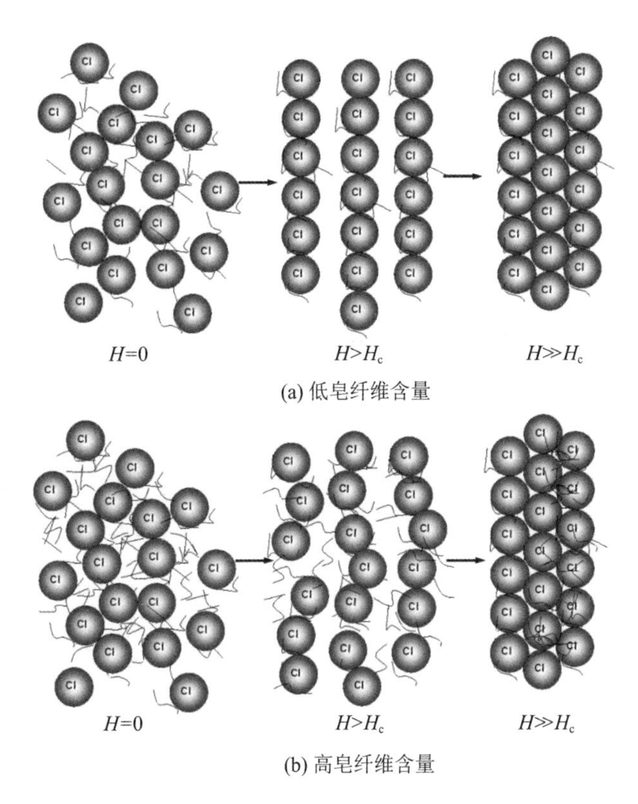

图 5.17 磁流变脂中磁性颗粒的磁流变机理示意图

按公式计算不同皂纤维含量磁流变脂的磁流变效应,结果如图 5.18 所示。

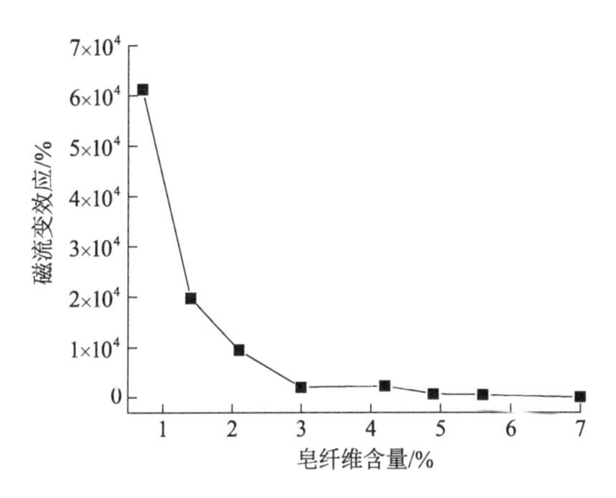

图 5.18 磁流变脂的磁流变效应随皂纤维含量的变化关系

可以看出,随着皂纤维含量的减少,磁流变脂的磁流变效应呈现逐渐增大的趋势。在皂纤维含量为 7%时,磁流变脂的磁流变效应约为 100%。在皂纤维含量为 4.2%时,磁流变脂的磁流变效应达到 2350%。在皂纤维含量小于 3%后,磁流变脂的磁流变效应随皂纤维含量的减少而显著增强,表明较高的磁流变脂骨架结构强度会影响其磁流变效应,这与 Sahin(Sahin,2009)的研究结果较吻合。通过改变磁流变脂的皂纤维含量来调节磁流变脂的结构强度,可以显著改善磁流变脂的磁流变效应，扩大在磁场作用下磁流变脂储能模量的调节范围。

虽然减少皂纤维含量可使磁流变脂的磁流变效应增强，但是根据 Rankin 等(Rankin，1999)提出的黏弹性介质悬浮磁性颗粒的公式，减少皂纤维含量相当于减小黏弹性介质的屈服应力，使得重力屈服参数 Y_G减小，从而影响磁流变脂的沉降性能。实验采用自然沉降法观察不同稠化剂含量磁流变脂的沉降稳定性随时间的变化关系，结果如图 5.19 所示。从实验现象来看，当稠化剂含量高于 4.9％时，无法将磁流变脂样品加入量筒观察。但从这些样品的盛装容器中可以看出，在三个月甚至更长时间，这些样品都未出现沉降现象，因此可认为在实验时间内的沉降稳定性为 100％。当稠化剂含量高于 4.9％时，磁流变脂在放置近三个月时无沉降发生。当稠化剂含量低于 4.9％时，随着皂纤维含量的减少，磁流变脂的沉降稳定性逐渐变差。当稠化剂含量为 4.2％时，磁流变脂放置近三个月沉降稳定性在 90％以上，而美国 Lord 公司生产的商业磁流变液要求在一个月内沉降稳定性保持在 80％以上，表明磁流变脂具有更好的沉降稳定性。但在较低皂纤维含量下，磁流变脂的沉降稳定性在三个月时小于 80％。

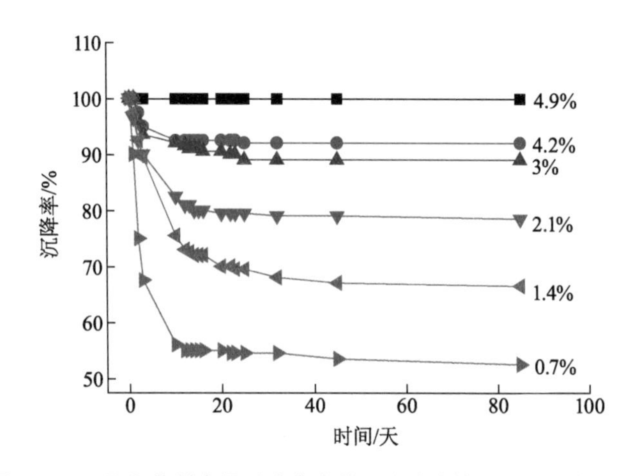

图 5.19　不同稠化剂含量磁流变脂的沉降稳定性随时间的变化关系

根据前期实验结果，以不同皂纤维含量磁流变脂对应的损耗因子为横坐标(代表磁流变脂的流动性)，分别以磁流变效应和沉降稳定性为纵坐标，绘制磁流变脂的磁流变效应和沉降稳定性随损耗因子的变化关系如图 5.20 所示。这个关系曲线图给出了在解决磁流变脂流动性与稳定性矛盾的问题时，确定磁流变脂中皂纤维含量的方法。皂纤维含量较高时，磁流变脂损耗因子变化不大，即流动性比较接近，所制备的磁流变脂沉降稳

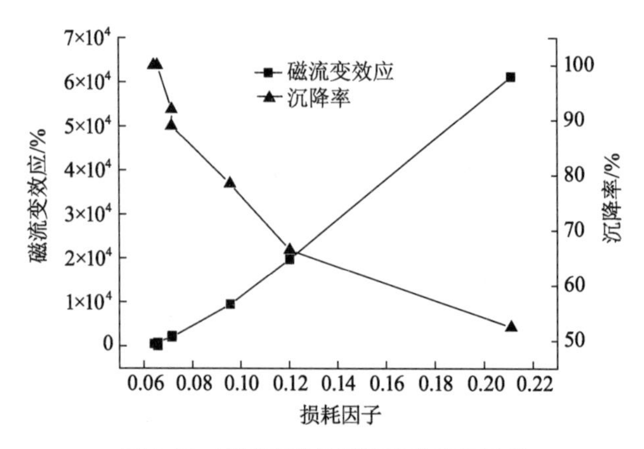

图 5.20　磁流变脂的磁流变效应和沉降稳定性随损耗因子的变化关系

定性较好，但磁流变效应较低，即磁场作用下磁流变脂储能模量的可调节范围较窄。随着皂纤维含量的减少，磁流变脂的损耗因子逐渐增大，流动性较好，磁流变脂的磁流变效应显著提高，但其沉降稳定性却迅速下降。因此，改善磁流变脂中磁性颗粒的流动性，可提高磁流变脂的磁流变效应，但同时要兼顾磁流变脂的沉降稳定性。调节磁流变脂的皂纤维含量，使磁流变脂的损耗因子处于一个合适的水平，从而使磁流变脂具有较好的沉降稳定性和较高的磁流变效应，这说明磁流变脂中的皂纤维是解决其流动性与稳定性矛盾的关键因素。

图5.21是在线性黏弹范围内，无磁场条件下不同皂纤维含量磁流变脂的储能模量、损耗模量和损耗因子随剪切频率的变化关系，图中实心表示储能模量，空心表示损耗模量。可以看出，无磁场时，随着皂纤维含量的增大，磁流变脂的储能模量和损耗模量均逐渐增大，且不同皂纤维含量下磁流变脂的储能模量随剪切频率的变化规律一致，储能模量均明显高于损耗模量。随着剪切频率的增大，储能模量呈现出小斜率的增大趋势，损耗模量和损耗因子出现最小值。这表明不同的皂纤维含量仅改变了磁流变脂的结构强度大小，对磁流变脂的结构体系并没有影响，这与传统润滑脂的性能类似。施加磁场后，磁流变脂的模量增大，模量随剪切频率的变化规律与无磁场时相同，表明在磁场作用下形成的磁性颗粒链排列并不会破坏磁流变脂的结构骨架，而是进一步增强了磁流变脂的结构强度。

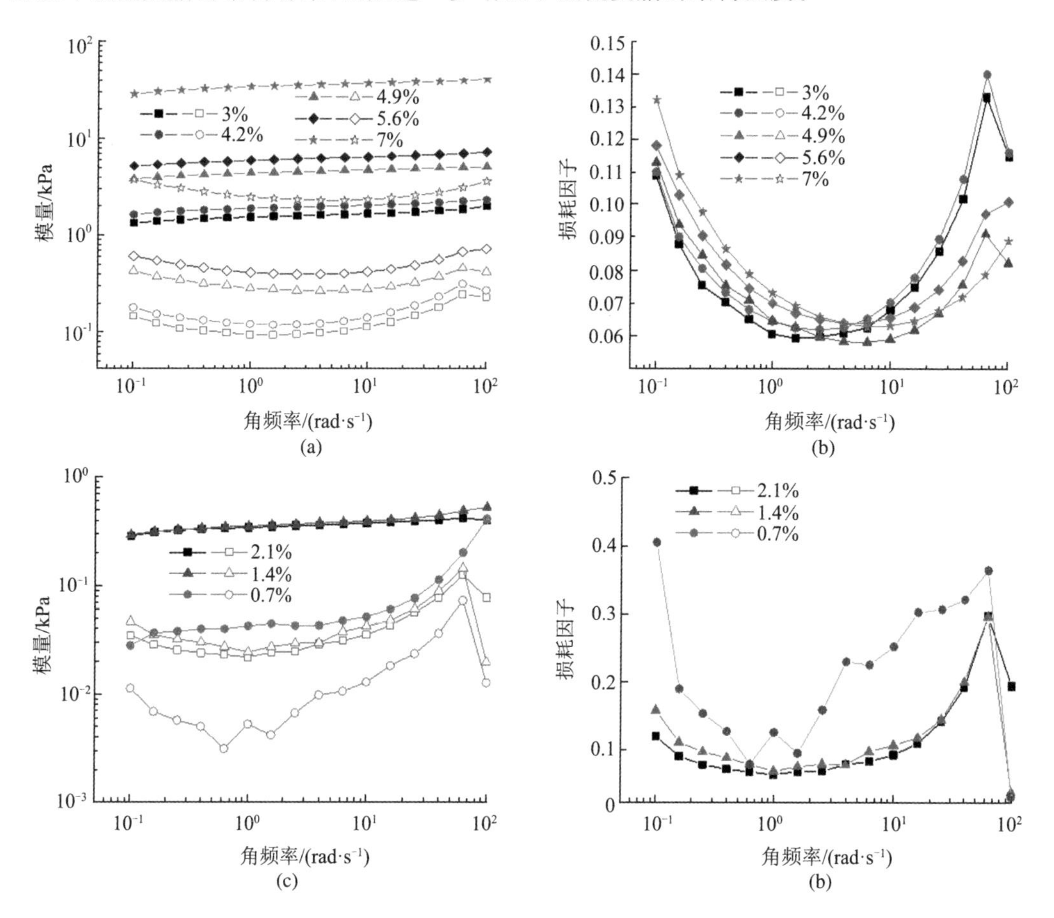

图5.21 无磁场条件下不同皂纤维含量磁流变脂的储能模量、损耗模量和损耗因子随频率的变化关系

从频率扫描结果中可以获取磁流变脂的稳定区模量，在不同磁场强度下，分别对不同皂纤维含量的磁流变脂进行频率扫描，结果如图 5.22 所示。可以看出，在无磁场下，磁流变脂的稳定区模量随皂纤维含量的增大而增大。这进一步说明皂纤维含量的增加使得磁流变脂中羰基铁粉-皂-油凝胶粒形成的网状结构之间的皂纤维密度增大，磁流变脂的结构强度变大。随着磁场强度的增大，磁流变脂的稳定区模量逐渐增大，表明在磁场作用下羰基铁粉-皂-油凝胶粒中磁性颗粒聚集成链的数量逐渐增加，使得磁流变脂的结构密度变大，结构强度增大。这种变化在皂纤维含量比较低时表现得更为明显，表明皂纤维含量较低时，磁性颗粒在磁流变脂的羰基铁粉-皂-油凝胶粒中更容易移动，沿磁场方向成链，使磁流变脂的结构强度迅速增大。该图也可以作为优化磁流变脂皂含量的依据。无磁场时的稳定区模量值反映了磁流变脂的稳定性大小，在保证稳定性的前提下，稳定区模量的变化范围越大，表明磁流变脂的磁流变效应越高。当皂纤维含量为 4.2％时，无磁场时磁流变脂的稳定区模量值为 1.92 kPa，其三个月的沉降稳定性高于 90％（见图 5.19），且稳定区模量随磁场强度的增大呈现出的增长率最大，这与前述磁场扫描分析中的结果一致，表明在皂纤维含量较适宜时，磁性颗粒在磁场下对储能模量的贡献达到最佳水平。

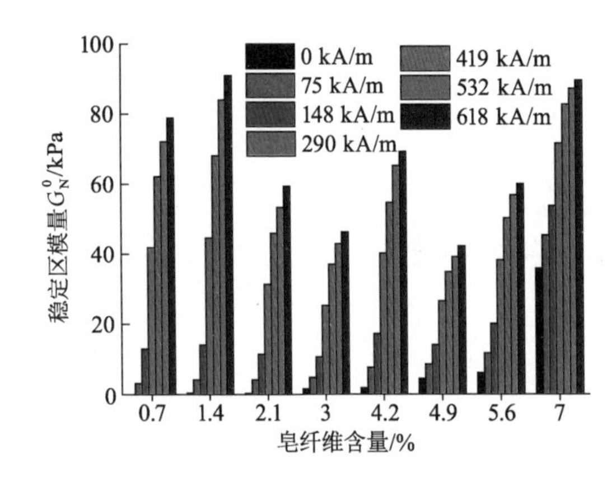

图 5.22　不同皂纤维含量磁流变脂的稳定区模量随磁场的变化关系

5.3.1.2　皂纤维结构对磁流变脂性能的影响

制备工艺对磁流变脂的微观结构具有一定的影响，羰基铁粉不同的加入时机使磁流变脂中磁性颗粒的包覆程度不同，不同冷却条件下制备的磁流变脂具有不同长度的皂纤维结构，导致磁流变脂中含羰基铁粉凝胶粒结构强度上的差异，对磁流变脂的基本理化性能具有较大影响。本小节以不同冷却条件制备的磁流变脂为对象，探讨长皂纤维、短皂纤维、混合皂纤维对磁流变脂的结构强度及流变行为的影响。

在角频率为 10 rad/s、应变范围为 0.01％～100％的条件下考察零磁场和 148 kA/m 磁场强度下不同冷却条件对磁流变脂黏弹性能的影响。图 5.23 给出了不同冷却条件磁流变脂的储能模量 G'和损耗模量 G''随剪切应变的变化关系，实心表示储能模量，空心表示损耗模量。从图中可以看出，在零磁场下，磁流变脂的储能模量随着剪切应变的增大先保持不变，当应变超过一定值后储能模量迅速减小，存在明显的线性黏弹区。这与润滑脂的黏弹性能相似。不同冷却条件磁流变脂的储能模量 G'从大到小的顺序依次为：空气冷却、常温水冷、冰水浴。稠度较大的磁流变脂相应的储能模量较大,表明其结构稳定性较好。

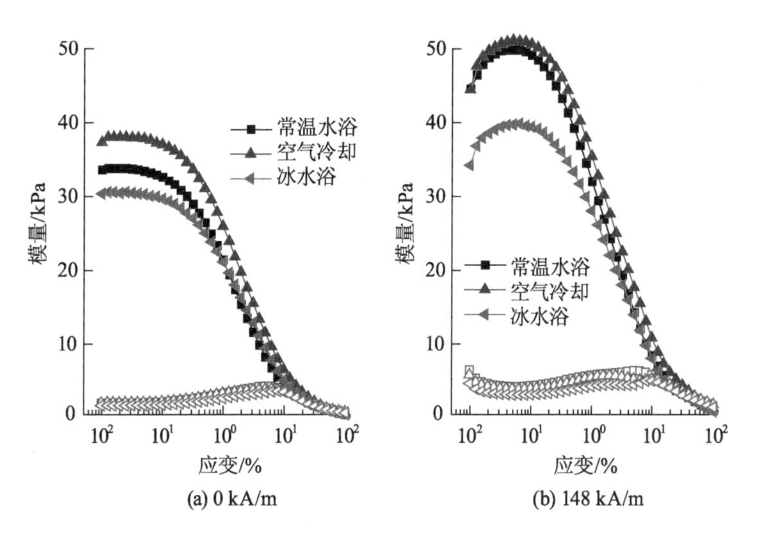

图 5.23 不同冷却条件磁流变脂的储能模量、损耗模量与剪切应变的关系

当磁场强度为 148 kA/m 时,磁流变脂储能模量的变化规律与零磁场时一致,但变化趋势不同。磁场下磁流变脂的储能模量随剪切应变均呈现出先增大后减小的趋势。这可能是因为在磁场条件下,磁流变脂中的磁性颗粒受到磁化,形成磁性颗粒链,使得磁流变脂的固体特征更加明显,保持原有结构的能力增强,储能模量出现增大的趋势。当正弦变化的剪切应变逐渐增大并超过一定值后,磁流变脂中构成网状结构的皂纤维逐渐开始解缠,磁性颗粒链也开始出现断裂与重建,储能模量表现出逐渐减小的趋势。此外,磁流变脂无论是在有磁场还是无磁场条件下,损耗因子均表现为:常温水浴>冰水浴>空气冷却,表明基于混合皂纤维结构的磁流变脂具有更好的流动性,而基于长皂纤维的磁流变脂的流动性较差。

在线性黏弹范围内考察角频率在 0.01~100 rad/s 范围内变化时,基于不同皂纤维结构磁流变脂储能模量和损耗模量的变化情况。图 5.24 是基于不同冷却条件磁流变脂的储能模量和损耗模量随剪切频率和磁场强度的变化关系,实心代表储能模量,空心代表损耗模量。从图中可以看出,零磁场时,磁流变脂的储能模量明显高于损耗模量,随剪切频率的增大表现出较小斜率的增大趋势,损耗模量则先减小,达到最小值后,再略微增大。这与 Delgado 等(Delgado,2005)报道的润滑脂的流变行为相似,表明磁流变脂的骨架结构是由羰基铁粉-皂-油凝胶粒中皂纤维分子之间通过物理或化学交联构成的。施加磁场并没有改变磁流变脂的模量变化规律,进一步说明了磁流变脂是由羰基铁粉颗粒镶嵌于相互缠绕的皂纤维中共同形成的羰基铁粉-皂-油凝胶粒相互联结形成的网状结构体系。但在磁场作用下,三种磁流变脂的储能模量和损耗模量值均大于无磁场,且当磁场强度达到 419 kA/m 后,继续增大磁场强度,磁流变脂的模量变化较小。这可能是因为在施加磁场后,形成的磁性颗粒链的结构强度以及成链过程产生的摩擦热对磁流变脂的模量具有较大贡献,但当磁场增大到一定强度后,磁性颗粒的结构基本达到稳定,不再发生变化,储能模量和损耗模量趋于稳定。

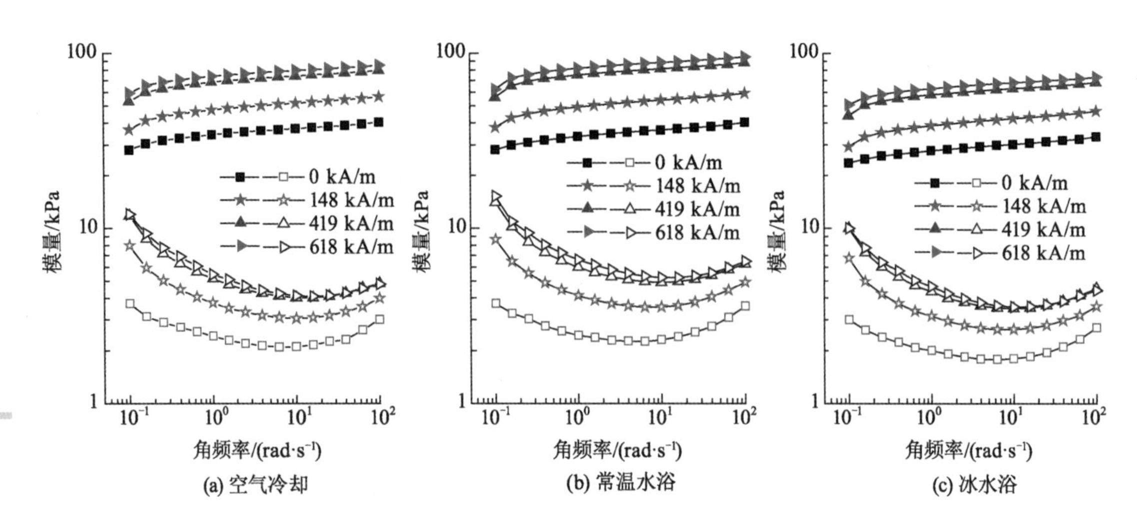

图 5.24　不同冷却条件磁流变脂的储能模量和损耗模量随剪切频率和磁场强度的变化关系

从频率扫描结果中计算基于不同皂纤维结构磁流变脂的稳定区模量值，结果见图 5.25。可以看出，在无磁场时，不同冷却条件下磁流变脂的稳定区模量值由大到小的顺序为空气冷却、常温水浴、冰水浴，说明基于长皂纤维的磁流变脂的结构强度最高，基于短皂纤维的磁流变脂结构强度最低，变化规律与磁流变脂的锥入度、压力分油结果一致。磁流变脂内部的结构强度越高，锥入度越小，压力分油值越低，且离心沉降稳定性越好。这可能是由于皂纤维的长度受到冷却速度的影响，在空气冷却条件下磁流变脂的皂纤维较长，冰水浴条件下磁流变脂生成的皂纤维较短，均匀的皂纤维结构均能与羰基铁粉形成皂-羰基铁粉-油凝胶粒，但长皂纤维形成的凝胶粒较大，结构较致密，结构强度较高。短纤维与羰基铁粉颗粒形成的凝胶粒较小，结构较松散，结构强度较低，常温水浴条件下磁流变脂的长短不一的皂纤维结构，使磁性颗粒表面不完全吸附皂-油凝胶粒形成羰基铁粉-皂-油凝胶粒，较致密的皂纤维结构使得磁流变脂具有较大的稳定区模量值，结构强度较高。

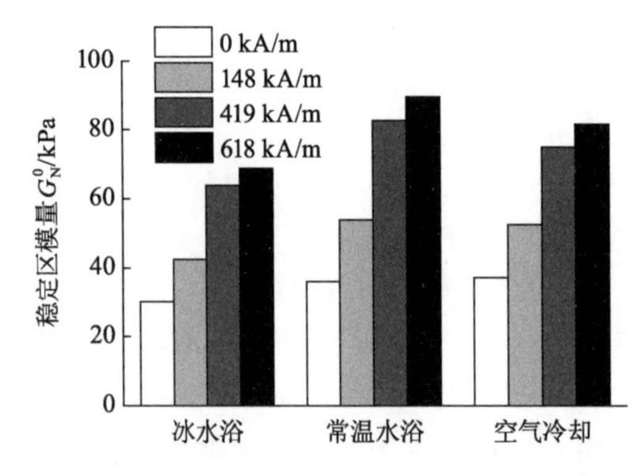

图 5.25　不同皂纤维结构磁流变脂的稳定区模量随磁场的变化关系

在线性黏弹范围内，按对数变化方式施加 7.5～618.5 kA/m 的磁场强度，考察不同冷却条件磁流变脂对磁场强度的响应性能。图 5.26 是不同冷却条件下磁流变脂的储能模量、损耗模量和损耗因子随磁场强度的变化关系，实心代表储能模量，空心代表损耗模量。从图中可以看出，磁流变脂储能模量随磁场强度的增大存在拐点。在磁场强度小于 100 kA/m 时，三种样品的储能模量基本保持不变，随磁场强度的继续增大储能模量逐渐增大；损耗模量随磁场强度的增大逐渐增大，损耗因子随磁场强度的增大先逐渐增大后逐渐减小。空气冷却制备的磁流变脂的储能模量和损耗模量的值均最大；冰水浴制备的磁流变脂模量值最小，损耗因子随磁场强度的变化曲线与空气冷却较接近。在磁场强度较小时，常温水浴制备的磁流变脂储能模量稍小于空气冷却，随着磁场强度的增大逐渐接近空气冷却制备的磁流变脂，但其损耗因子在整个磁场范围内均大于其他值，进一步表明常温水浴制备的磁流变脂具有较好的流动性。这可能是磁场较小时，储能模量主要取决于磁流变脂中凝胶粒形成的网状结构的强度，磁性颗粒被束缚在皂纤维结构内，形成的磁性链较短，强度较低，对储能模量的贡献较小，储能模量基本保持在一个稳定值。在较小磁场下磁性颗粒发生位移变化会产生摩擦热，导致损耗模量逐渐增加。当磁场强度大于 100 kA/m 时，磁性颗粒在较强磁场的作用下，可以突破皂纤维的束缚，形成粗壮的、高强度的磁性颗粒链，从而使得磁流变脂的储能模量增大。此时，颗粒的位移更大，颗粒之间、颗粒与皂纤维之间的摩擦热迅速增大，损耗模量的增长速率加快，进而损耗因子表现出随磁场强度增加而增大的趋势。当磁场强度足够大时，磁性颗粒在较大程度上聚集在颗粒链周围，由颗粒移动产生的摩擦热将会减小，损耗模量的增大速率放缓，而磁性颗粒链的结构强度将会进一步增大，由磁场引发的储能模量增大，损耗因子减小。

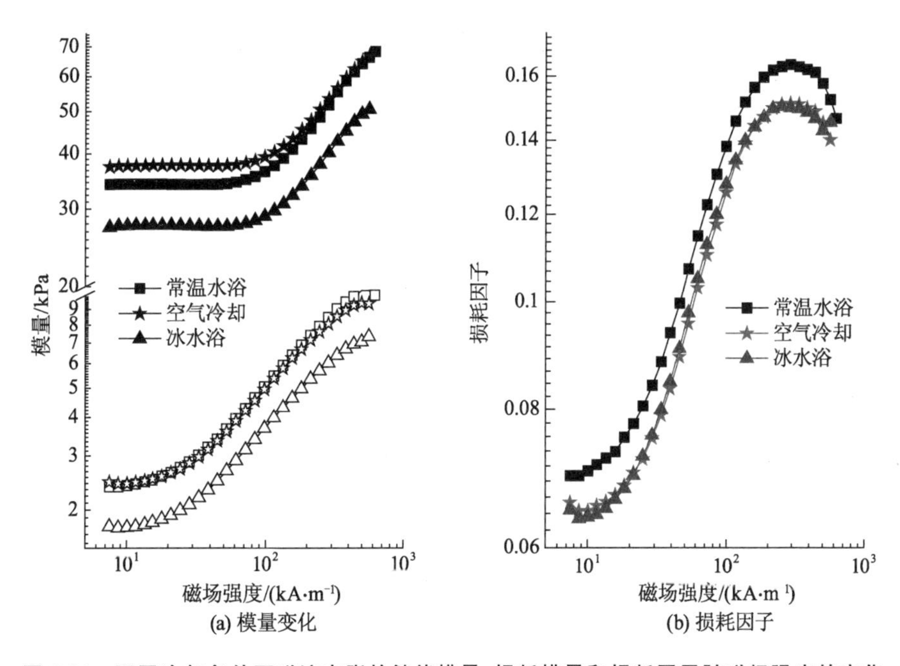

图 5.26　不同冷却条件下磁流变脂的储能模量、损耗模量和损耗因子随磁场强度的变化

实验条件下三种磁流变脂的最大磁流变效应从大到小的顺序为：常温水浴、冰水浴、空气冷却，其数值大小分别为 99.6%、84.9%、78.8%，表明常温水浴制备的磁流变脂在磁场作用下能表现出更宽的储能模量调节范围。然而，不同冷却条件制备的磁流变脂在静磁性能上几乎无差异，因此磁流变效应上的差异可能主要与皂纤维形成的网状结构强度以及磁性颗粒在皂纤维结构中的运动难易程度有关。

在空气冷却下，形成磁流变脂的结构较致密，零磁场时磁流变脂的结构强度较大，在施加磁场后，磁流变脂中皂纤维构成的非磁性骨架结构对储能模量的贡献值较大，磁性颗粒在结构中受到的束缚力较大，能参与形成有效磁性颗粒链的颗粒数量减少，表现出较弱的磁流变效应。而常温水浴条件下磁流变脂的皂纤维形状不单一，长短不一的皂纤维较容易形成磁性颗粒被部分包裹的羰基铁粉-皂-油凝胶粒，使得磁性颗粒在磁场的作用下更容易成链，从而产生更强的磁流变效应。控制磁流变脂皂纤维生长阶段的冷却速度，可以改变磁流变脂中皂纤维的结构，调节磁流变脂中含羰基铁粉的凝胶结构，进而影响磁流变脂中黏性与弹性的比例，导致磁流变脂在结构稳定性、样品流动性上存在差异。冷却速度过慢会使磁流变脂中皂纤维与羰基铁粉形成的羰基铁粉-皂-油凝胶粒胶团较大，结构较致密，储能模量值较大，结构稳定性强，但流动性差，磁流变效应低。冷却速度过快使皂纤维与羰基铁粉形成的胶团较小，导致储能模量值减小，结构稳定性显著降低。

5.3.2 基础油对磁流变脂性能的影响

基础油是磁流变脂不可缺少的液体组分，根据前述磁流变脂的羰基铁粉-皂-油凝胶粒分散体的概念，按照基础油与凝胶粒中皂分子之间的位置关系，可将磁流变脂中的基础油分为三种存在形式：处于皂纤维内部的膨化油、介于两个皂分子层之间的毛细管吸附油和在皂纤维外部的游离油。基础油的不同存在形式可能会对磁流变脂的结构稳定性、磁流变效应和流动性等产生较大的影响。实验制备了基于 3 种不同基础油的磁流变脂样品，采用小振幅振荡剪切测试方法考察了基础油对磁流变脂流变性质的影响，并采用自然沉降法记录了磁流变脂的沉降稳定性。

5.3.2.1 基础油类型对磁流变脂性能的影响

分别以矿物油 HVI150、PAO10 和乙基硅油为基础油，考察基础油类型对磁流变脂性能的影响。图 5.27 给出了不同类型基础油的磁流变脂在无磁场、固定频率 10 rad/s 下储能模量 G' 与损耗模量 G'' 随应变的变化关系，实心表示储能模量，空心表示损耗模量。从图中可以看出，基于 HVI150 的磁流变脂储能模量值最大，基于 PAO10 的磁流变脂储能模量值最小。3 种磁流变脂在较宽的应变范围内均具有较稳定的储能模量和损耗模量值，这表明磁流变脂均具有较宽的线性黏弹区。在线性黏弹区内，3 种磁流变脂的储能模量均远大于损耗模量，说明基于不同类型基础油的磁流变脂中可恢复形变占主要部分，表现出类似固体的性质，说明基于各种基础油类型的磁流变脂中均有骨架结构存在。3 种磁流变脂线性黏弹区的边界应变值均大于 0.1%，且磁流变脂的边界应变值由大到小依次为乙基硅油、PAO10、HVI150。

从损耗因子来看，在线性黏弹区内，3 种磁流变脂的损耗因子表现为：乙基硅油＞PAO10＞HVI150，表明乙基硅油磁流变脂中黏性与弹性的比值较大，所制备的磁流变脂样品的流动性较好。这可能与基础油分子的结构及基础油在磁流变脂内部结构中的存在形式有关。乙基硅油与 PAO10 分别为聚硅氧烷和聚 α-烯烃液体，而矿物油分子多是烷烃、环烷烃和芳香烃的混合物，聚硅氧烷和聚 α-烯烃分子较大，较难进入皂纤维与铁粉颗粒形成的骨架结构中形成膨化油，有可能在磁流变脂的骨架结构外面形成游离油或吸附在皂纤维层之间形成吸附油，使得制备的磁流变脂的黏性与弹性的比值较大。矿物油分子如环烷烃、芳香烃含有刚性基团,单个分子较小,在外界应变刺激下的可恢复形变较大,且进入皂纤维内部转化为膨化油的数目较多,使得矿物油基磁流变脂具有较大的储能模量值。

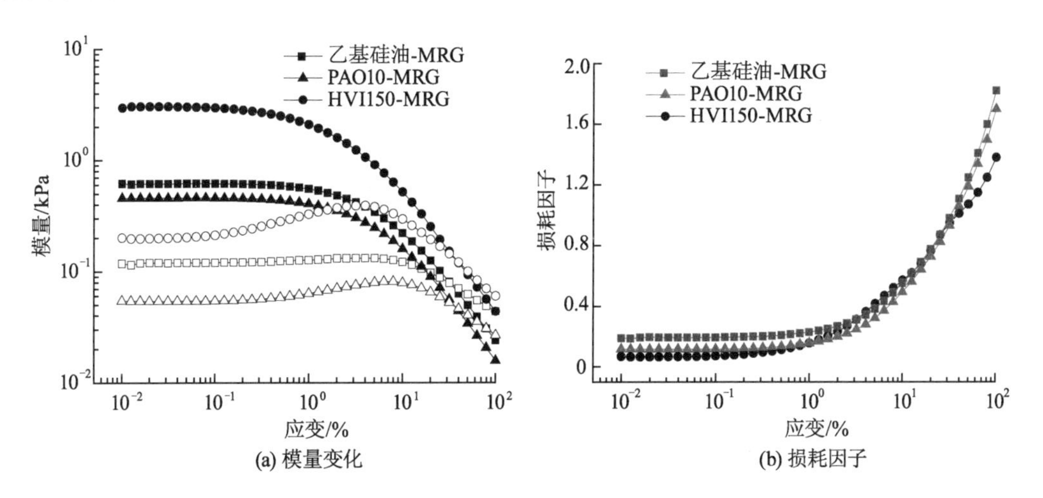

图 5.27 不同类型基础油的磁流变脂储能模量、损耗模量及损耗因子随应变的变化关系

图 5.28 给出了不同类型基础油的磁流变脂储能模量随磁场的变化关系。从图中可以看出,随着磁场强度的变化,不同类型基础油的磁流变脂的储能模量同样呈现出三个区域的变化。当磁场强度小于10 kA/m时,随着磁场强度增大,磁流变脂的储能模量几乎无变化。在磁场强度大于临界磁场时,3 种磁流变脂的储能模量均随磁场强度的增大迅速增大,出现第二区,即迅速增长区。当磁场强度较大时,3 种磁流变脂的储能模量值的变化趋于稳定,出现第三区,即缓慢增长区。

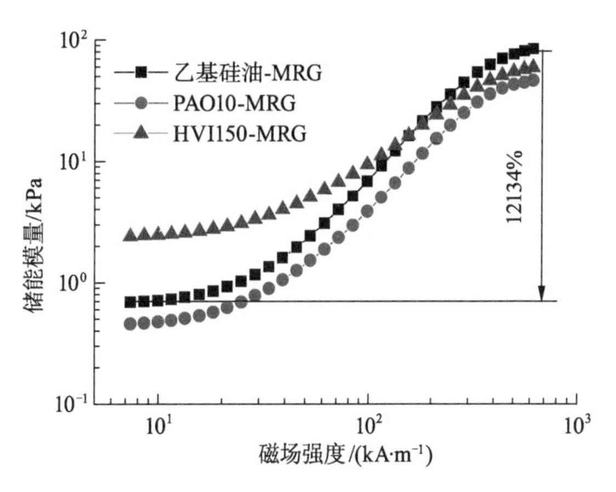

图 5.28 不同类型基础油的磁流变脂储能模量随磁场强度的变化关系

从磁流变效应来看,3 种磁流变脂从高到低的顺序依次为基于乙基硅油的磁流变脂、基于 PAO10 的磁流变脂、基于 HVI150 的磁流变脂,其磁流变效应数值分别为 12134%、9969%和 2349%。这与 3 种磁流变脂在线性黏弹区内的损耗因子值相对应,损耗因子越大,对应的磁流变脂的磁流变效应越高。从磁流变机理来看,基于乙基硅油或 PAO10 的磁流变脂中基础油的存在形式以游离油或吸附油为主,使得磁流变脂内的羰基铁粉-皂-油凝胶粒在磁场的作用下较容易沿磁场方向移动,磁性颗粒在磁场作用下迅速排列成链,使磁流变脂对磁场的响应比较敏感。而基于 HVI150 的磁流变脂的基础油存在形式以膨化油为主,在磁流变脂内部较易形成较大的羰基铁粉-皂-油凝胶粒,使磁性颗粒在磁场作用下的移动受阻,导致对磁场的敏感性下降,磁流变效应较低。

图 5.29 描述了不同类型基础油的磁流变脂的沉降稳定性随时间的变化关系。从图中

可以看出，随着时间的增加，基于乙基硅油、PAO10 和 HVI150 的磁流变脂出现了不同程度的沉降，其中基于乙基硅油的磁流变脂在第 6 天时开始出现沉降，到 32 天时沉降稳定性仍保持在 98%左右，具有较好的沉降稳定性。基于 PAO10 的磁流变脂在前 10 天的沉降稳定性优于基于 HVI150 的磁流变脂，而 10 天后的沉降稳定性较差，在 32 天时沉降稳定性达到 83%，表明基于 PAO10 的磁流变脂的长期稳定性较差。因此，基于乙基硅油的磁流变脂既具有较好的沉降稳定性，又具有较好的磁流变效应。

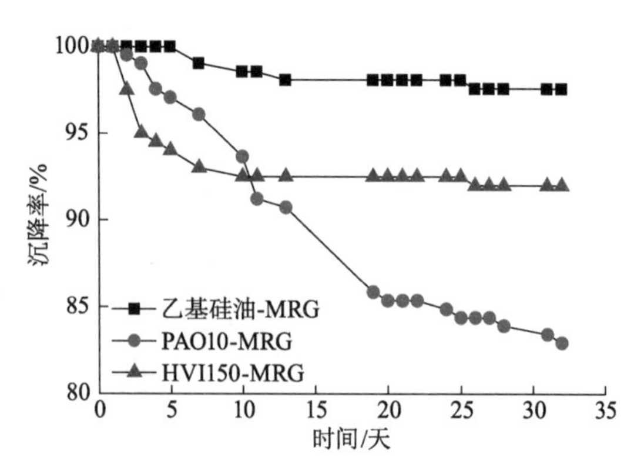

图 5.29　不同类型基础油的磁流变脂的沉降稳定性随时间的变化关系

这可能与两方面的因素有关。一方面，基础油的黏度大小顺序为：乙基硅油＞PAO10＞HVI150，这使得基础油承载凝胶颗粒的能力表现出差异。另一方面，由于基础油分子结构不同导致其在磁流变脂中的存在形式不同，与羰基铁粉和皂纤维形成的凝胶粒大小不同，基于乙基硅油、PAO10 的磁流变脂中基础油以游离油、吸附油为主，使形成的羰基铁粉-皂-油凝胶粒含膨化油较少，胶粒的密度较大，而基于矿物油 HVI150 的磁流变脂中基础油以膨化油为主，形成的羰基铁粉-皂-油凝胶粒中含膨化油较多，使胶粒的密度减小。这二者的综合作用导致不同类型的基础油磁流变脂在沉降稳定性上存在差异。

5.3.2.2　基础油黏度对磁流变脂性能的影响

分别以矿物油和聚 α-烯烃油（PAO）为研究对象，考察基础油黏度对磁流变脂性能的影响。在无磁场、固定频率 10 rad/s 下对基于不同黏度矿物油和 PAO 的磁流变脂进行振幅扫描。图 5.30 分别是基于不同黏度矿物油、PAO 的磁流变脂的模量和损耗因子随应变的变化关系，其中两种矿物油的黏度差较大，三种 PAO 的黏度相差较小。图中实心表示储能模量，空心表示损耗因子。

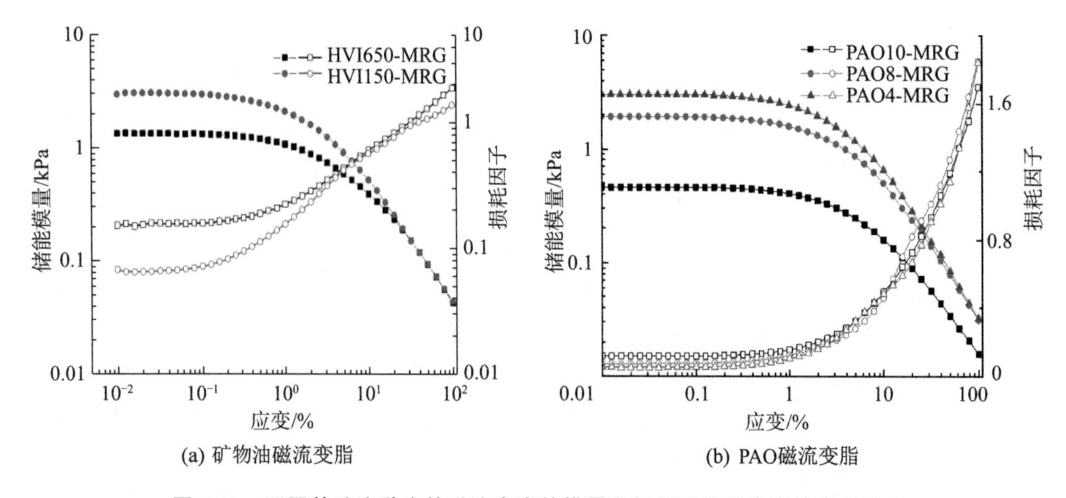

图 5.30　不同基础油黏度的磁流变脂的模量和损耗因子随应变的变化关系

从图 5.30 中可以看出，两种基础油的磁流变脂的线性黏弹范围比较接近，均大于0.1%。无论是矿物油磁流变脂，还是 PAO 磁流变脂，随着基础油黏度的增大，对应磁流变脂的损耗因子增大，储能模量值减小。在线性黏弹区内，这种变化表现得更为明显。对于矿物油磁流变脂，较大的基础油黏度差使线性黏弹区内两种磁流变脂的损耗因子差距较大，但储能模量差异较小。对 PAO 磁流变脂而言，在线性黏弹区内磁流变脂的损耗因子随基础油黏度的变化差异较小，但储能模量差异较大。3 种 PAO 基础油的差异主要是组分中多聚体的含量不同，低聚物含量较高的基础油具有较小的黏度，且对聚合物而言，链段越短，聚合物的柔性越好，在制备磁流变脂时更容易移动到皂纤维与羰基铁粉颗粒形成的骨架结构中或吸附在皂分子层之间，形成膨化油或吸附油，因此制备的磁流变脂具有更大的储能模量。同时，骨架结构之外的游离油减少，使磁流变脂的黏性与弹性的比例降低。

图 5.31 给出了不同基础油黏度的磁流变脂的储能模量与损耗因子随磁场强度的变化关系。可以看出，不同基础油黏度的磁流变脂储能模量随磁场强度的变化规律相似，随着磁场的变化，不同基础油黏度的磁流变脂储能模量变化同样存在三个区域。对基础油黏度差距较大的两种矿物油而言，所对应的损耗因子相差很大，黏度较大的 HVI650 制备的磁流变脂的损耗因子大于基于低黏度矿物油 HVI150 的磁流变脂，且基于 HVI650 的磁流变脂的

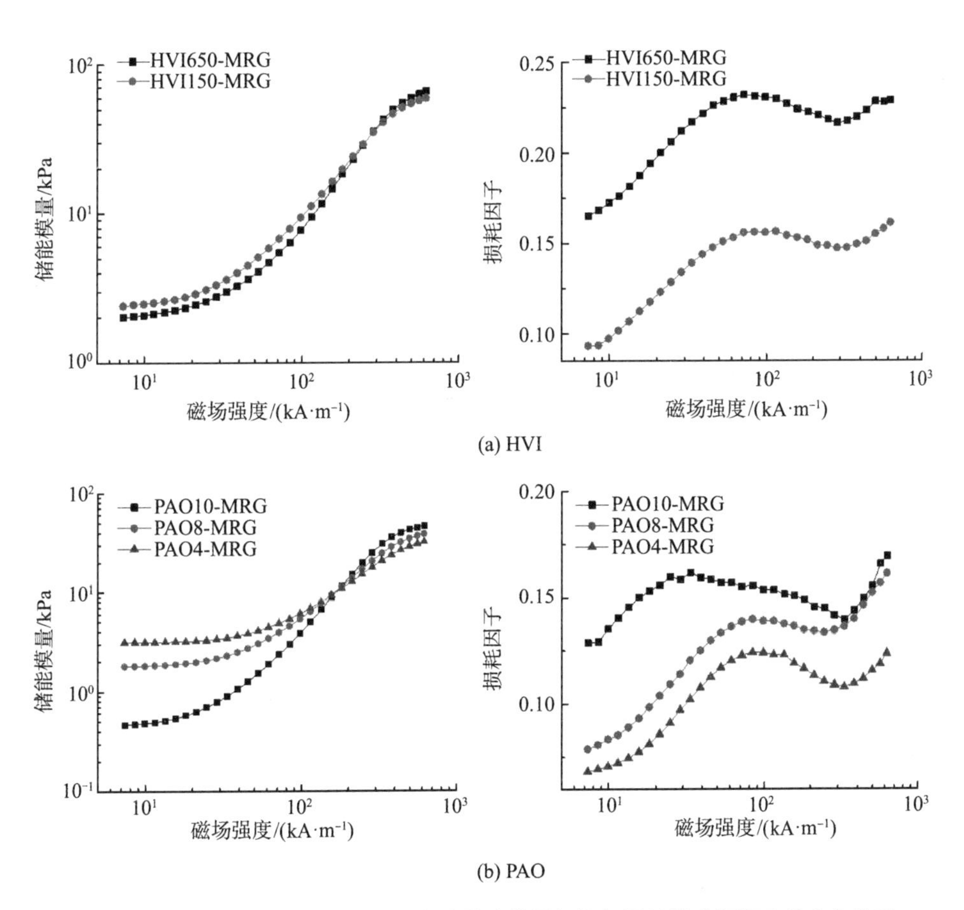

图 5.31　不同基础油黏度的磁流变脂的储能模量与损耗因子随磁场强度的变化关系

磁流变效应值为3411%，大于基于HVI150的磁流变脂。PAO基础油制备的磁流变脂有相同的规律，基础油的黏度越高，所制备的磁流变脂的损耗因子越大，样品的流动性越好，对应的磁流变效应越高。

从自然沉降稳定性来看，基于PAO4、PAO8和HVI650的磁流变脂一个月内几乎无沉降发生，而基于PAO10和HVI150的磁流变脂的沉降稳定性分别为83%、92%。这表明随着基础油黏度的增大，基础油在磁流变脂中的存在形式逐渐从膨化油转化为吸附油，直至游离油，沉降稳定性变差。但当基础油的黏度增大到一定程度时，制备的磁流变脂在一定时间内具有较好的沉降稳定性，甚至不会发生沉降。

图5.32是不同基础油磁流变脂的磁流变效应和沉降稳定性随损耗因子的变化关系。从图中可以看出，对于PAO基础油而言，随着基础油黏度的增大，制备的磁流变脂损耗因子逐渐增大，流动性提高，磁流变效应显著增强，但沉降稳定性下降。从矿物油来看，当基础油的黏度增幅较大时，磁流变脂的流动性增大，同时磁流变脂的磁流变效应得到改善，磁流变脂的稳定性增强。乙基硅油制备的磁流变脂既具有较高的磁流变效应，又具有较好的沉降稳定性，较好地解决了磁流变脂沉降稳定性与流动性之间的矛盾。

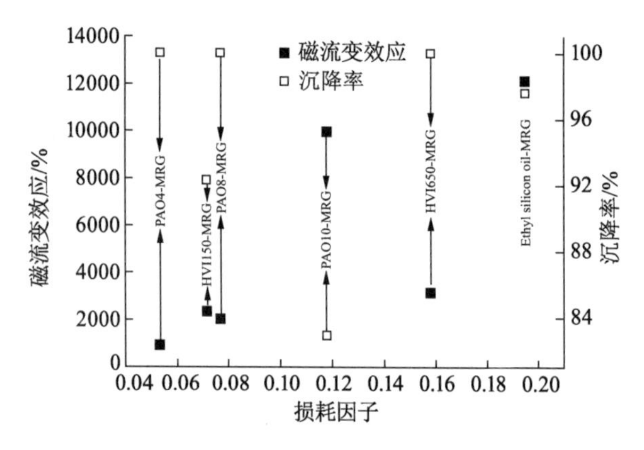

图5.32　不同基础油磁流变脂的磁流变效应和沉降稳定性随损耗因子的变化关系

5.3.3　磁性颗粒对磁流变脂性能的影响

采用不同粒径和含量羰基铁粉制备磁流变脂将直接影响其流变性能，本节采用小振幅振荡剪切方法评价磁性颗粒对磁流变脂流变性能的影响。

5.3.3.1　铁粉粒径对磁流变脂流变性能的影响

分别选用两种不同粒径的羰基铁粉，比较铁粉粒径对磁流变脂流变性能的影响。图5.33和图5.34分别是两种铁粉颗粒的形貌图片和粒径分布。从图中可以看出，小颗粒表面光滑，呈圆球形，大颗粒形状不规则，近似为圆柱形。小颗粒的中值粒径约为5.2 μm，大颗粒的中值粒径约为18 μm。

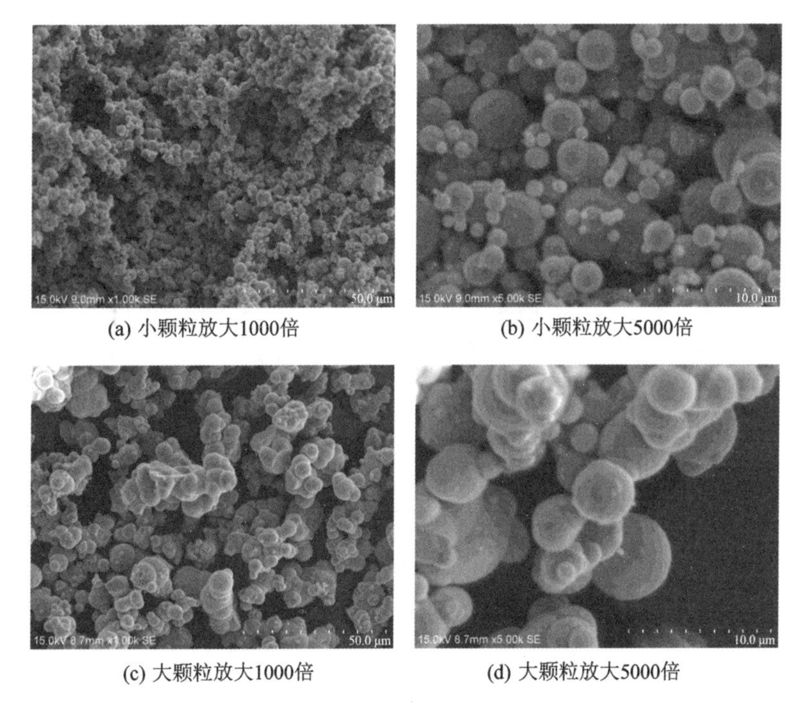

(a) 小颗粒放大1000倍　(b) 小颗粒放大5000倍
(c) 大颗粒放大1000倍　(d) 大颗粒放大5000倍

图 5.33　不同粒径羰基铁粉的形貌图片

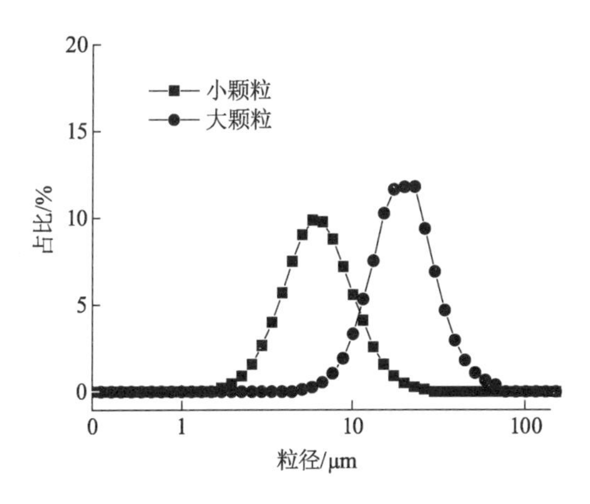

图 5.34　不同粒径羰基铁粉的粒径分布

以乙基硅油为基础油,分别以两种粒径的羰基铁粉为磁性组分制备磁流变脂。图 5.35 是基于两种羰基铁粉粒径的磁流变脂的储能模量和损耗因子随应变的关系,实心表示储能模量,空心表示损耗因子。

从图 5.35 中可以看出,基于两种羰基铁粉粒径的磁流变脂均具有较宽的线性黏弹区,边界应变值比较接近。基于小颗粒的磁流变脂储能模量明显高于大颗粒的磁流变脂。从损耗因子来看,在整个剪切应变范围内基于大颗粒的磁流变脂损耗因子大于基于小颗粒的磁流变脂,二者的差异在线性黏弹区内表现得更为明显。这可能是由于随着粒径增大,在磁流变脂中形成的羰基铁粉-皂-油凝胶粒中磁性颗粒表面吸附的皂纤维数量减少,凝胶粒中膨化油的含量降低，基础油主要以吸附油或游离油的形式存在于磁流变脂中，使得无磁场条件下磁流变脂的储能模量减少，黏性与弹性的比例增大。

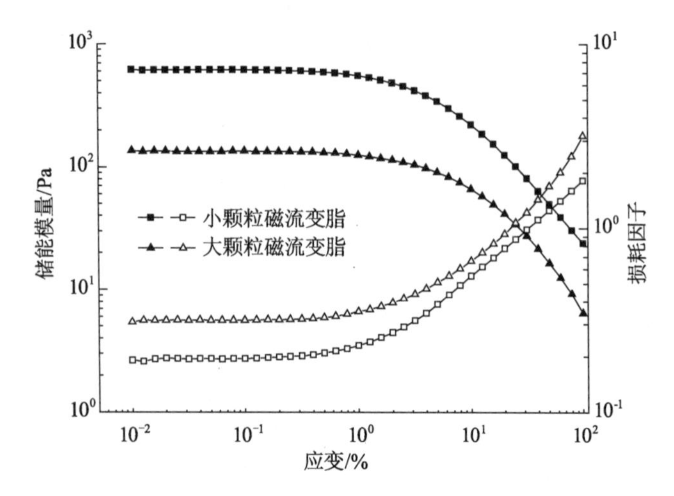

图 5.35 基于两种羰基铁粉粒径的磁流变脂储能模量及损耗因子随应变的关系

图 5.36 是基于不同颗粒粒径的磁流变脂的储能模量随磁场强度的变化关系曲线。可以看出，随着磁场强度的变化，基于小颗粒的磁流变脂的储能模量曲线呈现出三个区域的变化，而基于大颗粒的磁流变脂的储能模量曲线在实验磁场范围内仅有第二区和第三区，几乎无平坦区出现，表明基于大颗粒的磁流变脂对磁场的响应比小颗粒磁流变脂更敏感，在较低磁场强度下磁流变脂的储能模量即可迅速发生变化。当然，当磁场强度进一步降低时，基于大颗粒的磁流变脂的储能模量也将出现平坦区，同时会使其磁流变效应进一步增强，磁流变效应远大于小颗粒磁流变脂。这可能有两方面的原因：一方面，基于大颗粒的磁流变脂中基础油的存在形式利于磁性颗粒在磁场刺激下的移动，使得磁流变脂对磁场的敏感度提高；另一方面，大颗粒的粒径较大(图 5.33c)，多为圆柱形，在磁场下聚集成的单链的宽度可能比小颗粒要大，使磁流变脂的储能模量迅速增大，磁流变效应显著增强。

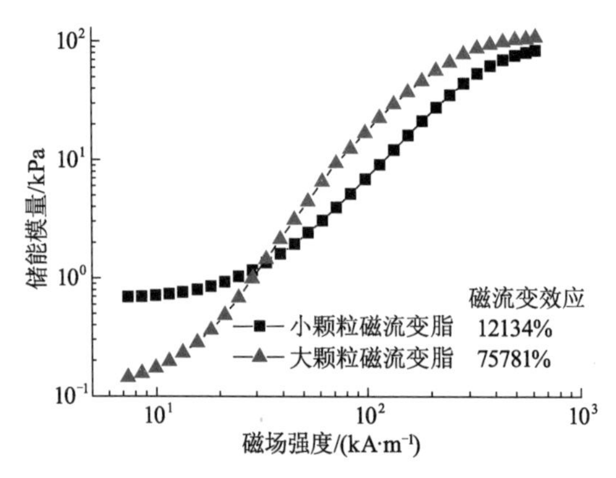

图 5.36 基于不同颗粒粒径的磁流变脂的储能模量随磁场强度的变化关系

在线性黏弹区内对两种铁粉粒径的磁流变脂进行频率扫描，从频率扫描曲线中读取描述磁流变脂结构强度的参数稳定区模量 G_N^0 的值，观察稳定区模量随磁场强度的变化关系，结果如图 5.37 所示。从图中可以看出，在零磁场条件下，基于大颗粒磁流变脂的稳定区模量小于小颗粒磁流变脂，这可能是由于基于大颗粒的磁流变脂中形成的羰基铁粉-皂-油凝胶粒中磁性颗粒吸附皂纤维的数量较少，使得基础油在磁流变脂中以膨化油存在的数量减少，以游离油或吸附油形式存在的数量增多，导致磁流变脂的结构强度降低，稳定区模量值下降。但基于大颗粒的磁流变脂的稳定区模量值随磁场强度的增大迅速增大，并大于小颗粒磁流变脂的稳定区模量，表明在磁场作用下，基于大颗粒的磁流变脂结构迅速增强，表现出较大的稳定区模量值。对磁流变脂的稳定区模量进行处理，绘制 G_N^0/H 与磁场强度的关系（图 5.37 中的插图），可见 G_N^0/H 在较弱的磁场下随磁场强度的增大迅速增大，在强磁场下随着磁场强度的增大逐渐减弱，表明在弱磁场下，G_N^0/H 随磁场强度的增大迅速增大，而在强磁场下随着磁场强度的进一步增大，磁场能引起磁流变脂结构强度增大的趋势逐渐减弱。可以预测，当磁场强度足够大到使铁粉颗粒达到磁饱和强度时，G_N^0 将不再随磁场强度的变化而变化。基于大颗粒和小颗粒的磁流变脂的 G_N^0/H 随磁场强度的变化规律相同，但基于大颗粒的磁流变脂具有更大的 G_N^0/H 值，在强磁场下基于小颗粒的磁流变脂的 G_N^0/H 值随磁场强度的下降较快，表明磁场强度更容易改变大颗粒磁流变脂的结构强度，而小颗粒磁流变脂随磁场强度的增大结构强度值减小，随磁场的可调节范围较窄。

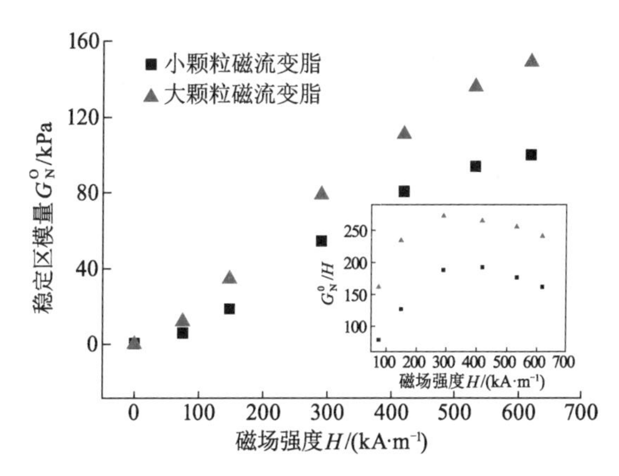

图 5.37 基于不同颗粒粒径的磁流变脂的稳定区模量随磁场的变化关系

5.3.3.2 羰基铁粉含量对磁流变脂流变性能的影响

分别制备羰基铁粉含量为 30%、50%、80%的磁流变脂，考察羰基铁粉含量对磁流变脂黏弹特性的影响。图 5.38 是不同羰基铁粉含量的磁流变脂的储能模量随应变的变化关系。可以看出，随着羰基铁粉含量的增加，磁流变脂的储能模量也相应增大，在施加磁场条件下，这种变化规律更加显著。在较高的羰基铁粉含量下，磁流变脂的线性黏弹区随磁场的增大而变宽，但在较弱磁场下，磁流变脂的线性黏弹区比零磁场时的线性黏弹区范围窄。这可能是因为零磁场时，决定线性黏弹区范围的主要因素是磁流变脂中存在的结构骨架，而在较小

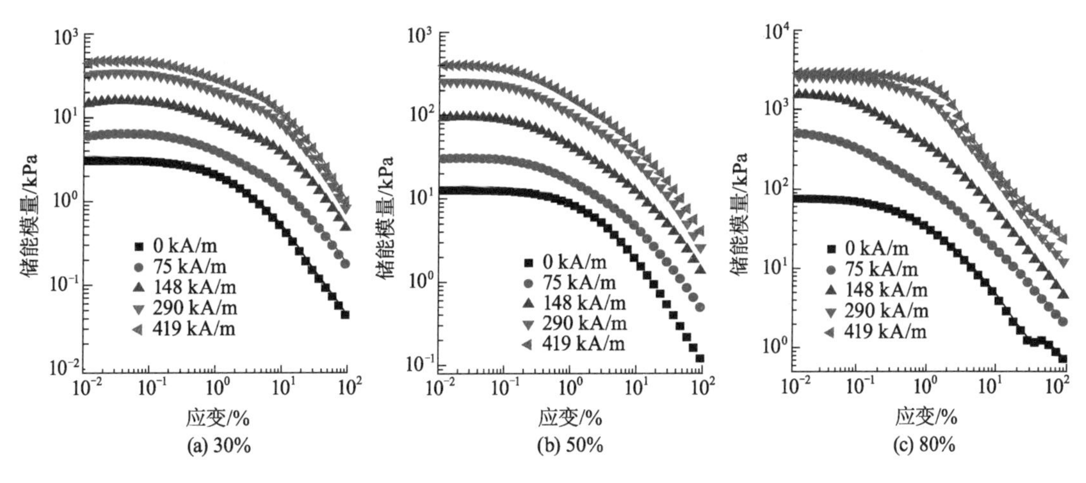

图 5.38 不同羰基铁粉含量的磁流变脂的储能模量随应变的变化关系

磁场强度下，羰基铁粉颗粒在磁流变脂中排列成纤，磁性链的结构强度使得磁流变脂的储能模量值显著增大，但此时磁性颗粒链的强度较低，在剪切应变下磁性链结构较容易被破坏，导致磁流变脂的储能模量随剪切应变的增大迅速减小，使线性黏弹区缩短。随着磁场强度的增大，磁性颗粒链的结构强度逐渐提高，成为磁流变脂结构强度的主要部分，磁流变脂抵抗外界剪切作用的能力提高，线性黏弹区范围变宽。

在线性黏弹区考察应变为0.1%、角频率为10 rad/s时磁流变脂的动态力学性能随磁场强度的变化关系，结果如图5.39所示。可以看出，三种样品的储能模量随磁场强度的变化趋势相同，但变化的幅度有所差异，且随着羰基铁粉含量的增大，相同磁场强度下磁流变脂的储能模量逐渐增大，磁流变脂的磁流变效应逐渐增强，当羰基铁粉的含量从30%增大到80%时，磁流变脂的磁流变效应从2349%增大到4070%。这是因为磁流变脂中羰基铁粉含量越高，强磁场下磁性链的数量和强度越大，从而在磁场作用下引起的储能模量变化值也越大。但在弱磁场下，羰基铁粉的含量越高，整个样品中的固体与液体的比例越大，即样品的损耗因子值越小，样品越接近于固体状，样品的流动性越差，表现出的储能模量值也越大。

在线性黏弹区内考察角频率介于0.1～100 rad/s之间时磁流变脂的储能模量和损耗模量随剪切频率的变化关系，结果见图5.40(实心表示储能模量，空心表示损耗模量)。从图中可以看出，零磁场时，随着羰基铁粉含量的增大，磁流变脂的储能模量和损耗模量均逐渐增大，且不同羰基铁粉含量下磁流变脂的储能模量随剪切频率的变化规律一致，储能模量均明显大于损耗模量，随着剪切频率的增大，储能模量呈现出小斜率的增大趋势，损耗模量先减小后增大，具有最小值。这表明不同的羰基铁粉含量仅改变了羰基铁粉在磁流变脂结构骨架中的堆积密度，对磁流变脂的网状骨架结构并没有影响。

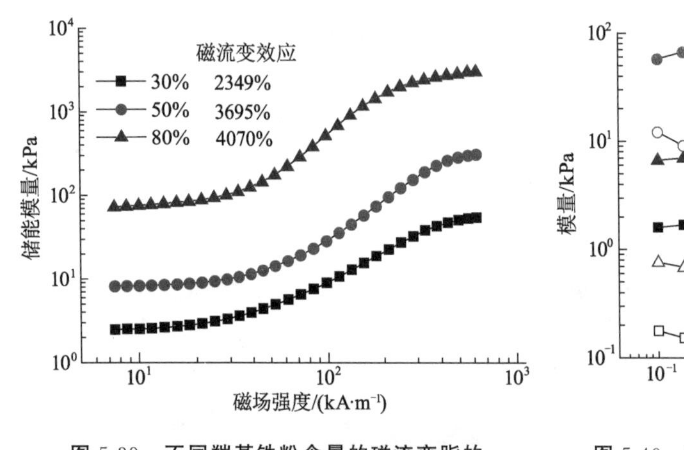

图5.39 不同羰基铁粉含量的磁流变脂的储能模量随磁场强度的变化关系

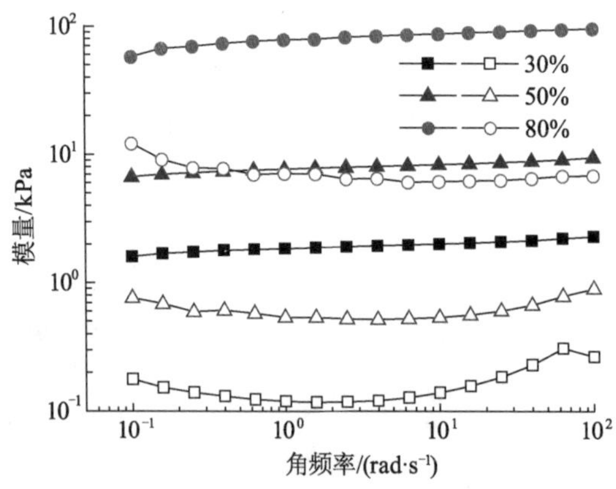

图5.40 零磁场下不同羰基铁粉含量的磁流变脂的模量随剪切频率的变化关系

采用稳定区模量可描述磁流变脂的结构性能，其数值越大，表明磁流变脂内磁性颗粒之间聚集体的数量或者物理缠绕体的密度越大。其数值大小为频率扫描中损耗因子达到最小值时对应的储能模量值，可直接从图5.40中读出，其结果如图5.41所示。可以看出，在零磁场下，磁流变脂的稳定区模量随羰基铁粉含量的增大而增大，进一步说明羰基铁粉含量的增加使得其在磁流变脂结构骨架中的堆积密度增大，结构强度增大。磁场条件下，随着羰基铁粉含量的增大，磁流变脂的稳定区模量显著增大，表明在磁场作用下磁性颗粒链的密度逐渐增大,使得磁流变脂的结构密度变大,强度变大。此外,羰基铁粉含量相同时,随着磁场强度的增大,磁流变脂的稳定区模量值逐渐增大,表明随着磁场强度的增大,磁性颗粒链的强度增大,对磁流变脂的结构强度的贡献增加。

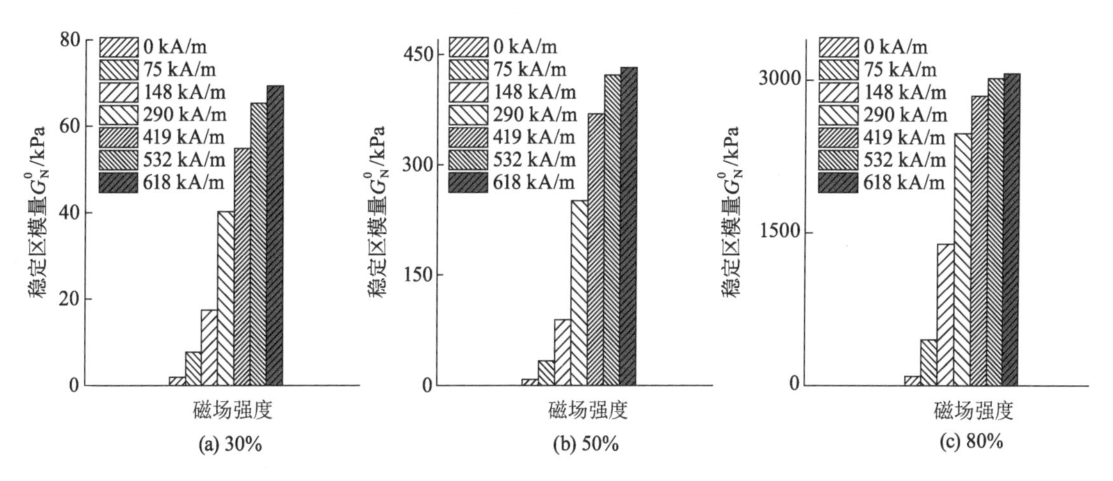

图 5.41 不同羰基铁粉含量的磁流变脂的稳定区模量随磁场强度的变化关系

5.4 磁流变脂的氧化安定性和热氧化性能

磁流变脂在长期使用或储存过程中受到热、氧的作用发生的氧化劣化等变化将导致其性能严重下降,从而导致磁流变脂器件失效,因此开展磁流变脂氧化安定性及耐久性的研究对优化磁流变脂器件的性能、延长器件的使用寿命、降低应用成本具有重要的意义。本节通过与传统润滑脂的氧化性能的对比,分析磁流变脂组分对其氧化安定性的影响及氧化机理。采用静态热氧化方法考察磁流变脂在经受热氧化后的性能变化,采用傅里叶变换红外光谱仪分析热氧化过程。

5.4.1 磁流变脂的氧化安定性

润滑脂大多以金属皂为稠化剂,脂肪酸皂的金属离子对润滑脂的氧化反应具有催化作用,可促进基础油的氧化,其中金属离子中锂离子的催化作用较强,且氧化速率会随着温度的升高而变大。目前磁流变脂的研究中大多采用金属锂皂为稠化剂,还加入大量的羰基铁粉颗粒,这无疑使磁流变脂的氧化安定性变差。此外,磁流变减震器在工作中可使器件内的温度升高到 150～200 ℃(Ulicny,2007),进一步加剧磁流变脂的氧化反应。因此,关注其氧化安定性对开发更具有工程应用价值的磁流变脂尤为重要。

5.4.1.1 磁流变脂与润滑脂的氧化安定性比较

由于引入润滑脂中的羰基铁粉的粒径为微米数量级,其化学活性和表面能较大,会对基础脂的氧化安定性产生影响,因此实验参照《润滑脂氧化安定性测定法》(SH/T 0325－92),采用氧弹法在静态条件下对比磁流变脂与基础润滑脂的氧化安定性,结果如图 5.42 所示。为简化影响因素,两种样品均未添加任何添加剂。以压力-时间曲线中压力出现显著下降时对应的时间作为氧化诱导期,可以看出磁流变脂对应的氧化诱导期约为 50 h,而润滑脂在

70 h左右，表明磁流变脂先于润滑脂发生氧化。在氧化加速阶段，磁流变脂样品的压力随时间变化的斜率较大，表明其氧化速率明显大于润滑脂。在氧化 100 h 后，磁流变脂样品的压力基本稳定，并达到最低值，压力下降了 525 kPa，而基础润滑脂的压力下降值为 335 kPa，表明磁流变脂的氧化程度高于润滑脂，这说明羰基铁粉的加入使得润滑脂的氧化安定性变差。

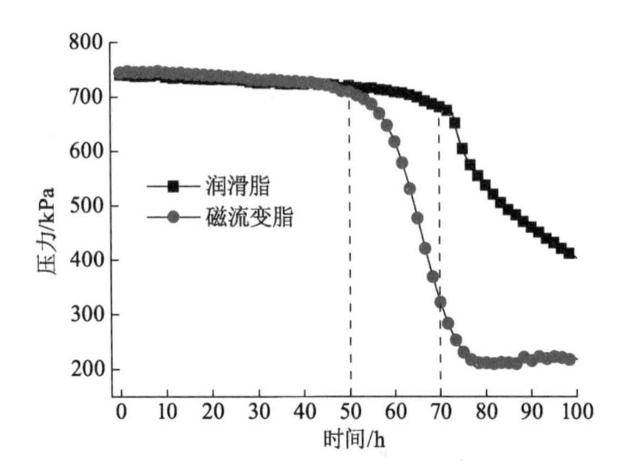

图 5.42　锂基磁流变脂和基础润滑脂在氧弹中的压力随氧化时间的变化

为了揭示磁流变脂与润滑脂各组分的氧化催化作用，分别将羰基铁粉、基础油以及从样品中提取出的皂纤维、皂纤维与铁粉的混合物置于差示扫描量热仪（DSC）中，在氧气气氛下，以 10 ℃/min 的速率从 25 ℃升至 500 ℃，考察单一组分的氧化性能及组分之间的相互影响，结果见图 5.43。从图中可以看出，磁流变脂的氧化诱导温度小于基础润滑脂，表明磁流变脂的氧化安定性差于润滑脂，这与传统方法的结论一致。对于润滑脂来说，皂纤维的氧化诱导温度为 252.1 ℃，基础油的氧化诱导温度为 231 ℃，而由两者构成的润滑脂的氧化诱导温度为 190 ℃，表明润滑脂的氧化安定性比基础油和皂纤维都差。这可能是由于烃类基础油的氧化主要以自由基氧化为主，而金属离子可以加速链生长反应过程中氢过氧化物的分解，导致皂纤维与基础油共同构成润滑脂后，皂纤维中的金属锂离子催化加速基础油的氧化过程，使其氧化诱导温度降低，氧化安定性变差。

对于磁流变脂来说，氧化诱导温度同样低于单一组分的氧化诱导温度，其规律与传统润滑脂相似。但磁流变脂的氧化诱导温度低于润滑脂的值，这主要归因于磁流变脂中的羰基铁粉。从图 5.43 中可以看出，羰基铁粉的氧化诱导温度为 291.4 ℃，它的存在使磁流变脂的氧化诱导温度较润滑脂下降了 8.9 ℃，表明羰基铁粉的加入对磁流变脂中其他组分的氧化起到了进一步的催化作用。从磁流变脂中提取皂纤维与羰基铁粉的混合物考察其氧化安定性，结果见图 5.43c。对比单独皂纤维与羰基铁粉的热流曲线（图 5.43e、图 5.43b），可以看出羰基铁粉与皂纤维的混合物的氧化诱导温度低于任一组分单独存在时的数值，说明磁流变脂中羰基铁粉与其他组分之间的相互作用使得其更易发生氧化，导致皂纤维结构被破坏，皂分子中的金属锂离子解离出来。此外，羰基铁粉中的金属铁在氧气中也会发生氧化，产生的金属铁离子会进一步加速基础油的氧化，使磁流变脂中基础油的氧化更剧烈，氧化安定性更差。

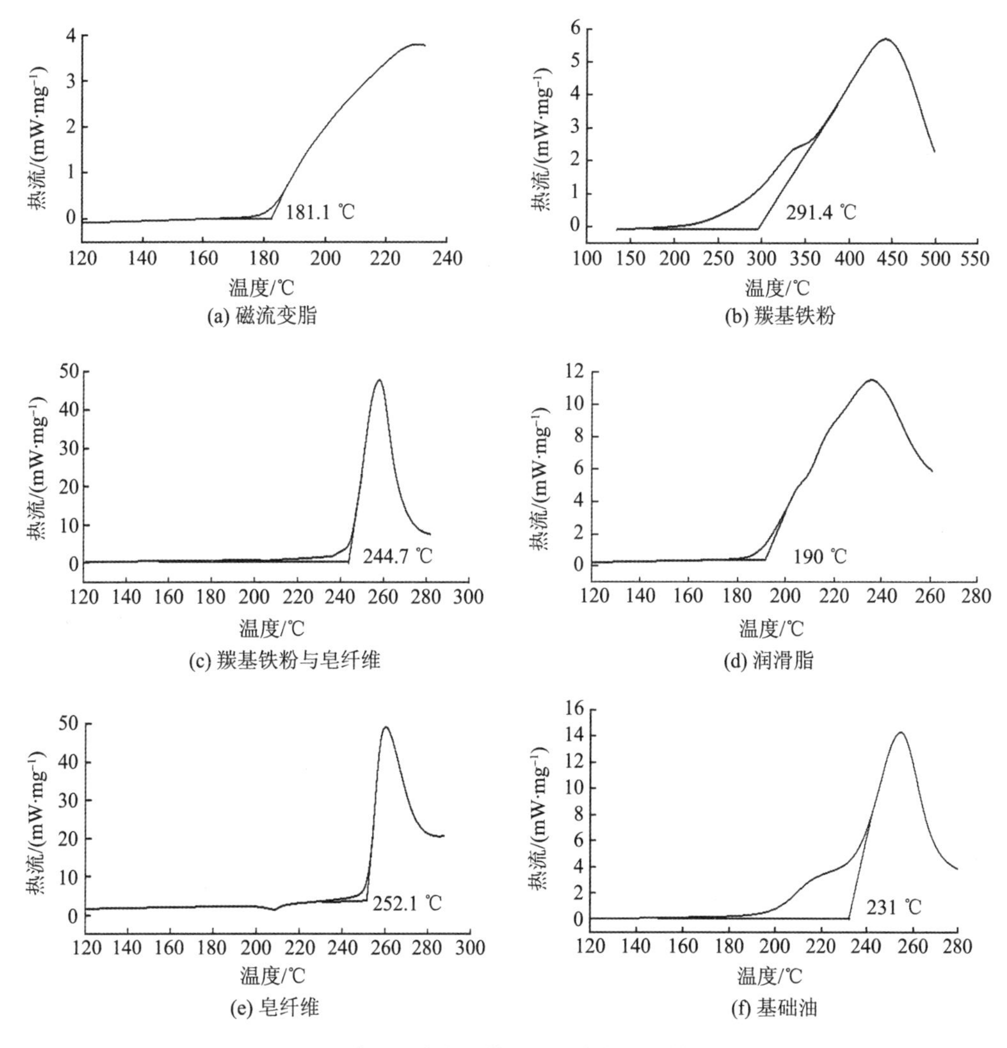

图 5.43 锂基磁流变脂及基础润滑脂各组分的热流曲线

5.4.1.2 基础油对磁流变脂氧化安定性的影响

基础油作为磁流变脂的主要组分之一，与其他组分之间的相互作用也可能会对磁流变脂的氧化安定性产生影响。实验分别考察了不同类型和不同黏度的基础油对磁流变脂氧化安定性的影响。为了降低基础油中轻质组分的挥发对实验结果的影响，采用高压差示扫描量热仪对其性能进行分析。图 5.44 中给出了不同类型基础油的磁流变脂随温度变化的热流曲线。氧化诱导温度是热流-温度曲线上基线外推线和氧化放热峰速率最大处切线的相交点温度。从图中可知，基于乙基硅油的磁流变脂具有最高的氧化诱导温度，表现出最好的抗氧化性能。基于聚 α-烯烃的磁流变脂的氧化诱导温度高于基于矿物油的磁流变脂，表明基于合成油的磁流变脂的氧化安定性优于基于矿物油的磁流变脂，这可能与基础油自身的氧化安定性以及羰基铁粉对其氧化催化的难易程度有关。

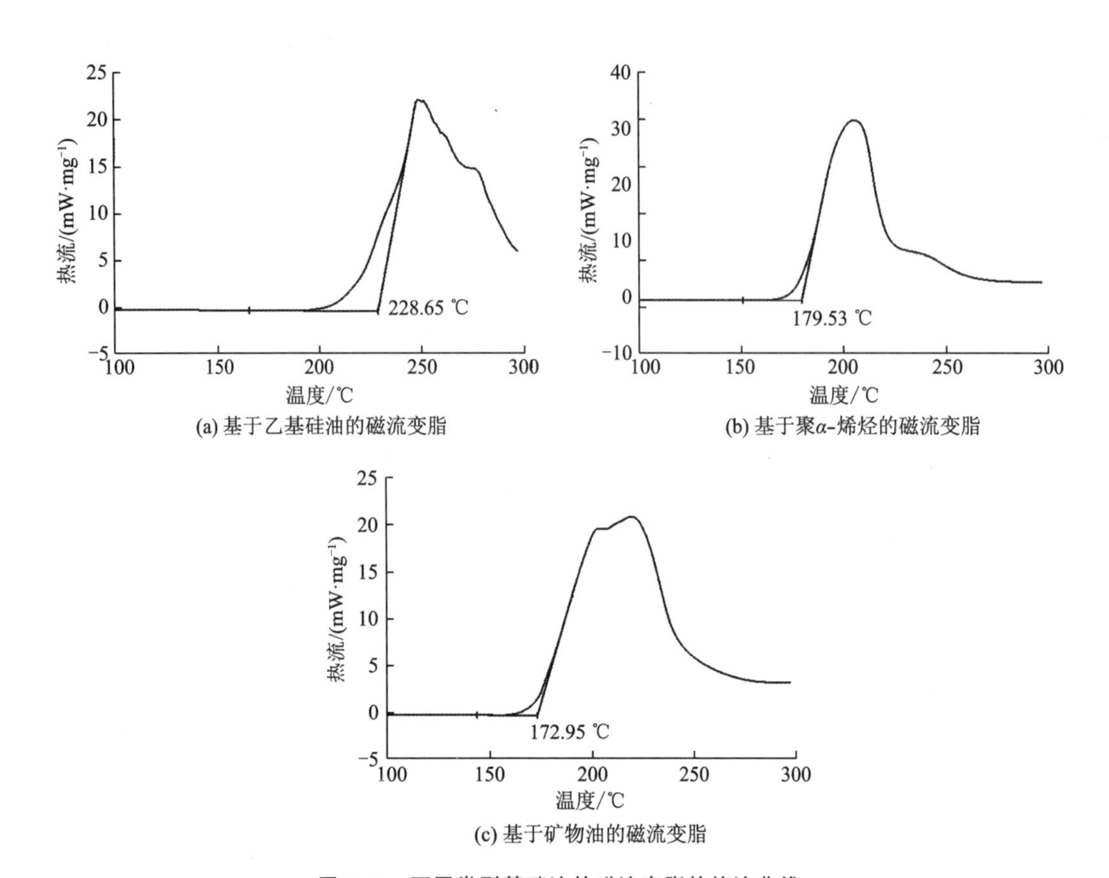

(a) 基于乙基硅油的磁流变脂 (b) 基于聚α-烯烃的磁流变脂

(c) 基于矿物油的磁流变脂

图 5.44 不同类型基础油的磁流变脂的热流曲线

图 5.45 是不同类型基础油在相同实验条件下的热流曲线。从图中可以看出，磁流变脂的氧化诱导温度均低于相应基础油的氧化诱导温度，表明磁流变脂的氧化安定性比基础油差，这与润滑脂的变化规律一致。乙基硅油具有最高的氧化诱导温度，与磁流变脂的氧化安定性相对应。而 PAO10 的氧化诱导温度明显低于 HVI150，但对应的磁流变脂的氧化安定性却与之相反，表明与矿物油相比，基于合成油的磁流变脂的氧化安定性更好。这可能是因为乙基硅油分子结构中，主链中硅氧原子的键合作用使其具有独特的不活泼性，Si—O 键的键能（冯圣玉，2004）（约 462 kJ/mol）大于 C—C 键的键能（约 347 kJ/mol），且 Si、O 原子的电负性差异较大，键的极性比 C—C 键大，对所连烃基起到了屏蔽作用，使其本身具有较好的耐氧化性能。此外，其较长的分子结构对金属离子的催化起到了一定的位阻作用；聚 α-烯烃油的氧化过程中由于其分子多为聚合物，分子结构中侧链较多，侧链长为 6～7 个碳，金属离子对其自由基进攻时受到的空间位阻作用较强，使金属离子对其氧化催化较难实现；而矿物油在氧化过程中多以小分子存在，如烷烃、环烷烃，分子结构主要以碳氢键为主，在这些烃类化合物发生自由基氧化时，链生长阶段极易受到金属离子的攻击，加速氧化的发生，使制得的磁流变脂的氧化安定性较差。

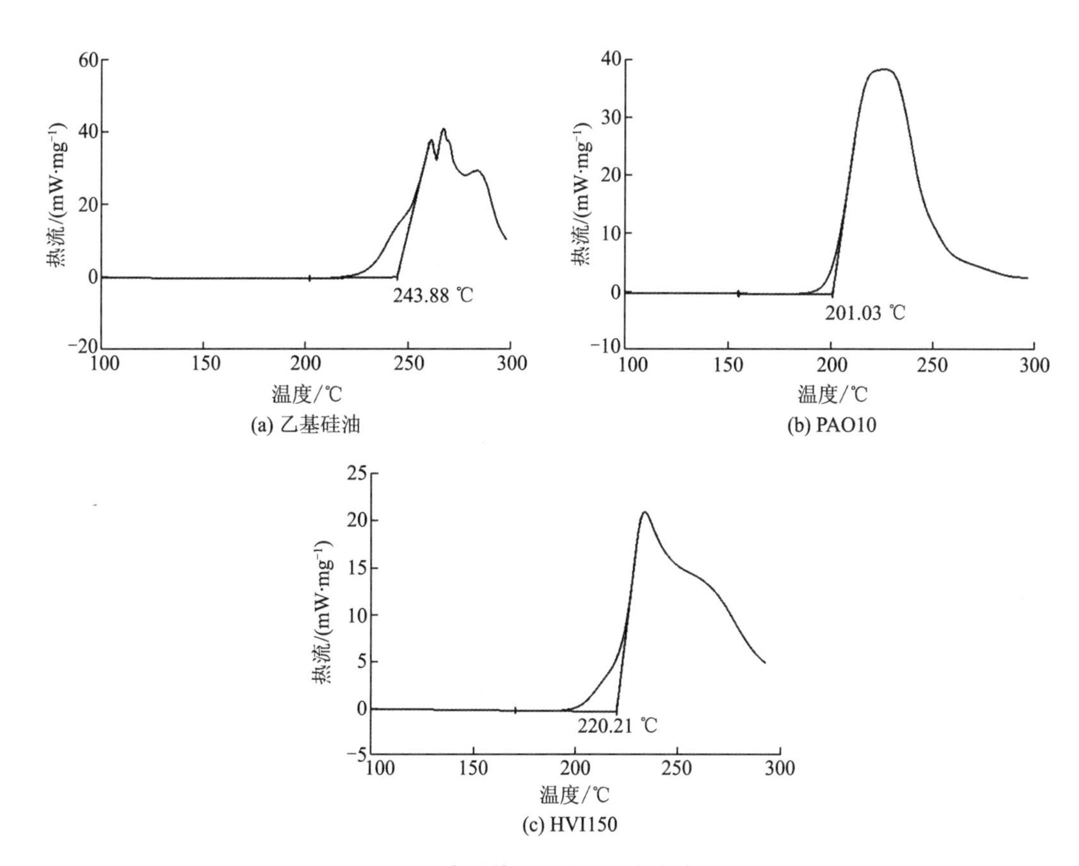

图 5.45 不同类型基础油随温度变化的热流曲线

此外，采用不同黏度的基础油制备磁流变脂，考察不同基础油黏度对磁流变脂氧化安定性的影响，结果如图 5.46 所示。可以看出，随着基础油黏度的增大，磁流变脂的氧化诱导温度呈现逐渐升高的趋势，但基础油黏度对磁流变脂氧化安定性的影响小于基础油类型对磁流变脂氧化安定性的影响。图 5.47 是不同黏度基础油的热流曲线。可以看出，随着黏度的增大，基础油的氧化诱导温度逐渐升高，与对应磁流变脂的变化规律一致，这可能与基础油的结构有关。对于矿物油而言，随着黏度的增大，基础油中重质组分(如芳香烃)的含量逐渐增大，而这些重质组分在氧化过程中具有比烷烃更稳定的性能，较难产生自由基，因而使其对应的基础油及磁流变脂具有更高的氧化诱导温度。对聚 α-烯烃油而言，随着黏度的增大，分子中高聚物的含量逐渐增大，氧化安定性越好，在氧化过程中受金属离子的攻击越难，基础油及相应的磁流变脂的氧化安定性越好。

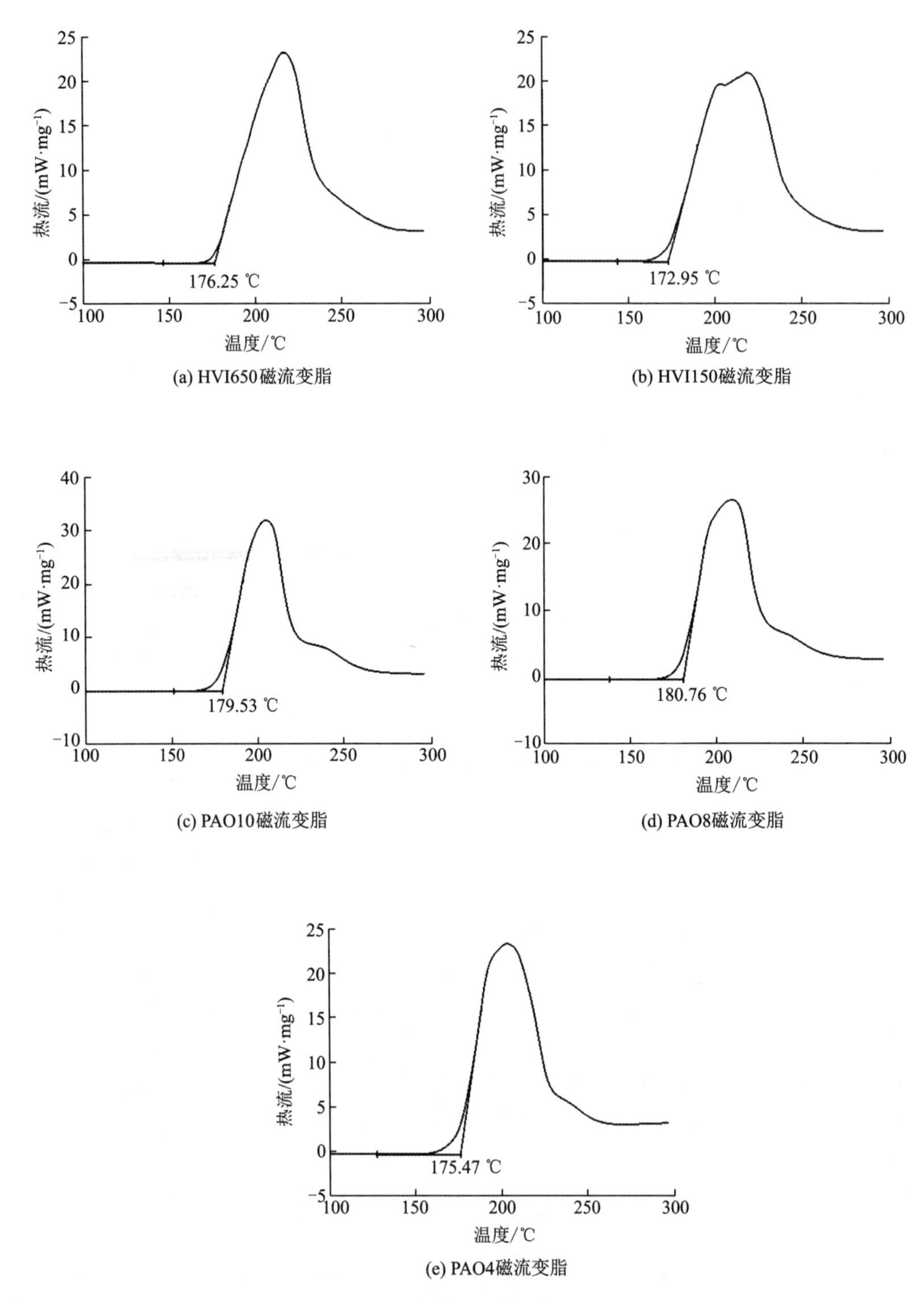

图 5.46　基于不同黏度基础油的磁流变脂的热流曲线

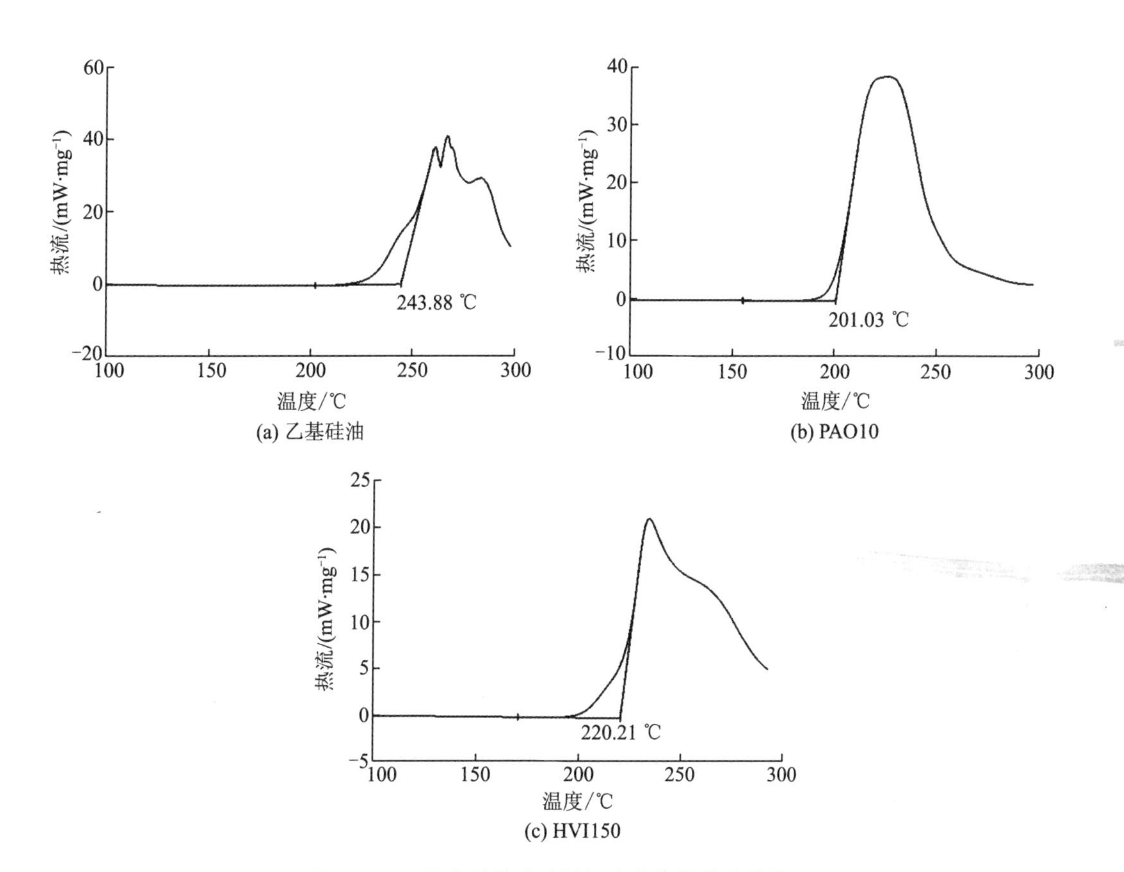

图 5.45 不同类型基础油随温度变化的热流曲线

此外，采用不同黏度的基础油制备磁流变脂，考察不同基础油黏度对磁流变脂氧化安定性的影响，结果如图 5.46 所示。可以看出，随着基础油黏度的增大，磁流变脂的氧化诱导温度呈现逐渐升高的趋势，但基础油黏度对磁流变脂氧化安定性的影响小于基础油类型对磁流变脂氧化安定性的影响。图 5.47 是不同黏度基础油的热流曲线。可以看出，随着黏度的增大，基础油的氧化诱导温度逐渐升高，与对应磁流变脂的变化规律一致，这可能与基础油的结构有关。对于矿物油而言，随着黏度的增大，基础油中重质组分（如芳香烃）的含量逐渐增大，而这些重质组分在氧化过程中具有比烷烃更稳定的性能，较难产生自由基，因而使其对应的基础油及磁流变脂具有更高的氧化诱导温度。对聚 α-烯烃油而言，随着黏度的增大，分子中高聚物的含量逐渐增大，氧化安定性越好，在氧化过程中受金属离子的攻击越难，基础油及相应的磁流变脂的氧化安定性越好。

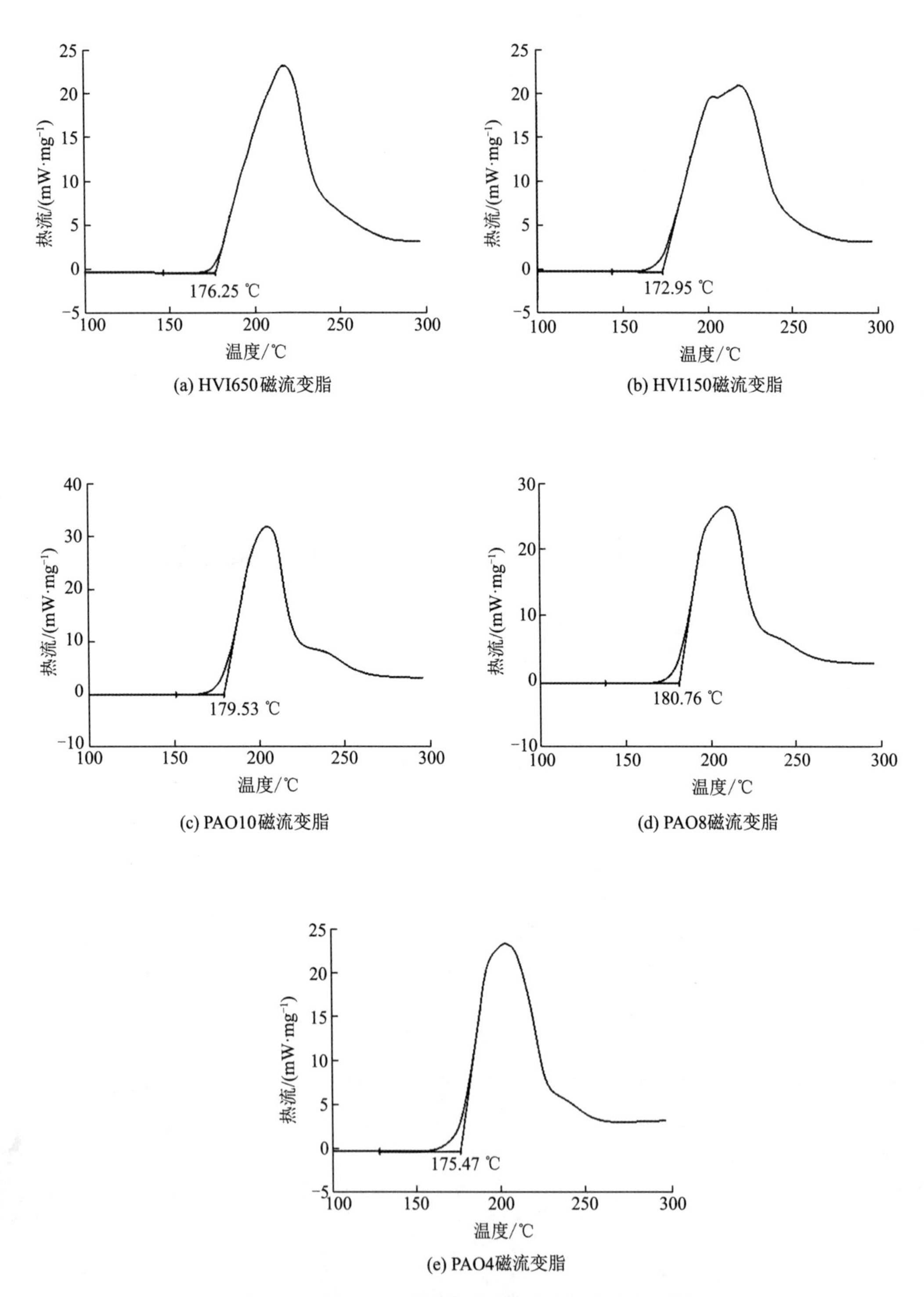

(a) HVI650磁流变脂

(b) HVI150磁流变脂

(c) PAO10磁流变脂

(d) PAO8磁流变脂

(e) PAO4磁流变脂

图 5.46　基于不同黏度基础油的磁流变脂的热流曲线

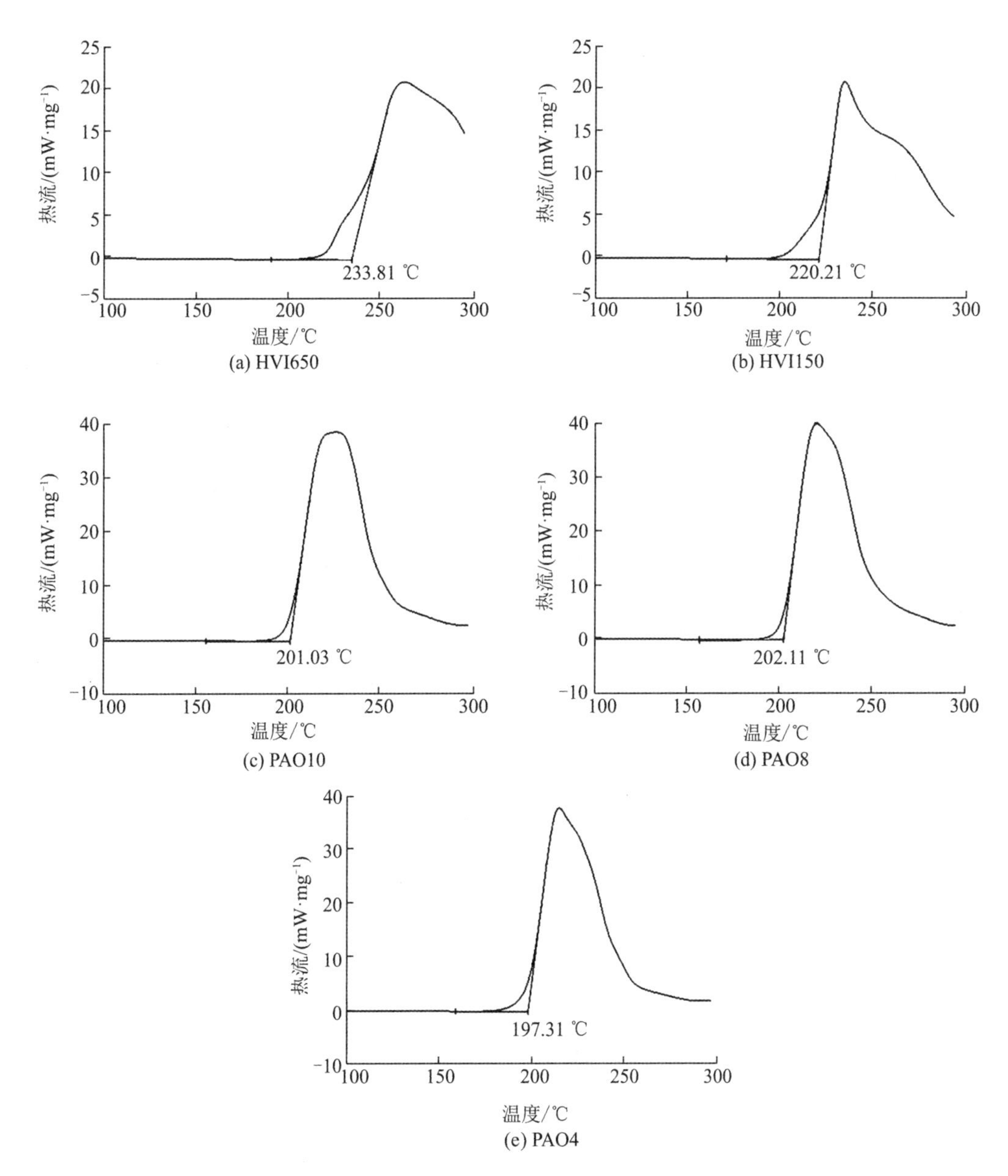

图 5.47 不同黏度基础油的热流曲线

5.4.1.3 抗氧剂对磁流变脂氧化安定性的影响

为了更好地揭示磁流变脂的氧化机理，通过添加抗氧剂，从抗氧化效果的角度来验证磁流变脂的氧化机理。由于金属离子在磁流变脂中可能会加速过氧化物的分解，从而对氧化反应起到催化作用。从传统润滑脂的氧化反应历程来看，有两种手段可以控制氧化的进行：一是防止生成氧化物，即加入对氧化物有很强亲和力的添加剂；二是阻止金属粒子的催化效应。从上述研究中可以发现，乙基硅油中硅氧键的存在使分子具有独特的化学不活泼性，且较长的分子结构对金属离子的催化具有一定的位阻效应，使基于乙基硅油的磁流变脂具有较好的氧化安定性。因此，根据不同的抗氧化作用机理，分别筛选出金属钝化剂、防锈剂、酚类抗氧剂及胺类抗氧剂等4种类型的添加剂，制备了添加剂质量分数为0.3%的乙基硅油基磁流变脂，考察加入不同类型添加剂后磁流变脂的抗氧化效果，揭示磁流变脂的氧化机理。

图5.48给出了含不同类型添加剂的磁流变脂的氧化诱导时间。磁流变脂的氧化诱导时间通过热流曲线上基线外推线和氧化放热峰速率最大处切线的相交点测得。从图中可以看出，没有任何添加剂的磁流变脂样品在实验条件下的氧化诱导时间为22.8 min，而添加金属钝化剂苯并三氮唑后磁流变脂的氧化诱导时间并未发生变化，添加其他抗氧剂时磁流变脂的氧化诱导时间均变长，其中加入吩噻嗪的磁流变脂样品的抗氧化性能最好，氧化诱导时间达到38.7 min，加入二苯胺的样品次之。不同抗氧剂类型的磁流变脂样品氧化诱导时间大小顺序为：胺类抗氧剂＞酚类抗氧剂＞防锈剂＞金属钝化剂。对于胺类抗氧剂来说，加入吩噻嗪(硫代二苯胺)的磁流变脂的抗氧化性能最好，而加入N-苯基-1-萘胺的样品的氧化性能较差。相比较而言，酚类和胺类抗氧剂均为自由基捕获剂，又称为游离基终止剂，添加该类抗氧剂使磁流变脂的氧化安定性提高，说明磁流变脂的氧化过程遵循自由基反应规律，乙基硅油的氧化主要是氧进攻其烃基产生硅氧游离基和硅游离基，羰基铁粉氧化后生成的铁离子和磁流变脂中的锂离子对乙基硅油中两种自由基的产生具有一定的加速作用。

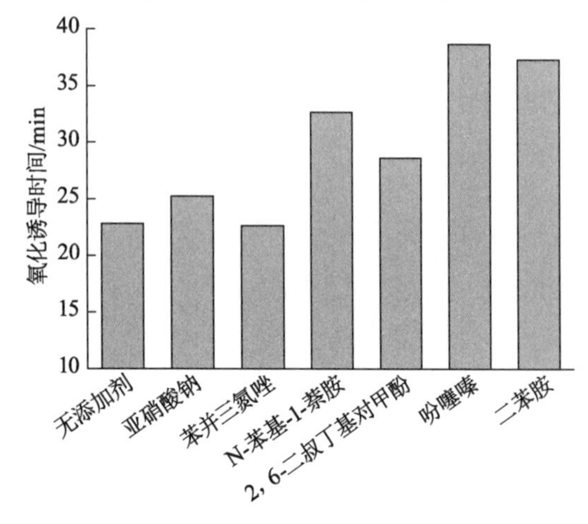

图5.48 含不同类型添加剂的磁流变脂的氧化诱导时间

添加不同作用机理的抗氧剂制得的磁流变脂的氧化安定性差异较大，不同抗氧剂在磁流变脂中的抗氧化效果可以验证磁流变脂的氧化机理。添加金属钝化剂的磁流变脂的氧化安定性并未发生改变。这可能是由于添加的金属钝化剂的含量较少，而磁流变脂中含有大量的羰基铁粉和较多的金属锂离子，从而使金属钝化剂的抗氧化效果无法体现，因此采用中和金属催化效果的方法对于提高磁流变脂的氧化安定性是不可行的。

防锈剂是表面极性大的化合物，在磁流变脂中可以吸附在羰基铁粉颗粒表面，防止金属表面与氧或酸性介质接触，保护金属颗粒不被氧化。加入防锈剂对提高磁流变脂的抗氧化性能具有一定的作用，但由于磁流变脂中金属颗粒较多，少量的防锈剂对磁流变脂抗氧化性能的改善效果不明显。

酚类和胺类抗氧剂同属自由基捕获剂，能与传递链反应的自由基结合，变为不活泼的物质，起到终止氧化反应的作用。从实验结果来看，这两类抗氧剂在磁流变脂中具有较好的抗氧化效果，证明磁流变脂的氧化以自由基氧化为主。胺类抗氧剂比酚类抗氧剂表现出更好的抗氧化效果，这与二者的使用环境有关。为了使皂化反应进行完全，在制备磁流变脂时常加入稍过量的氢氧化锂水溶液，使得制备的磁流变脂具有弱碱性，而胺类抗氧剂通常适用于中性或弱碱性的环境，酚类抗氧剂适用于弱酸性环境。此外，酚类抗氧剂的使用温度较低，在较高温度下容易发生分解，因而在实验温度下酚类抗氧剂表现出比胺类抗氧剂差的效果。对于含硫化合物吩噻嗪而言，由于其分子结构中含有硫，因此又被称为二类抗氧剂，用于分解基础油氧化过程中产生的过氧化物，阻止氧化反应的继续进行。由分析可知，吩噻嗪具有比二苯胺更好的抗氧化效果。

分别制备吩噻嗪的质量分数为0.1%、0.3%、0.6%、0.9%和1.2%的磁流变脂样品，考察抗氧剂含量对磁流变脂氧化安定性的影响，结果如图5.49所示。从图中可知，随着吩噻嗪质量分数的增加，磁流变脂的氧化诱导时间逐渐延长。与无抗氧剂相比，添加0.1%的吩噻嗪使磁流变脂的氧化诱导时间延长了13.6%，添加0.3%的吩噻嗪使磁流变脂的氧化诱导时间延长了69.5%，添加0.6%的抗氧剂可使磁流变脂的氧化诱导时间延长了102.0%，而随着抗氧剂含量的继续增加，磁流变脂的氧化诱导时间增加的幅度减小，表明添加量为0.6%时，磁流变脂的氧化安定性得到显著提高，继续增加抗氧剂含量对其氧化安定性的改善效果不明显，这可能是因为吩噻嗪的作用机理主要是分解基础油氧化过程中产生的过氧化物，随着抗氧剂含量的增加，抗氧化效果得到明显改善，当达到一定量时即能有效地阻止氧化反应的进行，进一步提高抗氧剂的含量对改善氧化安定性的效果不再明显。

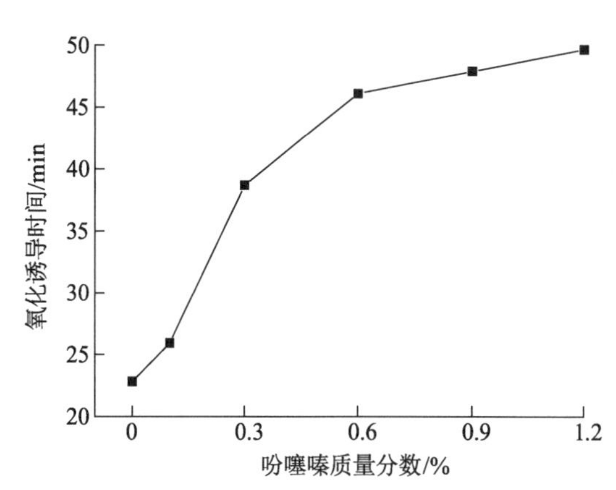

图5.49 磁流变脂氧化诱导时间随添加剂含量的变化关系

5.4.2 磁流变脂的热氧化性能

磁流变脂的耐久性与其氧化性能密切相关，通过富氧环境的加速氧化可评估磁流变脂的氧化安定性，但由于测试样品用量较少，很难检测样品氧化后其他性能的变化，对全面掌握磁流变脂氧化后的综合性能、指导磁流变脂的工程实践存在一定的缺陷。静态热氧化可以很好地模拟磁流变脂的真实氧化过程，反映磁流变脂氧化前后在宏观性能和微观成分上的差异，因此，开展磁流变脂的静态热氧化研究，探索磁流变脂热氧化后成分和流变性能的变化规律有助于预测磁流变脂的使用寿命，揭示磁流变脂的耐久性，为磁流变脂的使用、加注或更换提供参考。

采用静态热氧化法，将35 g磁流变脂样品装入蒸发皿中并标记编号，分别置于温度为60 ℃、120 ℃、180 ℃的干燥箱中，在不同时间间隔取出试样，称取实验前后样品质量的变化。采用安东帕MCR302流变仪对样品的流变行为进行表征，利用傅里叶变换红外光谱仪分析磁流变脂成分随热氧化的变化规律。

图5.50是在不同热氧化温度下磁流变脂的质量损失率随热氧化时间的变化关系。从图中可以看出，随着热氧化时间的延长，磁流变脂的质量损失率逐渐增大，这种变化在高温时更加明显，热氧化温度越高，磁流变脂的质量损失率越大。在180 ℃下热氧化15天后，磁流变脂的质量损失率达到11.6%。发生这种变化可能是由于在热氧化过程中，氧气进攻乙基硅油分子的有机基团，一部分形成气体产物（如二氧化碳、一氧化碳、氢等）而挥发掉，从而使磁流变脂的质量减小，质量损失率增大。

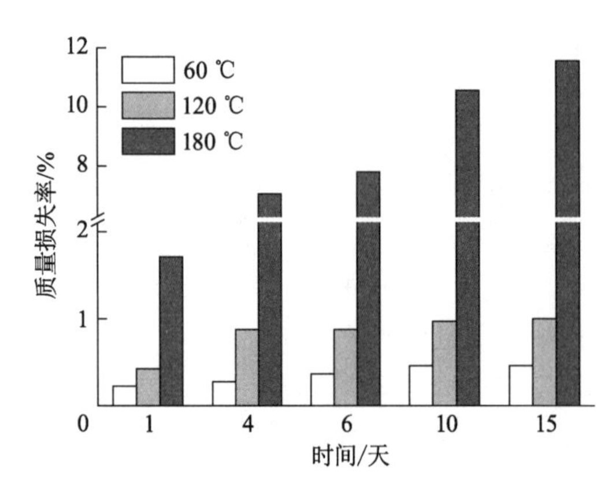

图 5.50 不同热氧化温度下磁流变脂的质量损失率随热氧化时间的变化关系

红外光谱特征吸收峰反映了物质的特征官能团，谱图中的峰变化对应物质内部分子结构的变化，通过观察基础油和稠化剂热氧化前后吸收峰的变化，可以分析磁流变脂的氧化程度。图 5.51 为不同热氧化温度下氧化 15 天后与原样磁流变脂的红外光谱图。从图中可以看出，磁流变脂的谱图与对应润滑脂的红外光谱图完全一致，这是由于羰基铁粉在红外光谱上并没有特征峰出现，皂含量相对较小，在光谱图中几乎无法观察。谱图中 2955 cm^{-1} 和 2876 cm^{-1} 附近分别为—CH_3 的不对称和对称伸缩振动吸收峰，2911 cm^{-1} 和 2733 cm^{-1} 附近分别为—CH_2—的不对称和对称伸缩振动吸收峰，1460 cm^{-1}、1412 cm^{-1} 和 1378 cm^{-1} 分别为—CH_2—剪式振动和—CH_3 的不对称变角振动吸收重叠峰，1240 cm^{-1} 附近为 Si—Et 的振动吸收峰，1070 cm^{-1} 和 1030 cm^{-1} 附近为线性聚硅氧烷中 Si—O 的伸展振动吸收峰。996 cm^{-1} 是 Si—Et、交联硅氧烷 Si—O 的振动吸收叠加峰，956 cm^{-1} 和 945 cm^{-1} 附近为交联硅氧烷中 Si—O 的伸展振动吸收峰，729 cm^{-1} 附近是—CH_2—的面内摇摆吸收峰。从经历不同热氧化温度的红外谱图中可看出，随着温度的增加，磁流变脂的红外谱图与原样比较出峰位置和峰形几乎无变化，只是峰高发生了变化，这可能是由于磁流变脂的基础油在氧化后，原有的 Si—O 键转化成了 Si—O—Si键，使得在红外光谱图谱上出峰位置和峰形几乎无变化，但官能团含量的变化导致峰高发生了变化。

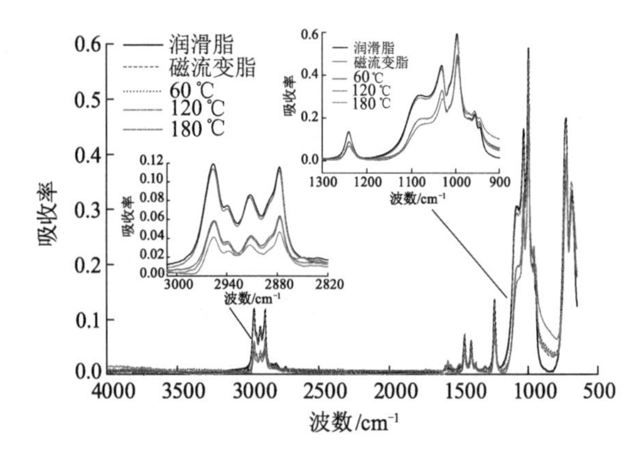

图 5.51 不同热氧化温度下氧化 15 天后与原样磁流变脂的红外光谱图

随着温度的升高，分子在 2955～2733 cm^{-1} 范围内的吸收峰和 1240 cm^{-1} 附近的吸收峰的高度降低，表明硅油分子中的—CH_3 和—CH_2—被氧气消耗，转化为二氧化碳、一氧化碳、水、甲醛等在烘箱中挥发，导致样品的质量减小。1070 cm^{-1}、1030 cm^{-1} 和 996 cm^{-1} 附近吸收峰的峰高降低，956 cm^{-1} 和 945 cm^{-1} 附近吸收峰的峰高上升，表明随着温度的升高，磁流变脂中的基础油分子由线性聚硅氧烷向交联聚硅氧烷转变，发生硅氧游离基和硅游离基的结合，形成交联聚硅氧烷分子，交联度随着烃基基团与硅的比值的减小而增加，当该比值较小时，线性聚硅氧烷发生内部交联，聚硅氧烷从黏稠的液态逐渐转变为柔软的固态，最终随着交联度的增加，成为脆性的玻璃态。

图5.52是不同温度下磁流变脂热氧化15天后与原样的剪切应力随剪切速率的变化关系。从图中可以看出，相对于润滑脂而言，磁流变脂在相同剪切速率下剪切应力较大，表明相同剪切速率下磁流变脂的黏度大于相应的润滑脂。随着热氧化温度的升高，磁流变脂的剪切应力逐渐增大，表明磁流变脂的黏度逐渐增大。经历180 ℃热氧化2天后的磁流变脂几乎变为固体，无法实现旋转剪切测试。

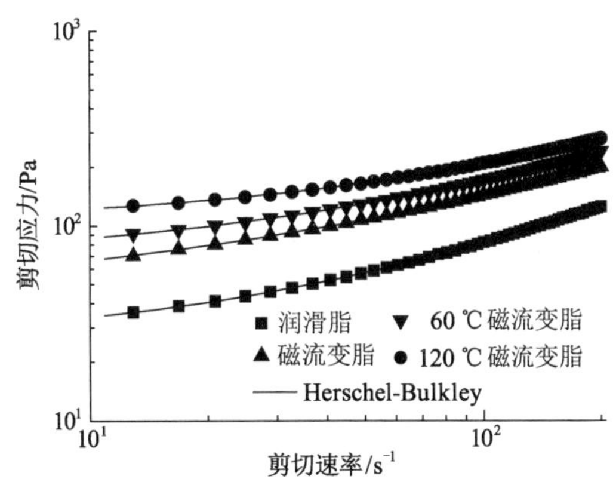

图5.52 热氧化15天后与原样磁流变脂的剪切应力与随剪切速率的变化关系

采用Herschel-Bulkley模型对剪切应力-剪切速率曲线进行拟合，计算磁流变脂和润滑脂的屈服应力。该模型可表述为

$$\tau=\tau_y+k\dot{\gamma}^n \tag{5.3}$$

式中，τ 为剪切应力；$\dot{\gamma}$ 为剪切速率；k 为稠度系数；n 为流动指数；τ_y 为屈服应力。

表5.9给出了经历不同热氧化温度的磁流变脂的流变曲线的拟合参数，可以看出Herschel-Bulkley方程能较好地拟合润滑脂及磁流变脂的流变曲线，磁流变脂的屈服应力大于润滑脂的屈服应力。随着热氧化时间的延长，磁流变脂的屈服应力值逐渐增大。在相同热氧化时间内，随着热氧化温度的逐渐升高，磁流变脂的屈服应力显著增大。这是因为在氧化反应中，氧与分子中的有机基团反应生成的气体产物挥发，黏度逐渐增大，磁流变脂中硅油分子逐渐交联，导致磁流变脂的屈服应力逐渐增大，最终凝胶化，磁流变脂变为类固体。

表5.9 经历不同热氧化温度磁流变脂的流变曲线的拟合参数

热氧化温度/℃	热氧化时间/天	参数			
		τ_y	k	n	R
60	1	45.53	4.177	0.6828	0.9999
	4	55.64	2.869	0.7537	0.9999
	6	57.80	3.485	0.7358	0.9999
	10	59.20	3.909	0.7101	0.9999
	15	68.30	3.352	0.7424	0.9999
120	1	68.27	4.481	0.6816	0.9999
	4	68.51	4.468	0.6744	0.9999
	6	91.18	2.916	0.7574	0.9998
	10	94.26	5.297	0.6845	0.9999
	15	103.8	3.251	0.7528	0.9999
180	1	86.35	3.179	0.7552	0.9995

图 5.53 为不同温度下热氧化 15 天后与原样磁流变脂的储能模量与损耗因子随剪切应变的变化关系，实心表示储能模量，空心表示损耗因子。可以看出，在经历不同热氧化温度后，磁流变脂的储能模量发生显著变化。在 60 ℃热氧化后磁流变脂的储能模量比原样稍有增大，线性黏弹区几乎无变化，损耗因子略有减小。随着热氧化温度的升高，磁流变脂的储能模量逐渐增大，线性黏弹范围逐渐减小，在线性黏弹区内磁流变脂的损耗因子逐渐减小，表明随着热氧化温度的增大，磁流变脂的流动性逐渐降低，线性黏弹区内的储能模量逐渐增大，黏性与弹性的比例逐渐减小，固体特征更加明显。在线性黏弹区外经历 180 ℃热氧化的磁流变脂的损耗因子随剪切应变的增大迅速增大，远大于其他温度下的相应数值。这可能是由于在 180 ℃下热氧化的磁流变脂发生内部交联的程度较大，固体性能明显，在线性黏弹区外，破坏磁流变脂的结构时产生的耗散能较大，结构破坏后储能模量迅速减小，损耗因子迅速增大。

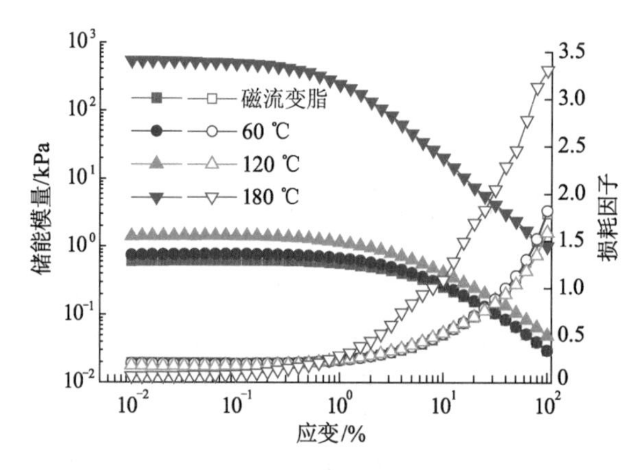

图 5.53　不同温度下热氧化 15 天后与原样磁流变脂的储能模量与损耗因子随剪切应变的变化关系

图 5.54 是不同温度下热氧化 15 天后与原样磁流变脂的储能模量与损耗因子随磁场强度的变化。

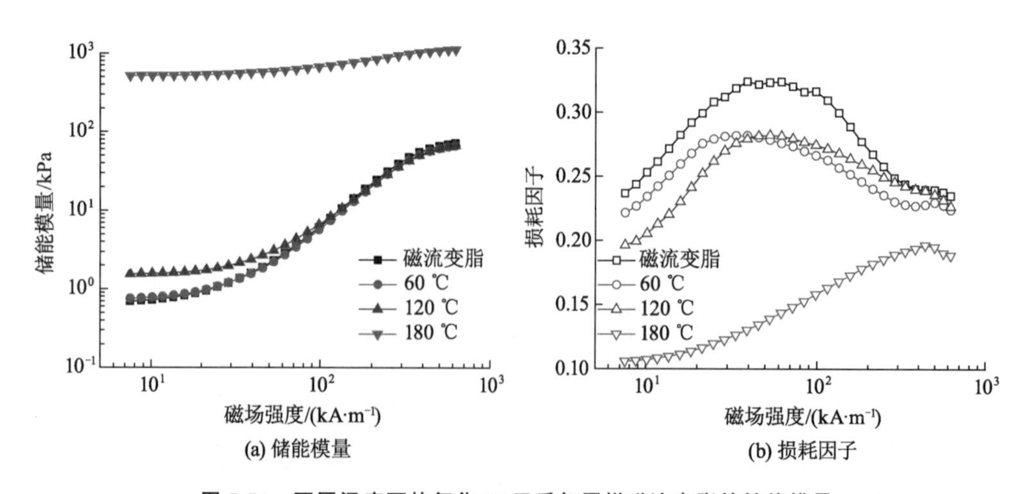

图 5.54　不同温度下热氧化 15 天后与原样磁流变脂的储能模量与损耗因子随磁场强度的变化

从图 5.54 中可以看出，相同磁场强度下，随着热氧化温度的升高，磁流变脂的储能模量逐渐增大，损耗因子逐渐减小。随着磁场强度的增大，储能模量值逐渐增大，损耗因子先增大后减小，存在最大值。在 180 ℃下，磁流变脂经历 15 天热氧化后，储能模量随磁场强度的增大呈现较小的变化，损耗因子明显小于其他温度下的磁流变脂，且损耗因子出现最大值时对应的磁场强度明显大于其他温度条件时的值。而在 60 ℃下，磁流变脂在经历 15 天热氧化后，储能模量仅比原样略有增大，储能模量随磁场强度的变化趋势与原样相同，但损耗因子有所下降。这表明在高温下磁流变脂的结构发生显著变化，硅油分子的氧化交联使得磁流变脂失去流动性，在磁场作用下磁性颗粒在磁流变脂结构中的移动受阻，磁流变脂储能模量主要由其非磁性结构贡献，磁性颗粒只有在非常大的磁场强度下才能沿磁场方向排列，导致磁场作用下磁流变脂的损耗因子最大值延后。

计算不同热氧化温度下磁流变脂的磁流变效应，绘制磁流变脂的磁流变效应随热氧化时间的变化关系图，结果如图 5.55 所示。可以看出，随着热氧化时间的延长，磁流变脂的磁流变效应逐渐下降。在 180 ℃下，磁流变脂的磁流变效应在 4 天后出现显著下降，仅为原样的 4.96%，在 15 天后磁流变效应为原样的 1.14%。在 120 ℃和 60 ℃下，热氧化 15 天后的磁流变效应分别是原样的 41.4%和 84.6%。表明高温下的热氧化使磁流变脂中的基础油分子发生交联，基础油氧化生成的气体产物挥发，黏度急剧增大，流动性逐渐消失，磁流变效应显著降低。在热氧化温度较低时，磁流变脂的基础油氧化较缓慢，磁流变效应下降不明显。

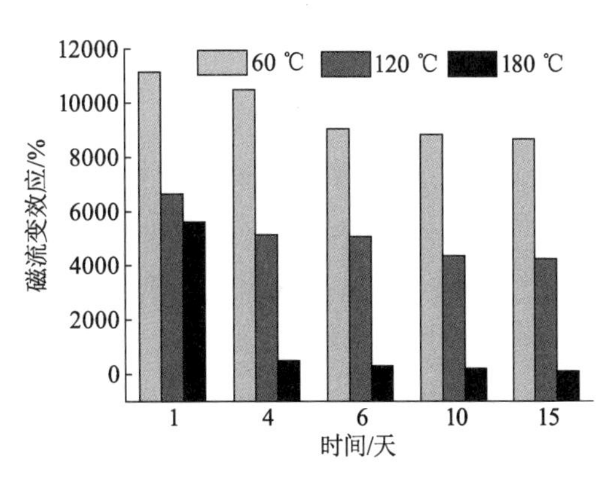

图 5.55 不同热氧化温度下磁流变脂的磁流变效应随热氧化时间的变化关系

本章参考文献

[1] 冯圣玉，张洁，李美江，等.有机硅高分子及其应用[M].北京：化学工业出版社，2004.

[2] 胡志德，晏华，郭小川，等.具有阻尼功能的锂基磁流变脂的稳定性及流变性能[J].石油学报(石油加工)，2015，31(1)：166—171.

[3] 蒋明俊，郭小川，熊晓龙.复合铝基润滑脂的制备及性能[J].石油学报(石油加工)，2011，27(S1)：16—19.

[4] 蒋明俊，郭小川.润滑脂性能及应用[M].北京：中国石化出版社，2010.

[5] 谢星.皂纤维结构对润滑脂性能影响的试验研究[D].哈尔滨：哈尔滨工业大学，2008.

[6] SAHIN H，WANG X J，GORDANINEJAD F. Temperature dependence of magneto-rheological materials[J].Journal of Intelligent Material Systems and Structures，2009，20(18)：2215—2222.

[7] ULICNY J C, HAYDEN C A, HANLEY P M, et al. Magnetorheological fluid durability test—organics analysis[J].Materials Science and Engineering: A,2007, 464(1—2): 269—273.
[8] PARK J H, CHIN B D, PARK O O. Rheological properties and stabilization of magnetorheological fluids in a water-in-oil emulsion[J]. Journal of Colloid and Interface Science,2001,240(1): 349—354.
[9] WOLLNY K, LÄUGER J, HUCK S. Magneto sweep—a new method for characterizing the viscoelastic properties of magneto-rheological fluids[J]. Applied Rheology, 2002,12(1): 25—31.
[10] KINTZ K A, CARLSON J D, MUNOZ B C, et al. Magnetorheological grease composition: US 6547986[P].2003—04—15.
[11] DELGADO M A, SÁNCHEZ M C, VALENCIA C, et al. Relationship among microstructure, rheology and processing of a lithium lubricating grease[J]. Chemical Engineering Research and Design,2005,83(9): 1085—1092.
[12] RANKIN P J, HORVATH A T, KLINGENBERG D J. Magnetorheology in viscoplastic media[J].Rheologica Acta,1999,38(5): 471—477.
[13] CHHABRA R P.Bubbles, drops, and particles in non-newtonian fluids[M].Boca Raton, Fla: CRC Press, 1993.

第6章　磁流变材料测试新方法

本章针对磁流变材料性能传统测试方法中存在的不足，简述流变性能、悬浮稳定性、再分散性及摩擦学性能的测试新方法。

6.1　磁流变材料的传统测试方法

磁流变材料在不同磁场、不同剪切速率下的流变性能、悬浮稳定性、再分散性和摩擦学性能是其工程应用的前提，也是测试与评价磁流变材料的重要指标。目前，学界已经形成了较为成熟的流变学和悬浮稳定性测试方法体系。

6.1.1　流变性能测试方法

现阶段，磁流变特性测试主要还是在普通流变仪的基础上加磁场发生装置来进行磁流变测量。根据磁流变材料的工作模式一般可以分为两种测试方法。

(1) 流动模式

流动模式的测试原理是在阻尼通道(细长狭缝或者毛细管)外面施加磁场，通过测量阻尼通道两端的压力差与单位时间的流量的关系，计算出磁流变材料的剪切应力、塑性黏度等参数。

(2) 旋转剪切模式

旋转剪切模式的工作原理是在外加磁场作用下，将磁流变材料置于两个相对运动的磁极之间，利用磁极的相对转动，使被测液体承受剪切，通过扭矩传感器检测力矩，进而求出其剪切应力和对应的剪切速率等参数。

基于流动模式的测量方法可以达到较大的剪切速率，然而在较强磁场下磁性颗粒滞留在管道中，载液却被挤出，使得管道中磁性颗粒的局部浓度增大，测试结果偏高。因此，目前多数磁流变测试仪器和试验装置都是根据旋转剪切模式设计的，按其剪切结构又分为同轴圆筒、锥板和平行板旋转剪切模式。其中，同轴圆筒旋转剪切模式适用于低黏度样品，但是由于剪切速率的非线性、端面效应以及圆筒壁面滑移等问题，导致其不适用于高剪切下的流变测试，且内外圆筒的剪切半径不等会导致间隙处的磁场强度不同，形成扇形状不均匀磁场。锥板旋转剪切模式能保证样品内各点的剪切速率相等，但径向方向的磁阻也会随着阻尼间隙的增大而增大，导致磁场分布不均匀，且存在颗粒堵塞锥顶处狭缝的风险。对于平行板剪切模式而言，由于磁流变材料装载方便，易于施加磁场，测量过程持续性好，数据准确稳定，因而该模式被广泛应用于磁流变性能测试装置。

6.1.2 悬浮稳定性测试方法

磁流变材料悬浮稳定性测试最常采用的是自然沉降法，即在重力作用下，直接观察磁流变材料的沉降和分层情况，计算上清液区在一定时间内占样品总高度的比值和泥线下移的速率，以此作为悬浮稳定性的评价指标。对一些黏度特别大的磁流变材料，也可通过离心等方法加快沉降过程，从而对其悬浮稳定性进行评价。然而，由于磁流变材料的非透明性，该方法只限于对上清液区进行观测。显然，这种方法忽略了上清液区以下的所有沉降区，尤其是沉积区。此外，泥线实质上处于初始浓度区，而初始浓度区在一定时间后将消失而变成可变浓度区，因此以较短时间内泥线的沉降速率来评价一种磁流变材料的悬浮稳定性亦是不客观的。

6.1.3 再分散性测试方法

在我国的机械行业标准中，对于磁流变液再分散性的评价方法是用玻璃棒或金属棒主观感受沉淀物的软硬。该方法虽然能够简单地对再分散性进行表征，但是更多取决于个人的主观感受，不够准确。有些研究者参照美国机械工业学会提出的颜料悬浮稳定性评价标准（ASTM D869）对磁流变液的再分散性进行评价。该方法能较快速地评估磁流变液的再分散性，但依旧存在受主观因素影响过大、不够准确等缺点。少数研究者曾采用延时流变测试法定性表征磁流变液的再分散性。该方法可以粗略估计磁流变液再分散性的优劣，但存在以下缺点：一是测试系统测试的是整个液柱的平均黏度，而非颗粒密度最大的沉积区的黏度；二是每次测试中转子的旋转都不可避免地改变了样品的剪切历史。

6.1.4 摩擦学性能测试方法

由于磁流变材料的载液（载体）中含有大量微米级铁磁性颗粒，这些颗粒可能对器件连接处、缸壁等造成严重的刮擦和磨粒磨损，因此磁流变材料的摩擦磨损性能也是其进行工程应用的关键技术指标之一。现阶段针对磁流变材料开展的摩擦学性能测试主要围绕磁流变液展开，通过四球机、环块摩擦试验设备等对磁流变液在点摩擦、面摩擦等条件下的摩擦系数进行测定，并对磨斑形态进行显微观察。然而，由于目前尚无磁流变材料在力-磁耦合作用下摩擦磨损行为的标准测试方法，且在传统摩擦磨损实验设备上加装磁场发生装置仍存在诸多技术难题，因此对有磁场条件下磁流变材料的摩擦学性能进行测试存在一定的困难。

6.2 双间隙流变测试方法

6.2.1 单间隙流变测试方法的不足

在设计磁流变测试装置时应使通道中的磁流变液的流动方向垂直于磁场方向，以便充分利用磁流变效应来检测装置的输出力矩。起初，最简单的磁流变测试装置是将整个剪切机构置于线圈内（图 6.1a）来获得均匀磁场，但这导致其磁路体积很庞大，而样品内的磁场强度却很低。为了增大磁场强度，可将导磁体置于励磁线圈内形成闭合磁路，如图 6.1b 所示，当电流源给线圈加励磁电流时，磁流变样品处可产生垂直于剪切方向的强磁场。现阶段单间隙流变测量方法还存在一些不容忽视的问题：

① 当平行板转子的转速过大时，磁流变样品中的悬浮颗粒会受离心力的作用而被甩出，无法完成高剪切速率下流变性能的测试；

② 存在壁面滑移现象；

③ 转子穿过磁轭，导致施加于磁流变样品区域的磁场不均匀；

④ 磁流变材料在磁场作用下会产生平行于磁场方向的法向应力(Laun，2010)，由于转子系统轴向的承受能力限制了可施加的最大磁场强度，因此磁流变材料无法达到饱和。

针对平行板测试系统的不足，Laun(Laun，2010)等提出了一种基于 MCR 系列流变仪的等双间隙磁流变测试单元(twin gap magnetocell，TG，图 6.1c)，铁磁性的平板转子浸入样品槽，形成两个厚度相等的固定剪切间隙(0.3 mm)。等双间隙磁流变测试单元的剪切速率可以达到 104 s^{-1}，样品也不会被甩出；同时，由于平板两侧均有磁流变样品，磁场作用下的法向应力可以相互抵消；铁磁性平板转子增强了平板与颗粒间的磁相互作用，避免了壁面滑移的发生，并且外磁感应强度可以达到 1.4 T。

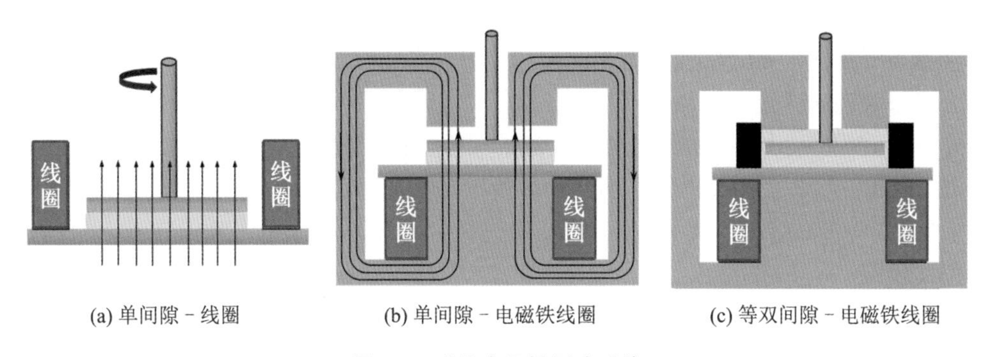

(a) 单间隙 - 线圈　　(b) 单间隙 - 电磁铁线圈　　(c) 等双间隙 - 电磁铁线圈

图 6.1　磁流变平板测试系统

虽然磁性转子增强了样品区的磁场强度，但是由于上磁轭中心的转子孔存在，因此上下剪切间隙的磁场分布依然不均匀。

基于双间隙磁流变测试单元的概念，为获得强度更高、分布更均匀的磁场，对双间隙测试进行以下拓展：① 通过向上移动磁性转子来弥补由于空气间隙带来的磁场强度的减小；② 通过增加平板厚度来增强和调节剪切间隙中的磁场强度。同时，建立双间隙剪切下磁流变液剪切应力输出理论模型，并通过计算流体动力学模拟分析双间隙磁流变剪切装置的流体流动行为，对理论模型进行改进并验证。最后将理论分析模型应用于稳定剪切应力输出的控制实验中，进一步证明理论的正确性。

6.2.2　磁路设计

为通过励磁电流精确控制磁场范围和强度，生成匀强磁场，可基于 Physica MCR 501 模块化智能型高级流变仪及其 MRD 70 附件进行磁场仿真分析。图 6.2 为双间隙磁流变测试单元(double gap magnetocell，DG)示意图，其主要由上、下两个剪切间隙组成：上磁轭与磁性转子上表面构成上间隙(upper gap)，厚度为 h_u，下磁轭与转子下表面构成下间隙(bottom gap)，厚度为 h_b。转子厚度为 h_r，其轴半径 R_s＝2.5 mm，转子通道半径 R_b＝3 mm，转子平板半径为 R_r，上、下磁轭半径 R＝10 mm，样品腔室总厚度 H＝4.7 mm，腔室周围固定一环形非磁性橡胶圈以避免样品泄漏。实验时采取分步加样：首先将下间隙填满样品，其次转子下移至指定位置，最后将上间隙填满样品。此外，由于转子半径小于磁轭半径，这增加了另一环形工作间隙(cylinderial gap)。当电源给线圈加励磁电流产生磁场时，磁场沿着下磁轭→下间隙磁流变液→磁性转子→上间隙磁流变液→上磁轭，构成一个闭合回路，此时工作间隙中磁场近似为均匀磁场。

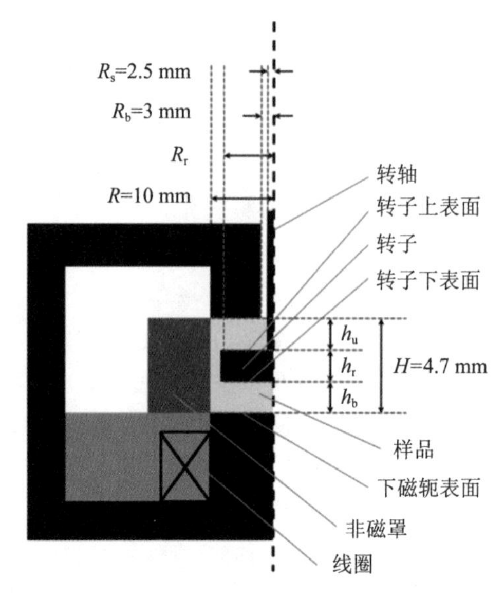

图 6.2　双间隙磁流变测试单元示意图

该磁流变测试单元与 Laun 提出的双间隙测试单元相似，但存在以下 3 点不同：一是磁流变样品直接置于下磁轭上；二是上、下剪切间隙厚度可调($h_b \neq h_u$)；三是磁性转子平板厚度可调。

为了得到励磁线圈在样品处产生的磁场分布，首先对单间隙的 MRD 70 测试单元进行有限元分析，以确定磁感应强度与励磁电流的关系。同时利用特斯拉计对间隙内径向磁场分布进行实测，并与仿真结果对比，如图 6.3 所示。通过调节单间隙的 MRD 70 模型中磁轭的几何参数，使仿真结果与实测值相吻合，最终确定 MRD 70 模型的几何参数，用于双间隙测试单元模拟。

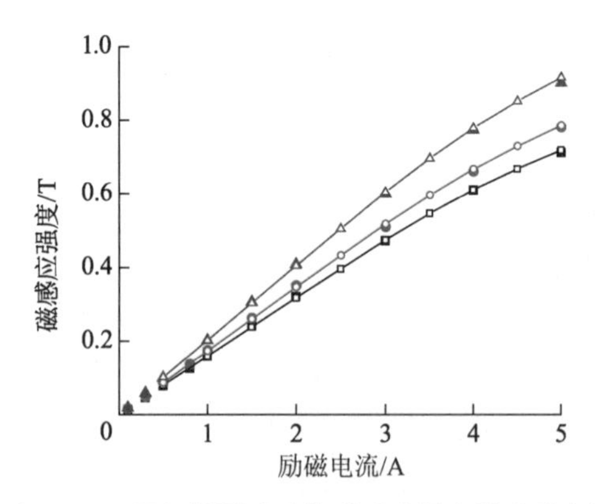

图 6.3　PP20/MRD 70 平行板测试系统磁感应强度随励磁电流的变化曲线

注：① 图中实心符号为特斯拉计(STH17－0404)的实测值，测试位置：垂直方向距离下磁轭 z＝0.5 mm 处，水平方向分别为距离中心 r＝0 mm(方形符号)，r＝7 mm(圆形符号)，r＝9.5 mm(三角形符号)处。响应位置的仿真结果为空心符号。② 特斯拉计的霍尔元件探头厚 1 mm、宽 4 mm、长 101 mm，其敏感区位于探头末端 0.85 mm 处，测试时将其插入间隙中的内置平板的测试通道中。③ 非磁性平板转子不会影响测量磁轭间的磁感应强度，测量时间隙中无样品。

图 6.4 为等双间隙测试单元间隙中部的径向磁感应强度仿真结果，其中转子材料选用矫顽力小、磁滞回线面积小的电工软铁，其几何参数为 h_r＝1 mm，R_r＝7.95 mm，上、下间隙

厚度为 $h_b = h_u = 1.85$ mm(等双间隙情况)。从图中可以看出,剪切间隙内磁感应强度并不相同,这将导致磁性颗粒在磁场梯度下产生迁移,使得样品变得不均匀,影响测试结果。

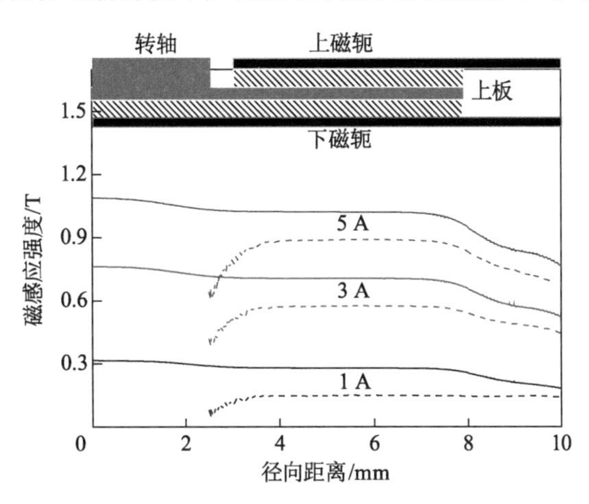

图 6.4 等双间隙测试单元间隙中部的径向磁感应强度仿真结果

注:虚线代表上间隙,实线代表下间隙。

为了评价样品处磁场的均匀性,定义磁场均匀性无量纲数表示模型中上、下工作间隙内磁感应强度的差异(change in magnetic field,CMF)为

$$\mathrm{CMF} = \frac{\bar{B}_b - \bar{B}_u}{\bar{B}_u} \tag{6.1a}$$

式中,

$$\bar{B} = \frac{\int_{\Omega} B(r,z)\mathrm{d}A}{\Omega} \tag{6.1b}$$

为与流变学相关的平均磁感应强度;Ω 为模型中工作间隙样品所占面积;$\bar{B}_b$ 为下间隙平均磁感应强度($r<R_r$);$\bar{B}_u$ 是上间隙平均磁感应强度($R_b<r<R_r$),如图 6.4 阴影部分所示。

6.2.2.1 平板转子的垂直位置

图 6.5 为磁性转子在垂直方向的位置对工作间隙内磁感应强度和磁场均匀性的影响。图 6.5a 表示不同励磁电流下,$\bar{B}_b$ 和 $\bar{B}_u$ 随转子垂直位置(以下间隙厚度 h_b 表示)变化的仿真结果。可以看出,当 h_b 较小时,$\bar{B}_b > \bar{B}_u$,这与图 6.4 结果一致。增大下间隙厚度 h_b,上、下工作间隙的磁感应强度趋于相等,当磁感应强度曲线出现交叉时,上、下间隙内磁场达到平衡状态,交叉点处磁感应强度(或平衡磁场)为 $\bar{B}_x \equiv \bar{B}_b = \bar{B}_u$。图 6.5b 为交叉点处磁感应强度随励磁电流的变化,通过拟合发现 $\bar{B}_x$ 与电流强度近似服从指数分布。图 6.5c 给出了不同励磁电流下磁场均匀性指标 CMF 随下间隙厚度 h_b 的变化,从图中可知,当 h_b 增大时,测试单元内部的磁场分布逐渐均匀。

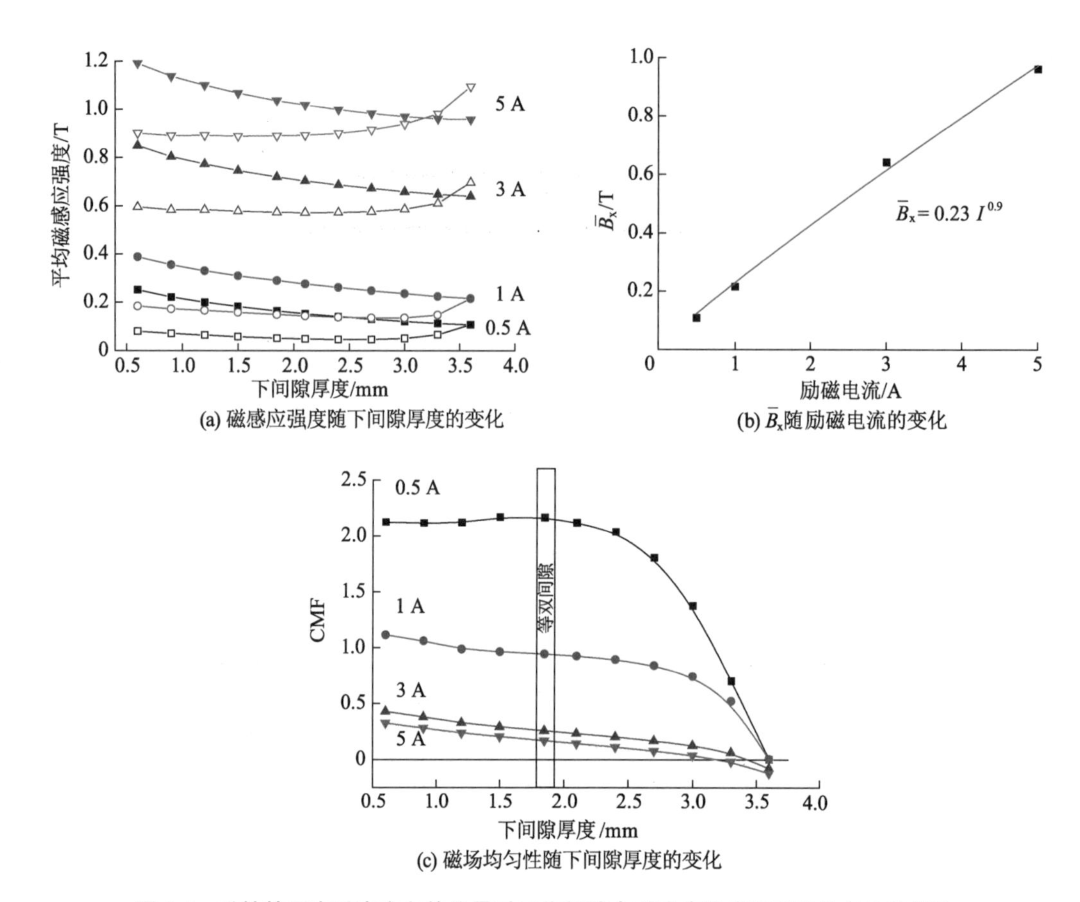

(a) 磁感应强度随下间隙厚度的变化

(b) $\bar{B}_x$随励磁电流的变化

(c) 磁场均匀性随下间隙厚度的变化

图 6.5　磁性转子在垂直方向的位置对工作间隙内磁感应强度和磁场均匀性的影响

注：① 空心符号代表上间隙，实心符号代表下间隙。② 磁性转子几何参数为 $R_r = 7.95$ mm，$h_r =$ 1 mm。③ 图 c 中两实线间为 $h_b = h_u = 1.85$ mm 时的数据。

6.2.2.2　平板转子的厚度

在磁流变测试单元的改进研究中多假定转子平板厚度恒为 1 mm，这里对其进行优化。就此而言，转子平板最优厚度以及最佳垂直位置对获得强度大、均匀性良好的磁场具有重要意义。首先，为了满足强磁场要求，磁性转子平板要足够厚以增强样品中的磁感应强度；其次，由于上磁轭中心的圆孔减弱了上间隙内的磁感应强度，因此转子需向上移动进行弥补。仿真结果也表明，当转子靠近上磁轭时，上、下工作间隙内的磁感应强度容易达成一致。

图 6.6 所示为励磁电流 $I = 5$ A 时，不同厚度的磁性转子在不同垂直位置时工作间隙内各指标的仿真结果。图 6.6a 为$\bar{B}_b$ 和$\bar{B}_u$ 随下间隙厚度 h_b 和平板厚度 h_r 的变化曲线，仿真结果显示，平板越厚，两工作间隙越容易达到平衡磁场。在未添加磁流变液的情况下，$h_r =$ 3 mm 时，工作间隙内磁感应强度可高达 1.7 T。图 6.6b 表示磁场均匀性指标 CMF 随下间隙厚度 h_b 及平板厚度 h_r 的变化，数据表明，随着 h_r 的增大，上、下间隙磁场达到平衡时的下间隙厚度 h_b 减小。图 6.6c 为转子厚度及垂直位置对其所受到的法向作用力的影响。由于上、下间隙内磁场强度不同，导致磁性转子两侧的静磁作用力大小不同。从图中可知，转子所受到的净法向力随着下间隙厚度 h_b 的增大而减小。总的来说，对于所有仿真参数 h_b、

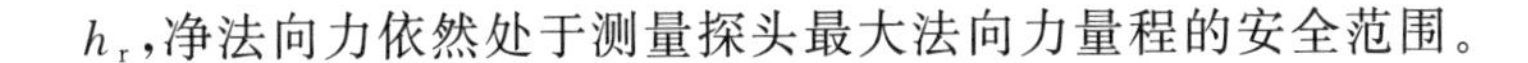

h_r，净法向力依然处于测量探头最大法向力量程的安全范围。

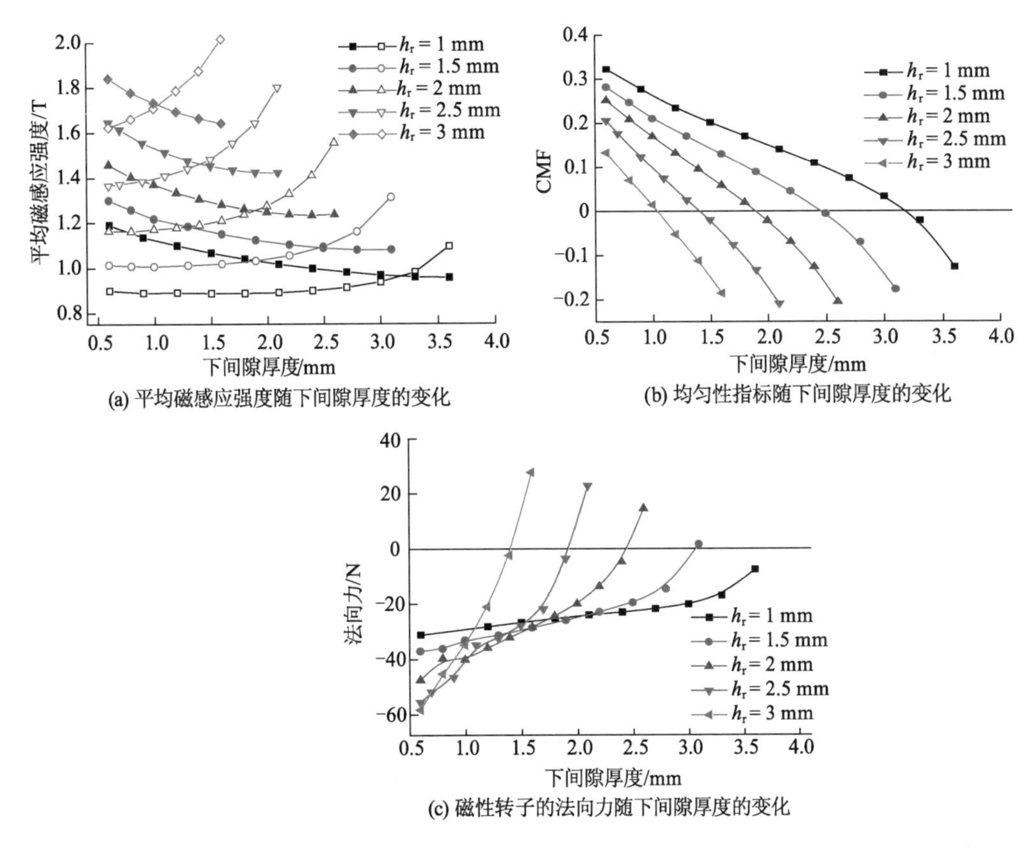

(a) 平均磁感应强度随下间隙厚度的变化

(b) 均匀性指标随下间隙厚度的变化

(c) 磁性转子的法向力随下间隙厚度的变化

图 6.6　励磁电流为 5 A 时，不同厚度的磁性转子在不同垂直位置时工作间隙内各指标变化关系

注：① 空心符号表示上间隙，实心符号表示下间隙。② 磁性转子几何参数为 R_r＝7.95 mm，h_r 变化范围为 1～3 mm。

6.2.2.3　*励磁电流*

图 6.7 所示为励磁电流对测试单元磁感应强度及磁场均匀性的影响。特别地，图 6.7a 给出了不同励磁电流下，上、下间隙内磁场达到平衡时，即 CMF＝0 时的下间隙厚度 h_b 随平板厚度 h_r 的变化。可以看出，h_r 越大，电流越强，上、下间隙内磁场平衡时 h_b 的值越小。由图 6.7b 可知，平衡磁场中 $\bar{B}_x$ 随电流和平板厚度的增大而增大。与此同时，净法向力也随电流和平板厚度的增大而增大，但仍在可测量安全范围内，如图 6.7c 所示。值得注意的是，基于法向力以及实验时转子偏心的考量，在模拟仿真中设定转子平板厚度最大值为 3 mm。

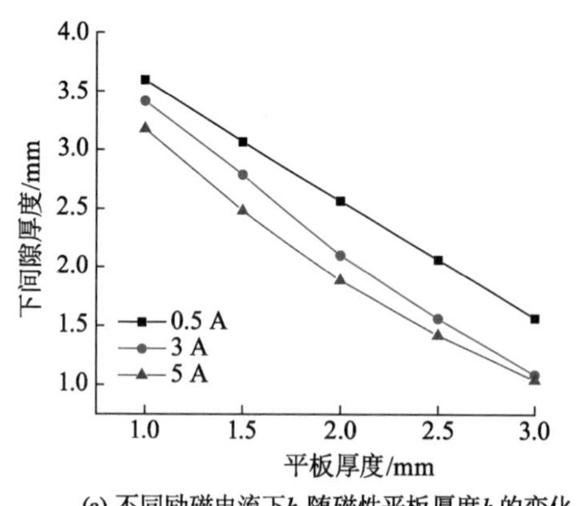

(a) 不同励磁电流下h_b随磁性平板厚度h_r的变化

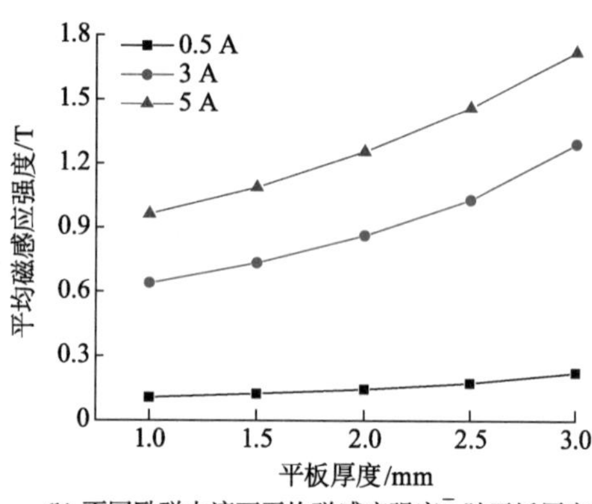

(b) 不同励磁电流下平均磁感应强度$\bar{B}_x$随平板厚度h_r的变化

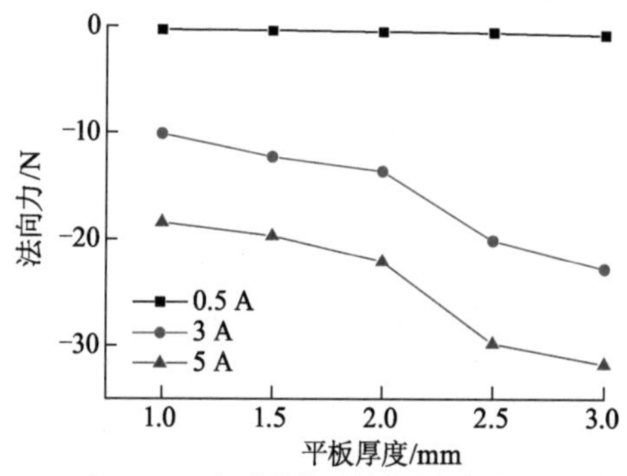

(c) 当CMF=0时，磁性转子所受法向力随平板厚度h_r的变化

图 6.7　励磁电流强度对测试单元磁感应强度及磁场均匀性的影响

上述有限元模拟仿真结果表明，通过调节磁性转子厚度、垂直位置及励磁电流可以有效提高工作间隙内的磁感应强度和磁场均匀性。

6.2.3　流体动力学分析

为了分析双间隙磁流变测试单元中磁流变液的剪切流动，假设下列条件成立：① 磁流变液是不可压缩的流体；② 剪切流动是稳态的；③ 在轴向和径向没有流动；④ 不计体积力的作用；⑤ 磁流变液中的压力沿厚度方向不变；⑥ 磁感应强度在工作间隙中分布均匀；⑦ 忽略壁面滑移和边缘效应。基于上述假设，可以从扭矩与转速推导双间隙测试单元剪切速率与剪切应力的表达式。

6.2.3.1　剪切速率与剪切应力的理论分析模型

测量扭矩传感器检测出的总扭矩由三部分组成：上、下工作间隙中的样品剪切所产生的扭矩（M_u+M_b），以及环形间隙中样品对转子施加的扭矩（M_c），即

$$M=M_b+M_u+M_c \tag{6.2}$$

（1）牛顿流体

对于上、下工作间隙中的样品流动，可假设其适用平行板剪切模式，而对于环形间隙中的样品流动，可假设其适用同轴圆筒剪切模式。因此，剪切间隙内剪切速率$\dot{\gamma}$与角速度Ω的关系为

$$\dot{\gamma}_{R_r,b}=\frac{R_r\Omega}{h_b} \tag{6.3a}$$

$$\dot{\gamma}_{R_r,u}=\frac{R_r\Omega}{h_u} \tag{6.3b}$$

$$\dot{\gamma}_c=\frac{(1+\beta)\Omega}{1-\beta},\text{其中 }\beta=\left(\frac{R_r}{R}\right)^2 \tag{6.3c}$$

$$\dot{\gamma}_u=\frac{R_b\Omega}{h_u} \tag{6.3d}$$

式中，$\dot{\gamma}_{R_r,b}$、$\dot{\gamma}_{R_r,u}$、$\dot{\gamma}_c$、$\dot{\gamma}_u$ 分别为下间隙、上间隙、环状间隙以及上磁轭与转轴间的剪切速率。

对于黏度为 η 的牛顿流体，总扭矩可表示为

$$M=\int r\tau \mathrm{d}S=\int_{\substack{\text{bottom}\\\text{surface}}} r\eta\dot{\gamma}_b(r)\mathrm{d}S+\int_{\substack{\text{upper}\\\text{surface}}} r\eta\dot{\gamma}_u(r)\mathrm{d}S+\int_{\substack{\text{lateral}\\\text{surface}}} r\eta\dot{\gamma}_c\mathrm{d}S \tag{6.4}$$

将间隙处的剪切速率表达式代入可得

$$\int_{\substack{\text{bottom}\\\text{surface}}} r\eta\dot{\gamma}_b(r)\mathrm{d}S=\int_0^{r_r} r\eta\frac{r\Omega}{h_b}r\mathrm{d}\varphi\mathrm{d}r=\eta\frac{\pi\Omega r_R^4}{2h_b} \tag{6.5a}$$

$$\int_{\substack{\text{upper}\\\text{surface}}} r\eta\dot{\gamma}_u(r)\mathrm{d}S=\int_{r_b}^{r_R} r\eta\frac{r\Omega}{h_u}r\mathrm{d}\varphi\mathrm{d}r=\eta\frac{\pi\Omega}{2h_u}(r_R^4-r_b^4) \tag{6.5b}$$

$$\int_{\substack{\text{lateral}\\\text{surface}}} r\eta\dot{\gamma}_c(r)\mathrm{d}S=\int_0^{h_R} r_R\eta\Omega\frac{1+\beta}{1-\beta}r_R\mathrm{d}\varphi\mathrm{d}h'=\eta 2\pi h_R R_R^2\Omega\frac{1+\beta}{1-\beta} \tag{6.5c}$$

整理后，总扭矩表达式为

$$M=\eta\frac{\pi\Omega r_R^4}{2h_b}+\eta\frac{\pi\Omega}{2h_u}(r_R^4-r_b^4)+\eta 2\pi h_R r_R^2\Omega\frac{1+\beta}{1-\beta} \tag{6.6}$$

进一步，总扭矩可以表示为转子下表面边缘处剪切应力（$\tau_{R_r,b}=\eta\dot{\gamma}_{R_r,b}=\eta R_r\Omega/h_b$）的函数：

$$M=\tau_{R_r,b}\frac{\pi R_r^3}{2}\left\{1+\left[1-\left(\frac{R_b}{R_r}\right)^4\right]\frac{h_b}{h_u}+\frac{4h_r h_b}{R_r^2}\frac{1+\beta}{1-\beta}\right\} \tag{6.7a}$$

类似地，总扭矩与转子上表面边缘处剪切应力$\tau_{R_r,u}$的关系为

$$M=\tau_{R_r,u}\frac{\pi R_r^3}{2}\left\{\frac{h_u}{h_b}+\left[1-\left(\frac{R_b}{R_r}\right)^4\right]+\frac{4h_r h_u}{R_r^2}\frac{1+\beta}{1-\beta}\right\} \tag{6.7b}$$

由此可获得双间隙磁流变测试单元剪切应力与扭矩的关系。

（2）屈服应力流体

对于屈服应力流体，通过对表观剪切应力的 Weissenberg-Rabinowitsch 修正（Soskey，1984），可获得其剪切应力。以转子下表面边缘处的剪切应力为例，

$$\tau_{R_r,b}=\tau_{R_r,b,a}\frac{1}{4}\left[3+\frac{\mathrm{dln}(\tau_{R_r,a})}{\mathrm{dln}(\dot{\gamma}_{R_r})}\right] \tag{6.8}$$

式中，$\tau_{R_r,b,a}$为下表面边缘处的表观剪切应力。

由于间隙内磁场强度不同会引起屈服应力流体剪切应力不同，因此，总扭矩可通过下式推导得出

$$M=\int r\tau \mathrm{d}S=\int_{\substack{\text{bottom}\\\text{surface}}} r\eta_b\dot{\gamma}_b(r)\mathrm{d}S+\int_{\substack{\text{upper}\\\text{surface}}} r\eta_u\dot{\gamma}_u(r)\mathrm{d}S+\int_{\substack{\text{lateral}\\\text{surface}}} r\eta_c\dot{\gamma}_c\mathrm{d}S \tag{6.9}$$

式中，η_b、η_u、η_c 分别为工作间隙中样品的黏度。对磁流变液来讲，其黏度变化与磁场强度相关，当达到饱和磁场时，$\eta_b=\eta_u=\eta_c$。

由此可获得以下关系式：

$$M=\tau_{R_r,b,a}\frac{\pi R_r^3}{2}\left\{1+\frac{\eta_u}{\eta_b}\left[1-\left(\frac{R_b}{R_r}\right)^4\right]\frac{h_b}{h_u}+\frac{\eta_c}{\eta_b}\frac{4\,h_R\,h_b}{r_R^2}\frac{1+\beta}{1-\beta}\right\} \tag{6.10a}$$

当测得扭矩 M 时，屈服应力流体在转子下表面边缘处的表观剪切应力 $\tau_{R_r,b,a}$ 可通过式(6.10a)计算得到。其真实剪切应力可通过 Weissenberg-Rabinowitsch 修正获得，如式(6.8)所示。

类似地，总扭矩与转子上表面边缘处的表观剪切应力 $\tau_{R_r,u,a}$ 的关系为

$$M=\tau_{R_r,u,a}\frac{\pi R_r^3}{2}\left\{\frac{\eta_b h_u}{\eta_u h_b}+\left[1-\left(\frac{R_b}{R_r}\right)^4\right]+\frac{\eta_c}{\eta_u}\frac{4h_r h_u}{R_r^2}\frac{1+\beta}{1-\beta}\right\} \tag{6.10b}$$

6.2.3.2 剪切速率与剪切应力的数值计算模型

采用有限元法对双间隙磁流变测试单元中的流场进行分析，层流流场下，流体的 Navier-Stokes 方程为

$$\rho\frac{\partial u}{\partial t}+\rho(u\cdot\nabla)u-\eta\nabla^2 u=\nabla P+\rho g \tag{6.11a}$$

$$\rho\nabla\cdot u=0 \tag{6.11b}$$

式中，ρ 为流体密度；u 为流动速度；P 为压力；t 为时间；g 为重力加速度。在此设置速度 u 的边界条件为

$$u_{wall}=0 \tag{6.12a}$$

$$u_\theta=\Omega r \tag{6.12b}$$

$$f_0=0 \tag{6.12c}$$

其中，式(6.12a)表示不存在壁面滑移；式(6.12b)表示转子的转速；式(6.12c)设定转轴与上磁轭间隙开口处法向力为 0。

求解偏微分方程可获得流体的速度与压力参数，进而计算出层流下的剪切应力值：

$$\tau=\eta\dot{\gamma} \tag{6.13}$$

式中，$\dot{\gamma}=\nabla u+\nabla^T u$。

扭矩与剪切应力的关系为

$$M=\int_0^R \tau\cdot r\cdot 2\pi r\,dr \tag{6.14}$$

6.2.3.3 理论分析模型的修正

为了验证理论分析模型的准确性，现将双间隙流动分析模型预测结果与数值模拟结果进行对比。图 6.8a 为对应不同下间隙厚度 h_b，转子下平面径向方向简化剪切速率($\dot{\gamma}/\Omega$)随半径的变化曲线，其中仿真牛顿流体黏度为 1 Pa·s，角速度为 1 rad/s。可以看出，理论预测值小于数值模拟结果(符号)，特别是在平板边缘处，这是由端部效应(edge effect)引起的。

转子边缘的剪切速率和剪切应力在研究及应用中使用较多，通过修正因子可使理论预测结果与数值模拟结果一致。转子下平面边缘剪切速率的修正因子 $f_{SR,b}$(对应上平面边缘剪切速率 $f_{SR,u}$)可定义为数值模拟的剪切速率与理论预测值的比值 $\dot{\gamma}_{T,R_r}=R_r\Omega/h_{b,u}$，这里

不区分上、下间隙，统一将工作间隙厚度表示为 $h_{b,u}$。结果发现，所有的修正因子 $f_{SR,b}$、$f_{SR,u}$ 均落在一条主曲线上，如图 6.8b 所示。经线性拟合，得到修正因子 $f_{SR,b,u}$ 与工作间隙厚度 $h_{b,u}$ 的表达式：$f_{SR,b,u}=0.85+1.49h_{b,u}$。

相同地，剪切压力的理论预测值 τ_{T,R_r} 也低于数值模拟结果 τ_{S,R_r}。转子下平面边缘剪切应力的平移因子 $f_{SS,b}$（对于上平面边缘剪切应力，类似地有 $f_{SS,u}$）可定义为数值模拟的剪切应力与理论预测值的比值。图 6.8c 为修正因子随工作间隙厚度 $h_{b,u}$ 的变化，可以看出，所有的修正因子几乎落在一条主曲线上，通过线性拟合，可得 $f_{SS,b,u}=0.68+1.06h_{b,u}$。

由图 6.8b 和图 6.8c 可知，对于固定平板半径 R_r，剪切速率和剪切应力的修正因子与平板厚度变化无关，因此，转子下平面边缘剪切速率和剪切应力可通过以下表达式得到：

$$\dot{\gamma}_{R_r,b}=f_{SR,b}\cdot\dot{\gamma}_{T,R_r,b}=f_{SR,b}\cdot\frac{R_r\Omega}{h_b} \tag{6.15a}$$

$$\tau_{R_r,b}=f_{SS,b}\cdot\tau_{T,R_r,b}=f_{SS,b}\cdot\frac{2M}{\pi R_r^3}\left\{1+\left[1-\left(\frac{R_b}{R_r}\right)^4\right]\frac{h_b}{h_u}+\frac{4h_rh_b}{R_r^2}\frac{1+\beta}{1-\beta}\right\}^{-1} \tag{6.15b}$$

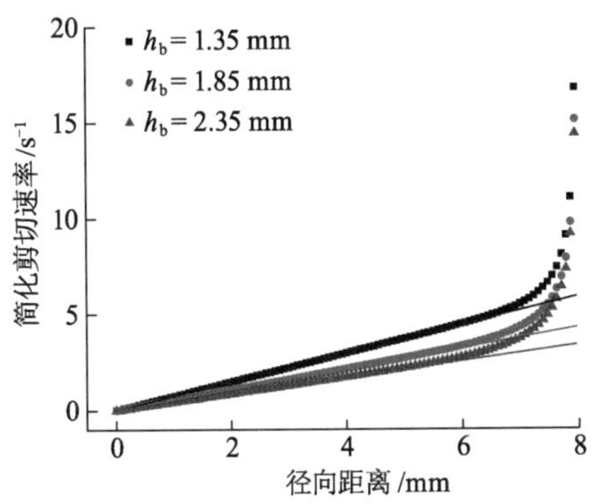

(a) 角速度为1 rad/s时转子下平面径向方向简化剪切速率分布的仿真结果，磁性转子的 R_r=7.95 mm，h_r=1 mm

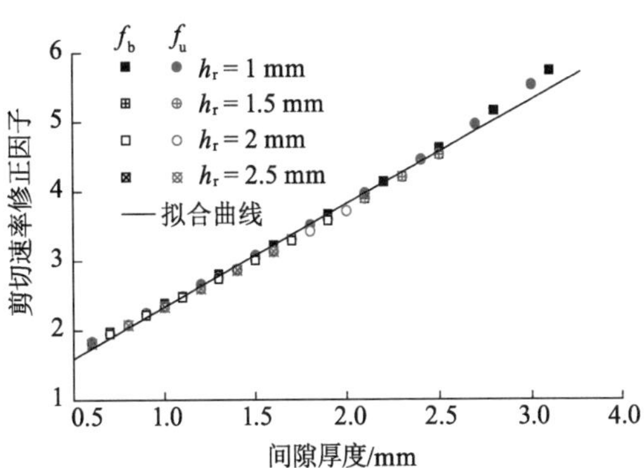

(b) 上、下间隙中转子边缘剪切速率的修正因子随间隙厚度（h_b、h_u）的变化

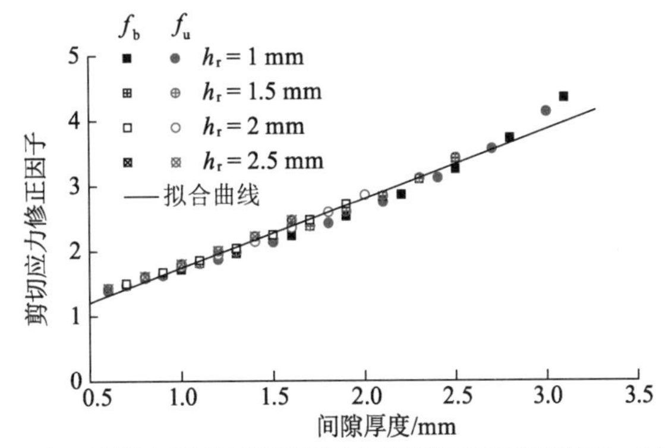

(c) 上、下间隙中转子边缘剪切应力的修正因子随间隙厚度（h_b、h_u）的变化

图 6.8 模型的修正

6.3 磁流变液悬浮稳定性的电容评价法

沉降的本质是分散相颗粒与连续相分离的过程，由悬浮相与连续相之间的密度差造成（羰基铁粉密度约为 7.9 g/mL，载液密度约为 1 g/mL）。受重力作用，颗粒持续下沉至容器底部。容器上部一般出现透明的只含有载液的上清液区（supernatant zone，图 6.9），并在其下部形成一条清晰的分界线，称之为“泥线”（mudline）。

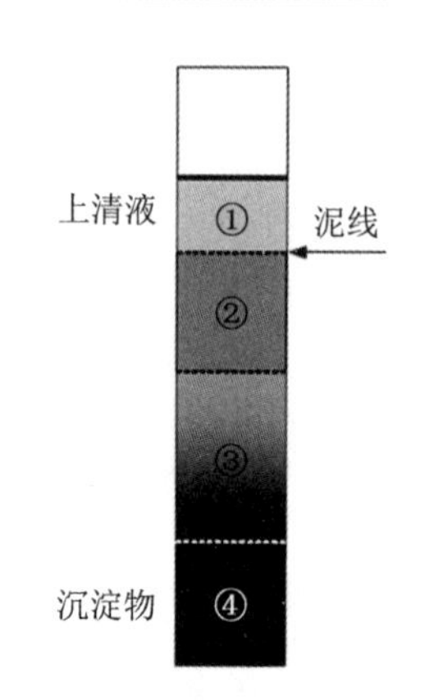

图 6.9　一定沉降期内柱形容器（试管）中磁流变液的沉降体系构成

6.3.1　直接观察法

在自然沉降的过程中，用肉眼直接观察沉淀物与上清液之间的界面——泥线，可以基本判断磁流变液的悬浮稳定性，具有简单易操作的优点。

图 6.10a 为不同体积分数的磁流变液 10 天内的沉降曲线。总体来看，随着时间的增长，沉降量不断增加，沉降速率不断减小，且所有样品在沉降过程中均出现明显的泥线，约在第 5 天时沉降逐渐趋于平缓，基本保持恒定。从沉降速率和最终沉降量两方面考虑，体积分数较大的样品具有更佳的悬浮稳定性。从宏观上讲，这是由于更高的铁粉含量显著增加了磁流变液的表观黏度；从微观角度考虑，则是因为较多的铁粉颗粒产生了更为剧烈的内摩擦。

图 6.10b 为体积分数为 20％的羰基铁粉颗粒、以油酸和纳米二氧化硅为添加剂的磁流变液在 10 天内的沉降曲线。总体来看，随着时间的增长，沉降量不断增加，沉降速率不断减小。三种样品的 48 小时沉降率分别为 CI：57.86％、CI&OA：56.43％、CI&Silica：83.57％。看上去油酸并未改善磁流变液的悬浮稳定性能，甚至其初始沉降量要高于空白样品，这是因为油酸抑制了铁粉颗粒间的不可逆团聚作用。对于样品 CI，由于剩磁和范德华力的作用，颗粒间由于团聚作用产生较大的絮凝状物。这种较大的絮凝状物不仅增加了颗粒间的摩擦，而且增加了颗粒与试管壁之间的摩擦。吸附在铁粉表面的油酸分子则阻碍了絮凝过程。在稳定阶段，CI&OA 具有较小的沉降量。与油酸相反，纳米二氧化硅在很大程度上抑制了羰基铁粉颗粒的沉降。这可能有两个原因：一是纳米二氧化硅粒子表面上的硅醇基与自身或载液作用形成氢键，形成暂时的三维空间的晶格结构，导致空间位阻效应较强，降低了羰基铁粉颗粒的运动自由程，阻碍了羰基铁粉的团聚；二是由于酸性作用，纳米二氧化硅颗粒吸附在铁粉颗粒表面，避免了其直接接触，抑制了团聚。

虽然多项研究证明油酸具有提升磁流变液悬浮稳定性的作用，但是并不能直接观察出来，说明该方法具有局限性。因此，直接观察法具有简单易操作等优点，但是实验结果受限于样品的种类、体积，甚至容器的高度、直径，且不能够反映沉降过程中沉积物的详细信息，如分散相颗粒的体积分数、粒径的变化等。因此，亟须其他方法对磁流变液的沉降行为进行研究。

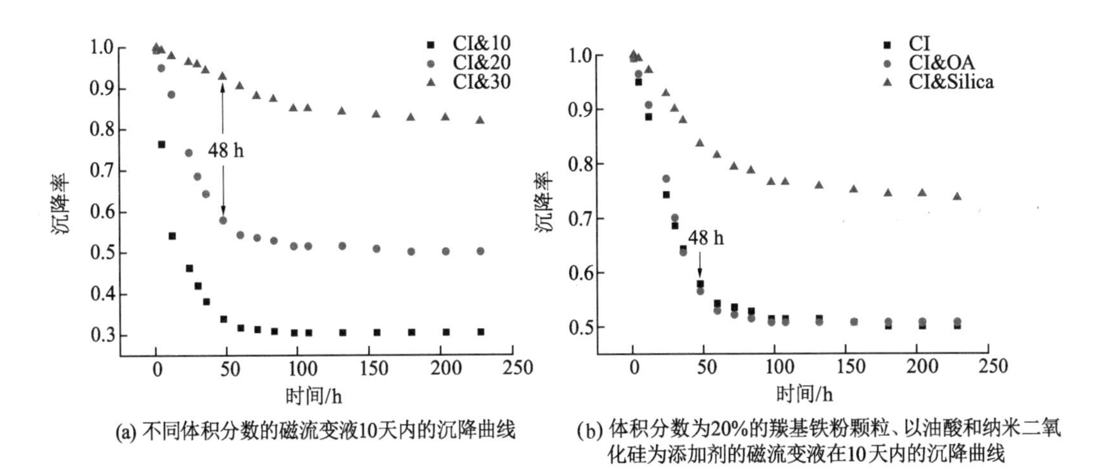

(a) 不同体积分数的磁流变液10天内的沉降曲线

(b) 体积分数为20%的羰基铁粉颗粒、以油酸和纳米二氧化硅为添加剂的磁流变液在10天内的沉降曲线

图 6.10 磁流变液的沉降曲线

6.3.2 电容、时间、高度的关系

依据铁粉的含量，沉降过程中的磁流变液可以分为多个沉降区，且可以测得不同电容值以获得连续相含量的相对大小。因此，采用电容法可实现对磁流变液沉降体系含量的测量。分别在自然沉降的第 24 h、48 h、96 h 及离心加速沉降后对试管中的磁流变液进行测试，设试管的底部 $h=0$ mm。图 6.11 为沉降 48 h 后羰基铁粉颗粒的体积分数-高度关系曲线与电容-高度关系曲线。从图中可以看到，测得的电容值与实际的体积分数随高度的变化趋势一致，说明通过电容值对颗粒含量进行评估是可行的。

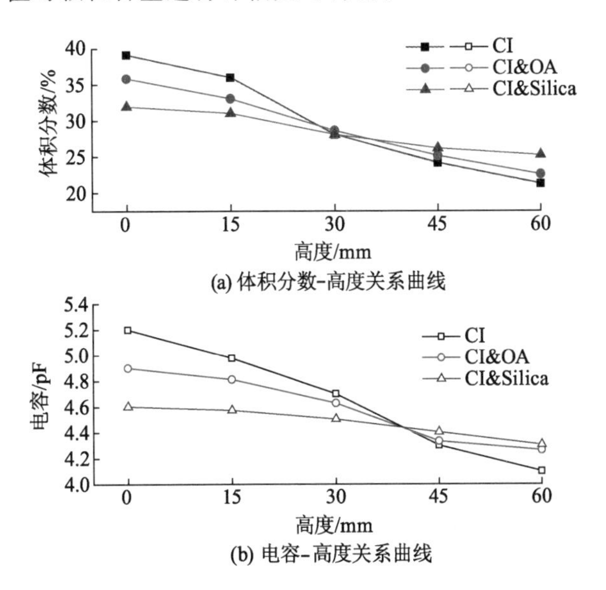

(a) 体积分数-高度关系曲线

(b) 电容-高度关系曲线

图 6.11 沉降 48 h 后羰基铁粉颗粒的体积分数和电容与高度的关系曲线

图 6.12 为不同体积分数的羰基铁粉的磁流变液的电容-时间-高度关系曲线。所有的样品均遵循如下规律：以凝胶线为分界点，越靠近沉降区底部，沉降时间越长，电容值越高，颗粒的含量越高；越靠近沉降区的上部，沉降时间越长，电容值越小，颗粒的含量越低。对比三

种不同体积分数的磁流变液，可以看出体积分数较大的磁流变液不仅泥线下降较慢，试管中从上到下颗粒含量的变化幅度也较小。从微观上看，这是因为含颗粒较多的体系中内摩擦更为剧烈，抑制了颗粒的沉降；从宏观上看，悬浮相含量较高的体系的黏度较大，增大了颗粒沉降时的阻力。经过离心加速沉降后，所有的样品在试管下层形成了含量相近的磁流变液区域。

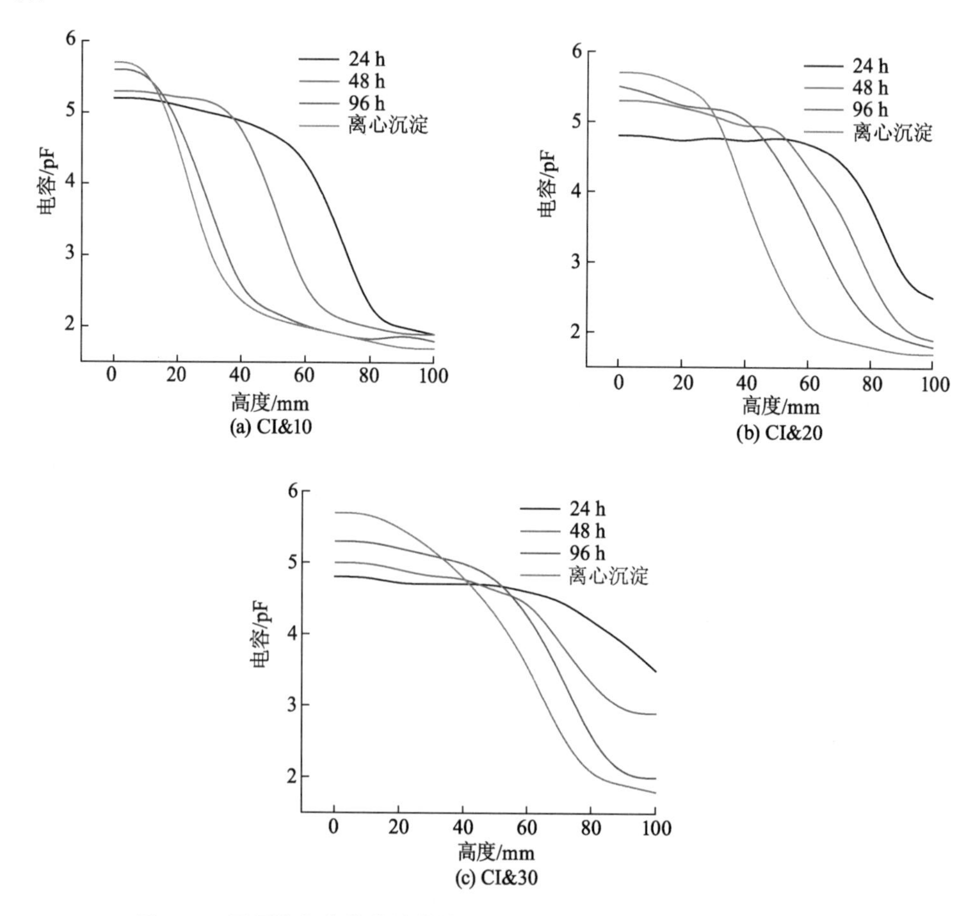

图 6.12　**不同体积分数的羰基铁粉的磁流变液的电容-时间-高度关系曲线**

图 6.13 为含不同添加剂的磁流变液的电容-时间-高度关系曲线。总体上看，该组样品与空白样遵循类似的沉降规律，颗粒含量随时间和高度的增加而增加。在靠近底部的区域，铁粉颗粒的含量由高到低为：CI，CI&OA，CI&Silica，在试管的上部则呈现完全相反的趋势。由前一小节可知，CI 与 CI&OA 的泥线下降速度基本一致，容易得出油酸没有抗沉降的效果的结论。实际上，由于空间位阻作用，油酸可以在一定程度上降低沉淀物底部羰基铁粉颗粒的体积分数，抑制颗粒的沉降。对于 CI&Silica，颗粒含量随高度的增加缓慢减小，试管上下部相较空白样浓度差异较小，说明纳米二氧化硅颗粒具有明显的抗沉降作用。

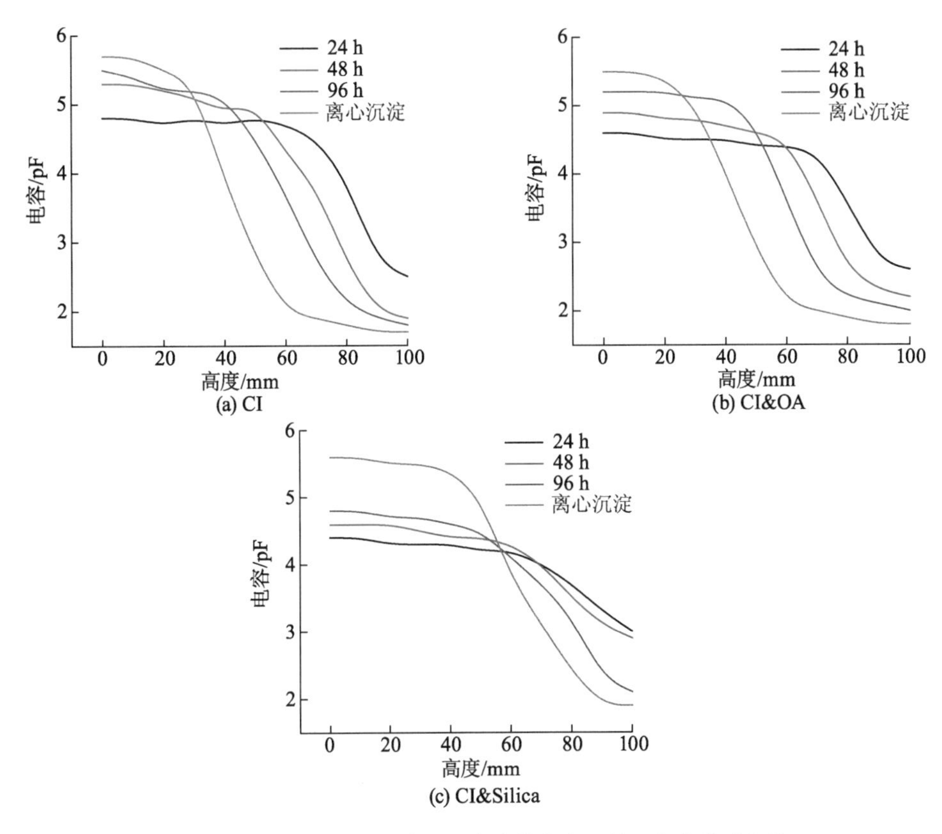

图 6.13 含不同添加剂的磁流变液的电容-时间-高度关系曲线

6.3.3 粒径分布、时间、高度的关系

羰基铁粉是一种软磁性物质,其饱和磁化强度大,价格相对较低,是制备磁流变液的理想原材料。目前生产的羰基铁粉多是圆形且是多分散的,这就使得磁流变液的沉降问题更加复杂。因为在整个沉降体系中,不仅泥线随着时间下降,颗粒的粒径分布也随着时间和高度的变化而变化。

羰基铁粉颗粒的粒径服从对数正态分布(Sherman,2013):

$$f(r)=\frac{1}{r\sigma\sqrt{2\pi}}\exp\left[-\frac{1}{2}\left(\frac{\ln r-\ln r_{50}}{\sigma}\right)^2\right] \tag{6.16}$$

式中,r 为颗粒半径;r_{50} 为颗粒中值半径;σ 为颗粒分布系数。一般来讲,当 $\sigma\leqslant 0.1$ 时,颗粒是单分散的;当 $\sigma>0.1$ 时,颗粒是多分散的(Tang,2011)。

6.3.3.1 沉降过程中的粒径分布变化

经过测量,原铁粉 $r_{50}=5.62\ \mu\text{m}$,$\sigma=0.345$。图 6.14 是不同羰基铁粉含量的磁流变液于 0~20 mm 处的颗粒粒径分布等高线图。图 6.15 为不同高度处的中值粒径与参数 σ。总体来看,任意高度处的样品都是多分散的,颗粒的粒径基本处于 2~14 μm 之间,且中值半径均比原铁粉要大,分布更宽。

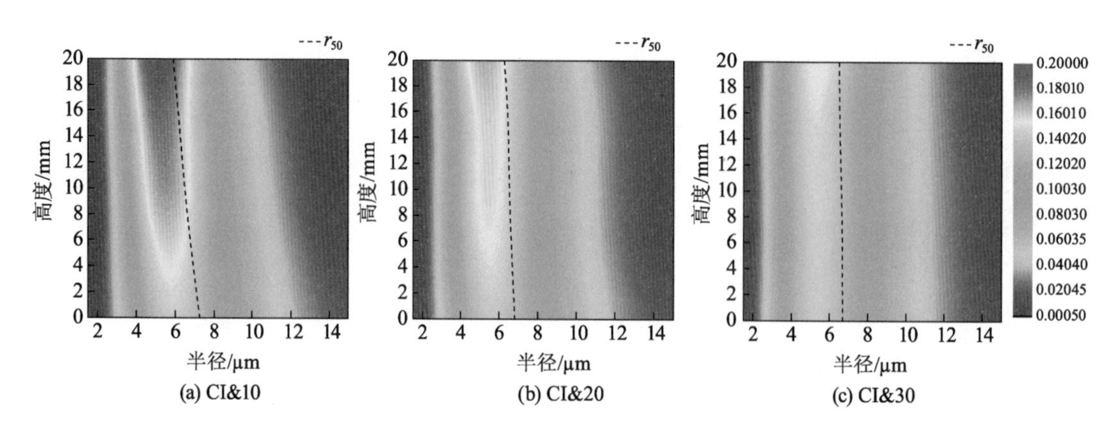

图 6.14　不同羰基铁粉含量的磁流变液于 0～20 mm 处的颗粒粒径分布等高线图(虚线为中值粒径)

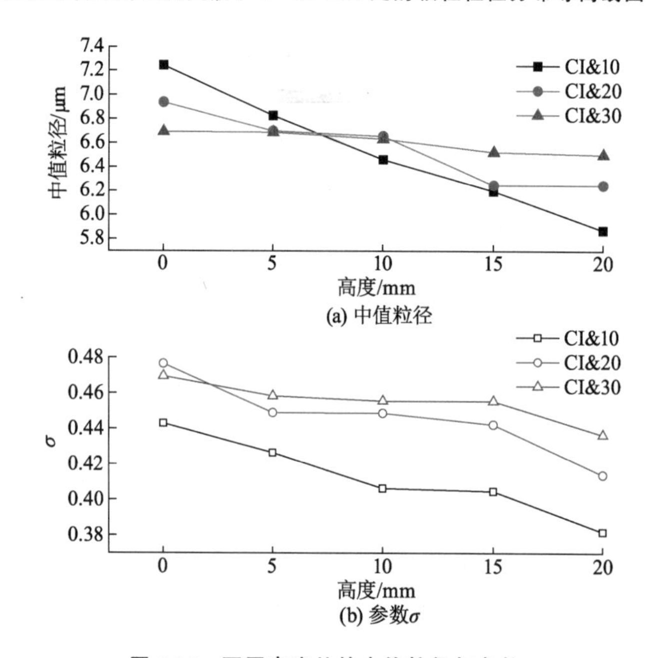

图 6.15　不同高度处的中值粒径与参数 σ

从图 6.15 可以看出，每个样品的中值粒径随着高度的增加而减小。由斯托克斯定理可知，当两个球体在流体中移动时，半径较大的球体受到的阻力较大，所以较大的颗粒沉积在容器的下部。高度为 0～10 mm 时，CI&10 的中值粒径明显大于其他样品，CI&20 和 CI&30 的中值粒径相近；高度为 10～20 mm 时，CI&10 的中值粒径明显小于其他样品，CI&20 的中值粒径小于 CI&30。所有样品的 σ 值则随着高度的增加而减小；在同一高度上，σ 值与原磁流变液的体积分数成正比。也就是说，原磁流变液的体积分数越大，样品液层越靠近底部，液层内颗粒的分布越宽。比较图 6.14 中的三幅图可以发现，这种趋势随着磁流变液体积分数的增大愈发不明显。这可能是由于较高的羰基铁粉含量使得颗粒碰撞的机会增加，内摩擦增大，颗粒相互作用更加复杂。

考虑油酸及纳米二氧化硅的影响。图 6.16 是含有不同添加剂的磁流变液于 0～20 mm 处的颗粒粒径分布等高线图。图 6.17 为不同高度处的中值粒径及参数 σ。总体来看，任意高度处的样品都是多分散的，颗粒的粒径基本处于 2～14 μm 之间，且中值粒径均比原铁粉要大，分布更宽。三个样品的中值粒径与参数 σ 都随着高度的增加而减小。在较低的区域(h＜10 mm)，相较样品 CI，CI&OA 具有较小的中值粒径与较窄的分布。这可能是因为吸附在铁粉颗粒上的油酸分子层的空间位阻作用，增大了颗粒间的距离，削弱了颗粒间的相互作用，所以 CI&OA 更符合斯托克斯定理。在较高的部分(h＞10 mm)，与前者相反，样品 CI 具有较小的中值粒径。这说明较大的铁粉颗粒还未完全沉淀至容器底部，侧面证明了油酸分子的抗沉降作用。

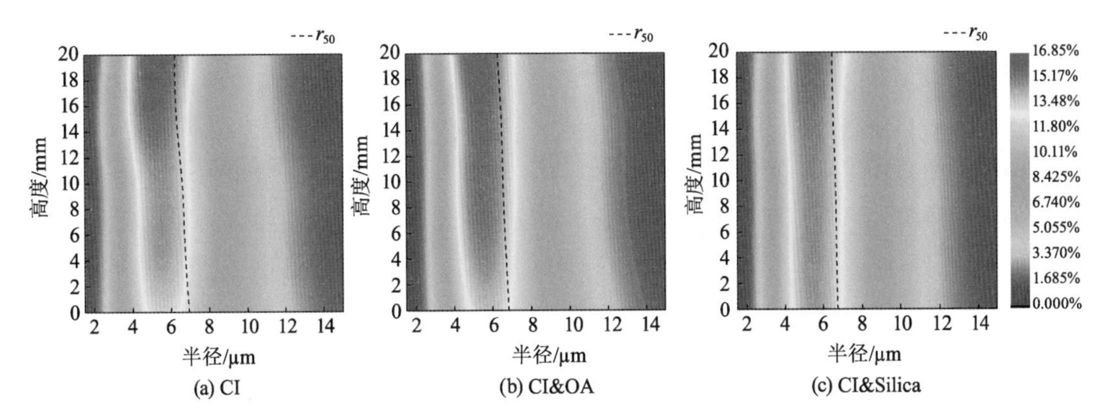

图 6.16 含有不同添加剂的磁流变液于 0～20 mm 处的颗粒粒径分布等高线图(虚线为中值粒径)

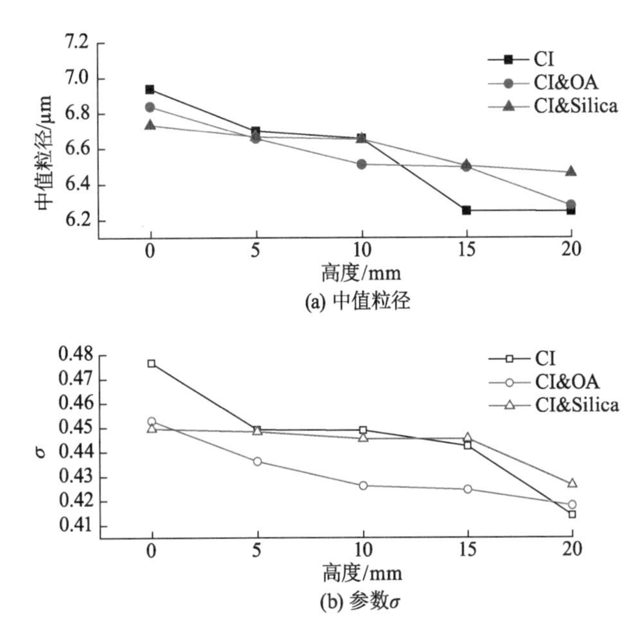

图 6.17 不同高度处的中值粒径与参数 σ

对于样品 CI&Silica，其总体的变化趋势与前两者相同。值得注意的是，在 h＜15 mm 的高度范围内，CI&Silica 的中值粒径与分布系数虽大于原铁粉但基本保持稳定。该现象的出现可能有两个原因：一是纳米二氧化硅颗粒形成的网状结构在阻碍小颗粒沉降的同时，也可以抑制大颗粒在重力作用下的沉降；二是虽然有纳米颗粒的存在，但是羰基铁粉颗粒还会不可避免地发生一定的团聚，且纳米颗粒会吸附在羰基铁粉颗粒表面。

6.3.3.2　沉降完成后的粒径分布变化

从沉降 48 h 后磁流变液沉降区的颗粒粒径分布情况来看，容器底部沉积区还未完全形成，而沉积区沉淀物的性质则直接决定了磁流变液的耐久性能与再分散性，因此有必要对完全沉积后沉积区的液层进行细致的研究。图 6.18 是体积分数为 10％，20％，30％的磁流变液底层沉淀物的粒径分布。表 6.1 是体积分数为 10％，20％，30％的磁流变液底层沉淀物的对数正态分布的拟合结果。可以清晰地看出，三种样品沉积区的铁粉体积分数 φ 在 44％左右，远大于沉降 48 h 时的值。三种样品的中值粒径都比原厂提供的铁粉粒径更大，分布更广。随着原磁流变液体积分数的增大，r_{50} 与 σ 有增大的趋势，说明磁性颗粒含量越高越不适于磁流变液的长期储存。这可能有两个原因：一是在不考虑颗粒间相互作用的条件下，磁流变液中的大颗粒在离心作用下的沉降速度大于小颗粒；二是在沉降过程中形成了较多粒径较大的次级颗粒。三种沉淀物中颗粒体积分数较大且比较接近，说明实验的取样位置位于沉积区。

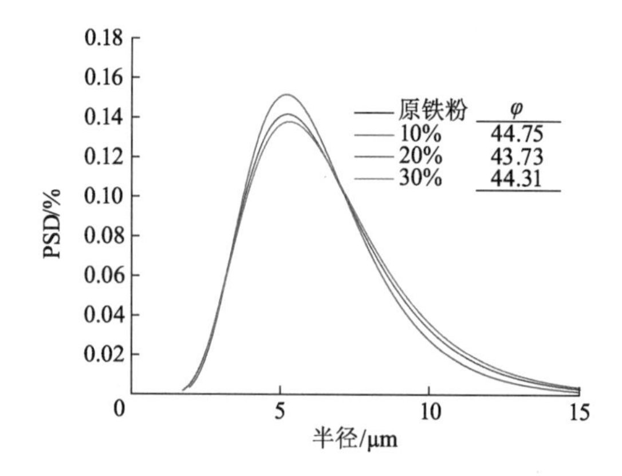

图 6.18　体积分数为 10％，20％，30％的磁流变液底层沉淀物的粒径分布

表 6.1　体积分数为 10％，20％，30％的磁流变液底层沉淀物的对数正态分布的拟合结果

体积分数	r_{50}/μm	σ	R^2
10％	5.88193	0.35717	0.99849
20％	6.03605	0.38114	0.99917
30％	6.15070	0.39038	0.99891

图 6.19 为以油酸、二氧化硅为添加剂的磁流变液底层沉淀物的粒径分布。表 6.2 为以油酸、二氧化硅为添加剂的磁流变液底层沉淀物的对数正态分布的拟合结果。可以清晰地看出，CI 与 CI&Silica 的沉积区铁粉的体积分数 φ 小于 44％，而 CI&OA 则高达 46％。值得注意的是，油酸的加入使得沉积层羰基铁粉颗粒的中值半径明显降低，这是由于油酸分子的空间位阻作用阻碍了其团聚，且在连续相颗粒含量较高的情况下依然作用明显。而 CI&Silica 具有较大的中值粒径及分布系数，说明在分散相颗粒含量较高的情况下，更多纳米二氧化硅颗粒吸附在了铁粉颗粒表面，不能抑制铁粉颗粒的团聚。

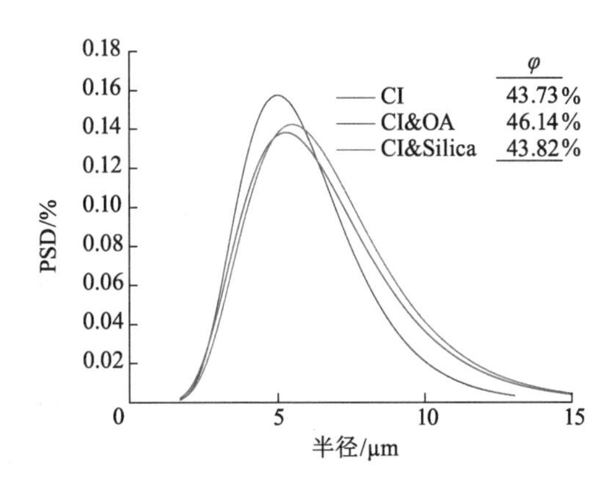

图 6.19 以油酸、二氧化硅为添加剂的磁流变液底层沉淀物的粒径分布

表 6.2 以油酸、二氧化硅为添加剂的磁流变液底层沉淀物的对数正态分布的拟合结果

添加剂种类	$r_{50}/\mu m$	σ	R^2
无添加剂	6.15070	0.39038	0.99917
油酸	5.60083	0.30852	0.99805
纳米二氧化硅	6.35129	0.38028	0.99917

6.3.4 沉降特性机理

研究结果表明,沉降后的磁流变液中粒径分布产生变化是多种因素共同作用的结果,如重力、浮力、载液的黏滞阻力等。由于铁粉颗粒的半径较大,其布朗运动可以忽略,因此由牛顿第二定律,有

$$m\ddot{y}=G-F_b+F_r \tag{6.17}$$

式中,G 为重力;F_b 为浮力;F_r 为液体黏滞阻力;m 为颗粒质量;$\ddot{y}$ 为垂直方向的加速度。G 与 F_b 的差为

$$G-F_b=\frac{4}{3}\pi r^3 g(\rho-\rho_0) \tag{6.18}$$

式中,ρ 为羰基铁粉颗粒的密度;ρ_0 为载液的密度。当球形物体在牛顿流体中移动且雷诺数较小时,通过斯托克斯公式得到其黏滞阻力为

$$F_r=-6\pi\eta_L r\dot{y} \tag{6.19}$$

式中,$\dot{y}$ 为垂直方向的速度;η_L 为载液的黏度。当 $\ddot{y}=0$ 时,易解得

$$\dot{y}=\frac{2r^2 g(\rho-\rho_0)}{9\eta_L} \tag{6.20}$$

上述计算忽略了颗粒间吸引力的影响。式(6.20)表明,在载液黏度不变的情况下,颗粒半径决定了沉降速度,大颗粒的沉降速度较快。上述计算也说明了为何不同样品的底部沉淀物粒径分布有所不同。30%磁流变液中含有数量较多的大颗粒,离心时沉降于悬浮液下部,小颗粒停留在上部。当体积分数较大时,颗粒间的碰撞、团聚不可避免,情况更加复杂。如5%的磁流变液的沉降过程虽然没有明显的泥线,但是可以清楚地看到小颗粒悬浮于载液

中，大颗粒已经沉降；而30%磁流变液则有明显的泥线，如图6.20所示。这说明后者颗粒间的相互作用会削弱粒径对沉降速度的影响，这也是体积分数大的磁流变液粒径分布较宽的原因。

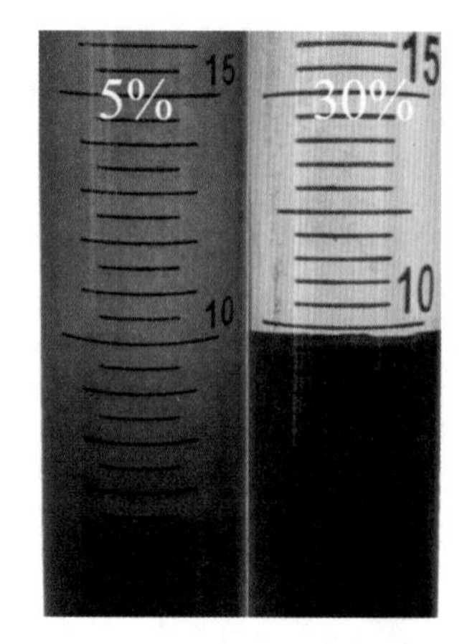

图6.20　体积分数为5%和30%的磁流变液发生沉降后的图

除了样品CI&Silica，其余样品的连续相均可被视为牛顿流体。而对于CI&Silica，其载液可被视为具有一定屈服应力的宾厄姆流体，其本构方程为

$$\boldsymbol{T}=(\eta_{\mathrm{b}}+\tau_{\mathrm{dy}}/\mathit{II})\boldsymbol{A}_1,\quad [(\mathrm{tr}\,\boldsymbol{T}^2)/2]^{1/2}>\tau_0$$
$$\boldsymbol{A}_1=\boldsymbol{0},\quad [(\mathrm{tr}\,\boldsymbol{T}^2)/2]^{1/2}\leqslant\tau_0 \tag{6.21}$$

式中，η_{b}为宾厄姆黏度(不是真正的黏度值，而是作为方程的一个拟合参数，无实际意义)；τ_{dy}为动态屈服应力，即使样品保持流动的最小剪切应力；$\boldsymbol{A}_1$为一阶Rivel-Erkern张量；$\mathit{II}=[(\mathrm{tr}\,\boldsymbol{T}^2)/2]^{1/2}$，为$\boldsymbol{A}_1$的二阶不变量。

雷诺数为

$$Re_{\mathrm{B}}=\frac{2\rho r\dot{y}}{\eta_{\mathrm{L}}(1+\varepsilon)} \tag{6.22}$$

式中，$\varepsilon=2\tau_0 r/\eta\dot{y}$。

实验中，阻力系数的表达式为

$$C_{\mathrm{D}}=19/Re_{\mathrm{B}},\ Re_{\mathrm{B}}<10 \tag{6.23}$$

其黏滞阻力为

$$F_{\mathrm{r}}=\frac{19}{4}\pi r(\eta_{\mathrm{L}}\dot{y}+2\tau_{\mathrm{dy}}r) \tag{6.24}$$

将式(6.18)、(6.19)、(6.20)代入即可解出描述颗粒在重力作用下的沉降行为的表达式：

$$\frac{4}{3}\pi r^3\rho\ddot{y}=\frac{4}{3}\pi r^3 g(\rho-\rho_0)-6\pi\eta_{\mathrm{L}}r\dot{y} \tag{6.25}$$

$$\frac{4}{3}\pi r^3\rho\ddot{y}=\frac{4}{3}\pi r^3 g(\rho-\rho_0)-\frac{19}{4}\pi r(\eta_{\mathrm{L}}\dot{y}+2\tau_{\mathrm{dy}}r) \tag{6.26}$$

解得

$$y=\frac{\frac{4}{3}\pi r^3 g(\rho-\rho_0)}{\left(\frac{19}{4}\pi r\eta_{\mathrm{L}}\right)^2}\left\{\frac{19}{4}\pi r\eta_{\mathrm{L}}t+\frac{4}{3}\pi r^3\rho\left[1-\exp\left(-\frac{57\pi r\eta_{\mathrm{L}}}{16\pi r^3\rho}\right)t\right]\right\} \tag{6.27}$$

$$y=\frac{\frac{4}{3}\pi r^3 g(\rho-\rho_0)-\frac{19}{2}\pi\tau_{\mathrm{dy}}r^2}{\left(\frac{19}{4}\pi r\eta_{\mathrm{L}}\right)^2}\left\{\frac{19}{4}\pi r\eta_{\mathrm{L}}t+\frac{4}{3}\pi r^3\rho\left[1-\exp\left(-\frac{57\pi r\eta_{\mathrm{L}}}{16\pi r^3\rho}\right)t\right]\right\} \tag{6.28}$$

对于样品CI&10、CI&20、CI&30、CI&OA，在沉降初期，磁流变液近似为一种牛顿流体，只有满足不等式$4\pi r^3 g(\rho-\rho_0)/3\leqslant 0$时才能保持颗粒不沉降。而矿物油的密度远小于铁粉颗粒的密度，所以必然会发生沉降。连续相和悬浮相之间的密度差是沉降发生的根本

原因。而随着沉降的发生，一部分连续相析出形成上清液层，沉淀物部分的连续相颗粒含量增大，黏度增大，且具有一定的屈服应力。也就是说，随着沉降的发生，铁粉颗粒在沉降层逐渐堆积，直到满足不等式$\frac{8}{57}rg(\rho-\rho_0)\leqslant\tau_{dy}$时，沉降才会停止。这也解释了为何泥线下降的速度由快到慢，最后趋于稳定，以及在沉积层铁粉颗粒的含量增加到一定程度后即保持稳定的现象。对于CI&Silica，其连续相为纳米二氧化硅颗粒分散在矿物油中形成的悬浮液，η_L需通过进一步的流变实验确定。图6.21为纳米二氧化硅颗粒-矿物油悬浮液的流变曲线，由于纳米二氧化硅间具有氢键作用，其黏度随着剪切速率的上升迅速减小并逐渐保持平稳，呈明显的剪切变稀的趋势。

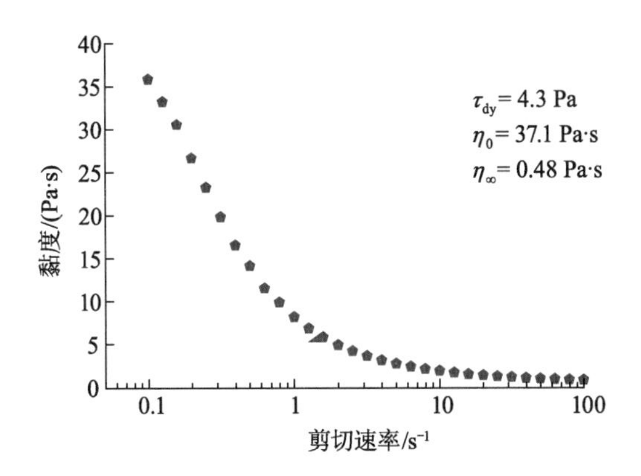

图6.21　纳米二氧化硅颗粒-矿物油悬浮液的流变曲线

为更好地描述该悬浮体系的流变性能，选用经典的Casson模型对其进行拟合：

$$\tau^{1/2}=\tau_{dy}^{1/2}+(\eta_c\cdot\dot{\gamma})^{1/2} \tag{6.29}$$

式中，$\dot{\gamma}$为剪切速率；η_c为Casson黏度（不是真正的黏度值，而是作为方程的一个拟合参数，无实际意义）；η_c^2为悬浮液的理论高剪黏度（当剪切速率无限逼近无穷大时的黏度）。对该悬浮液流变曲线拟合得到相应的Casson模型为

$$\tau^{1/2}=4.3^{1/2}+(0.693\dot{\gamma})^{1/2} \tag{6.30}$$

经测量，纳米二氧化硅颗粒-矿物油悬浮液的屈服应力为4.3 Pa，不满足不等式$\frac{8}{57}rg(\rho-\rho_0)\leqslant\tau_{dy}$。随着沉降的发生，相较其他样品，CI&Silica用了较短的时间就达到了稳定状态。这是因为纳米二氧化硅颗粒与铁粉形成了更强的结构，具有更大的屈服应力，阻碍了铁粉的下沉。

6.4　磁流变液再分散性的评价方法

我国机械行业标准《磁流变液》(JB/T 12512—2015)中定义磁流变液再分散性为磁流变液沉淀物的软硬程度，其表征手法为使用玻璃棒或金属棒主观感知沉淀物的软硬。事实上，标准中所述的“软硬”实质就是沉降体系的流变性能。在以往针对磁流变液的再分散性所展开的研究中，研究人员探索了许多表征手段，其中通过流变学的方法对磁流变液的再分散性

进行表征经常被学界采用。

前述研究结果表明，静置在容器的磁流变液沉降体系中的颗粒浓度、粒径分布及团聚状况都是随着时间和高度的变化而变化的，而这些性质直接决定了其流变性能，因此，研究沉淀物在沉降阶段及沉降后期沉积区的流变性能，是准确表征磁流变液再分散性的基础。

6.4.1 沉淀物的屈服应力

磁流变液是一种将大量可磁化颗粒分散于分散介质中的悬浮体，是具有特殊结构的拟塑性宾厄姆体，既具有一定的屈服应力，又剪切稀化的流体。屈服应力是使磁流变液维持流动所需要的最小的剪切应力，可以反映结构流体微结构的强度。从宏观来看，在再分散过程中，屈服应力代表了使沉淀物发生形变并流动的最小剪切应力。

6.4.1.1 沉降过程中沉降体系的屈服行为

图 6.22 为不同羰基铁粉含量的磁流变液的高度-剪切应力-剪切速率关系曲线。总的来看，剪切应力随着剪切速率的增大而增大，这是因为沉淀物中颗粒含量较高，颗粒间吸引力作用显著。同时，由于颗粒含量的降低，剪切应力随着高度的降低而减小。利用 Casson 模型计算其屈服应力，结果见图 6.23。

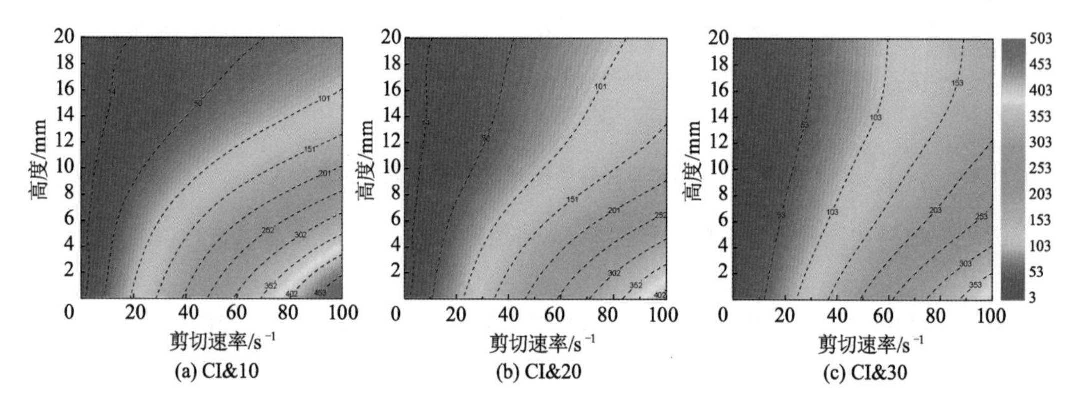

图 6.22 不同羰基铁粉含量的磁流变液的高度剪切应力-剪切速率关系曲线

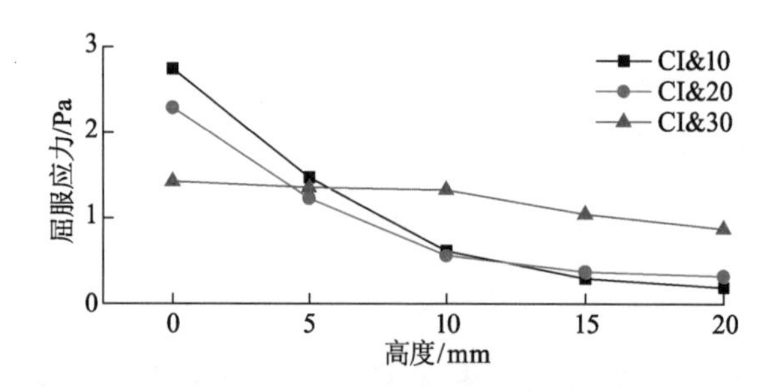

图 6.23 不同羰基铁粉含量的磁流变液的屈服应力

一般来说，新制备的不含添加剂且羰基铁粉体积分数不大的磁流变液是一种牛顿流体，没有屈服应力。沉降 48 h 后，所有样品均呈现明显的屈服行为。对于样品 CI&10 及 CI&20，屈服应力随着高度的上升明显减小，且在较低的区域（$h<10$ mm），CI&10 的屈服应力较大，在较高的区域（$h>10$ mm）则相反。对于样品 CI&30，屈服应力随着高度的上升缓慢减小。该组样品不含任何添加剂,屈服应力的分布理论上与颗粒含量的分布基本一致。说明屈服现象产生的主要原因是颗粒在重力下沉降导致的连续相浓度增大,颗粒间的相互作用更剧烈。

图 6.24 为以油酸和纳米二氧化硅颗粒为添加剂的磁流变液的高度-剪切应力-剪切速率关系曲线,图 6.25 为其屈服应力。可以发现,样品 CI 与 CI&Silica 的屈服应力随着高度的上升而减小,CI&OA 则基本保持稳定。CI&Silica 的屈服应力远大于其他样品,主要是因为纳米颗粒之间由于氢键作用形成了结构较强的网状结构。在较低的区域($h<10$ mm),CI 的屈服应力大于 CI&OA,有两个原因:一是 CI 底部铁粉颗粒的含量较高;二是油酸分子层的空间位阻作用抑制了颗粒间的互相吸引,形成较少、较小的团聚体。为了消除铁粉含量的影响,将动态屈服应力与体积分数作商(图 6.25b),结果表明,油酸分子层能很大程度上改变羰基铁粉颗粒的表面性质,阻碍颗粒间的相互吸引,抑制团聚。在较高的区域($h>10$ mm),CI 与 CI&OA 的屈服应力相近,并远低于 CI&Silica,原因是除了纳米颗粒的氢键作用以外,CI&Silica 沉降速率较慢,在较高的位置铁粉颗粒的含量也较高。

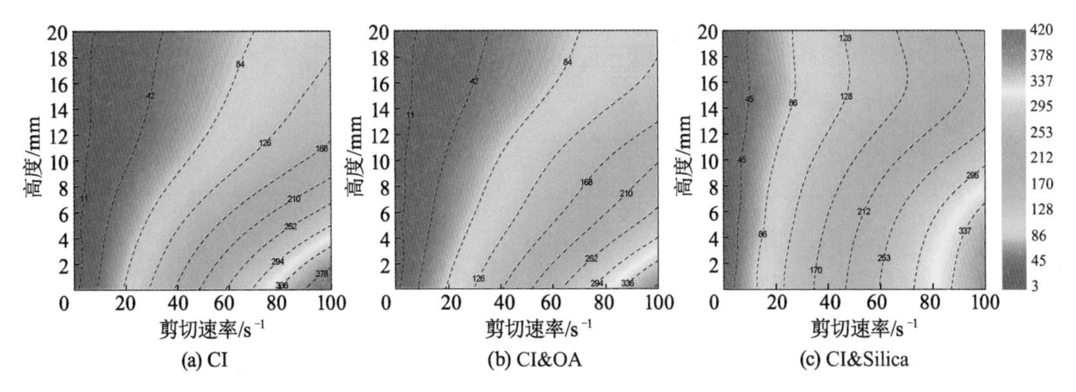

图 6.24 含有不同添加剂的磁流变液的高度-剪切应力-剪切速率关系曲线

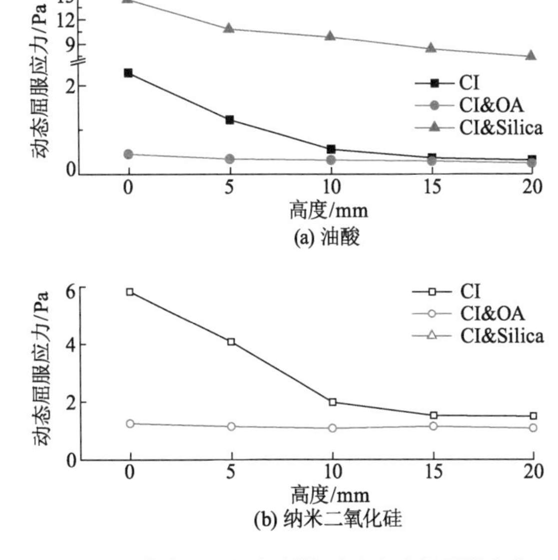

图 6.25 含有不同添加剂的磁流变液的屈服应力

6.4.1.2　沉降完成后沉积区的屈服行为

离心加速沉降后，所有样品沉积区铁粉颗粒的体积分数在43%～44%之间，小于堆积密度的理论值。图6.26为各样品的剪切应力-剪切速率关系曲线，附表为通过Casson模型计算的动态屈服应力值。与沉降48 h时不同，在体积分数相当的条件下，样品CI&30的屈服应力最大，CI&20次之，CI&10最小。这说明CI&30沉积区形成了结构较强的团聚体，不易被外力破坏，这可能有两个原因：一是与沉积层上方连续相颗粒的持续沉积有关；二是CI&30沉积层粒径分布较宽，更易堆积。CI&OA具有极小的屈服应力，这是因为油酸分子层的空间位阻作用抑制了团聚。CI&Silica具有极大的屈服应力，这是因为沉积层颗粒含量较高，纳米二氧化硅不仅不能阻隔羰基铁粉颗粒的作用，反而形成了结构更强、不易被打破的微结构。

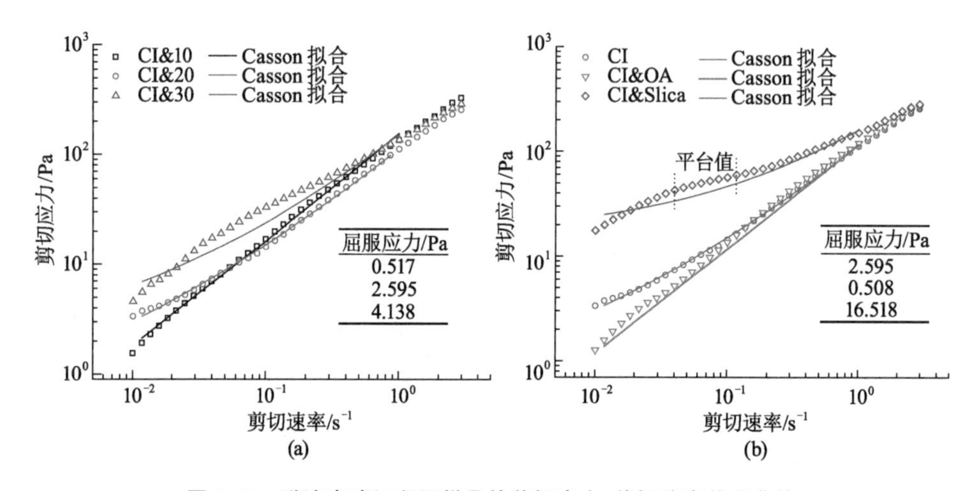

图6.26　磁流变液沉积区样品的剪切应力-剪切速率关系曲线

6.4.2　沉淀物的零场黏度

无外磁场作用时，磁化颗粒在载液中可随机分布。悬浮液相颗粒表面积较大，界面自由能较大，随着沉降的发生，颗粒含量增大，为降低自由能，颗粒自发地联结起来，形成各种聚集体，其中有结构紧密的团聚体，也有结构松弛的絮凝体。磁流变液的零场黏度与颗粒的结构密切相关。

6.4.2.1　沉降过程中沉降体系的零场黏度

图6.27、图6.28分别为不同羰基铁粉含量及含有不同添加剂的磁流变液的高度-零场黏度-剪切速率关系曲线。可以看出，所有样品的黏度均随着剪切速率的增大而减小，是剪切变稀的非牛顿流体。

对于空白样，样品的黏度随着高度的增大而减小。在较低的区域（$h<10$ mm），黏度从高到低依次为：CI&10、CI&20、CI&30；当$h>10$ mm时则相反。该规律与液层中的铁粉颗粒含量基本一致。不含添加剂的样品与CI&OA随着剪切速率的升高呈两个阶段的变化：① 剪切速率较低时，黏度迅速减小，剪切稀化明显；② 剪切速率较高时，黏度减小放缓直至几乎保持恒定，即“高剪黏度（η_∞）”。值得注意的是，CI&Silica的黏度随着高度呈现先减小后增大的趋势，该趋势在高剪范围内尤为明显，这可能是因为密度较小的二氧化硅颗粒多停留在沉淀物的上层，而底部更多是羰基铁粉颗粒。从微观来看，剪切稀化的原因有两个：一是团聚体、颗粒在外力作用下破碎、重新排列；二是连续相本身稀化。

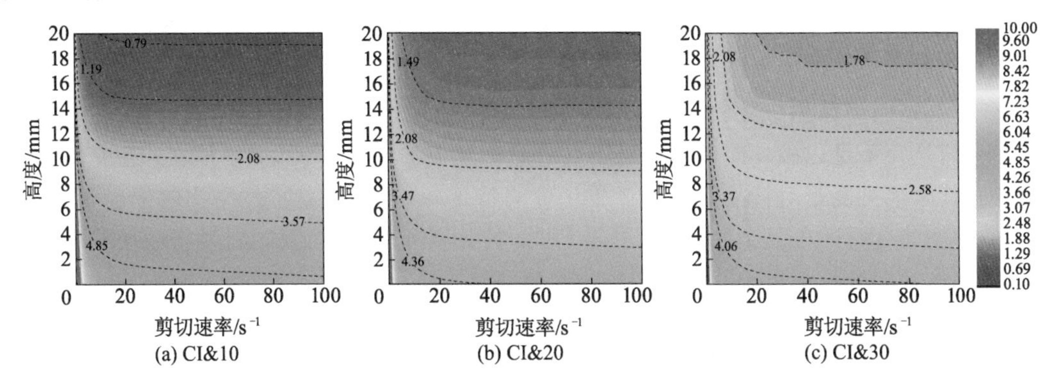

图 6.27　不同羰基铁粉含量的磁流变液的高度-零场黏度-剪切速率关系曲线

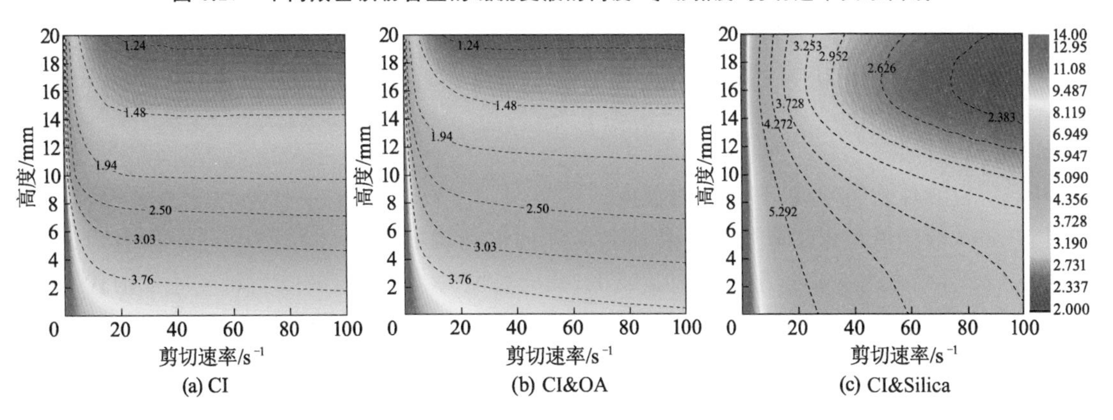

图 6.28　含有不同添加剂的磁流变液的高度-零场黏度-剪切速率关系曲线

6.4.2.2　沉淀完成后沉积区的零场黏度

图 6.29 为不同羰基铁粉含量及含不同添加剂的磁流变液沉淀完成后沉积区的零场黏度-剪切速率关系曲线。可以看出，所有样品的黏度均随着剪切速率的增大而减小，是剪切变稀的非牛顿流体。

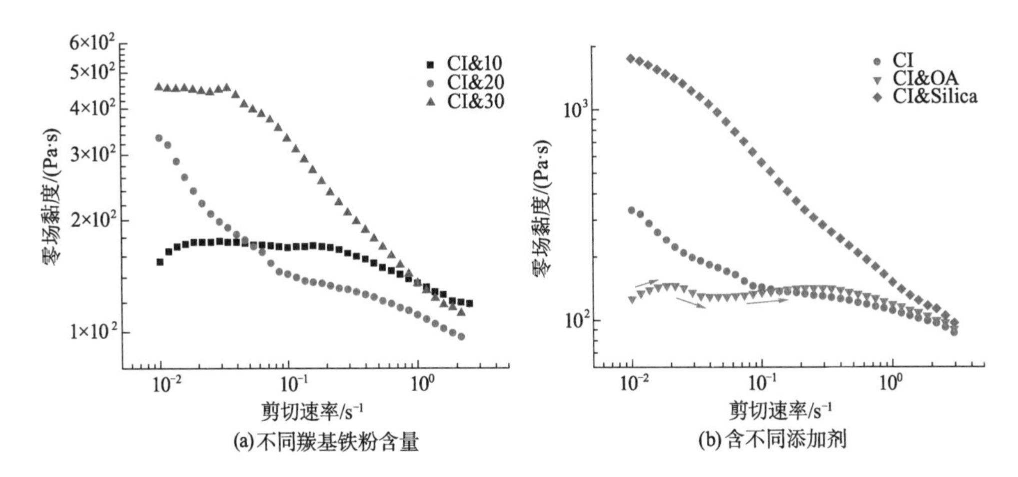

图 6.29　磁流变液沉淀完成后沉积区的零场黏度-剪切速率关系曲线

对于空白样，样品的黏度随着高度的增大而减小。在较低的区域(h<10 mm)，黏度从大到小依次为：CI&30、CI&20、CI&10。当h>10 mm时，黏度从大到小依次为：CI&10、CI&20、CI&30。剪切速率较小时，CI&20与CI&30有明显的线性区域，黏度不随剪切速率而改变。这是因为体积分数较大的磁流变液沉淀完成后沉积区的微观结构较强，在剪切速率较小时，外力不足以破坏团聚体。对于CI&OA，剪切速率较小时，黏度值在一定范围内上下浮动，其原因可能是对样品剪切时产生了较为特殊的结构，随着特殊结构的形成与解体，其流变黏度的变化产生复杂的现象。CI&Silica的黏度远大于其他样品，说明铁粉颗粒与二氧化硅颗粒共同堆积的沉积层内摩擦更为剧烈。

6.4.2.3　添加剂对流动特性的影响

首先讨论悬浮液的硬球模型(hard-sphere suspensions)。该模型是除了体积斥力外没有任何颗粒间相互作用的系统，也是悬浮体系最简单的模型之一。硬球模型的黏度由体积斥力、布朗运动及流体力共同决定。

Peclet数为流体力与热力的比值：

$$Pe=\frac{6\pi r^{3}\eta_{L}\dot{\gamma}}{k_{B}T} \tag{6.31}$$

式中，k_B为波耳兹曼常数；T为绝对温度。

Peclet数的值可以用来评估剪切流动破坏内部结构的能力。实验中，最小的剪切速率为0.01 s^{-1}，半径为6 μm，温度为293.15 K，载液黏度为0.3077 Pa·s。将上述数值代入式(6.31)得到最小的Peclet数为309.53，说明布朗运动对流变实验中沉淀物微观结构的影响是可以忽略不计的。

另一个很重要的参数是雷诺数：

$$Re=\frac{4\rho\dot{\gamma}r^{2}}{\eta_{L}} \tag{6.32}$$

取$\dot{\gamma}$=100 s^{-1}，则Re的上界为10^{-5}，说明在剪切过程中惯性效应也是可以忽略不计的。

有许多公式给出了悬浮体中悬浮相的体积分数与黏度之间的关系。其中应用最广泛的是K-D模型公式：

$$\eta=\eta_{L}\left(1-\frac{\varnothing}{\varnothing_{m}}\right)^{-[\eta]\varnothing_{m}} \tag{6.33}$$

式中，$\varnothing_m$为最大堆积密度，对于圆球来说，其理论值为0.632；η为颗粒的固有黏度，对于体积不能压缩的球体来说，其值为2.5(Arco，2013)。

已知每个液层的悬浮相体积分数及连续相黏度，通过公式可以计算出黏度的理论值。剪切速率无限接近零时的黏度称为零剪黏度，记为η_0，并选择剪切速率0.1 s^{-1}来近似零剪黏度。剪切速率无限接近无穷大时的黏度称为高剪黏度，记为η_∞，一般来说，可选择Casson模型中的参数η_c的平方近似高剪黏度。

悬浮体的真实黏度由两部分组成，即硬球模型的黏度(η^{hs})及颗粒间相互作用力(η^{if})[Quemada，2002]：

$$\eta=\eta^{hs}+\eta^{if} \tag{6.34}$$

式中，η^{hs}的理论值可以用K-D模型来计算(Megías-Alguacil，2005)。

上述各项数值详见表 6.3，其中 η^{if}/η_0，η^{if}/η_∞ 分别为颗粒间相互作用对真实黏度的贡献度。

表 6.3 η_0，η_∞，η^{hs} 的值及颗粒间相互作用对真实黏度的贡献度（η^{if}/η_0，η^{if}/η_∞）

样品	h/mm	η_0/(Pa·s)	η_∞/(Pa·s)	η^{hs}/(Pa·s)	η^{if}/η_0	η^{if}/η_∞
CI	0	31.4	3.35439	1.41503	0.9549	0.5782
	5	21.8	2.38919	0.84913	0.9610	0.6446
	10	11.9	1.55451	0.77625	0.9348	0.5006
	15	8.58	1.16014	0.65644	0.9235	0.4342
	20	6.87	0.99792	0.58653	0.9146	0.4122
CI&OA	0	15.42	3.35146	1.15193	0.9253	0.6563
	5	10.26	2.35561	0.81076	0.9210	0.6558
	10	8.04	1.76996	0.79461	0.9012	0.5511
	15	5.238	1.23499	0.68312	0.8696	0.4469
	20	3.942	0.99764	0.61577	0.8438	0.3828
CI&Silica	0	160	1.5962	106.5374　1.316389	0.3341	0.1753
	5	120	1.5884	92.55888　1.143669	0.2287	0.2800
	10	106	1.4146	88.64686　1.095332	0.1637	0.2257
	15	89.9	1.2395	81.44189　1.006306	0.0941	0.1881
	20	83.3	1.5928	78.28818　0.967339	0.0602	0.3927

注：由于 CI&Silica 载液为剪切变稀的非牛顿流体，因此在零剪和高剪的状态下存在两个 η^{hs} 值，左侧为零剪状态下的值，右侧为高剪状态下的值。

磁流变液的黏度主要取决于流体力与颗粒间吸引力（包括范德华力和静磁吸引力）之间的平衡。图 6.30a 表明，在零剪状态下，悬浮相颗粒按一定结构随机排列，沉淀物具有较大的黏度，且主要由 η^{if} 部分提供，颗粒间吸引力远大于流体力和热力。CI&OA 的贡献度略低于 CI，这是由于空间位阻作用较强，增大了颗粒间的距离，抑制了颗粒间的相互吸引。CI&Silica 在任一高度上液层的吸引力贡献度均小于 35%，说明纳米二氧化硅颗粒可以在很大程度上阻碍羰基铁粉颗粒的碰撞、团聚，减弱沉降。而 CI&Silica 的高黏度是铁粉颗粒与纳米二氧化硅颗粒共同作用的结果。图 6.30b 表明，在高剪状态下，悬浮相颗粒在外力作用下有序排列，沉淀物具有较小的黏度。对于 CI 与 CI&OA，总的来看，随着高度的增加，η^{if} 呈减小趋势。液层处于较低的高度时，黏度主要由 η^{if} 部分提供，颗粒间的吸引力大于流体力和热力；液层处于较高的高度时，黏度主要由 η^{hs} 部分提供，流体力大于颗粒间的吸引力。CI&OA 的贡献度略高于 CI，可能是由于剪切速率较大时，颗粒表面吸附的油酸分子层阻碍了颗粒间的移动。CI&Silica 的颗粒间吸引力的贡献度随着高度的增加而增大，这可能是由二氧化硅颗粒含量变化引起的。

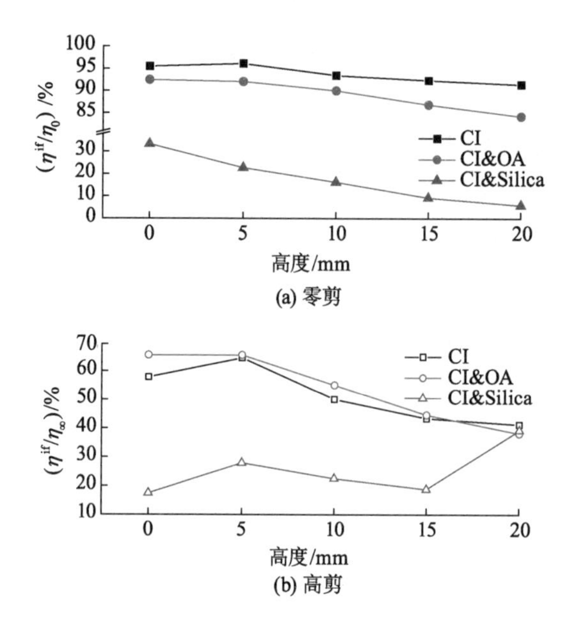

图 6.30 颗粒间相互作用在零剪和高剪条件下的贡献度

6.4.3 沉淀物的动态剪切模量

采用振荡剪切的方法测试沉降体系的储能模量和损耗模量。储能模量代表沉淀物在剪切过程中的变形能，为弹性部分；损耗模量代表剪切过程中耗散的能量，为黏性部分。通过研究沉淀物的黏弹性，可以更好地分析其微观结构。

6.4.3.1 沉降过程中沉降体系的动态模量

图 6.31 为含有不同体积分数羰基铁粉的磁流变液沉降 48 h 后沉降体系的模量-应变关系曲线。虚线代表流动点处的应变，记为 γ_f，即 $G'=G''$处的应变。总体来看，可以根据沉淀物的物态将应变分为两个区域：① 低应变区，$\gamma<\gamma_f$，$G'>G''$，样品为固态。该区域内样品的储能模量与损耗模量较大，在一定应变区域内基本保持稳定，流动点前呈减小趋势，储能模量的减小快于损耗模量。② 高应变区，$\gamma>\gamma_f$，$G'<G''$，样品为液态，储能模量与损耗模量快速减小。可以看出，随着振荡幅度的增大，沉淀物内部结构遭到破坏，动态模量由稳定转变为快速减小，由固态转变为液态。随着高度的增加，模量值有所减小，流动点处的应变减小。与图 6.22 对比可以发现，样品的模量值与液层中羰基铁粉的含量成正比，流动点处的应变随高度的变化速度与羰基铁粉的含量随高度的变化速度成正比。

图 6.32 为含有不同添加剂的磁流变液沉降 48 h 后沉降体系的模量-应变关系曲线。可以看出，对于 CI&OA，各个高度的液层都具有极小的模量值，且流动点随着高度的增加快速减小。CI&Silica 则呈现出完全不同的趋势，其模量值远大于其他样品，且其流动点随高度的增加而减小。这是由于纳米二氧化硅颗粒密度较小，在沉降过程中更多留在上层。

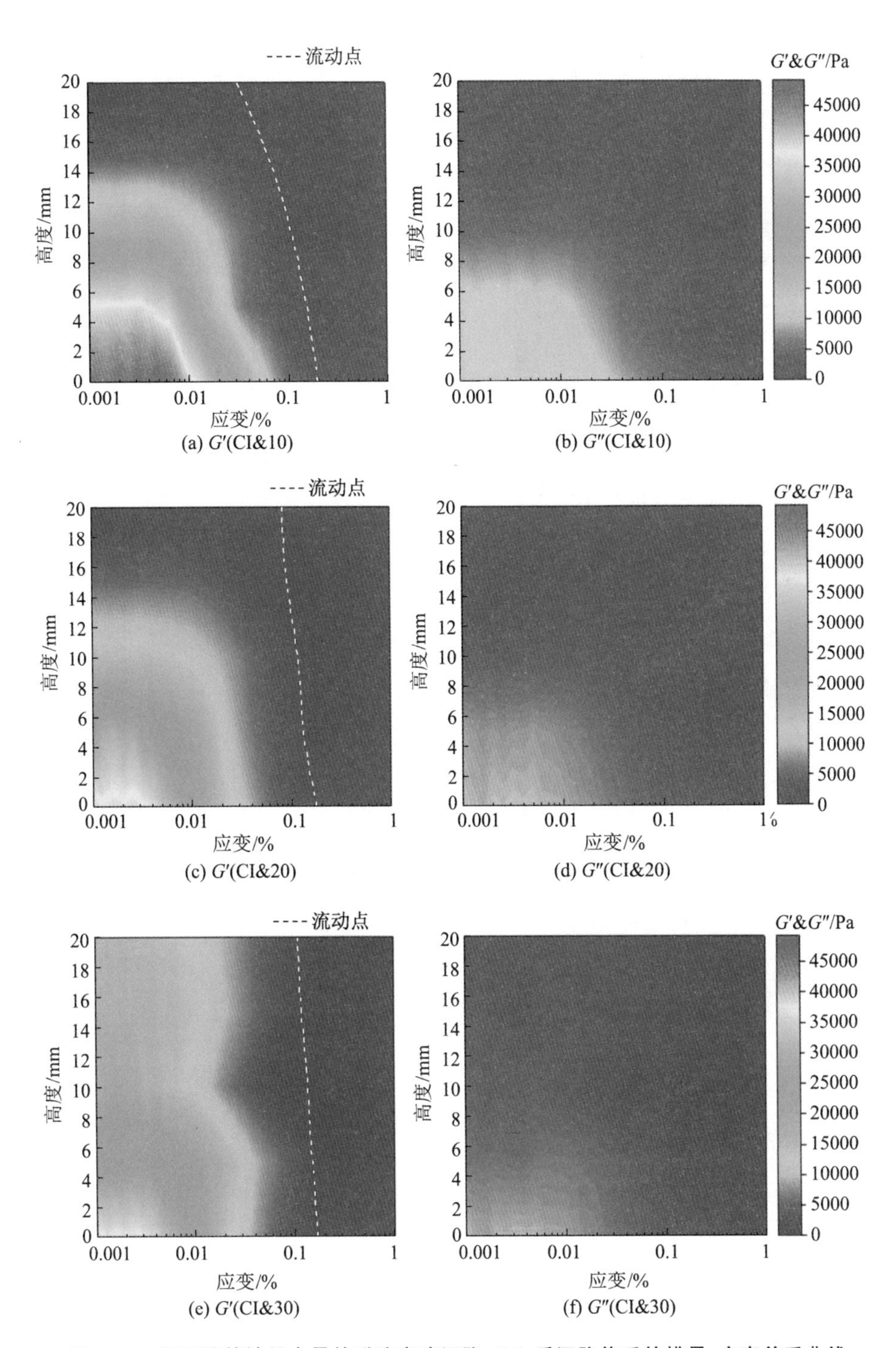

图 6.31 不同羰基铁粉含量的磁流变液沉降 48 h 后沉降体系的模量-应变关系曲线

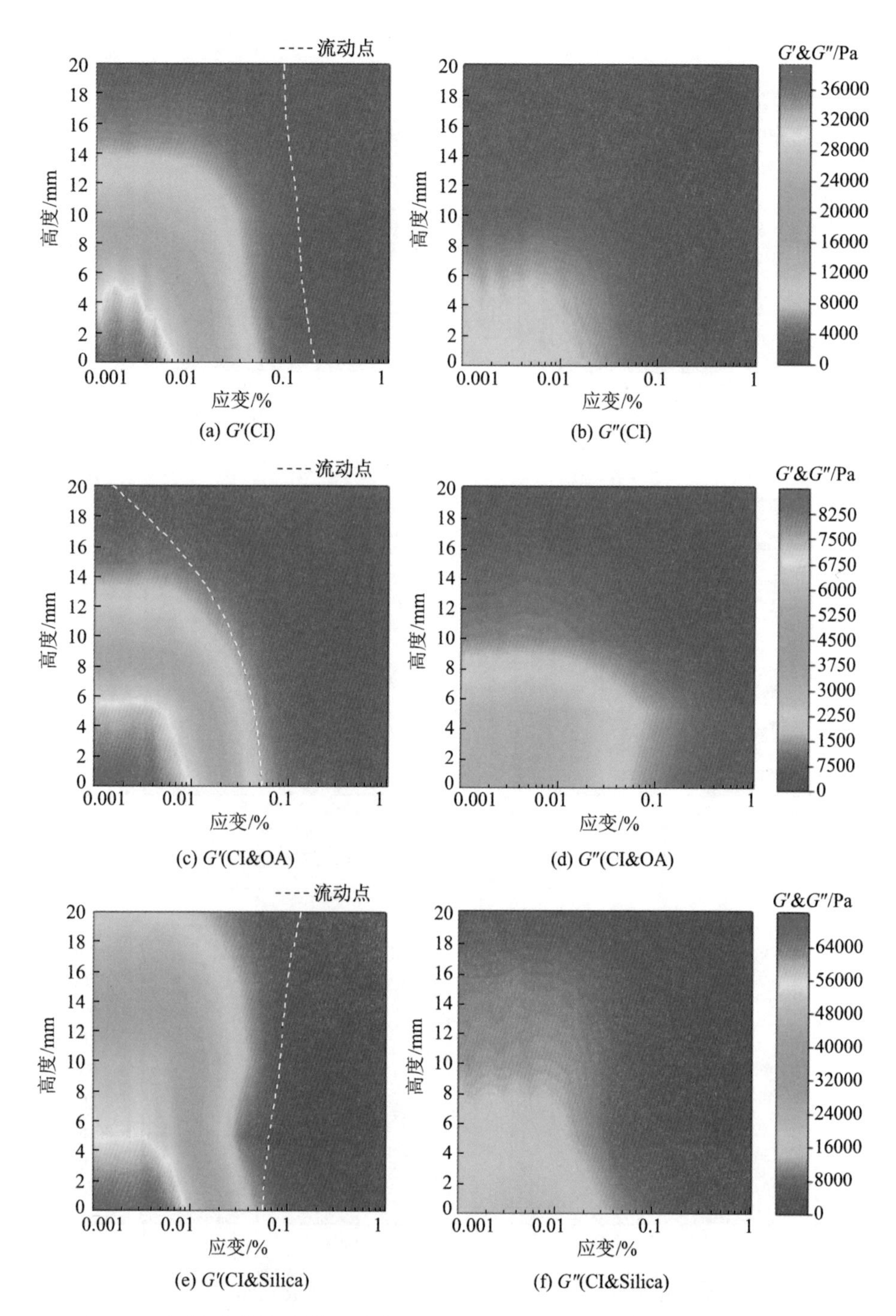

图 6.32　含有不同添加剂的磁流变液沉降 48 h 后沉降体系的模量-应变关系曲线

6.4.3.2　沉淀完成后沉积区的动态模量

图 6.33 为不同羰基铁粉含量的磁流变液的储能模量、弹性模量、损耗因子与应变的关系曲线。图 6.34 为含有不同添加剂的碳流变液的储能模量、弹性模量、损耗因子与应变的关系曲线。随着振幅的提升将应变分为三个区域。应变较小时(固体区域)，$G'>G''$，样品处

于固体状态。储能模量和损耗模量的交点是流动点，代表样品开始流动。应变适中时(剪切变稀区域)，储能模量和损耗模量快速减小且后者大于前者，代表样品从固态转变为液态。应变较大时(剪切增稠区域)，动态模量恢复10倍余，这可能是因为颗粒在外界作用力与颗粒间作用力的共同作用下形成了较为复杂的结构。虽然储能模量比损耗模量恢复速度快得多，但依然小于损耗模量，损耗因子接近1。在应变极大的区域，储能模量和损耗模量再次出现减小的趋势。这是由于测试平板与样品间存在滑移，因此不能真实反映样品的黏弹性，在此不多做讨论。关于损耗因子，所有样品在固体区域的变化较小，处于相对稳定的状态，呈现先上升再下降的趋势。这种趋势说明在剪切变稀阶段，随着应变增大，样品愈发呈现出塑性特征，而在剪切变稠阶段却恰恰相反，样品的弹性特征更明显。

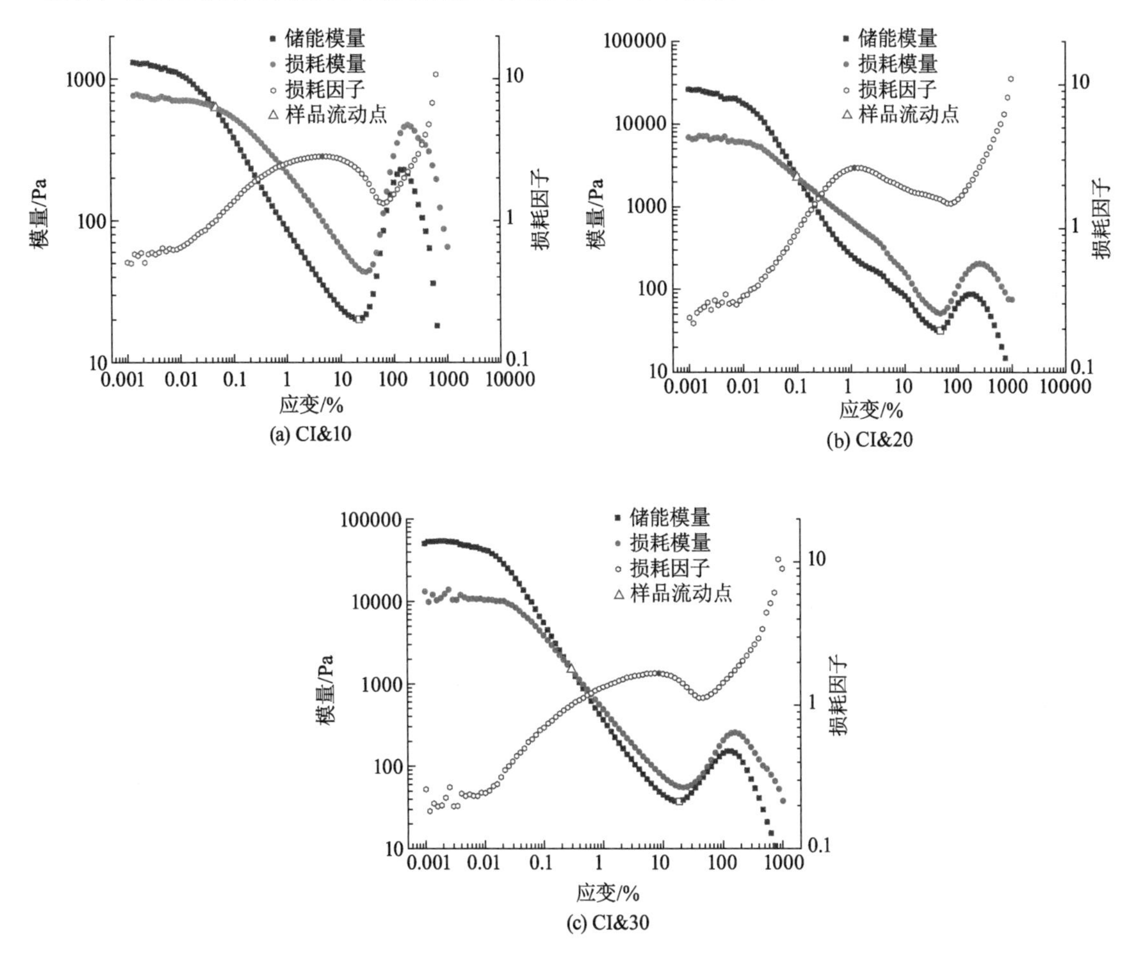

图6.33 不同羰基铁粉含量的磁流变液的储能模量、弹性模量、损耗因子与应变的关系曲线

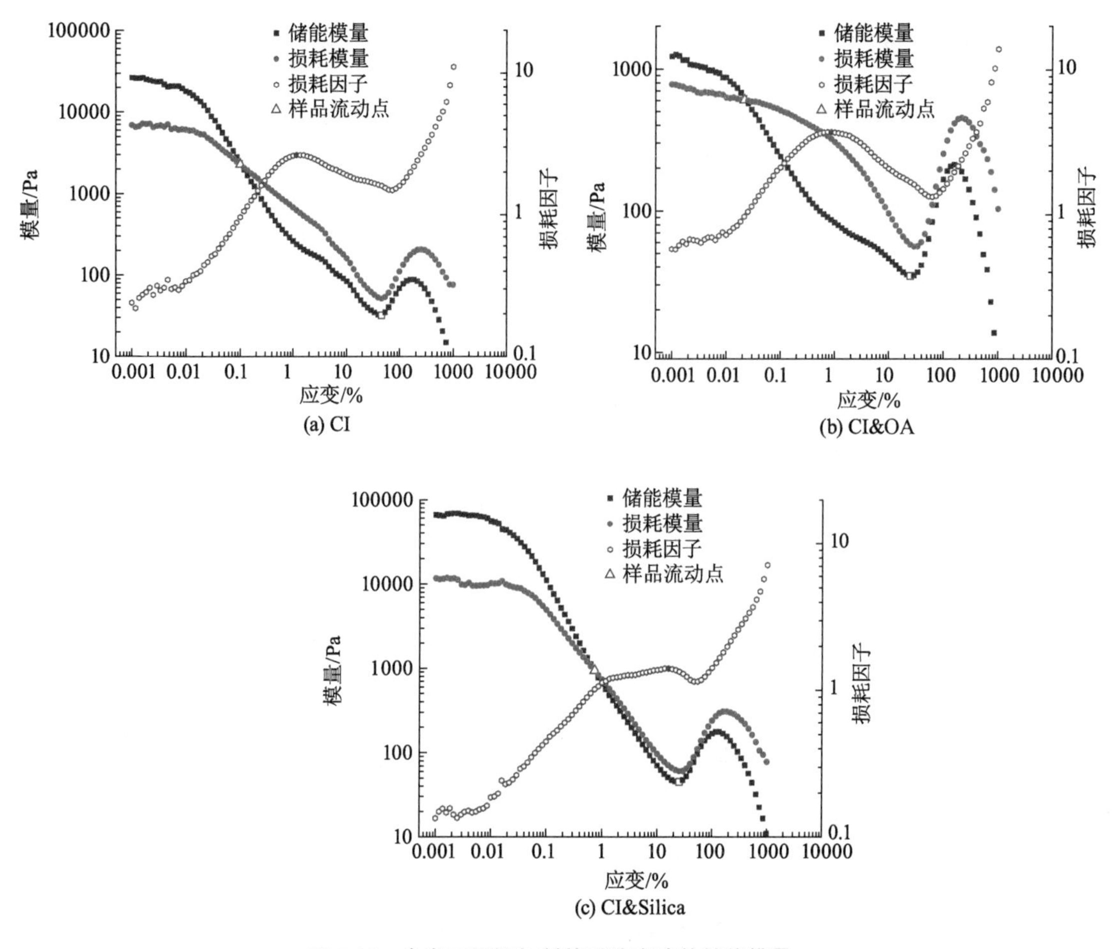

图 6.34 含有不同添加剂的磁流变液的储能模量、弹性模量、损耗因子与应变的关系曲线

通过图 6.33 可以看出，虽然沉积层中铁粉含量相近，但是随着原磁流变液悬浮相颗粒体积分数的增大，储能模量与损耗模量的初始值(initial value)和流动点处的应变均呈现增大的趋势，说明形成了较强的微结构。三者的关键应变(critical strain)处的模量值相近，说明在此应变下，沉积层微观结构遭到破坏，模量值主要取决于悬浮相的体积分数。

通过图 6.34 可以看出，油酸极大地降低了沉积层液层的储能模量与损耗模量，流动点处的应变也明显变小。也就是说，沉淀物更“软”，更易变形。这是因为油酸分子减弱了颗粒间的相互作用。相反，纳米二氧化硅的加入显著增加了沉积层液层的模量值，增大了流动应变，形成了不易搅动的沉淀物。这是因为沉降完全后，颗粒间距缩小，铁粉颗粒自身、铁粉颗粒与纳米二氧化硅颗粒间、纳米二氧化硅颗粒自身因弱相互作用而团聚，致使其呈现“硬”的宏观性质。

表 6.4 和表 6.5 分别为含有不同体积分数的羰基铁粉和不同添加剂的磁流变液的动态流变参数表。

表 6.4　含有不同体积分数的羰基铁粉的磁流变液的动态流变重要参数

体积分数	初始 G'/Pa	初始 G''/Pa	初始损耗因子	流动点应变/%	关键应变/%
10%	1290	730	0.511	0.0464	29.3
20%	25000	7180	0.241	0.1	46.4
30%	53800	12200	0.184	0.293	21.5

表 6.5　含有不同添加剂的磁流变液的动态流变重要参数

添加剂	初始 G'/Pa	初始 G''/Pa	初始损耗因子	流动点应变/%	关键应变/%
无添加剂	25000	7180	0.241	0.1	46.4
油酸	1270	780	0.574	0.0216	29.3
纳米二氧化硅	67500	11900	0.147	0.736	25.1

6.4.3.3　*流动点*

通常来说，在浓悬浮体系中，颗粒与邻近颗粒相接触，悬浮体系呈现出一种阻塞状态(jammed state)。当用较小的应变剪切浓悬浮体时，由于流体力的作用，互相接触、锚固的颗粒产生松动甚至滑移，内摩擦减小。这是颗粒在振荡剪切下的微观行为，也是沉淀物在外力作用下再分散的实质。

在振荡剪切实验中，施加在单个颗粒上的流体力为 $6\pi\eta_L r\dot{\gamma} > 1\times10^{-17}$ N。范德华力 F_{vdw} 的计算公式为

$$F_{vdw}=\frac{A_H r}{6\delta^2} \tag{6.35}$$

式中，A_H 为 Hamaker 常数，取 $A_H=3.5\times10^{-22}$ J；δ 为体系中颗粒的平均间距，其值与体积分数相关：

$$\delta=2r\left[\left(\frac{1}{3\pi\varnothing}+\frac{5}{6}\right)^{1/2}-1\right] \tag{6.36}$$

取体积分数 $\varnothing$ 的上界为 45%，下界为 10%；取 $r=6\times10^{-6}$ m，得到 δ 的取值范围为[2.02×10^{-6}, 5.78×10^{-7}]，将其代入式(6.35)，得 $1.43\times10^{-17}\ \mathrm{N}\leqslant F_{vdw}\leqslant 1.75\times10^{-16}$ N。

除了范德华力，静磁吸引力也是磁流变液中悬浮相颗粒间重要的作用力。对于处于磁场中的两个铁质球体，它们之间的静磁吸引力为

$$F_{mag}=\frac{3}{4}\pi\mu_0\mu_c r^2\beta_m^2 H_0^2 \tag{6.37}$$

式中，μ_0 为真空磁导率；μ_c 为矿物油的相对磁导率；$\beta_M=(\mu_p-\mu_c)(\mu_p+2\mu_c)$，其中 μ_p 为铁的相对磁导率；H_0 为磁场强度。

通过上述计算可知，当剪切速率较小时，流体力小于范德华力，此时体系模量值较大，且基本保持稳定；随着剪切速率的增大，流体力超过范德华力与静磁吸引力，沉积物微结构被破坏，模量迅速减小，样品由固态转变为液态。

当吸附有油酸分子的两个颗粒相互靠拢时，由于在重叠区油酸含量增加，渗透压随之升高，促使两个颗粒分开。如果颗粒距离较近，油酸分子链被弹性压缩，链节因移动受限而产生熵斥力，使颗粒回到非聚集状态。以上为 CI&OA 具有低流动应变与弹性模量的原因。

6.5 磁流变液稳定性的多维度评价

为了进一步统一磁流变液的沉降稳定性和再分散性评价方法，根据颗粒含量、粒径分布等变化可找出衡量其悬浮稳定性能的指标，并基于沉淀物的流变性能寻找衡量其再分散性的指标，从而将宏观性能和微观形貌联系起来，研究悬浮液内部结构的分形维数并与传统方法进行对比研究。

6.5.1 基于磁流变液及其沉淀物宏观性能的稳定性指标

6.5.1.1 悬浮稳定性指标

(1) 最终沉降率指标

$$\mathrm{FSI}=\varnothing_0\left(\frac{h_0}{h_m^t}-1\right) \tag{6.38}$$

式中，h_m^t 为泥线在时间为 t 时的高度；h_0 为未发生沉降的条件下悬浮液的高度；$\varnothing_0$ 为悬浮液中分散相的体积分数。

FSI 值的本质为沉降体系的平均颗粒含量与原磁流变液的颗粒含量差。当磁流变液需要长期储存时，沉降体系的平均颗粒含量为沉积层颗粒含量，因此本指标可以评估磁流变液的长期稳定性。FSI 值越小，说明其颗粒沉降量越少。图 6.35 为不同磁流变液样品经离心加速沉降，即沉降完成后的 FSI 值。从图中可见，原磁流变液中铁粉的体积分数越大，其 FSI 值越小；油酸可以使 FSI 值略微减小，而纳米二氧化硅可以使 FSI 值大幅度减小。

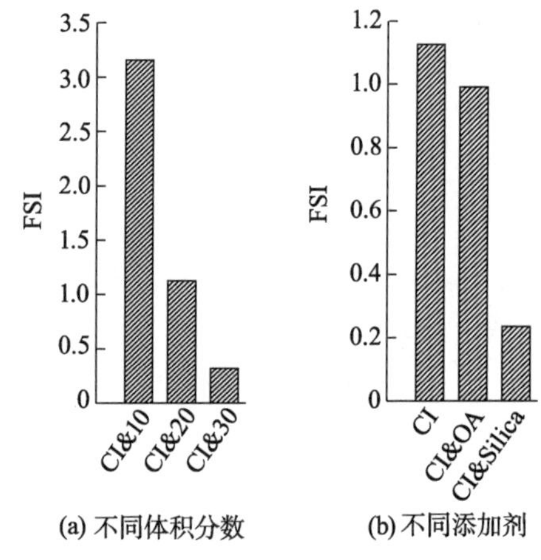

图 6.35 不同磁流变液样品沉降完成后的 FSI 值

(2) 浓度梯度指标

$$\mathrm{CGI}=\frac{\varnothing_b-\varnothing_t}{h_m^t}\times 100\% \tag{6.39}$$

式中，$\varnothing_b$，$\varnothing_t$ 分别为沉降体系底部与顶部的颗粒含量。

磁流变液是一种二相悬浮体，由于连续相和分散相存在密度差，分散相在重力作用下缓慢沉降。在沉降过程中，沉降体系出现颗粒含量分布不均的情况，一般是从高到低浓度含量逐渐增大。在沉降后期，沉降体系大部分在沉积区，颗粒含量分布在高度上再度统一。

CGI 值旨在衡量磁流变液在沉降过程中的沉降体系上、下区域的颗粒含量差异情况。CGI 值越大，沉降体系上、下部分颗粒含量差异越明显，沉降速度越快。图 6.36 为不同磁流变液样品沉降 48 h 后的 CGI 值。从图中可见，原磁流变液中铁粉的体积分数越大，其 CGI 值越低。由上小节可知，油酸可使 FSI 值稍稍减小，但能使 CGI 值较大幅度减小；纳米二氧化硅则可以使 CGI 值显著降低。

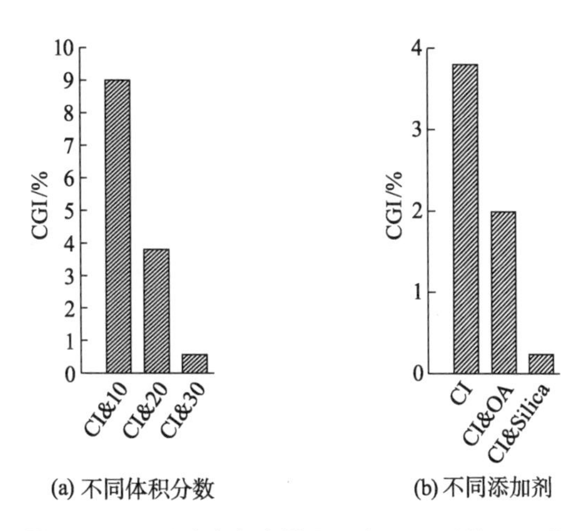

(a) 不同体积分数　　(b) 不同添加剂

图 6.36　不同磁流变液样品沉降 48 h 后的 CGI 值

(3) 粒径分布指标

$$RDI=\frac{(r_{50}^{b}-r_{50}^{0})(\sigma_{b}-\sigma_{0})}{r_{50}^{0}\sigma_{0}}\times 100\% \tag{6.40}$$

式中,r_{50}^{b},σ_{b} 分别为沉降体系底部中值粒径与分布系数;r_{50}^{0},σ_{0} 为原磁流变液的中值粒径与分布系数。

根据斯托克斯原理,粒径较大的球形颗粒在液体中沉降较快,所以沉积层底部的粒径分布与原磁流变液相比会产生一定的差异。

RDI 值旨在衡量沉积层底部的粒径分布与原磁流变液的偏差大小。图 6.37 为不同磁流变液样品经离心加速沉降,即沉淀完成后的 RDI 值。从图中可见,原磁流变液中铁粉的体积分数越大,其 RDI 值越小;油酸可以显著降低沉积层底部的粒径分布与原磁流变液的差异;由于二氧化硅颗粒附着于羰基铁粉颗粒表面,因此 CI&Silica 的 RDI 值较高。

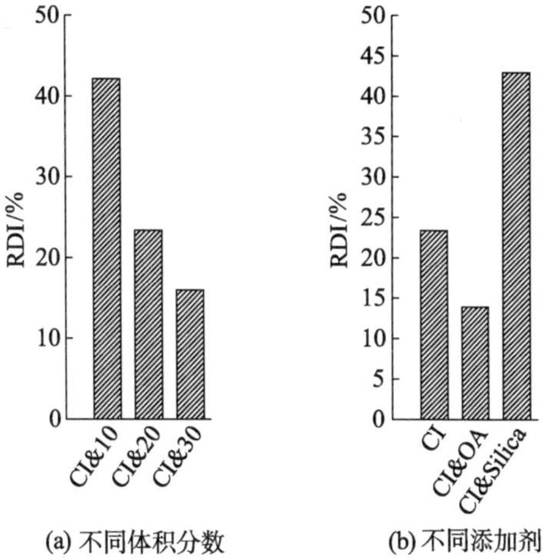

(a) 不同体积分数　　(b) 不同添加剂

图 6.37　不同磁流变液沉淀完成后的 RDI 值

对比以上指标可以发现,配置较大体积分数的磁流变液有助于提高其悬浮稳定性能,且纳米颗粒类添加剂可以大幅度提升悬浮稳定性能。

同时,表面活性剂类添加剂可以显著降低粒径分布在沉降体系中的偏差,抑制团聚,但对悬浮稳定性的改善效果不及纳米颗粒类添加剂。

6.5.1.2　再分散性指标

(1) 静态结构指标

$$SSI=\frac{\int_{\gamma_{\text{initial}}}^{\gamma_{f}} G''\mathrm{d}\gamma}{\varnothing(h)} \tag{6.41}$$

式中，γ_f 为流动点处的应变；$\gamma_{initial}$ 取 0；G'' 为损耗模量，$\varnothing(h)$ 为高度 h 处的体积分数。

沉淀物微观结构的强度是决定磁流变液是否容易再分散的关键因素之一。SSI 值为样品的损耗模量在初始应变到流动应变间对应变的积分与体积分数的商，即流变仪上平板破坏单位沉淀物内部结构所需要的能量，可以用来评价其强度。图 6.38 为不同磁流变液样品沉淀完成后的 SSI 值。对于空白样，SSI 值基本与液层中颗粒的体积分数的大小保持一致，说明颗粒含量越高，结构越强；油酸可以大幅降低沉淀物微观结构的强度，而纳米二氧化硅则可极大增强结构强度。在沉降过程中，随着高度的增加，颗粒含量下降，悬浮体结构强度随之下降。值得注意的是，CI&OA 的 SSI 值随着高度的增加并没有明显减小，也就是说，油酸磁流变液沉淀物的结构强度对颗粒含量不敏感。

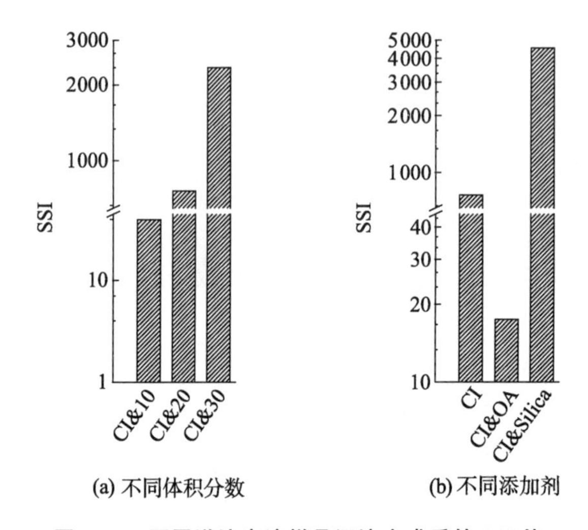

图 6.38　不同滋流变液样品沉淀完成后的 SSI 值

（2）流变指标

$$\mathrm{RHI}=\frac{\int_{\dot{\gamma}_{initial}}^{\dot{\gamma}_{final}}\tau\,\mathrm{d}\dot{\gamma}}{\varnothing(h)} \tag{6.42}$$

式中，$\dot{\gamma}_{initial}$、$\dot{\gamma}_{final}$ 分别为测试的初始剪切速率和最终剪切速率。

对样品进行再分散时，沉淀物在外力作用下开始流动。此时其内摩擦的大小，即黏度的大小决定了使沉淀物保持流动状态时耗能的大小。RHI 值为样品的剪切应力在初始剪切速率到最终剪切速率间对剪切速率的积分与体积分数的商，是单位沉淀物保持流动所需要的能量，可以用来评价其再分散的难易程度。图 6.39 为不同磁流变液样品沉淀完成后的 RHI 值。空白样的 RHI 值在较小时基本与液层中颗粒的体积分数的大小保持一致，说明颗粒含量越高，再分散的过程耗能越大；沉降过程中，油酸与纳米二氧化硅对 RHI 值的大小没有明显的影响，RHI 值主要与液层中颗粒的体积分数有关。

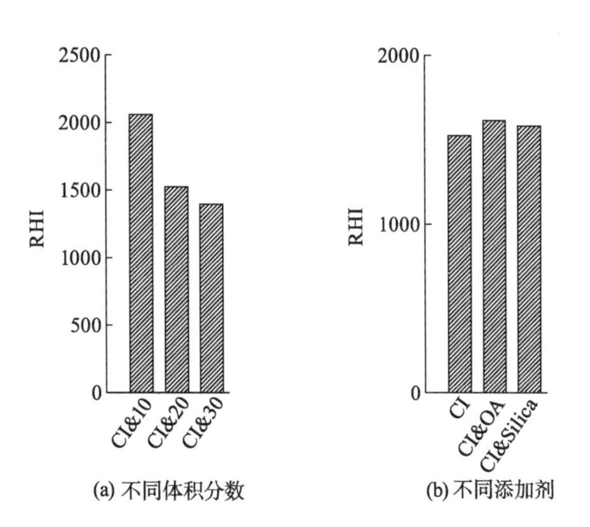

图 6.39 不同磁流变液样品沉淀完成后的 RHI 值

（3）剪切稀化指标

$$\mathrm{STI}=\left|\frac{\eta_{\mathrm{i}}-\eta_{\mathrm{f}}}{\varnothing(h)(t_{\mathrm{i}}-t_{\mathrm{f}})}\right| \tag{6.43}$$

式中，η_i 和 η_f 分别为 3ITT 测试第二阶段的初始黏度和最终黏度；t_i 和 t_f 分别为第二阶段的初始时间和最终时间。以恒定剪切速率对样品进行剪切可以较好地模拟再分散的过程。

STI 值旨在评估样品经受剪切后单位体积的磁流变液黏度的减小情况，即再分散的效果。图 6.40 为不同磁流变液样品沉淀完成后的 STI 值，原磁流变液中铁粉的体积分数越大，其 STI 值越小。沉积物剪切变稀的程度与添加剂密切相关，油酸的加入使得 STI 值大幅减小，这可能是因为剪切使得沉淀物内部形成更为复杂的结构。纳米二氧化硅使得 STI 值大幅增加，这是因为纳米二氧化硅-矿物油悬浮液作为载液，本身就是一种剪切变稀且触变性显著的悬浮液。

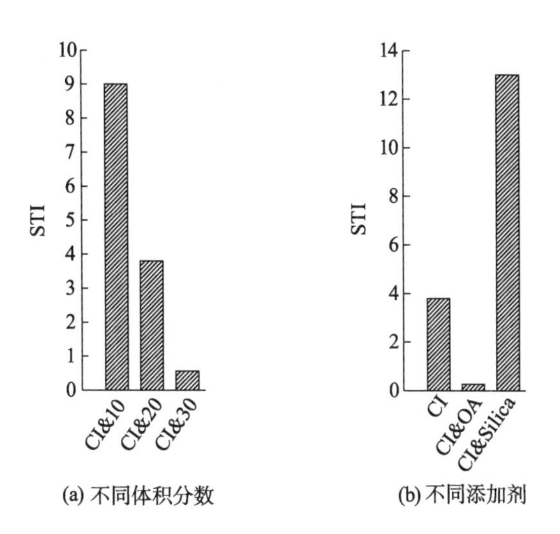

图 6.40 不同磁流变液沉淀完全后的 STI 值

(4) 结构恢复指标

$$\mathrm{SRI}=k\cdot\frac{\tau_s}{\tau_0} \tag{6.44}$$

式中，τ_s 为再分散后的屈服应力；τ_0 为再分散前的屈服应力。

沉降后的磁流变液经过再分散，若较小的颗粒在短时间内再次团聚成为较大的团聚体，则不能认为其具有较好的再分散性。SRI 值为速率参数与恢复率的乘积，可衡量样品恢复的速度和程度。图 6.41 为不同磁流变液样品沉淀完成后的 SRI 值，原磁流变液中铁粉的体积分数越大，其 SRI 值越大。沉积物剪切变稀的程度与添加剂密切相关，油酸的加入使得 SRI 值大幅升高，说明受剪切后内部结构迅速恢复。纳米二氧化硅使得 SRI 值大幅减小，说明受剪切后内部结构恢复程度低，且恢复较慢。

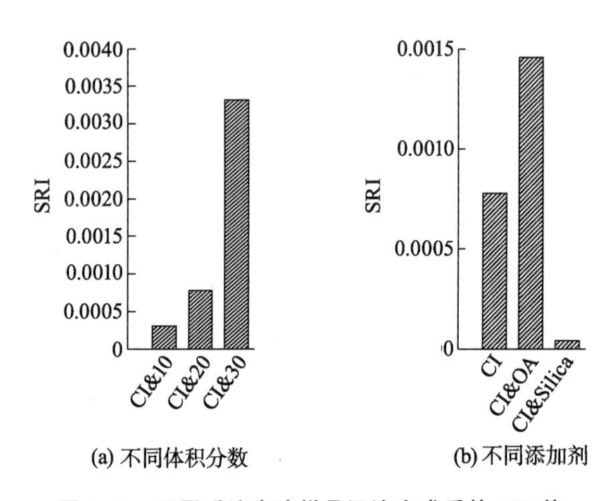

图 6.41 不同磁流变液样品沉淀完成后的 SRI 值

6.5.2 颗粒微观形貌的分形维数

悬浮体系的黏度及沉降速度不仅取决于其悬浮相的颗粒含量，颗粒的形貌对此类宏观性能也有极大的影响。当颗粒间吸引力大于斥力时，颗粒容易发生团聚。而当对悬浮液进行剪切时，较大的团聚体在外力作用下分散为较小的个体。

团聚体的多相性和不均匀性使得在定量描述团聚体几何特征和揭示其分布规律等方面的研究极其复杂，用传统的几何学方法来描述团聚体结构相当困难。大量资料表明，团聚体结构具有分形特征，分形理论为分析团聚体结构提供了一个有效途径。在描述分形的自相似对称性的基本特征时，最基本的参数就是分维数。分形学正在发展中，目前还没有适合于一切分形结构的分维数定义。在不同类的问题中，人们常常使用不同的分维数定义，其中，相似维数中物体度量与测量尺码的分形关系是分维数最基本的定义。具有相似结构的图形并非就是分形。例如，线段、正方形和立方体具有整体自相似结构，但它们并非分形。无论是否分形，具有严格自相似结构的图形通常有一个共同点，即在其缩放的比例因子和整体所分成的小部分个数之间总存在某种关系。

6.5.2.1 理论背景

分形维数是用来描述颗粒团簇的内部结构的参数。当颗粒间由于团聚形成一个包含

N 个颗粒的可分形的团簇体时，N 与团簇体半径 R_c 的关系为(Jullien，1986)

$$N \propto R_c^D \tag{6.45}$$

式中，D 为三维空间的分形维数，$1 \leqslant D \leqslant 3$。要计算半径为 R 的球体内的粒子数，可将 R 与单个粒子的半径 r 联系起来，得到

$$N\left(\frac{R}{r}\right) \propto \left(\frac{R}{r}\right)^D \tag{6.46}$$

式中，$N\left(\frac{R}{r}\right)$为归一化径向坐标$\frac{R}{r}$的函数；$R=0$ 时定义为团簇体半径的中点。

在实际悬浮体中，每个团簇的颗粒大小、团簇体大小和分形维数存在一定的可变性，因此计算时取观测样品的平均值。

已经有许多经典模型用来描述团簇的成型动力学。依据颗粒的黏附能力可以分为扩散受限模型(diffusion limited cluster aggregation，DLCA)与反应受限模型(reaction limited cluster aggregation，RLCA)。DLCA 模型中颗粒间的黏附能力为 1，即每个颗粒在第一次接触时就互相黏附。RLCA 模型中颗粒间的黏附能力为 0，即每个颗粒无论多少次接触都不能互相黏附。因此，RLCA 具有更密集的堆积结构，这种结构可以用分形维数进行表征。

相关长度 ξ 可用来表示在团簇群失去其内部分形性之前的最大长度尺度，是表征临界重叠的有效手段。也就是说，应用式(6.45)和式(6.46)需保证 $R \leqslant \xi$。图 6.42(Bossler，2018)为一理想状态下的团簇体的示意图。其中，黑色虚线表示相关长度为 ξ 的团簇，灰色部分为其重叠部分。可以传递力的骨架结构由连续线标出。可以看出，大部分重叠区域都参与了骨架的形成，而团簇体中只有小部分参与形成骨架(Bossler，2018)。对于颗粒互相吸引的悬浮体，ξ 与颗粒的体积分数$\varnothing(h)$和团簇体的分形维数直接相关：

$$\frac{\xi}{r} = \varnothing(h)^{1/(D-3)} \tag{6.47}$$

虽然通常将团簇分形维数 D 视为与整个悬浮体中的团簇的分形维数相同，但是这种分形仅适用于小于 ξ 的长度尺度，因为团簇在较大的长度尺度下呈现非均匀性。上述方法用于大尺度情况时，往往得到与原结构不相关的分形维数。

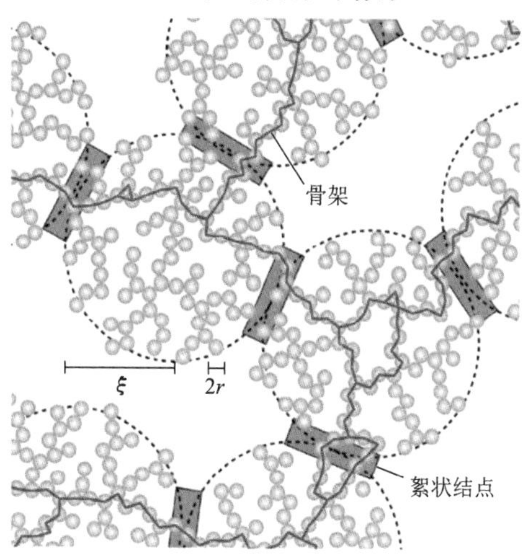

图 6.42 由半径为 r 的颗粒互相重叠形成的团簇体结构示意图

自引入分形的概念来表征粒子的聚集结构以来，陆续出现了大量的理论将分形维数与颗粒互相吸引的悬浮体的流变性质联系起来计算聚集结构分形维数的函数。所有这些函数都是幂律类型的，例如：

$$X(\varnothing)\propto\varnothing^{f(D)} \tag{6.48}$$

式中，$X(\varnothing)$为悬浮体的某一种流变性质，如屈服应力、弹性模量的平台值等。大多数模型的区别在于$f(D)$的表达。Piau等（Piau，1999）提出了一种关于屈服应力的模型：

$$f(D)\equiv m=\frac{4}{3-D} \tag{6.49}$$

Piau的模型由较稀的聚合物结构推导得出。该模型假设在悬浮体系中存在类似于聚合物凝胶结构的均质骨架，而不是密集堆积的絮凝体。因此，Piau模型理论上计算的是骨架结构的分形维数（图6.42中连续线条部分）。

Shih等（Shih，1990）提出的模型则十分不同，他们将网络结构的分形维数与弹性特征联系起来，用两个弹性常数表示：K_f和K_b。其中，K_f为颗粒内部结构的弹性特征的常数，K_b为描述颗粒间（即骨架）弹性特征的常数。依据该模型，两个弹性特征常数共同决定了函数$f(D)\equiv m_\gamma$。γ为振荡测试中线性黏弹区终点处的应变。另一种评价方法是利用线性黏弹区的弹性模量值，指数函数为$f(D)\equiv m_G$。Wu与Morbidelli扩展了该模型，提出两个函数：

$$m_\gamma=\frac{2-\beta}{3-D} \tag{6.50}$$

$$m_G=\frac{\beta}{3-D} \tag{6.51}$$

式中，β与K_f和K_b有关。联立式（6.50）、（6.51）消去β可得分形维数D的表达式：

$$D=\frac{3(m_\gamma+m_G)-2}{m_\gamma+m_G} \tag{6.52}$$

参考分形维数的定义式，Wu与Morbidelli推导得出的分形维数D为团簇体间的团聚体的分形维数（图6.42中灰色方框部分）。

6.5.2.2 分形维数的计算

（1）Piau模型

图6.43a是磁流变液样品的屈服应力与体积分数的关系。可以看出，所有样品的屈服应力随着颗粒体积分数的增大而增大，CI&OA的变化趋势不明显；图6.43b为其分形维数，三种样品的分形维数全部在1.85～2.10之间，CI&OA的D值最小，说明其结构较为疏松，CI&Silica的D值较大，说明其结构较为紧密。计算结果与前述流变实验结果相符，油酸分子层空间位阻作用阻碍了颗粒间的碰撞、吸附，而纳米二氧化硅颗粒则通过氢键吸附在铁粉颗粒表面。

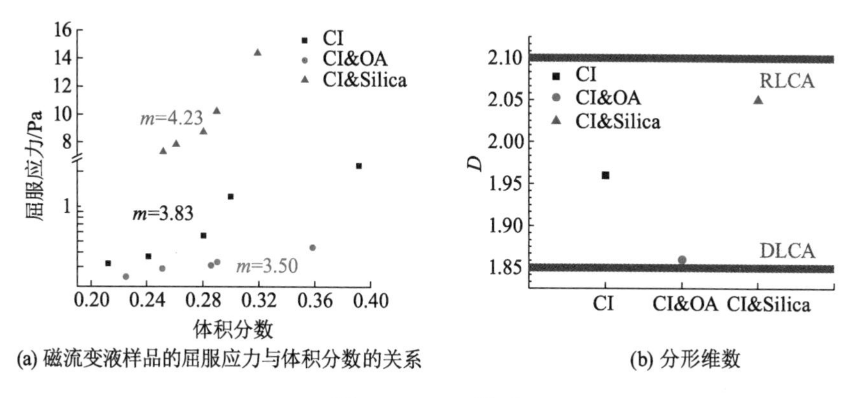

(a) 磁流变液样品的屈服应力与体积分数的关系　　(b) 分形维数

图 6.43　Piau 模型

(2) Wu 模型

图 6.44a 和图 6.44b 是磁流变液样品的储能模量平台值和线性黏弹区与体积分数的关系。可以看出，所有样品的平台值与线性黏弹区都随着颗粒体积分数的增大而增大；图 6.44c为通过式(6.52)计算所得的分形维数，三种样品的分形维数在 2.55～2.80 之间，CI&OA 的 D 值最小，CI&Silica 的 D 值最大；图 6.44d 为典型的振荡剪切得到的储能模量、损耗模量的示意图，测试初期的储能模量平台值定义为 Initial G'。度过平台期后，储能模量随着应变的增大而减小，定义下降至平台值的 95%时的应变为线性黏弹区。

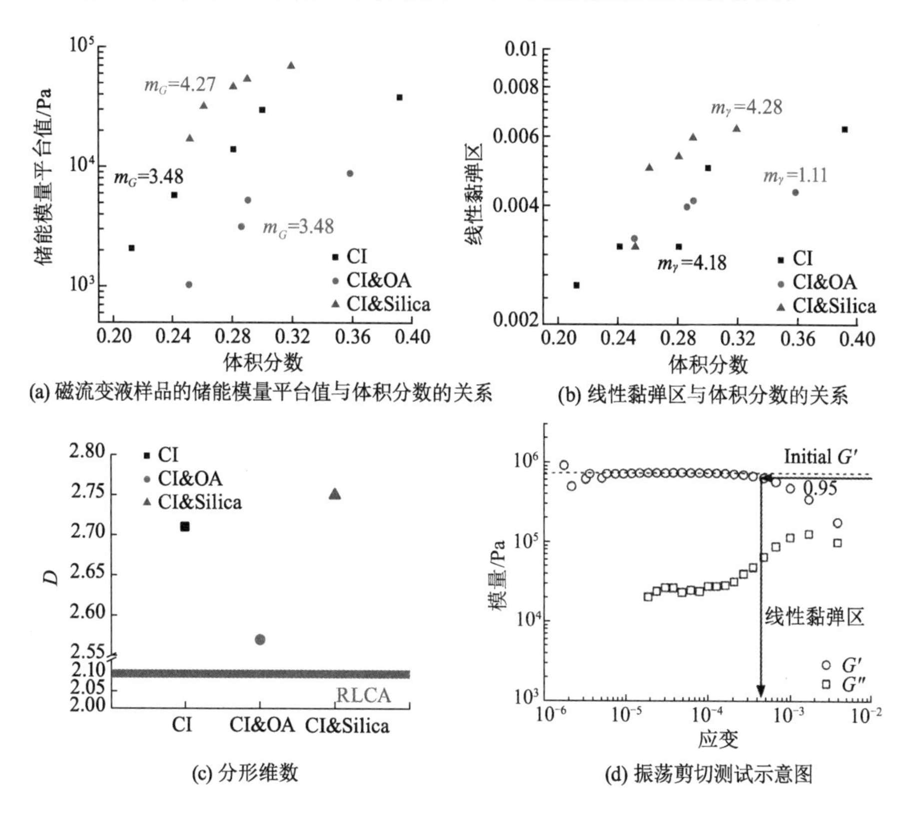

(a) 磁流变液样品的储能模量平台值与体积分数的关系　　(b) 线性黏弹区与体积分数的关系

(c) 分形维数　　(d) 振荡剪切测试示意图

图 6.44　Wu 模型

与 Piau 的模型相比，式(6.52)计算所得的分形维数应当是团簇间团聚体的分形维数，所得值普遍较大，且远大于理想状态下的 RLCA 模型，但是三种样品的变化趋势与 Piau 模型相同。这是由于在剪切的作用下，团簇交界处颗粒互相挤压，结合得更加紧密。尽管使用显微镜对微观结构进行观察比较简单、快捷，但是其对于结构中的非均一部分难以区分，易造成误差。因此结合两种模型，通过流变学的方法对沉淀物内部架构的"骨架"部分及"团聚体"部分进行表征更为准确和全面。

6.6 磁流变液摩擦磨损性能的评价方法

摩擦磨损是一个十分复杂的过程，不仅与材料有关，而且受其他因素的影响(压力、滑动速度、温度、外场条件等)，是材料和工况条件综合的结果。因此，研究磁流变液在不同工况条件下的摩擦磨损行为，不仅可以为系统地掌握磁流变液的摩擦学性能奠定基础，还可以将这些影响规律用于指导磁流变液在工程实践中对工况环境的选择，以利于减小摩擦磨损，延长磁流变液的使用寿命。本节阐述有磁场条件下磁流变液摩擦磨损性能检测装置的设计，并对检测装置进行校正，修正有磁场下磁流变液摩擦系数的计算公式，考察有磁场下磁流变液的摩擦磨损性能。

6.6.1 无磁场条件下磁流变液的摩擦学性能

以羰基铁粉为磁性颗粒、硅油为基础油、纳米二氧化硅为触变剂、石墨为润滑剂制备硅油基磁流变液，分别考察转速为 1200 r/min、400 r/min，载荷为 100 N、60 N、20 N 的条件下磁流变液的摩擦磨损性能。图 6.45 为两种转速下不同载荷时磁流变液的平均摩擦系数。

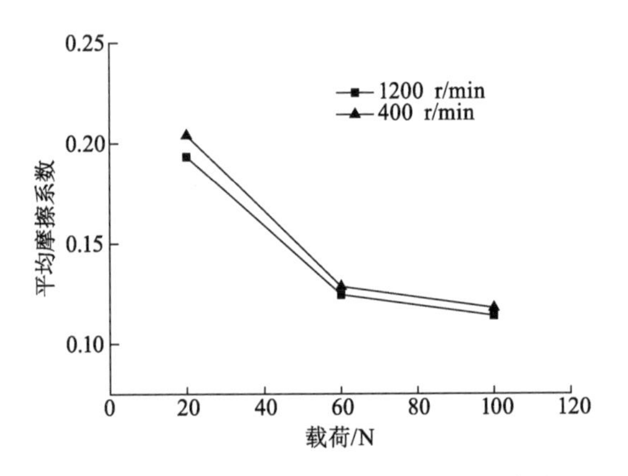

图 6.45 不同转速和载荷时磁流变液的平均摩擦系数

从图中可以看出，磁流变液的平均摩擦系数大小主要与载荷有关，转速的大小对摩擦系数的影响较小。在相同转速下，磁流变液的平均摩擦系数随着载荷的增大而逐渐减小。相同载荷下，转速为 400 r/min 时磁流变液的平均摩擦系数均大于转速为 1200 r/min 的摩擦系数。磁流变液在较低转速范围内表现出的这种摩擦系数随载荷的增大而减小的趋势，与大多数材料的摩擦现象一致。

图 6.46 是磁流变液在两种转速下不同载荷时的摩擦系数随时间的变化曲线。可以看出，当载荷为 20 N 时，磁流变液的摩擦系数均大于其他载荷时的摩擦系数。载荷为 100 N 时磁流变液的摩擦系数小于其他两种载荷下的摩擦系数。

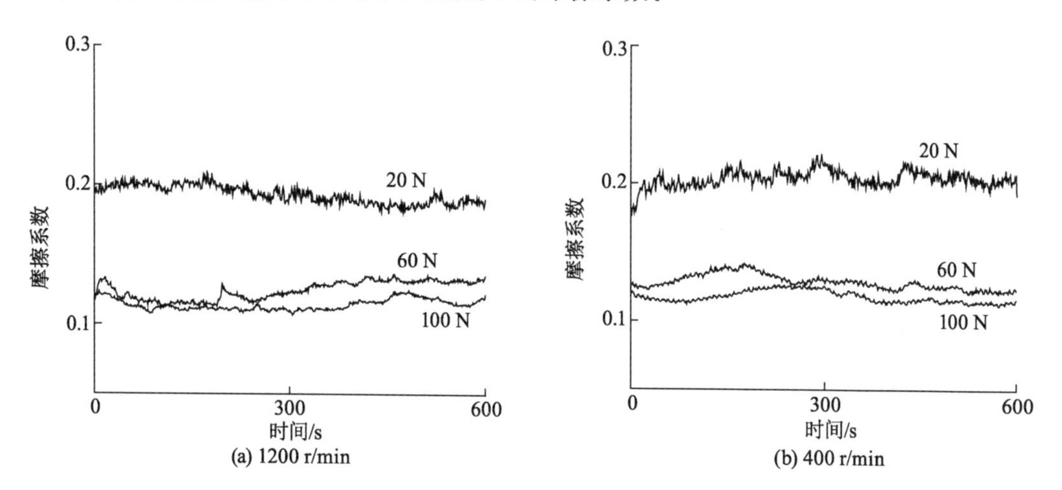

图 6.46 不同转速和载荷时磁流变液的摩擦系数随时间的变化

在转速一定时，一方面，较大的载荷将产生较多的摩擦热量，磁流变液不可能把这些热量迅速从摩擦副接触表面扩散出去，从而引起摩擦接触区局部黏附结点产生塑性流动，减小摩擦界面的剪切阻力，摩擦系数较小；另一方面，较大的载荷使得摩擦副之间的接触比较紧密，羰基铁粉颗粒很难进入接触区域，参与摩擦的羰基铁粉颗粒较少，从而摩擦系数较小。在载荷较小时，一方面，产生的摩擦热量不足以改变摩擦接触区黏附结点的剪切阻力，摩擦系数较大；另一方面，羰基铁粉颗粒较容易参与摩擦过程，使得摩擦系数增大。而在载荷一定时，高转速下的摩擦系数小于低转速下的摩擦系数，其原因是摩擦过程中以摩擦热的作用为主，羰基铁粉颗粒对摩擦系数的影响较小。较大的转速使摩擦副接触表面局部结点的相对接触持续时间短，瞬时产生的摩擦热来不及向摩擦副内层扩散，使摩擦副表层受热的作用大，产生的塑性变形大，从而有利于降低摩擦系数。转速较低时，摩擦表面产生的摩擦热大部分传递到摩擦副的非接触部位，使得表层的塑性变形较小，摩擦界面的剪切阻力较大，从而摩擦系数较大。

图 6.47 为不同转速和载荷下磁流变液的磨斑直径。从图中可以看出，转速为 1200 r/min 时，磁流变液的磨斑直径随着载荷的增大逐渐增大；转速为 400 r/min 时，磨斑直径随着载荷的增大逐渐减小。

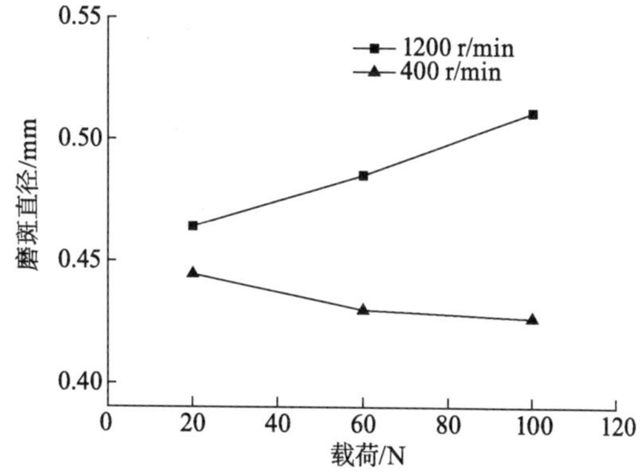

图 6.47 不同转速和载荷下磁流变液的磨斑直径

这是由于在转速较高时，摩擦副表层聚集的热量很多，产生的塑性变形较大，参与磨损的羰基铁粉颗粒增多，加剧磨损；载荷增大将引起摩擦表面的温升增加，容易引起摩擦副接触区域产生黏着磨损，导致磨损急剧增大。而转速较低时，摩擦表面产生的热量较少，载荷较小时，羰基铁粉颗粒能较容易地进入摩擦副接触区域，参与磨损过程，增大磨斑直径；载荷增大引起的热量变化不足以导致摩擦副接触区域产生黏着磨损，并且载荷增加使摩擦副表面的接触较为紧密，使得羰基铁粉颗粒较难进入摩擦副的接触区域，从而载荷较大时磨斑较小。

6.6.2 力-磁场耦合条件下磁流变液摩擦磨损性能的评价方法

零磁场条件下，磁流变液中的磁性颗粒无规则地悬浮在载液中，而在磁场作用下，磁性颗粒被极化，呈链状排列，磁流变液的黏度发生很大的变化，使得磁流变液在有磁场条件下的摩擦状态与无磁场时有明显不同。因此，进行有磁场条件下磁流变液的摩擦性能研究，有益于系统地掌握磁流变液的摩擦学性能，为更好地指导工程应用提供依据。本节阐述力-磁场耦合条件下磁流变液的摩擦学检测装置的设计，并对磁流变液的摩擦磨损性能进行测试。有磁场条件下磁流变液的摩擦磨损性能测试装置由两部分组成：磁场发生模块和试验机主体部分，其实际检测装置如图 6.48 所示。

图 6.48 有磁场的四球摩擦磨损试验机

将铜质漆包线按照一定的顺序缠绕在低碳钢绕轴上，线圈两端由铝材挡板固定，组成磁感应线圈，线圈导线两端分别与直流稳压器的正负极相连，由直流稳压器为磁感应线圈提供直流电压，组成磁场发生模块。通过调节直流稳压器的电流大小可控制线圈产生的磁感应强度值。试验机主体部分是已有的结构，具体包括电控面板、主轴驱动系统、弹簧式加载系统、实验力摩擦力矩测量系统、内嵌式计算机测控系统（包括液晶显示器、计算机主机、采集模块、控制板卡等）、摩擦副及专用夹具等。

图 6.49 为该检测装置工作示意图。将磁感应线圈装配到摩擦磨损试验机的旋转主轴顶部。将摩擦磨损试验机钢球摩擦副中的下钢球固定在油盒中，钢球摩擦副中的上钢球固定在旋转主轴的底部，在油盒中加入磁流变液试样。实验过程中上钢球与下钢球接触并都浸没在磁流变液试样中。当电流通过线圈时，在油盒中钢球摩擦副的接触点处产生感应磁场，产生的磁场在旋转主轴、油盒、钢球摩擦副以及磁感应线圈中形成闭合磁感应回路，磁感应回路与摩擦副相对运动的方向垂直。由于旋转主轴是铸铁材料，插入磁感应线圈中起到铁芯的作用，使钢球摩擦副接触点的磁场强度增大。磁场的大小通过输入线圈的电流值来调节。

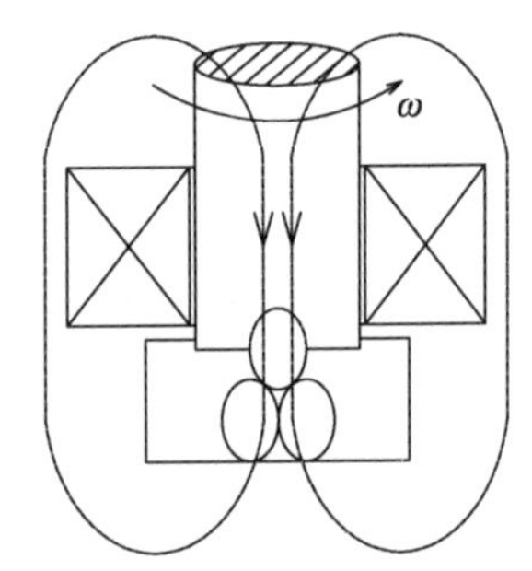

图 6.49 有磁场条件下磁流变液摩擦学检测装置工作示意图

6.6.3 测试装置的检定与校正

由于试验机主体部分均为铁质材料，因此在线圈中通入直流电流后产生的磁场会对这些铁质组件产生吸引力，额外增加法向载荷，导致试验机中的力传感器不能正确反映有磁场下真实载荷力的大小，从而使磁流变液在有磁场下的摩擦系数计算结果出现偏差。因此，对实验装置进行校正，修正有磁场下摩擦系数的计算公式显得至关重要。

摩擦磨损试验机给出的摩擦系数是通过测量摩擦力矩进而换算得到的，其计算公式为

$$\mu=\frac{\sqrt{2}\,T}{P\cdot r} \tag{6.53}$$

式中，μ 为摩擦系数；T 为摩擦力矩，是实验中的测量值，不受磁场的影响；P 为实验载荷，为设定值；r 为钢球的半径，为已知值，$r=6.35$ mm。

在线圈中通入直流电流后，产生的磁场对实验力的加载系统产生吸引力，额外增大了实验力，导致磁场下试验机的力传感器测得的数值出现偏差，而计算机测控系统进行摩擦系数的换算时仍采用实验设定的载荷，从而导致实验得出的摩擦系数值出现偏差。

在施加磁场后，将由磁场引起的那部分额外载荷记作 ΔP，真实实验力的大小记作 P'，可得 $P'=P+\Delta P$。由于钢球半径 r 和摩擦力矩 T 不受磁场的影响，可得修正后摩擦系数 μ'的计算公式为

$$\mu'=\frac{\sqrt{2}\,T}{P'\cdot r} \tag{6.54}$$

因此，如果能测得 ΔP 的值，就可以完成对装置的校正。图 6.50 是对力-磁场耦合条件下的校正仪器装配图。

图 6.50 力-磁场耦合条件下的校正仪器装配图

校正仪器装配结构如图 6.51 所示，该组装设备由磁场发生模块、标准负荷测定仪和试验机主体三部分组成。磁感应线圈 2 套装在试验机的旋转主轴 1 上，取下油盒，将标准负荷测定仪的传感器 4 放在试验机的旋转主轴 1 和支撑杆 5 之间放置油盒的位置。

在每次进行有磁场下实验装置的校正实验前，先要在不通电流时用标准负荷测定仪对试验机的力传感器进行校准，以确保两者在无磁场时的测量值一致。校正实验重复 3 次，其具体操作过程如下：

① 配装好测量设备后，开启试验机和 2000 标准负荷测定仪的电源，并将标准负荷测定仪的测量信号置于通道 1，量程为 1000 N。

② 将支撑杆缓慢升起，待支撑杆升高到标准负荷测定仪的传感器上端面与旋转主轴的下段距离 1～2 mm 时，对试验机调零。

③ 在计算机控制系统中输入实验力 100 N 或 200 N，加载实验力。待实验力加载完成

后，观察试验机的力传感器的读数与标准负荷测定仪上的读数是否一致。在确保读数一致的情况下，打开直流稳压器电源，分别调节电流值为 1.5 A、2.0 A、2.5 A、3.0 A、3.5 A，待两个传感器显示的读数稳定后，记录此时两者之间的差值，此值即为 ΔP。

④ 每次测量结束后，通反向电流，使仪器消磁。

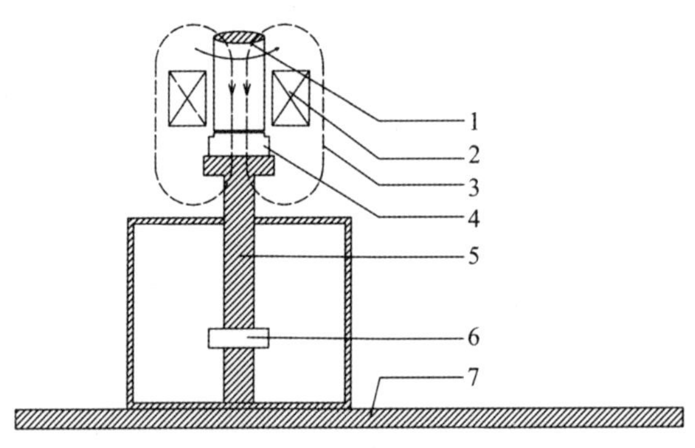

1—旋转主轴；2—磁感应线圈；3—闭合磁感应回路；4—标准负荷测定仪的传感器；
5—支撑杆；6—试验机的力传感器；7—试验机工作台。

图 6.51 校正仪器装配结构图

表 6.6 和表 6.7 给出了设定载荷分别为 100 N 和 200 N 时测得的数据。

表 6.6 设定载荷为 100 N 时磁场引起的 ΔP 的测量结果

电流强度/A	ΔP/N			
	1	2	3	平均值
0	0	0	0	0
1.5	12.10	12.40	11.20	11.90
2.0	17.09	16.37	15.95	16.47
2.5	19.00	19.74	19.96	19.57
3.0	23.00	23.25	23.83	23.36
3.5	28.30	28.70	27.64	28.21

表 6.7 设定载荷为 200 N 时磁场引起的 ΔP 的测量结果

电流强度/A	ΔP/N			
	1	2	3	平均值
0	0	0	0	0
1.5	13.62	14.06	13.70	13.79
2.0	16.24	18.33	16.72	17.10
2.5	19.77	22.65	20.47	20.96
3.0	23.64	26.15	24.15	24.65
3.5	28.66	29.70	28.74	29.03

由表 6.6 和表 6.7 可以看出，施加磁场对有磁场下磁流变液的摩擦学检测装置的力学系

统产生影响，在不同载荷、不同电流强度下对仪器的影响程度不同。磁场引起的 ΔP 随着电流强度的增大而增大，随实验设定的实验力的增大而增大。

6.6.4 力-磁场耦合条件下磁流变液摩擦系数的修正

根据前述修正公式，将磁场引起的 ΔP 值代入修正公式，对载荷为 200 N、电流为 1.5 A，转速为 1500 r/min 时测得的有磁场条件下磁流变液的摩擦系数进行修正。表 6.8 给出了 3 种磁流变液在有磁场条件下测得的平均摩擦系数和修正后的摩擦系数值。从表中可以看出，测得的平均摩擦系数值较大，在经过修正后 3 种磁流变液的摩擦系数值变小。

表 6.8 有磁场条件下磁流变液摩擦系数的修正

序号	悬浮液	基础油	触变剂	润滑剂	平均摩擦系数	修正后的摩擦系数
MRF 6-1	CI	mineral oil	SiO_2	—	0.415	0.388
MRF 6-2	CI	mineral oil	SiO_2	MoS_2	0.404	0.377
MRF 6-3	CI	mineral oil	SiO_2	Graphite	0.405	0.378

图 6.52 为 3 种磁流变液在实验条件下得到的修正前后的摩擦系数随时间的变化曲线。

(a) MRF 6-1

(b) MRF 6-2

(c) MRF 6-3

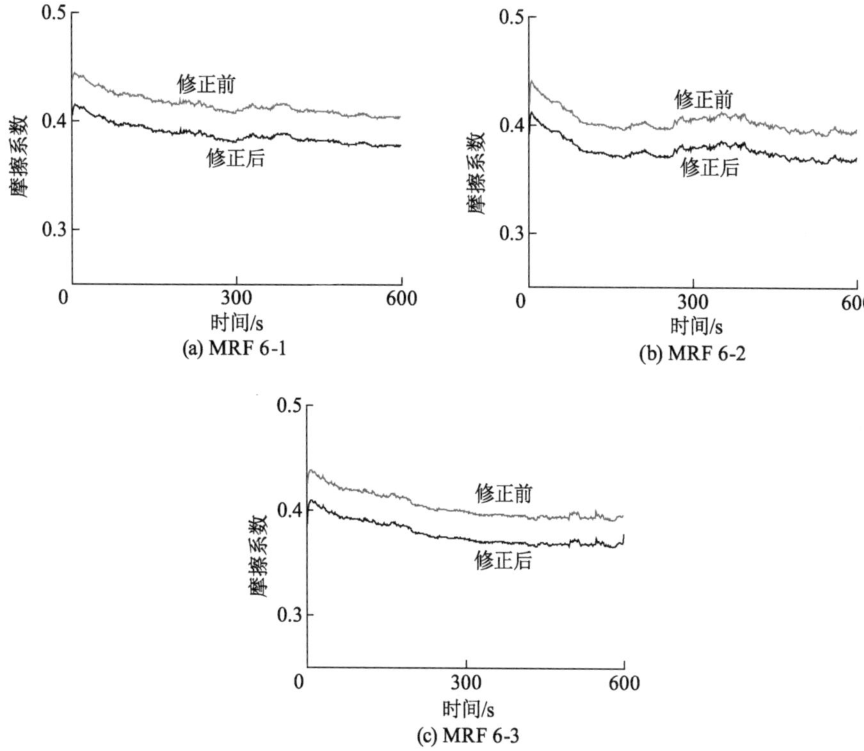

图 6.52 磁流变液修正前后的摩擦系数随时间的变化曲线

从图中可以看出，有磁场条件下，3 种磁流变液修正前后的摩擦系数曲线趋势相同，但修正前的摩擦系数曲线均高于修正后的曲线。这是因为修正前计算摩擦系数时，未考虑磁场引起的实验力误差值 ΔP，使得计算出的摩擦系数值偏大。有磁场条件下，3 种磁流变液的摩擦系数曲线比较平坦，摩擦系数值较大，稳定在 0.4 附近。这是由于磁性颗粒在磁场的作用下呈链状排列，聚集在钢球表面，并具有相当的屈服应力，这些颗粒与摩擦副之间的接触摩擦导致摩擦系数较大。

6.7 磁流变液的法向力及其测试方法

法向力是非牛顿流体的特有属性，是垂直于材料表面的应力。对于磁流变液，法向力是由磁流变液内部结构产生的垂直于液面并沿磁场方向的力，是磁流变液非牛顿性的体现。磁流变液的法向力灵敏地反映了内部微观结构的演化，是研究磁流变液微观结构的可靠指标(Schiller，2016；Chan，2011；See，2002)。另外，过大的法向力将导致磁流变器件的使用稳定性变差，使用寿命降低，由法向力造成的局部韦森堡效应和挤出膨大也有可能导致磁流变器件失效。由于传统磁流变液的法向力较小，不便于进行测试，因此实验选用有机凝胶基磁流变液开展法向力研究，分析磁流变液中磁性和非磁性结构对法向力的影响，提出磁场和流场共同作用下的法向力定性模型。

6.7.1 磁流变液的静态法向力和动态法向力

磁流变液是一种典型的非牛顿流体，对其法向力进行研究是分析宏观流变特性和微观结构演化的重要手段，目前已有较多研究针对磁流变液的静态和动态法向力展开。一般地，将没有剪切作用下的法向力称为静态法向力，而将磁场和流场共同作用下的法向力称为动态法向力(Sorokin，2015；Guo，2012)。一些研究认为，磁流变液的动态法向力总是大于静态法向力，并将该现象归因于作用在非牛顿流体上的侧应力对正应力的影响(Chan，2009)，而另一些研究却得出了相反的结论(López-López，2010)。图 6.53 是普通硅油基磁流变液在不同磁场强度和剪切速率下的法向力。实验结果表明，在较小的磁场强度下，磁流变液的静态法向力略小于动态法向力，而随着磁场强度的增大，动态法向力逐渐大于静态法向力。如图 6.53 内置图所示，在磁场强度为 85 kA/m时出现了一个转点，在转点后动态法向力大于静态法向力。当磁场强度较小时，流体力作用大于静磁力，所以静态法向力较大；而当磁场强度较大时，流体力不足以破坏磁致链束，与此同时，部分未成链颗粒在静磁力的作用下“挤入”磁致链束结构，从而强化了磁致链束结构，在宏观上即表现为动态法向力增大。

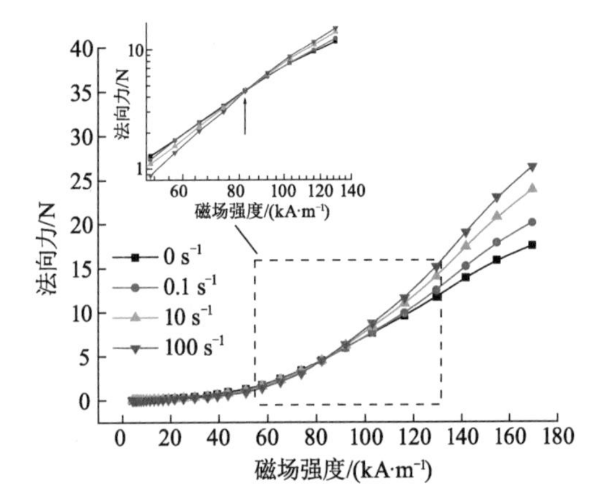

图 6.53 硅油基磁流变液在不同磁场强度和剪切速率下的法向力

图 6.53 也显示出剪切速率对磁流变液法向力的影响。当磁场强度小于 85 kA/m 时，法向力随着剪切速率的增大而减小；当磁场强度大于 85 kA/m 时，法向力随着剪切速率的增大而增大。这是由于当磁场强度小于 85 kA/m 时，磁致链束结构易被破坏，随着剪切速率

的增大，磁致链束结构的破坏程度加大，导致法向力减小；而随着磁场强度的增大，磁致链束在剪切作用下不被破坏，仅发生偏斜，此时磁致链束结构中产生剪切致磁矩（shearing-induced magnetic torques）（Schiller，2016），且这种附加磁矩随着链束偏斜增大而进一步增大，从而导致磁流变液的动态法向力随剪切速率的增大而增大。

图 6.54 是不同质量分数的有机凝胶基磁流变液在磁场作用下的静态法向力和动态法向力。磁流变液的法向力随着磁场强度的增大而明显增大，且在相同磁场强度下有机凝胶基磁流变液的静态法向力和动态法向力均大于硅油基磁流变液的法向力。与 Zhang（Zhang，2018）的前期研究结果一致，PTFE 颗粒质量分数较大的磁流变液在同一剪切速率下的法向力较小。与硅油基磁流变液规律一致，在弱磁场下静态法向力大于动态法向力，随着磁场强度的增大，动态法向力大于静态法向力。然而，有机凝胶出现转点的磁场强度减小，体积分数为 4.7％的 PTFE 颗粒的磁流变液的转点出现在 60 kA/m 时，体积分数为 10.1％的样品的转点出现在 15 kA/m 时。这证明了非磁性结构对磁致链束结构的辅助作用，在较小的磁场强度下就能够构建强度较大的磁致链束。

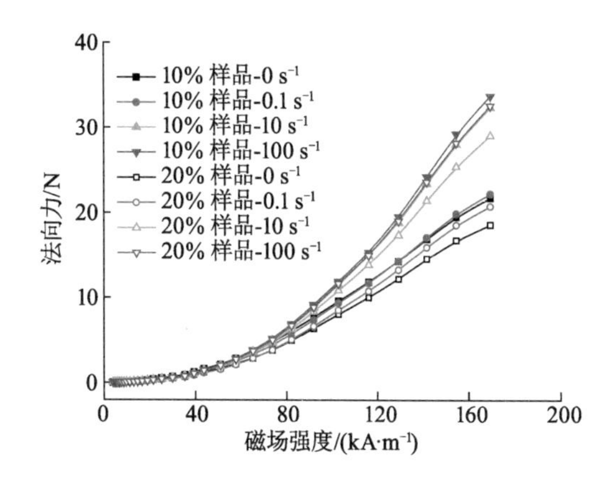

图 6.54　不同质量分数的有机凝胶基磁流变液在磁场作用下的静态法向力和动态法向力

为了进一步分析磁流变液法向力的变化，可采用“点-偶极”模型对磁流变液的微观结构进行研究。磁流变液中的铁磁性颗粒在磁场作用下被磁化成磁偶极子，这些磁偶极子在磁场的作用下定向排列成链，构建磁致微观结构。根据朗之万公式（Langevin's equation），磁流变液中的铁磁性颗粒受到静磁吸引力（magnetic attractive force）、排斥力（repulsive force）和流体力（hydrodynamic force）的作用。在“点-偶极”模型中，静磁吸引力表示为

$$\boldsymbol{F}^{\mathrm{m}}=F_0\left(\frac{d}{r}\right)^4\left[(3\cos^2\theta-1)\boldsymbol{r}+(\sin 2\theta)\boldsymbol{\theta}\right] \tag{6.55}$$

式中，$F_0=\frac{3}{16}\pi\mu_0\mu_{\mathrm{f}}\beta^2 d^2 H_0^2$；$\beta$ 为与羰基铁粉和载液磁导率有关的材料参数；θ 为图 6.55 所示的颗粒中心连线和磁场方向的夹角。由于磁致链束结构中非相邻颗粒之间的静磁吸引力远小于相邻颗粒间的吸引力，所以在计算中忽略非相邻颗粒间的静磁吸引力。

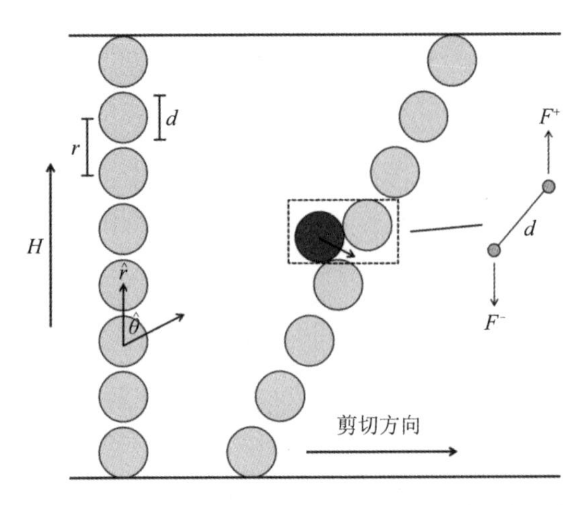

图 6.55　磁场和流场作用下磁流变液中的磁致链束示意图

颗粒之间还存在近程斥力，该斥力又被称为“排体积力”，其作用是避免颗粒之间无限接近而直接接触。一般的，斥力用如下指数式进行计算：

$$\boldsymbol{F}^{\text{rep}}=-2F_0\left(\frac{d}{r}\right)^4\boldsymbol{r}\cdot \mathrm{e}^{\left[-100\left(\frac{r}{d-1}\right)\right]} \tag{6.56}$$

需要注意的是，式(6.56)是一个向量式，即斥力的方向总是沿着两相邻颗粒的中心连线方向。流体力由斯托克斯公式进行计算：

$$\boldsymbol{F}^{\text{hy}}=-3\pi\eta_c d\left(\frac{\mathrm{d}\boldsymbol{r}}{\mathrm{d}t}-\boldsymbol{v}_c\right) \tag{6.57}$$

式中，$\boldsymbol{v}_c$ 为颗粒周围载液的流速。由于流体力是来源于载液黏性而作用于颗粒上的拉力，所以流体力的方向总是沿流场方向，即图 6.55 中的水平剪切方向。

当剪切速率为 0 时，磁流变液的磁致链束结构沿磁场方向生长，所以 $\theta=0$，此时法向上的作用力可以表示为

$$F_p=2F_0\left(\frac{d}{r}\right)^4-2F_0\left(\frac{d}{r}\right)^4\cdot \mathrm{e}^{\left[-100\left(\frac{r}{d-1}\right)\right]}=2F_0\left(\frac{d}{r}\right)^4\cdot\left\{1-\mathrm{e}^{\left[-100\left(\frac{r}{d-1}\right)\right]}\right\} \tag{6.58}$$

而在剪切的作用下，磁流变液中的磁致链束结构发生偏斜，如图 6.55 右侧链所示。此时，链偏斜的角度与磁场的夹角为 θ，作用在颗粒法向上的力可以表示为

$$\begin{aligned}F_p'&=F_0\left(\frac{d}{r}\right)^4(3\cos^2\theta-1)\cdot\sin 2\theta-2F_0\left(\frac{d}{r}\right)^4\cdot \mathrm{e}^{\left[-100\left(\frac{r}{d-1}\right)\right]}\cdot\sin\theta\\&<F_p\left[\frac{(3\cos^2\theta-1)}{2}\cdot\sin 2\theta\right]\end{aligned} \tag{6.59}$$

式(6.59)中，无论 θ 的值为多少，$\left[\frac{(3\cos^2\theta-1)}{2}\cdot\sin 2\theta\right]$ 恒小于 1，所以总有 $F_p'<F_p$。这说明磁流变液在受到剪切时，磁致链束结构中的颗粒对相邻颗粒的作用力减小。

除了颗粒之间的相互作用力，磁流变液的微观结构在磁场和流场的共同作用下还存在另一种作用，即游离颗粒在静磁力和流体力的作用下“挤入”磁致链束结构的过程，该过程也给磁致链束结构中的颗粒施加了额外的法向作用力。如图 6.55 所示，一个游离颗粒正在“挤入”已偏斜的磁致链束，与相邻的羰基铁粉颗粒接触，一旦两颗粒接触，它们就形成一个

磁偶极子。内置图所示的球-棒模型可以用于计算磁偶极子的受力。在静磁力的作用下，磁偶极子被施加了一个额外的转矩，该转矩表现出迫使偶极子转向倾斜链方向的趋势。假设磁偶极子所带磁荷为 $\boldsymbol{Q}_{\mathrm{M}}$，磁场完全均匀且磁场强度为 $\boldsymbol{H}_0$，那么施加在磁偶极子上的磁矩可以表示为

$$\boldsymbol{L}_{\mathrm{m}}=\frac{1}{2}d\times\boldsymbol{F}^{+}+\frac{1}{2}d\times\boldsymbol{F}^{-}=\boldsymbol{Q}_{\mathrm{m}}\cdot d\times\boldsymbol{H}_0 \tag{6.60}$$

式中，磁荷 $\boldsymbol{Q}_{\mathrm{m}}=\dfrac{\mu V_0\boldsymbol{M}}{d}$，其中 μ，V_0 和 $\boldsymbol{M}$ 分别为相对磁导率、磁偶极子的体积和磁化强度。

因此，式(6.60)可以写作

$$\boldsymbol{L}_{\mathrm{m}}=\mu V_0\boldsymbol{M}\times\boldsymbol{H}_0 \tag{6.61}$$

当磁场强度固定时，磁矩为定值。由于磁矩的作用，磁偶极子具有旋转的趋势，挤入的颗粒对相邻颗粒法向上有附加作用力，可表述为

$$\boldsymbol{F}_{\mathrm{meg}}=\frac{2\mu V_0\boldsymbol{M}\times\boldsymbol{H}_0}{d} \tag{6.62}$$

另外，在剪切作用下，游离颗粒周围的载液也有推动颗粒挤入磁致链束结构的趋势，即游离颗粒的挤入也受到流体力的作用，且附加流体力在法向上的分量为

$$F_{\mathrm{hyd}}=-3\pi\eta_{\mathrm{c}}d\left(\frac{\mathrm{d}r}{\mathrm{d}t}-v_{\mathrm{c}}\right)\tan\theta \tag{6.63}$$

综上，相较于无剪切条件，在剪切作用下磁流变液中的磁致链束偏斜，铁磁性颗粒之间的作用力减小，同时由于游离颗粒的挤入产生了附加的法向作用力，因此，磁流变液的静态法向力和动态法向力在磁场和流场共同作用下表现出了较为复杂的规律。以图 6.53 为例，硅油基磁流变液的动态法向力在较小的磁场强度下小于动态法向力，而在较大的磁场强度下相反。该现象按照上述理论可解释如下：当磁场强度较小时，剪切作用导致羰基铁粉颗粒之间的作用力减小，而此时由于磁场强度小，游离颗粒挤入时产生的附加力 $\boldsymbol{F}_{\mathrm{meg}}$ 很小，所以总体上表现出剪切作用使得法向力减小，即动态法向力小于静态法向力；而在较强磁场的作用下，挤入附加力增大，其增量大于剪切所致的颗粒间作用力的减小量，总体上表现为动态法向力大于静态法向力。如前文所述，磁流变液的动态法向力随着剪切速率的增大而增大，这可能是由于剪切速率的增大使得颗粒周围载液的流速增大，导致挤入颗粒对相邻颗粒的推力增大，从而增大了磁流变液的法向力。

此外，非磁性组分对磁流变液法向力的影响也可以用上述理论解释。当 PTFE 颗粒含量较低时，在剪切作用下载液定向流动，推动 PTFE 颗粒挤入磁致链束结构，产生更多的附加法向作用力，导致有机凝胶基磁流变液的法向力大于硅油基磁流变液。然而，体积分数为 10.1％的 PTFE 有机凝胶基磁流变液的法向力减小，这可能是由于多余的非磁性颗粒阻碍了羰基铁粉定向排列，使得铁磁性颗粒之间的距离增大，颗粒之间的作用力大幅减小；同时，多余的非磁性颗粒还可能阻碍羰基铁粉挤入磁致链束结构，磁流变液的法向力减小。

综上，非磁性组分对磁致链束中的羰基铁粉产生影响：一方面阻碍了铁磁性颗粒成链，增加了颗粒间距，减小了颗粒间作用力；另一方面又在流场作用下挤入磁致链束结构，产生附加法向力。所以，非磁性组分对磁流变液法向力在不同的磁场和流场条件下产生不同影响。

6.7.2 磁流变液的磁致各向异性

零磁场状态下，磁流变液中的铁磁性颗粒自由均匀分散。在外磁场作用下，铁磁性颗粒磁化定向排列成链，此时，磁流变液中的微观结构沿磁场方向生长，表现出磁致各向异性(magnetic anisotropy)。通过测试磁流变液的磁致各向异性，可实现对磁致各向异性的影响因素分析，揭示非磁性结构对磁流变液各向异性的影响。

第一法向应力差 N_1 是非牛顿流体切向和径向的法向应力差。作为研究非牛顿流体黏弹性和非牛顿性的重要指标，第一法向应力差也常被用于研究材料的各向异性(López-López，2010；Bounoua，2016)。磁流变液的法向应力差难以直接测得，一般由法向力计算得到。对于非牛顿流体，存在以下关系：

$$F_N=\frac{\pi r^2}{3}(N_1-N_2)\frac{3}{2+\dfrac{\mathrm{dln}\ F_N}{\mathrm{dln}\ \dot{\gamma}}} \tag{6.64}$$

式中，N_1 和 N_2 分别为第一法向应力差和第二法向应力差，计算公式为

$$N_1=\sigma_{11}-\sigma_{22} \tag{6.65}$$

$$N_2=\sigma_{22}-\sigma_{33} \tag{6.66}$$

式中，σ_{11}，σ_{22} 和 σ_{33} 分别为沿剪切方向、径向和磁场方向的法向应力。一般认为，$\sigma_{11}=\sigma_{33}>\sigma_{22}$，如果不考虑韦森堡修正，那么式(6.64)可以写作

$$N_1=\frac{2F_N}{\pi r^2} \tag{6.67}$$

图 6.56a 是不同体积分数的磁流变液在磁场强度为 29.9 kA/m 时的第一法向应力差和剪切应力随剪切速率的变化图，图中实心代表第一法向应力差，空心代表剪切应力。从图中可以看出，硅油基磁流变液的第一法向应力差随着剪切速率的增大而明显减小，而有机凝胶基磁流变液的第一法向应力差变化不明显。这可能是由于当剪切速率增大时，有机凝胶基磁流变液中的磁致链束结构在非磁性结构的辅助下基本保持完整，所以其各向异性不发生明显变化，而硅油基磁流变液中的磁致链束破坏严重，定向排列程度降低，磁流变液的各向异性下降。另外，磁流变液的第一法向应力差随着 PTFE 颗粒体积分数的增大而增大，也证明了非磁性组分能够增强磁流变液的各向异性。图 6.56b 是不同质量分数的磁流变液在较强磁场下的第一法向应力差和剪切应力。在强磁场的作用下，磁流变液的第一法向应力差明显增大，说明在磁场作用下磁致链束结构完全形成，磁流变液的各向异性明显增大。与图 6.56a中的规律类似，有机凝胶基磁流变液的第一法向应力差保持稳定，说明在任何磁场强度下非磁性组分对磁致链束都具有强化作用。

在较小的剪切速率下，磁流变液的第一法向应力差大于剪切应力，随着剪切速率的增大，第一法向应力差减小而剪切应力增大，当剪切速率达到某一特定值时，剪切应力大于第一法向应力差。第一法向应力差与剪切应力的交点被认为是非牛顿弹性行为和塑性行为的分界点，当剪切速率大于该交点处的剪切速率时，磁流变液开始表现出非牛顿黏塑性(Jomha，1993)。如图 6.56a 所示，有机凝胶基磁流变液出现交点的剪切速率大于硅油基磁流变液，说明有机凝胶基磁流变液在较大的剪切速率下才表现出非牛顿黏塑性，这再一次证

明了非磁性结构对磁致链束的增强作用,需要更大的剪切速率才能破坏有机凝胶基磁流变液中的磁致链束结构。然而,PTFE 颗粒含量较高的磁流变液的交点出现在较小的剪切速率下,这可能是由于过量的非磁性颗粒阻碍了磁致链束结构的形成和生长。从图 6.56b 中不能观察到第一法向应力差和剪切应力的交点,这可能是由于在强磁场下磁流变液中的磁致链束结构能够抵抗流体力的作用,保持结构完整,所以磁流变液在宏观上一直表现为非牛顿弹性。

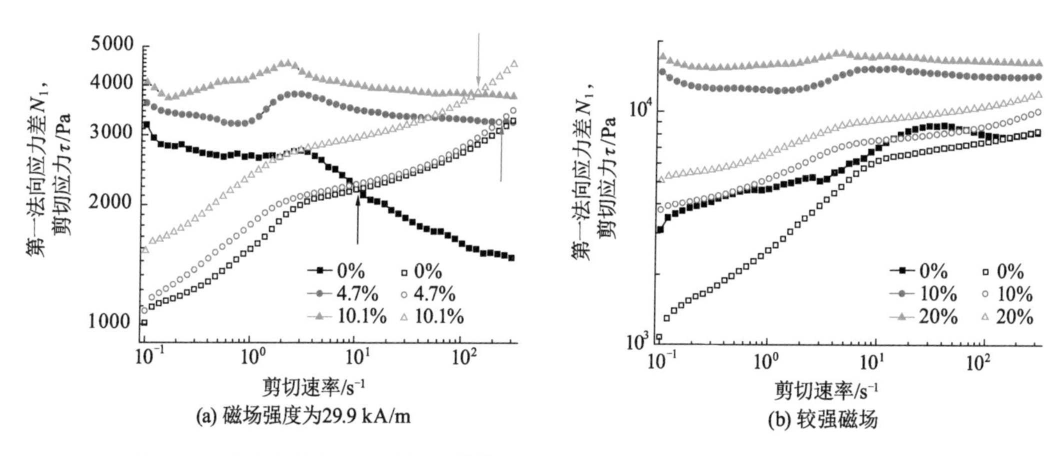

图 6.56 磁流变液在不同磁场下的第一法向应力差和剪切应力随剪切速率的变化

第一法向应力差和动态剪切模量的定量关系也能够用于分析非牛顿流体的黏弹性和各向异性。Kulicke(Kulicke,1977)提出了第一法向应力差和动态剪切模量的定量关系:

$$\lim_{\dot{\gamma}\to\omega} N_1(\dot{\gamma}) = 2G'\left[1+\left(\frac{G'}{G''}\right)^2\right]^{0.7} \tag{6.66}$$

图 6.57 是磁流变液的 N_1 和 $2G'\left[1+\left(\frac{G'}{G''}\right)^2\right]^{0.7}$ 在 29.9 kA/m 的磁场强度下随应变速率的变化。对于有机凝胶基磁流变液,第一法向应力差 N_1 和 $2G'\left[1+\left(\frac{G'}{G''}\right)^2\right]^{0.7}$ 在低剪切速率下吻合得较好,结合点的剪切速率约为 0.1 s^{-1}。然而,硅油基磁流变液的第一法向应力差和动态剪切模量无法吻合,这可能是由于相较于有机凝胶基磁流变液,硅油基磁流变液的弹性特征不明显。

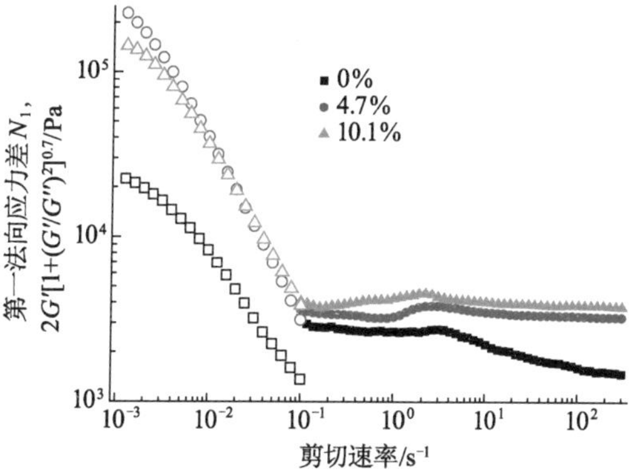

图 6.57 磁流变液的第一法向应力差和动态剪切模量随剪切速率的变化

综上,通过研究第一法向应力差可以分析磁流变液的磁致各向异性,从而研究微观磁致结构状态的演化。因此,开展第一法向应力差和传统流变学指标的对比研究提供了一种研究磁流变液微观结构和非牛顿黏弹性的有效手段。

6.7.3 磁流变液的振荡法向力

磁流变液的法向力在振荡剪切模式下随振幅的变化也是近年法向力研究的热点之一，研究表明，分析磁流变液的振荡法向力（amplitude-dependent normal forces）有助于理解磁流变液的动态性能和流变特性。郭朝阳等（Guo，2012）的研究表明，磁流变液的振荡法向力随振幅变化表现出较为复杂的规律，可以划分为3个阶段。依照文献所述，磁流变液的振荡法向力随着振幅的增大分为线性黏弹区（linear viscoelastic region）、非线性黏弹区（nonlinear viscoelastic region）和黏塑区（viscoplastic region），如图6.58a中实线划分的区域。然而，该文献中并未研究各阶段磁流变液的流变学特征，更未解释微观结构的状态和变化。

羰基铁粉体积分数为30%的磁流变液的振荡法向力如图6.58a所示。随着振幅的增大，磁流变液的微观结构发生变化。根据磁流变液中微观结构的变化，振荡法向力共分为4个阶段。第Ⅰ阶段应变振幅很小，磁流变液中的微观结构基本不受影响，所以磁流变液表现出线性的黏弹特征，弹性特征也较为突出，因此这个阶段被称为线性黏弹阶段。从图中可以看出，随着磁场强度的增大，第Ⅰ阶段的范围略微变宽，说明随着静磁力的增大，更大振幅的应变才能影响磁致链束的结构，使其发生偏斜。随着振幅的增大，磁致链束结构发生偏斜并被拉长，此时游离的铁磁性颗粒在静磁力的作用下挤入磁致链束结构。该过程强化了磁流变液的内部微观结构，导致法向力在第Ⅱ阶段逐渐增大并在应变振幅为7%时达到最大值。在第Ⅲ阶段，振幅继续增大，此时磁致链束结构已无法保持完整而逐渐被破坏，宏观上即表现为法向力快速减小。在第Ⅱ和第Ⅲ阶段，磁流变液的微观结构在应变作用下发生倾斜、被拉长，但并未被完全破坏，所以磁流变液宏观上同时具有弹性和黏性特征，塑性特征较第Ⅰ阶段更突出。当应变振幅增大到100%时，磁致链束结构被完全破坏，法向力不再发生明显变化，磁流变液表现出明显的黏塑性特征。

图6.58b是羰基铁粉体积分数为30%的有机凝胶基磁流变液的振荡法向力，PTFE颗粒的体积分数为10.1%。与硅油基磁流变液类似，法向力的变化仍可以划分为4个阶段，但是第Ⅱ阶段开始的振幅约为1%，略高于硅油基磁流变液的0.7%。这可能是由于非磁性结构对磁致链束结构的增强作用，使得微观结构受到较大振幅的应变时仍不发生偏斜。基于同样的原因，法向力在第Ⅱ阶段末达到最大值的振幅也略增大，这可能是由于磁致链束结构偏斜、被拉长后，非磁性颗粒也挤入其中；也可能是由于磁性和非磁性颗粒之间的摩擦和碰撞强化了链束结构。这再一次证明了非磁性组分对磁致链束的强化作用。

图6.58c是羰基铁粉颗粒体积分数为15%的有机凝胶基磁流变液的振荡法向力。从图中可以看出，与铁磁性颗粒体积分数较大的磁流变液的振荡法向力不同，当应变振幅大于30%后，法向力开始剧烈振荡并减小，不能清晰地划分为4个阶段。该实验现象说明，在振幅较大且磁流变液中的铁磁性颗粒体积分数较小时，由静磁力引起的微观结构构建和流体力造成的结构破坏难以达到动态平衡。值得注意的是，图6.58c中剧烈振荡的法向力只出现在对有机凝胶基磁流变液的测试中，这可能是由非磁性颗粒对磁致链束结构的阻碍作用造成的。

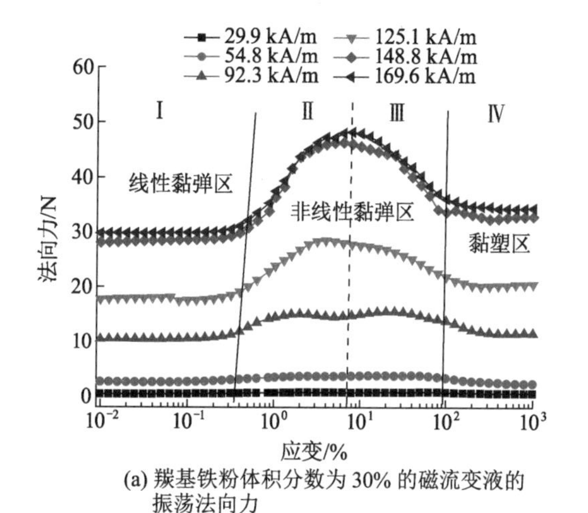

(a) 羰基铁粉体积分数为 30% 的磁流变液的振荡法向力

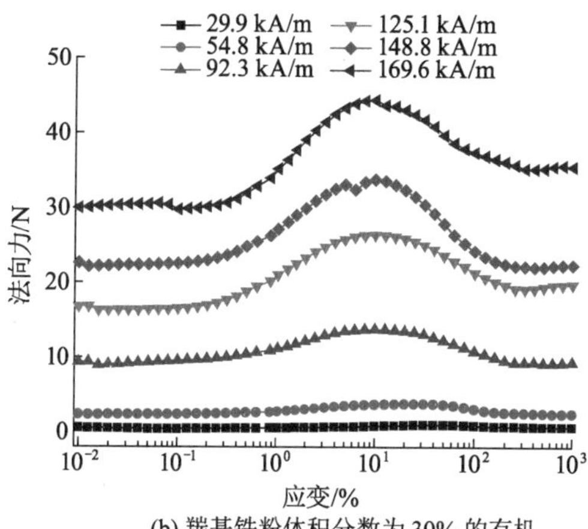

(b) 羰基铁粉体积分数为 30% 的有机凝胶基磁流变液的振荡法向力

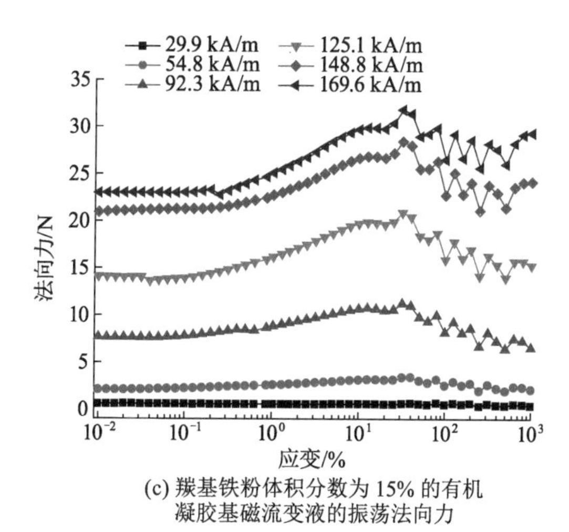

(c) 羰基铁粉体积分数为 15% 的有机凝胶基磁流变液的振荡法向力

图 6.58　硅油基磁流变液和有机凝胶基磁流变液的振荡法向力

综上，对磁流变液的振荡法向力进行研究是分析磁流变液黏弹性和非牛顿性的可靠手段，将法向力划分为 4 个阶段，分别对应磁流变液中的微观结构在不同应变下的状态，对研究磁流变液的宏观性能和微观结构都具有一定的借鉴意义。

本章参考文献

[1] RODRÍGUEZ-ARCO L, LÓPEZ-LÓPEZ M T, KUZHIR P, et al. Steady state rheological behaviour of multi-component magnetic suspensions[J]. Soft Matter, 2013, 9(24): 5726－5737.

[2] BOSSLER F, MAURATH J, DYHR K, et al. Fractal approaches to characterize the structure of capillary suspensions using rheology and confocal microscopy[J]. Journal of Rheology, 2018, 62(1): 183－196.

[3] BOUNOUA S, KUZHIR P, LEMAIRE E. Normal stress differences in non-

Brownian fiber suspensions[J].Journal of Rheology,2016,60(4): 661—671.

[4] CHAN Y T, LIU K P, WONG P L, et al. The response of excited magneto-rheological fluid along field direction[J].Journal of Physics: Conference Series, 2009,149: 012041.

[5] CHAN Y T, WONG P, LIU K P, et al. Repulsive normal force by an excited magneto-rheological fluid bounded by parallel plates in stationary or rotating shear mode[J]. Journal of Intelligent Material Systems & Structures, 2011, 22(6): 551—560.

[6] GINDER J M, DAVIS L C, ELIE L D. Rheology of magnetorheological fluids: models and measurements[J].International Journal of Modern Physics B,1996,10 (23—24):3293—3303.

[7] GUO C Y, GONG X L, XUAN S H, et al. Normal forces of magnetorheological fluids under oscillatory shear[J].Journal of Magnetism and Magnetic Materials, 2012,324(6): 1218—1224.

[8] WU H, MORBIDELLI M. A model relating structure of colloidal gels to their elastic properties[J].Langmuir,2001,17(4): 1030—1036.

[9] JOMHA A I, REYNOLDS P A. An experimental study of the first normal stress difference—shear stress relationship in simple shear flow for concentrated shear thickening suspensions[J].Rheologica Acta,1993,32(5): 457—464.

[10] JULLIEN R. Aggregation phenomena and fractal aggregates[J]. Contemporary Physics,1987,28(5): 477—493.

[11] KULICKE W M, KISS G, PORTER R S. Inertial normal-force corrections in rotational rheometry[J].Rheologica Acta,1977,16(5): 568—572.

[12] LAUN H M, GABRIEL C, KIEBURG C. Twin gap magnetorheometer using ferromagnetic steel plates—performance and validation[J].Journal of Rheology, 2010,54(2):327—354.

[13] LÓPEZ-LÓPEZ M T, KUZHIR P, DURÁN J D G, et al. Normal stresses in a shear flow of magnetorheological suspensions: viscoelastic versus Maxwell stresses[J].Journal of Rheology,2010,54(5): 1119—1136.

[14] MEGÍAS-ALGUACIL D. Correlation between the high-frequency elastic modulus and the interparticle interaction potential in zirconium oxide colloidal suspensions [J].Rheologica Acta,2005,45(2): 174—183.

[15] PIAU J M, DORGET M, PALIERNE J F, et al. Shear elasticity and yield stress of silica—silicone physical gels: fractal approach[J].Journal of Rheology,1999,43 (2): 305—314.

[16] QUEMADA D, BERLI C. Energy of interaction in colloids and its implications in rheological modeling[J]. Advances in Colloid & Interface Science,2002,98(1): 51—85.

[17] SCHILLER P,BOMBROWSKI M,WAHAB M,et al.Models for normal stress and orientational order in sheared Kaolin suspensions[J].Journal of Rheology,2016,60(2): 311—325.
[18] SEE H, TANNER R. Shear rate dependence of the normal force of a magnetorheological suspension[J].Rheologica Acta,2003,42(1): 166—170.
[19] SHERMAN S G,WERELEY N M.Effect of particle size distribution on chain structures in magnetorheological fluids[J]. IEEE Transactions on Magnetics,2013,49(7): 3430—3433.
[20] SHIH W H,SHIH W Y,KIM S I,et al.Scaling behavior of the elastic properties of colloidal gels[J].Physical Review A,Atomic, Molecular & Optical Physics,1990,42(8): 4772—4779.
[21] SOROKIN V V,STEPANOV G V,SHAMONIN M,et al. Hysteresis of the viscoelastic properties and the normal force in magnetically and mechanically soft magnetoactive elastomers: effects of filler composition, strain amplitude and magnetic field[J].Polymer,2015,76: 191—202.
[22] SOSKEY P R,WINTER H H.Large step shear strain experiments with parallel-disk rotational rheometers[J].Journal of Rheology,1984,28(5):625—645.
[23] TANG H Z. Particle size polydispersity of the rheological properties in magnetorheological fluids[J].Science China Physics,Mechanics & Astronomy,2011,54(7): 1258—1262.
[24] XIE L,CHOI Y T,LIAO C R,et al.Characterization of stratification for an opaque highly stable magnetorheological fluid using vertical axis inductance monitoring system[J].Journal of Applied Physics,2015,117(17): 17C754.
[25] ZHANG H S, YAN H, HU Z D, et al. Magnetorheological fluid based on thixotropic PTFE-oil organogel[J].Journal of Magnetism & Magnetic Materials,2018,451: 102—109.